HTML5&CSS3デザイン 現場の新標準ガイド

［第2版］

体系的に学ぶHTMLとCSSの仕様と実践

エビスコム 著

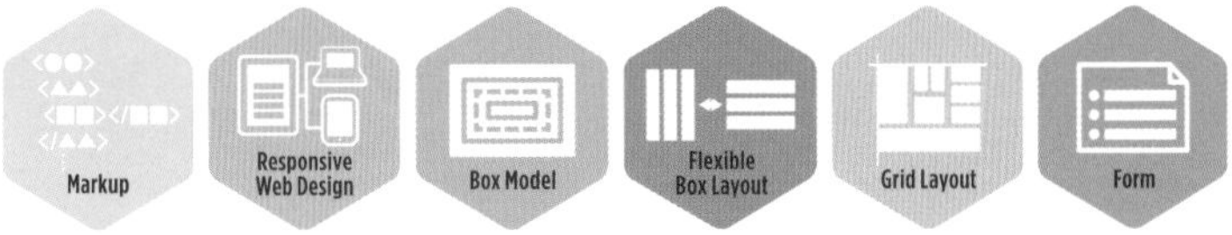

マイナビ

■サポートサイトについて

本書で解説している作例のソースコードや特典 PDF は、下記のサポートサイトから入手できます。

https://book.mynavi.jp/supportsite/detail/9784839974596.html

・本書に記載された内容は、情報の提供のみを目的としております。したがって、本書を用いての運用はすべてお客様自身の責任と判断において行ってください。
・本書の制作にあたっては正確な記述につとめましたが、著者や出版社のいずれも、本書の内容に関してなんらかの保証をするものではなく、内容に関するいかなる運用結果についてもいっさいの責任を負いません。あらかじめご了承ください。
・本書中に掲載している画面イメージなどは、特定の設定に基づいた環境にて再現される一例です。ハードウェアやソフトウェアの環境によっては、必ずしも本書通りの画面にならないことがあります。あらかじめご了承ください。
・本書は 2020 年 9 月段階での情報に基づいて執筆されています。本書に登場するソフトウェアのバージョン、URL、製品のスペックなどの情報は、すべてその原稿執筆時点でのものです。執筆以降に変更されている可能性がありますので、ご了承ください。
・本書中に登場する会社名および商品名は、該当する各社の商標または登録商標です。本書では ® および TM マークは省略させていただいております。

HTML5 & CSS3
PRACTICAL DESIGN GUIDE

はじめに

Web 制作の現場を取り巻くテクノロジーやツール、テクニックなどは日々進化し、多様化しています。

そして、どこまで進化し、多様化したとしても、その技術の基礎となっているのは HTML と CSS です。

同時に、HTML と CSS もそうした現場に合わせて進化を続けています。

HTML は標準仕様が W3C の手を離れ、WHATWG の「HTML Living Standard」に一本化されたことから、ブラウザ開発者目線での変更が直接反映される世界になっています。その影響は、JavaScript とセットになって活きてくるものが増えてきたことからも見て取れます。

CSS も、各種機能の追加や主要ブラウザでの対応が進んでいます。新しい Edge の登場により、IE が主要ブラウザから外れたのも大きいと言えるでしょう。使える便利な機能が増えていることで、Web のデザインやレイアウトの手法は大きく変わろうとしています。

そこで、本書では最新の HTML と CSS を現状に即して 1 冊にまとめました。

各種機能の復習や再確認に、新しい機能の発見に、この本を役立てていただければ幸いです。

HTML5 & CSS3 PRACTICAL DESIGN GUIDE

CONTENTS

もくじ

5 BOX LAYOUT ボックスのレイアウト　141

6 FLEXIBLE BOX LAYOUT フレキシブルボックスレイアウト　201

7 GRID LAYOUT グリッドレイアウト 217

8 TABLE LAYOUT テーブル 245

9 TEXT テキスト 257

10 EMBEDDED CONTENT エンベディッド・コンテンツ 299

HTML5 & CSS3 PRACTICAL DESIGN GUIDE

ABOUT THIS BOOK

本書について

- 本書では、HTML Living Standard（HTML5）と、CSS3/CSS4の仕様に基づき、ブラウザ対応が進んでいるHTMLとCSSの機能・使い方についてまとめています。
- 本書に掲載した内容は2020年9月現在のものです。
- 仕様書は定期的に更新されており、機能や使い方、ブラウザの対応状況などは変わる可能性があります。

WHATWG HTML Living Standard
https://html.spec.whatwg.org/multipage/

CSS3（モジュール化された仕様のLevel 1～3） / CSS4（Level 4）
https://www.w3.org/Style/CSS/current-work

※ WHATWGが策定しているHTML Living Standardは、W3Cの勧告HTML5.0～5.2のベースとなった仕様です。現在は2019年のWHATWGとW3Cの合意により、HTML Living Standardが唯一のHTMLの標準仕様となっています。

※ HTML Living Standardにおける「HTML5」は、狭義では「HTML Living Standardのこと」であり、広義では「多くのモダンなWebテクノロジーを表し、HTML Living Standardもそのうちの1つ」であると定義されています。本書でも、HTML5=HTML Living Standardとして解説していきます。

ページ構成

HTML HTMLのタグ

CSS CSSのプロパティ

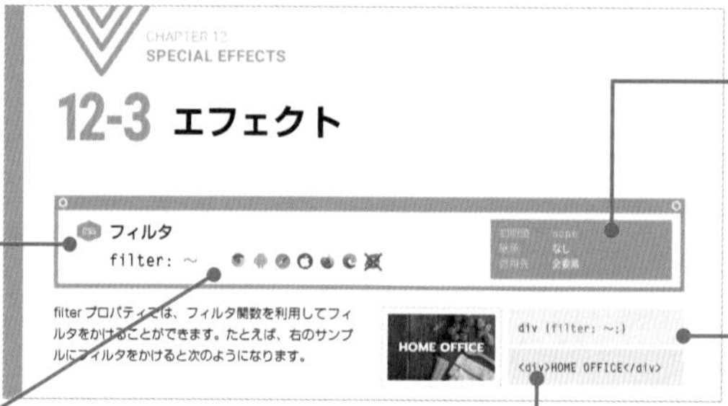

タグとプロパティに関する基本情報
- コンテンツモデル（P.016）
- 初期値（P.113, 359）
- 継承（P.113）
- 適用先（P.113）

HTMLのソース

CSSのソース

主要ブラウザの対応状況

- **すべての主要ブラウザが対応している場合、アイコンは掲載していません。**
- 対応状況が異なる場合にのみアイコンを掲載。未対応なブラウザには✕をつけています。
- 本書執筆時点の各ブラウザの最新バージョンで対応状況を確認しています。

サンプルデータのダウンロード
https://book.mynavi.jp/supportsite/detail/9784839974596.html

※収録データや使い方については、ダウンロードデータ内のreadme.txtを参照してください。

Chapter 1

HTML

1-1 HTML5 とセマンティクス

HTML5 は Web を取り巻く環境の現在と将来を踏まえて策定された規格です。そして、この策定の根幹となっているのが「セマンティクス（semantics)」という概念です。
「セマンティクス」は、辞書で引くと「意味」や「意味論」といった訳が出てきて日本語で明確に表すのは難しい言葉なのですが、HTML5 においてはマークアップした中身が何であるかを示すことを指し、「意味づけ」とも呼ばれます。そして、セマンティクスの大きな役割は、意味づけによってページの中身を人間以外のものが理解できるようにすることにあります。

これまでも、HTML ではドキュメント構造の記述によってページの中身を人間以外のものに伝えようとしてきました。しかし、たとえば「見出し」という構造を示しても、人間以外のものにとってはその中身がサイト名なのか、記事のタイトルなのか、サイドバーの項目なのかといった判別はできません。そのため、検索エンジンなどはドキュメントの構造から重要と思われる部分を類推し、抜き出して利用してきました。

しかし、セマンティクスを導入することで、製作者はどこが記事のタイトルで、どこがメニューなのか、といったページの中身を正確に伝えることができるようになります。これにより、検索エンジンなどもドキュメントの構造から中身を類推する必要がなくなり、必要な情報を的確に取り出すことができるようになります。

また、製作者はページの中身をどこまで詳細に明示するかを選択することもできます。たとえば、HTML タグのみで大まかに示すこともできますし、P.046 のようなメタデータやボキャブラリを活用することで詳細に示すこともできます。

● ドキュメントの構造を示したもの

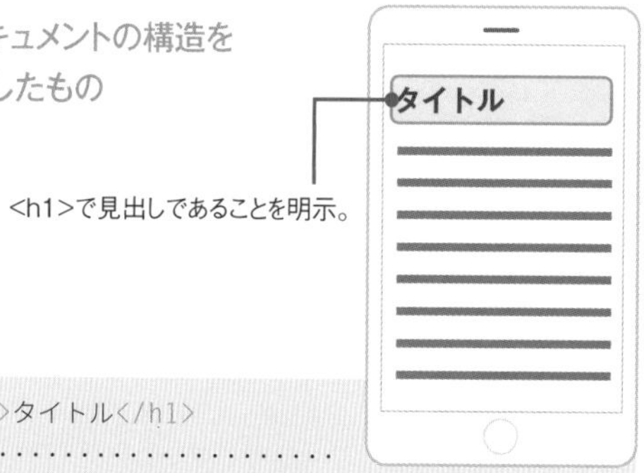
タイトル
<h1>で見出しであることを明示。

```
<h1>タイトル</h1>
........................
........................
```

● ページの中身を大まかに示したもの

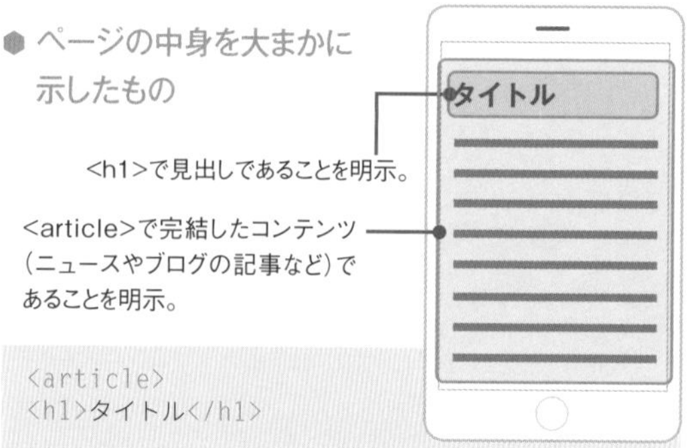
タイトル
<h1>で見出しであることを明示。
<article>で完結したコンテンツ（ニュースやブログの記事など）であることを明示。

```
<article>
<h1>タイトル</h1>
........................
........................
</article>
```

● ページの中身を詳細に示したもの

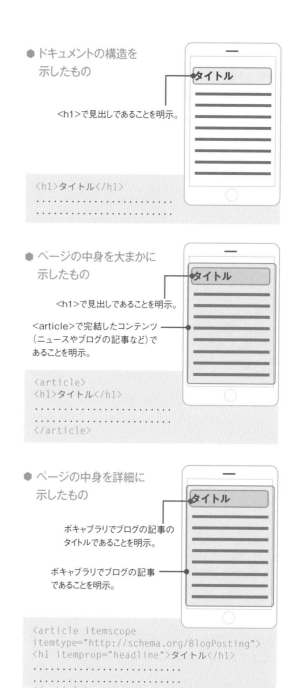

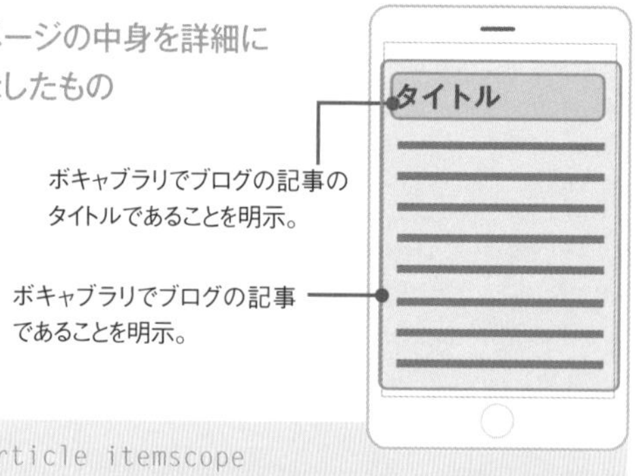
タイトル
ボキャブラリでブログの記事のタイトルであることを明示。
ボキャブラリでブログの記事であることを明示。

```
<article itemscope
itemtype="http://schema.org/BlogPosting">
<h1 itemprop="headline">タイトル</h1>
........................
........................
</article>
```

なお、このようにHTMLによってページの中身を示すことは「セマンティック・マークアップ」とも呼ばれ、それによって人間以外のものが中身を理解できるようになったデータは「構造化データ（structured data)」と呼ばれます。そして、Webページの情報を構造化データとして扱えるようにし、そのデータを活用していこうという考え方が「セマンティックWeb」と呼ばれています。

「セマンティックWeb」は、Webを考案・開発したティム・バーナーズ・リーによって提唱されたもので、1998年に個人的なNotesとして書かれたドキュメント「Semantic Web Roadmap」はオンラインで読むことができます。

Semantic Web Road map
http://www.w3.org/DesignIssues/Semantic.html

セマンティック・マークアップの実践

セマンティック・マークアップで重要なのは、「人間ではないもの」に対して伝えたい情報が的確に伝わるようにすることです。それは、これまでのように「見出しは<h1>でマークアップする」と単純に考えて機械的にできる作業ではありません。

どの情報をどう認識してほしいのか、認識してもらう必要のない情報はどれなのか、製作者の意図しだいでマークアップは変わります。ここでは、実際にどのような形で意図を伝えることができるかを見ていきます。

ドキュメント構造の明示

元々、見出しでドキュメント構造を明示してきたHTMLですが、HTML5ではセマンティック・マークアップに合わせてこの点でも見直しが行われ、セクションで構造を明示することになりました。
しかし、この方法はあまり受け入れられず、W3Cの勧告では推奨されなかったこともあり、現在では従来通り見出しでドキュメント構造を明示するのが一般的なコーディングになっています。

見出しは<h1>～<h6>の6段階のレベルでマークアップすることができ、<h1>が最高位レベルの見出しを示します。たとえば、右のサンプルでは記事のタイトルを<h1>で、記事内の小見出しやサイドバーのメニューの見出しを<h2>でマークアップし、ドキュメントの構造を明示しています。

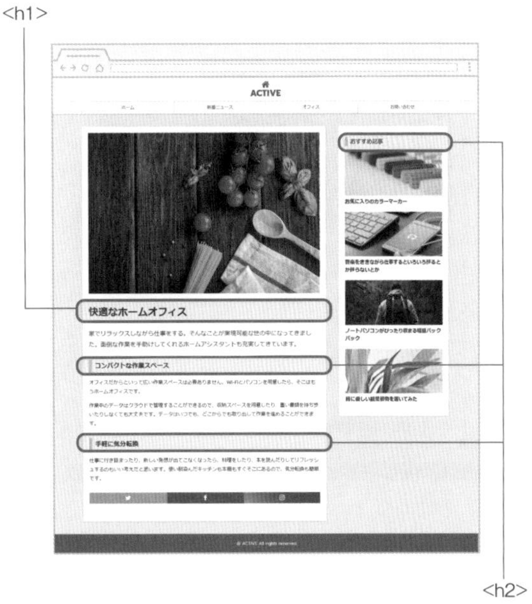

HTML

```
<h1>快適なホームオフィス</h1>
…
<h2>コンパクトな作業スペース</h2>
…
<h2>手軽に気分転換</h2>
…
<h2>おすすめ記事</h2>
…
```

明示されるドキュメントの構造

- h1 快適なホームオフィス
  - h2 コンパクトな作業スペース
  - h2 手軽に気分転換
  - h2 おすすめ記事

セクションの明示

セクションはページの構成要素を役割や内容に応じて分割し、それぞれのセマンティクスを明確にするものとして使用します。
たとえば、次のサンプルでは記事を <article> で、ナビゲーションメニューを <nav> で、サイドバーのメニューを <aside> でマークアップし、それぞれが完結したコンテンツ、ナビゲーション、補足・関連情報であることを明示しています。

タグ	セクション
<article>	完結したコンテンツ(ニュースやブログの記事など)
<section>	汎用的なセクション
<nav>	ナビゲーション
<aside>	補足・関連情報

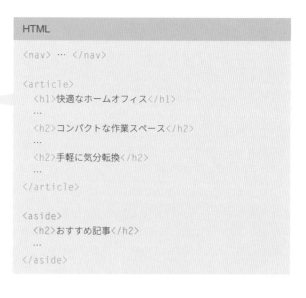

HTML

```
<nav> … </nav>

<article>
  <h1>快適なホームオフィス</h1>
  …
  <h2>コンパクトな作業スペース</h2>
  …
  <h2>手軽に気分転換</h2>
  …
</article>

<aside>
  <h2>おすすめ記事</h2>
  …
</aside>
```

ドキュメント構造の明示による情報とセクションの明示による情報によって生まれるもの

ドキュメント構造の明示とセクションの明示によってページの中に埋め込まれた情報（構造化データ）は、ブラウザなどですでに利用されています。
その一例が、iOS や macOS の Safari のリーダーモードです。リーダーモードを利用すると、ページ内のメインコンテンツのみを抽出して読むことができます。どの部分がメインコンテンツであるかは文章量などからブラウザが類推し、リーダーモードに切り替えるボタンを表示します。
このとき、構造化データがあれば、コンテンツ部分と、そのキーとなるワードが的確に抽出されます。たとえば、このサンプルでは右のような構造化データとなり、次のように表示されます。

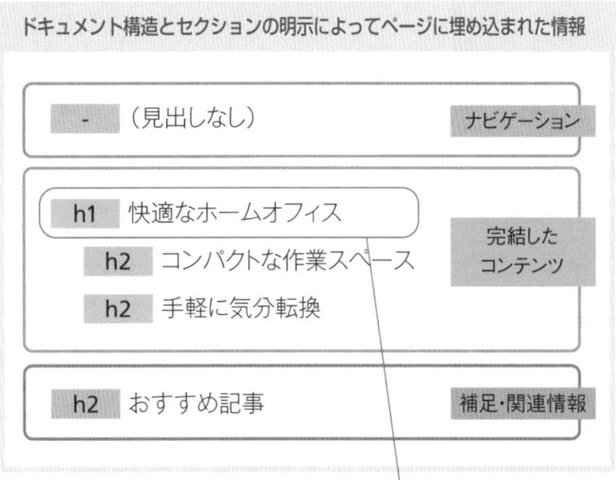
ドキュメント構造とセクションの明示によってページに埋め込まれた情報
-　（見出しなし）
ナビゲーション
h1　快適なホームオフィス
h2　コンパクトな作業スペース
h2　手軽に気分転換
完結したコンテンツ
h2　おすすめ記事
補足・関連情報
キーとなるワードとして認識される箇所。

リーダーモードに切り換えるボタン。
12:25
ACTIVE
ホーム
新着ニュース
オフィス
お問い合わせ
快適なホームオフィス
家でリラックスしながら仕事をする。そんなことが実現可能な世の中になってきました。面倒な作業を手助けしてくれる
<article>でマークアップした記事。
<h1>でマークアップした記事のタイトル。
キーとなるワードが一番上に表示されます。
快適なホームオフィス
家でリラックスしながら仕事をする。そんなことが実現可能な世の中になってきました。面倒な作業を手助けしてくれるホームアシスタントも充実してきています。
コンパクトな作業スペース
<article>でマークアップした記事が抽出して表示されます。

iOS Safari の
標準モードでの表示。

iOS Safari の
リーダーモードでの表示。

1-2 コンテンツモデル

HTML5では、セマンティック・マークアップに合わせて「コンテンツモデル（Content Model）」が導入されています。

コンテンツモデルはタグの相互関係のルールを定義したもので、タグごとに内包できるタグが決められています。子階層に記述できるタグは以下の7つのカテゴリーで示されており、カテゴリーごとに特徴の共通するタグが分類されています。

一見、複雑なルールに思えるかもしれませんが、こうしたルールの形成に影響を与えているのがセマンティクスで、さまざまなコンテンツを柔軟にマークアップできる仕組みとなっています。

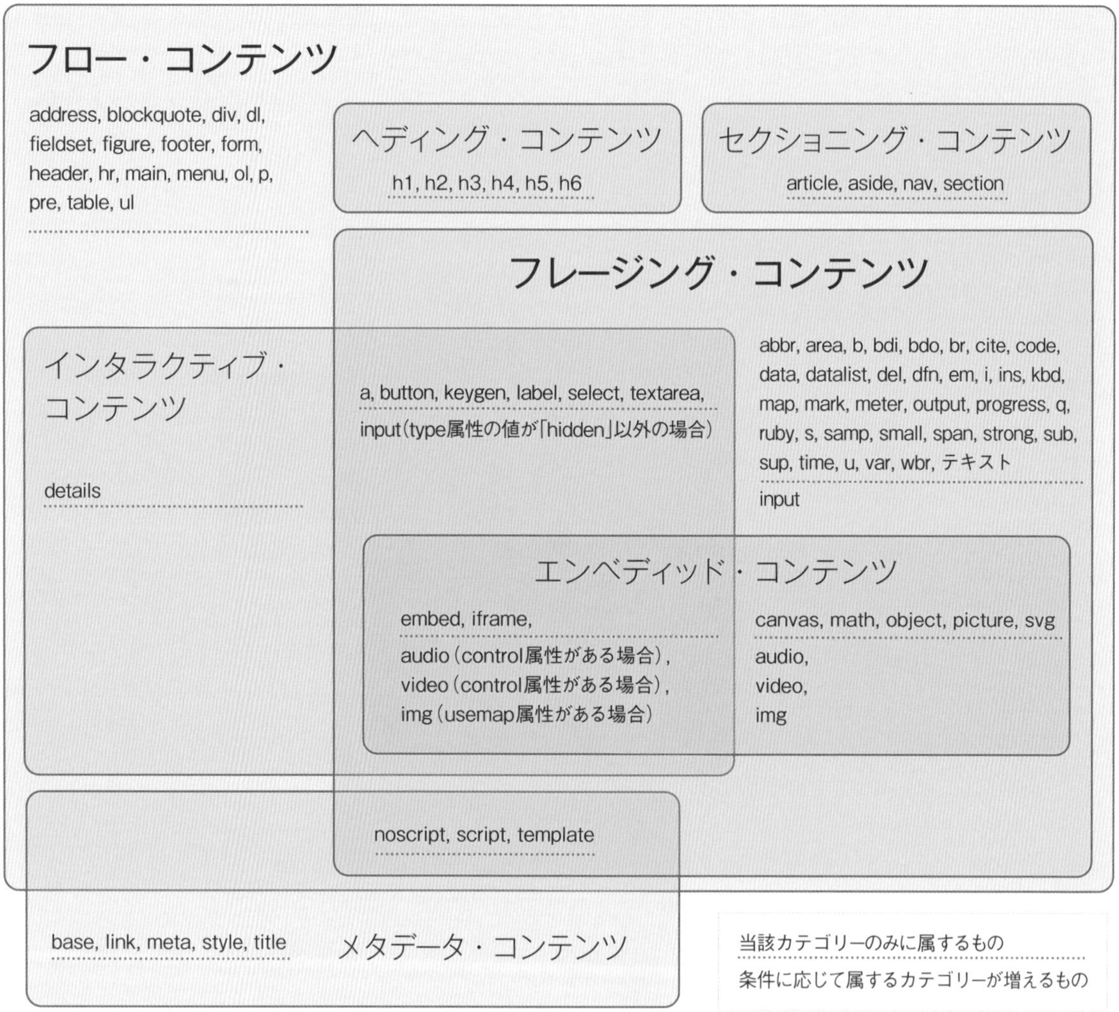

7つのカテゴリーの特徴

フロー・コンテンツ（Flow content）

<body> 内でセマンティクスの明示に使用できるタグが属しています。

ヘディング・コンテンツ（Heading content）

セクションでキーとなるワード（見出し、タイトル、表題など）を明示するタグが属しています。

セクショニング・コンテンツ（Sectioning content）

セクションを構成するタグが属しています。

フレージング・コンテンツ（Phrasing content）

語句といったテキスト単位のセマンティクスを明示するタグが属しています。

エンベディッド・コンテンツ（Embeded content）

画像やビデオなど、外部リソースを表示するタグが属しています。

インタラクティブ・コンテンツ（Interactive content）

ユーザーの操作を必要とするリンクやフォームなどを構成するタグが属しています。

メタデータ・コンテンツ（Metadata content）

ページに関する付加情報（メタデータ）を明示するタグが属しています。スクリプト関連のタグを除き、<head> 内のみで使用します。

カテゴリーに属していないタグ

どのカテゴリーにも属していないタグもあります。これらのタグは<table>や<ul>といった特定のタグ内で使用できるものとなっています。また、HTMLドキュメントをを構成する<html> や<head> もカテゴリーに属していません。

caption, colgroup, col, dt, dd, figcaption, head, html, li, summary, tbody, thead, tfoot, tr, th など

コンテンツモデルの基本ルール

7つのカテゴリーのうち、基本となるのは『フロー・コンテンツ』と『フレージング・コンテンツ』の2つのカテゴリーです。一部の例外を除き、基本ルールは右のようになっています。

タグが属するカテゴリー	内包できるタグ
フロー・コンテンツ	『フロー・コンテンツ』に属するタグ
フレージング・コンテンツ	『フレージング・コンテンツ』に属するタグ

『フレージング・コンテンツ』カテゴリーに属しているかどうかによって、CSSで生成されるボックスの種類も変わります。詳しくはP.157～158を参照してください。

特別なカテゴリー

HTML5には7つのカテゴリーとは異なる分類も用意されており、基本的な分類のみでは規定するのが難しい相互関係や記述ルールが定義されています。各タグは必要に応じてこうしたカテゴリーにも分類され、空の記述を防止したり、リンクを自由に設定したりすることができるようになっています。

パルパブル・コンテンツ（Palpable content）

『パルパブル・コンテンツ』カテゴリーにはコンテンツを構成するタグが属しています。「<p></p>」のようにコンテンツのない、空の記述を防ぐため、『フロー・コンテンツ』または『フレージング・コンテンツ』を内包できるタグは、hidden属性を持たない少なくとも1つのパルパブル・コンテンツを内包することが推奨されています。

パルパブル・コンテンツには「テキスト」も含まれていますので、「<p>こんにちは</p>」のように記述すれば要件を満たしたことになります。また、スクリプトなどで後からコンテンツを挿入するために空の状態で記述しておくことは認められています。

パルパブル・コンテンツに属するタグ

a, abbr, address, article, aside, audio（controls属性がある場合）, b, bdi, bdo, blockquote, button, canvas, cite, code, data, details, dfn, div, dl（<dt><dd>を含む場合）, em, embed, fieldset, figure, footer, form, h1, h2, h3, h4, h5, h6, header, i, iframe, img, input（type属性がhidden以外の場合）, ins, kbd, keygen, label, main, map, mark, math, menu（type属性がtoolbarの場合）, meter, nav, object, ol（<li>を含む場合）, output, p, pre, progress, q, ruby, s, samp, section, select, small, span, strong, sub, sup, svg, table, textarea, time, u, ul（<li>を含む場合）, var, video, テキスト

パルパブル・コンテンツに属していないタグ

area, br, datalist, del, hr, picture, wbr, 半角スペース, メタデータ・コンテンツに属するすべての要素

トランスペアレント（Transparent）

『フレージング・コンテンツ』カテゴリーに属するタグのうち、右の5つのタグについては内包できるタグが『トランスペアレント』と定義され、親要素と同じタグを内包することができます。詳しくはP.075を参照してください。

内包できるタグが『トランスペアレント』なタグ

a, ins, del, map, object

スクリプト・サポーティング（Script-supporting）

『スクリプト・サポーティング』カテゴリーには、それ自身では何も明示せず、スクリプトをサポートするために用意されたタグが属しています。

『スクリプト・サポーティング』に属するタグ

script, template

セクショニング・ルート（Sectioning Root）

『セクショニング・ルート』カテゴリーには、最上位階層のセクションを構成するタグが属しています。セクションを使ってドキュメント構造を明示する場合、これらが内包するセクションは親階層のドキュメント構造には影響を与えません。

『セクショニング・ルート』に属するタグ

blockquote, body, details, fieldset, figure, td

フォーム関連

フォーム関連のタグはフォームの記述ルールを詳細に定義するため、次のように細かなカテゴリーに分類されています。

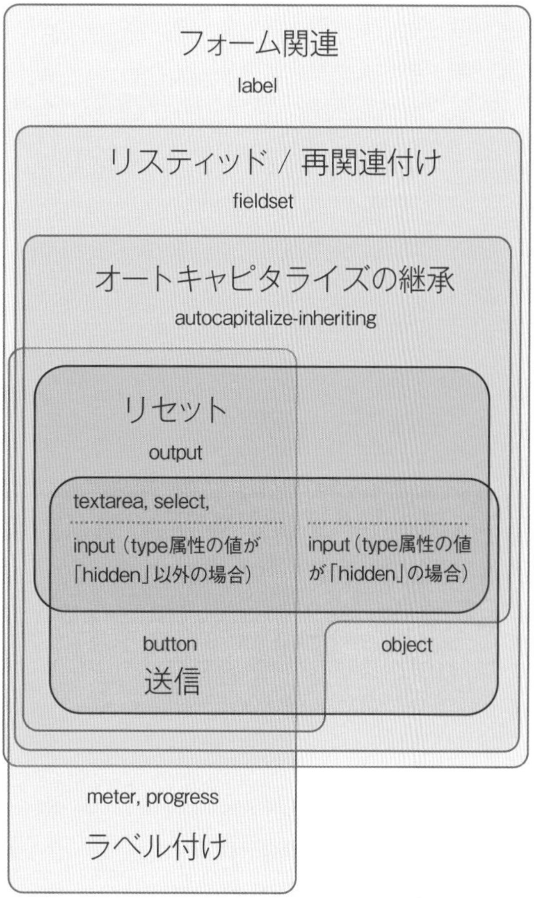

フォーム関連（Form-associated）

<form> と関連付けて利用できるタグです。

リスティッド（Listed）

form.elements と fieldset.elements でリストされるタグです。

再関連付け（Reassociateable）

form 属性で関連付ける <form> を指定できるタグです。

送信（Submittable）

入力・設定内容が送信されるタグです。

リセット（Resettable）

フォームをリセットしたときに影響を受けるタグです。

オートキャピタライズの継承（autocapitalize-inheriting）

autocapitalize 属性（P.101）の設定を継承するタグです。

ラベル付け（Labelable）

<label> によってラベル付けできるタグです。

1-3 HTML5 の構文規則

タグの記述形式

HTML5 では、開始タグと終了タグでコンテンツを囲む（マークアップする）ことで、そのコンテンツが何であるかを示します。マークアップしたその全体を「要素」と呼び、タグの大文字と小文字は区別されません。

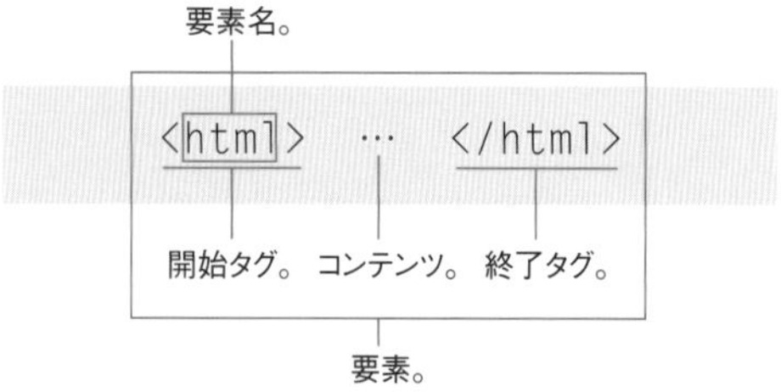

複数のタグでマークアップする場合、親要素の中に子要素を収め、「入れ子構造」で記述することが求められます。

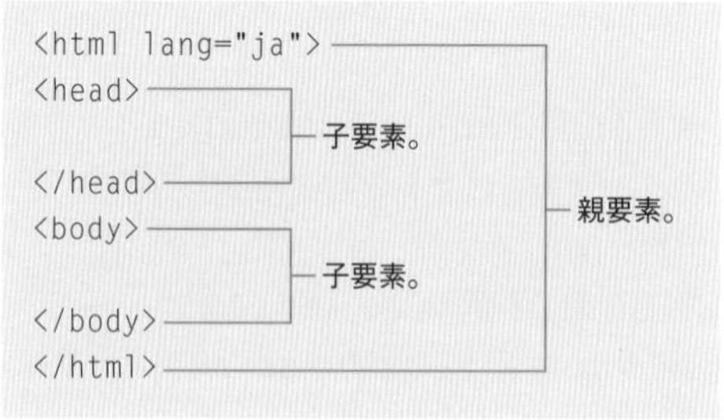

構文規則におけるタグの分類

構文規則において、HTML5 のタグは以下の６種類に分類され、タグの記述形式や、タグの中に記述できるデータが規定されています。

分類	タグの記述形式	タグの中に記述できるデータ	分類されたタグ
Void	開始タグのみ。	なし	area, base, br, col, embed, hr, img, input, link, meta, param, source, track, wbr
The template	開始タグと終了タグ。	テンプレートコンテンツ	template
Raw text	開始タグと終了タグ。	テキスト	script, style
Escapable raw text	開始タグと終了タグ。	テキスト / 文字参照	textarea, title
Foreign	開始タグと終了タグ。もしくは開始タグのみ（末尾に「/」を入れて記述）。	テキスト / 文字参照 / CDATAセクション / 各種要素 / コメント	SVG（P.313）およびMathML（P.313）で規定されたタグ
Normal	開始タグと終了タグ。	テキスト / 文字参照 / 各種要素 / コメント	上記以外のHTML5のタグ

文字参照

文字参照は特殊な文字や記号の記述を行うものです。文字参照を利用すると、HTMLタグの記述に使用する「<」といった文字を画面に表示することができます。その他の文字や記号については、UTF-8のエンコードで作成したWebページでは文字参照を使わずに記述しても文字化けの心配はありません。

表示	名前文字参照	数字文字参照	
		10進数	16進数
&	&	&	&
<	<	<	<
>	>	>	>
"	"	"	"

名前文字参照

名前文字参照では、文字を示すキーワードを「&~;」という形で指定します。キーワードの大文字と小文字は区別されます。

数値文字参照

数値文字参照では、文字を示すUnicodeの番号を10進数は「&#~;」、16進数は「&#x~;」という形で指定します。

HTML5がサポートしている名前文字参照のキーワードと、対になるUnicodeの番号（16進数）は以下のページで確認できます。

Named character references
https://html.spec.whatwg.org/multipage/named-characters.html

コメント

コメントは右のように<!-- と -->で囲んで記述します。コメントはブラウザ画面には表示されません。

```
<!-- コメント -->
```

CDATAセクション

CDATAセクションは右のような形で記述します。この中に記述した文字参照、タグ、コメントは処理されず、すべて文字列として扱われます。

```
<![CDATA[…]]>
```

開始タグのみの記述

『Void』に属するタグは開始タグのみを持ち、コンテンツのマークアップは行いません。そのため、右のように開始タグのみを記述します。
このとき、XHTML との互換性を保つため、開始タグの末尾に「/」を入れて記述することも可能です。<meta> と <meta /> の記述が混在することも認められています。

```
<meta charset="UTF-8">
```

```
<meta charset="UTF-8" />
```

開始タグと終了タグの省略

『Normal』に属するいくつかのタグは、開始タグと終了タグの両方、もしくは終了タグのみを省略して記述することができます。
省略した場合でも、コンテンツは開始タグと終了タグでマークアップされているものとして処理され、スタイルシートも適用されます。そのため、開始タグと終了タグの記述位置を正確に判別できなくなるようなケースでは省略することは認められていません。また、開始タグに属性を指定した場合も、省略することはできません。

開始タグと終了タグの両方を省略できるもの	html, head, body, colgroup, tbody
終了タグを省略できるもの	li, dt, dd, p, rt, rp, optgroup, option, thead, tfoot, tr, td, th

属性の記述形式

開始タグには属性を追加し、各種情報を付加することができます。属性は右のように半角スペースで区切り、「属性名 =" 値 "」という形で記述します。値は「"（ダブルクォテーション）」または「'（シングルクォテーション）」で囲むか、クォテーションで囲まずに記述します。

```
<html lang="ja"> ... </html>
```

```
<html lang='ja'> ... </html>
```

```
<html lang=ja> ... </html>
```

また、「ブーリアン属性」と呼ばれる属性の場合、右のように値を省略するか、属性名と同じ値または空の値で記述します。

```
<input type="text" required>
```

```
<input type="text" required="required">
```

```
<input type="text" required="">
```

HTMLの文法チェック

HTMLの文法チェックを行うツール（バリデータ）として、WHATWGでは右のチェッカーが紹介されています。

Nu Html Checker
https://validator.w3.org/nu/

Chapter 2

Webページの作成とメタデータ

2-1 Webページの基本設定

HTMLドキュメントを作成し、ブラウザや検索エンジンなどがWebページとして認識するために必要な設定を記述します。HTMLドキュメントはファイルの拡張子を「.html」と指定して保存します。

```
<!DOCTYPE html>
<html lang="ja">
<head>

</head>
<body>

</body>
</html>
```

タグ	セマンティクス
<html>	ルート要素
<head>	メタデータの記述
<body>	コンテンツの記述

HTML DOCTYPE宣言

`<!DOCTYPE html>`

HTML5でWebページを作成するためには、1行目に<!DOCTYPE html>とDOCTYPE宣言を記述し、HTML5で記述したページであることを示します。

```
<!DOCTYPE html>
```

DOCTYPE宣言の役割

DOCTYPE宣言の記述は必須となっていますが、これは標準に準拠した処理でWebページを表示するための規定です。

主要ブラウザは古いWebページのデザインを崩さずに表示するため、DOCTYPE宣言が記述されていない場合は下位互換モード(Quirks mode)で表示する機能を持っています。この機能は「DOCTYPE スイッチ」と呼ばれ、下位互換モードではスタイルシートが標準規格とは異なる古い解釈で適用されます。

そこで、HTML5ではDOCTYPE 宣言の記述を必須とし、標準準拠モード(Standard mode)でページが表示されるようにしています。

ルート要素

<html lang="～">...</html>

CONTENT MODEL
<head>とそれに続く<body>

DOCTYPE 宣言に続けて、HTML ドキュメントの最上位階層（ルート）を構成する <html> を記述します。

<html> はすべての要素の親要素となりますので、「日本語」や「英語」といったドキュメントで使用する主要言語を lang 属性で明示しておくことが推奨されています。lang 属性の情報は音声ツールや翻訳ツールで利用され、コンテンツを正確に扱えるようになることが期待されています。

```
<!DOCTYPE html>
<html lang="ja">
 …
</html>
```

lang属性はグローバル属性の1つで、すべてのタグで利用することができます。そのため、ドキュメント内で部分的に異なる言語を使用する場合には、その都度lang属性で使用言語を明示することが可能です。詳しくはP.103を参照してください。

Web サイトのアプリ化やオフライン利用

<html> では manifest 属性を利用してマニフェストファイルを指定し、アプリケーションキャッシュで Web のオフライン利用を実現することが考えられていました。
しかし、現在はレガシーな機能とされ、できるだけ使用しないことが推奨されています。HTML Living Standard や W3C の勧告に残ったままの <html> の manifest 属性についても、Web プラットフォームから削除する手続きが進められているとの注意書きが追加され、代替手段として Service Worker を利用することが推奨されています。

なお、Web サイトをネイティブアプリのように扱い、オフライン利用を可能にするものとしては、PWA（Progressive Web App）の利用が進んでいます。PWA では <link rel="manifest">（P.036）でマニフェストファイルを指定し、Service Worker でオフライン対応を実現します。

PWA
https://developer.mozilla.org/en-US/docs/Web/Progressive_web_apps

Service Workers Nightly
https://w3c.github.io/ServiceWorker/

名前空間

「名前空間（ネームスペース）」は異なる規格に従ったソースを混在させるために必要となるもので、xmlns 属性で明示します。ただし、HTML5 では名前空間が自動的に処理されるため、xmlns 属性を指定する必要はなくなっています。
たとえば、HTML5 では自動的に <html> 以下のタグが HTML 名前空間に属するものとして扱われます。また、HTML ソース内には SVG(P.313) や MathML（P.313）のソースを記述することができますが、これは <svg> 以下のタグが SVG 名前空間に、<math> 以下のタグが MathML 名前空間に属するものとして処理されるためです。

なお、XHTML からの移行を容易にしたり、XML パーサでもデータを処理できるようにしておくといった場合には、xmlns 属性を記述しておくことも認められています。

```
<html xmlns="http://www.w3.org/1999/xhtml">
…
</html>
```

xmlns属性で名前空間を明示したもの。

名前空間	名前空間を表すURL
HTML名前空間	http://www.w3.org/1999/xhtml
SVG名前空間	http://www.w3.org/2000/svg
MathML名前空間	http://www.w3.org/1998/Math/MathML

HTML メタデータの記述

<head>...</head>

CONTENT MODEL
メタデータ・コンテンツ
※<title>は必須（<iframe>のsrcdoc属性に記述する場合や上位プロトコルからタイトルが得られる場合は省略可）

<head> はページに関する付加情報（メタデータ）の記述を明示するタグで、<html> の1つ目の子要素として記述します。メタデータは、『メタデータ・コンテンツ』カテゴリー（P.016）に属するタグを利用して記述します。たとえば、<meta> でページのエンコードの種類を、<title> でタイトルの情報を記述すると右のようになります。

なお、<head> 内に記述した情報はブラウザ画面には表示されません。

```
<!DOCTYPE html>
<html lang="ja">
<head>
<meta charset="UTF-8">
<title>SAMPLE</title>
</head>
…
</html>
```

<head>内に記述できるメタデータ

<head>内には右のタグによるメタデータを記述できるのに加え、必要に応じてmicrodataやRDFaなどを利用したメタデータも記述できるようになっています。詳しくは各タグや、P.046のボキャブラリの解説を参照してください。

タグ	メタデータの種類	参照
<title>	ページのタイトル	P.028
<base>	ベースURL	P.042
<link>	外部リソースのURLに関する情報	P.035
<style>	スタイルシートの設定	P.042
<script> <noscript> <template>	スクリプトの設定	P.043
<meta>	上記以外の各種メタデータ	P.029

HTML コンテンツの記述

<body>...</body>

CONTENT MODEL
フロー・コンテンツ

<body> は Web ページのコンテンツを明示するタグで、<head> に続けて <html> の2つ目の子要素として記述します。<body> 内では『フロー・コンテンツ』カテゴリー（P.016）に属するタグを使用することができ、記述したコンテンツはブラウザ画面に表示されます。

ACTIVE
快適なホームオフィス
Comfortable Home Office
家でリラックスしながら仕事をする。
そんなことが実現可能な世の中になってきま

<body>内に記述したコンテンツがブラウザ画面に表示されます。

```
<!DOCTYPE html>
<html lang="ja">
<head>
…
</head>
<body>
…
<h1>快適なホームオフィス</h1>
<p>Comfortable Home Office</p>
…
</body>
</html>
```

<body>のみに指定できるイベントハンドラ属性

<body>では以下のイベントハンドラ属性を利用し、イベント発生時に実行するJavaScriptを指定することができます。詳しくはP.105を参照してください。

<body>のみに指定できるイベントハンドラ属性

onafterprint	onmessage	onpopstate
onbeforeprint	onoffline	onrejectionhandled
onbeforeunload	ononline	onstorage
onhashchange	onpagehide	onunhandledrejection
onlanguagechange	onpageshow	onunload

2-2 メタデータ

<head> 内には『メタデータ・コンテンツ』カテゴリー（P.016）に属するタグを使用してメタデータを記述し、ページに関する付加情報や、表示に必要な設定を明示します。たとえば、エンコードの種類、ビューポートの設定、ページのタイトル、外部スタイルシートの設定を記述すると右のようになります。

タグ	メタデータの種類
<title>	ページのタイトル
<base>	ベースURL
<link>	外部リソースのURLに関する情報
<style>	スタイルシートの設定
<script> <noscript> <template>	スクリプトの設定
<meta>	上記以外の各種メタデータ

```
<!DOCTYPE html>
<html lang="ja">
<head>
<meta charset="UTF-8">
<meta name="viewport"
content="width=device-width">

<title>サンプル</title>

<link rel="stylesheet" href="style.css">
</head>
<body>

</body>
</html>
```

『メタデータ・コンテンツ』カテゴリーに属するタグを記述できるのは<head>内のみとなっています。ただし、スクリプトの設定を記述するタグについては<body>内に記述することも可能です。

ページのタイトル

<title> ... </title>

CONTENT MODEL
テキスト

<title> はページのタイトルを示すタグで、<head> の中に１つのみ記述することができます。ページのタイトルはブラウザのウィンドウやタブに表示されるほか、アクセス履歴やブックマーク、検索結果などでも利用されるため、ページを特定できるタイトルを指定することが推奨されています。

```
<title>サンプル</title>
```

<title>の記述は必須です。ただし、HTMLソースを<iframe>のsrcdoc属性で記述した場合（P.307）や、HTMLベースのメールでタイトルに代わる情報が「件名（Subject）」として得られる場合などには、省略することができます。

メタデータ

```
<meta charset="～">
<meta name="～" content="～">
<meta http-equiv="～" content="～">
```

CONTENT MODEL
なし

<meta>を利用すると、『メタデータ・コンテンツ』カテゴリーに属する他のタグでは示すことのできない情報を明示することができます。情報の明示には右の属性を使用します。

記述に使用する属性	明示できる情報
charset属性	エンコードの種類
name属性とcontent属性	ページの概要、ビューポートの設定など
http-equiv属性とcontent属性	HTTP ヘッダーと同等の情報

<meta>のcharset属性でエンコードの種類を明示

<meta>のcharset属性を利用すると、ページで使用したエンコードの種類を明示することができます。HTMLの始めから1024バイト以内に、1つのみ記述することが求められています。

```
<meta charset="UTF-8">
```

エンコードが「UTF-8」であることを明示したもの。

<meta>のname属性で示すことができるメタデータ

name属性を利用すると右のようなメタデータを示すことができます。HTML5で定義された値だけでなく、拡張された値も利用することが可能です。
ここではHTML5で定義されたものと、拡張されたものの中でも一般的に使用されているものについて見ていきます。

なお、拡張された値は多数あり、次のドキュメントにまとめられています。

MetaExtensions
https://wiki.whatwg.org/wiki/MetaExtensions

HTML5で定義された値	メタデータの種類
application-name	Webアプリケーション名
author	ページの著者名
description	ページの概要
keywords	ページのキーワード
generator	ページを生成したソフトウェア
referrer	リファラの送信
theme-color	ページのテーマカラー

拡張された主な値	メタデータの種類
apple-mobile-web-app-title	Webアプリケーション名（iOS用）
viewport	ビューポートの設定
robots	検索エンジンへの指示
googlebot	Google検索エンジンへの指示
format-detection	iOSの電話番号の自動リンクをオフ

Web アプリケーション名

ページをWebアプリケーションとして作成した場合、name属性を「application-name」と指定してアプリケーション名を示すことができます。現在のところAndroidが対応していますが、iOSにも対応する場合は「apple-mobile-web-app-title」でもアプリケーション名を指定します。
こうして指定したアプリケーション名は、iOSやAndroidでホーム画面にリンクを追加したときにアプリ名として使用されます。

```
<meta name="application-name"
content="MYアプリ">

<meta name="apple-mobile-web-app-title"
content="MYアプリ">
```

iOS（左）とAndroid（右）でホーム画面にリンクを追加したときの表示。指定したアプリケーション名が使用されています。

Webアプリケーション名が未指定の場合、ホーム画面に追加したリンクのアプリ名はP.028の<title>で指定したページのタイトルになります。また、ホーム画面にリンクを追加したときに表示されるアイコンはP.038の<link>で指定することができます。

Webアプリケーションをスタンドアローンモードで起動

iOSやAndroidでホーム画面に追加したWebアプリケーションのリンクをタップすると、標準ではブラウザで表示されます。ブラウザを使用せず、ネイティブアプリのようにスタンドアローンモード（フルスクリーンモード）で起動するためには、右のようにメタデータを追加します。
「mobile-web-app-capable」にはAndroidが、「apple-mobile-web-app-capable」にはiOSが対応しています。また、スタンドアローンモードでiOSのステータスバーを半透明の黒色にするため、ここでは「apple-mobile-web-app-status-bar-style」の指定も追加しています。Androidでもステータスバーの色を変更する必要がある場合、P.033のテーマカラーの指定を使います。

```
<meta name="mobile-web-app-capable"
content="yes">

<meta name="apple-mobile-web-app-capable"
content="yes">

<meta name="apple-mobile-web-app-status-bar-style"
content="black-translucent">
```

なお、iOS独自のWebアプリケーション関連のメタデータの指定については、下記のドキュメントを参照してください。

Configuring Web Applications
https://developer.apple.com/library/content/documentation/AppleApplications/Reference/SafariWebContent/ConfiguringWebApplications/ConfiguringWebApplications.html

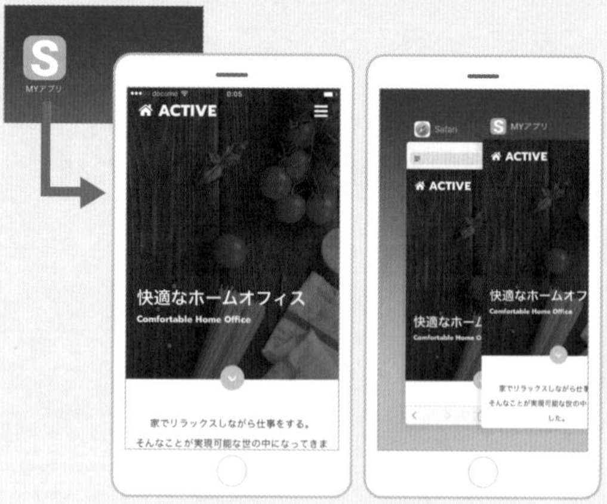

スタンドアローンモードで起動。ブラウザとは別に独立した形で起動されています。

ページの著者名 / 概要 / キーワード / 生成ソフト

name属性を「author」、「description」、「keywords」、「generator」と指定すると、ページの著者名、概要、キーワード、生成に使用したソフトウェアを示すことができます。キーワードについては、複数の値を「,（カンマ）」で区切って記述することが可能です。

これらのうち、Googleの検索エンジンがサポートを表明しているのは「description」の情報で、検索結果の表示に使用する場合があるとされています。

```
<meta name="author" content="著者名">
```

```
<meta name="description"
 content="快適なホームオフィスについて">
```

```
<meta name="keywords"
 content="オフィス,居間,リラックス">
```

```
<meta name="generator" content="WordPress">
```

ビューポートの設定

name属性を「viewport」と指定すると、モバイルデバイスのビューポートに関する設定を行うことができます。

たとえば、デバイスの画面サイズに合わせてページを表示するためには右のように「width=device-width」と指定します。Googleの検索エンジンに「モバイルフレンドリー」なモバイル対応済みのページと判定してもらうためには最低限必要な設定となっています。この設定の有無により、レスポンシブWebデザイン（P.130）で作成したページは次のように表示されます。

```
<meta name="viewport"
 content="width=device-width">
```

Googleの「モバイルフレンドリー」について詳しくは下記のドキュメントを参照してください。

サイトをモバイル対応にする

https://developers.google.com/search/mobile-sites?hl=ja

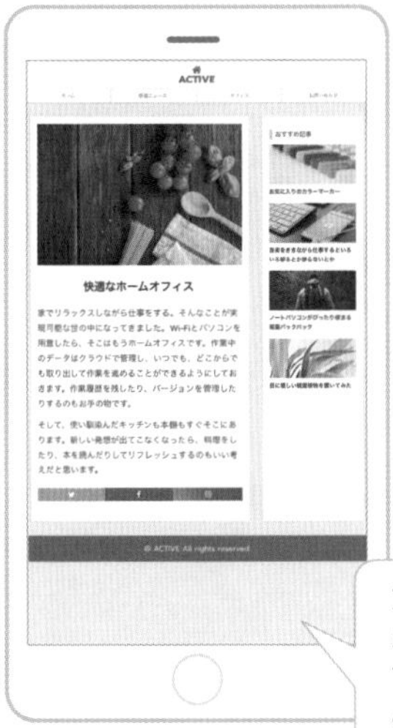
ACTIVE
快適なホームオフィス

ビューポートの設定がないときの表示。大きい画面用のデザインで表示されます。

文字が小さく読みづらくなるため、Google検索エンジンでは「モバイルフレンドリー」と判定されません。

ACTIVE
ホーム
新着ニュース
オフィス
お問い合わせ
快適なホームオフィス
家でリラックスしながら仕事をする。そんなことが実現可能な世の中になってきました。Wi-Fiとパソコンを用意したら、そこはもうホームオフィスです。作業中のデータはクラウドで管理し、いつでも、どこからでも取り出して作業を進めることができるようにしておきます。作業履歴を残したり、バージョンを管理したりするのもお手の物です。

ビューポートの設定を記述したときの表示。デバイスの画面サイズに合わせた表示になります。

Google検索エンジンでは「モバイルフレンドリー」と判定されます。

ユーザーによるページの拡大を禁止する

ユーザーによるページの拡大を禁止したい場合、右のようにminimum-scale、maximum-scale、user-scalableの指定を追加します。ただし、ユーザビリティを阻害するため、ユーザーによるページの拡大は禁止しない方がよいとされています。また、iOS 10以降ではこの指定が機能しなくなっています。

```
<meta name="viewport"
content="width=device-width, minimum-scale=1,
maximum-scale=1, user-scalable=no">
```

リファラの送信

name属性の値を「referrer」と指定すると、ブラウザに対し、リファラの送信（リファラポリシー）について指示することができます。リファラとはリンク元のURLのことで、この情報が送信されなかった場合、リンク先ではどこのページからアクセスが発生したのかを知ることができなくなります。
content属性で指定する値に応じて、リンク元のURL全体（完全なリファラ）や、オリジンのみ（パスを含まないドメインやポート番号までのURL）が送信されます。

```
<meta name="referrer" content="no-referrer">
```

<meta>によるリファラポリシーの指定はページ全体に影響しますが、referrerpolicy属性を利用して、<a>、<area>、<img>、<iframe>、<link>、<script>で個別に指定することも可能です。

```
<a href="http://example.com"
 referrerpolicy="origin">
```

リファラポリシーについて詳しくは、下記のドキュメントを参照してください。

Referrer Policy
https://w3c.github.io/webappsec-referrer-policy/

リファラポリシーの値	処理
no-referrer	送信しない。
no-referrer-when-downgrade	完全なリファラを送信。ただし、安全性が下がる(https→http)場合は送信しない。
same-origin	同一オリジンの場合は完全なリファラを送信。
origin	オリジンのみを含めたリファラを送信。
strict-origin	オリジンのみを含めたリファラを送信。ただし、安全性が下がる(https→http)場合は送信しない。
origin-when-cross-origin	同一オリジンの場合は完全なリファラを送信。それ以外の場合はオリジンのみを送信。
strict-origin-when-cross-origin	origin-when-cross-originと同じだが、安全性が下がる(https→http)場合は送信しない。
unsafe-url	常に完全なリファラを送信する。

検索エンジンのロボットへの指示

name属性の値を「robots」と指定すると、検索エンジンのロボット（クローラ）への指示を記述することができます。Googleのロボットのみに指示したい場合は「googlebot」を使用します。その他にも、name属性の値でロボットの種類を細かく指定することが可能です。
ロボットへの指示内容はcontent属性で指定します。「,（カンマ）」で区切り、複数の指示を記述することもできます。たとえば、ページをインデックスに登録せず、リンクの追跡も行わないように指示する場合は「noindex,nofollow」と指定します。

なお、Googleの検索エンジンが対応しているロボットの種類や指示内容の値について詳しくは、下記のドキュメントを参照してください。

Google クローラ
https://support.google.com/webmasters/answer/1061943

robots メタタグ、data-nosnippet、X-Robots-Tag の仕様
https://developers.google.com/search/reference/robots_meta_tag

```
<meta name="robots"
 content="noindex,nofollow">
```

name属性で指定できる主なロボットの種類

robots	検索エンジン全般
googlebot	Googleの検索エンジン
Googlebot-Image	Googleの画像用の検索エンジン
Googlebot-News	Googleのニュース用の検索エンジン

content属性で指定できる主な指示内容

noindex	ページをインデックスに登録しない（検索結果に表示しない）
nofollow	ページ内のリンクを追跡しない
noarchive	ページをキャッシュしない

iOSの電話番号の自動リンクをオフ

iOSはページ内の電話番号や、電話番号に類似した数字に自動的にリンクを設定し、ワンタップで電話をかけることができるようにします。この機能をオフにしたい場合には、右のようにメタデータを指定します。

```
<meta name="format-detection"
content="telephone=no">
```

ページのテーマカラー

name属性の値を「theme-color」と指定すると、ページのテーマカラーを示すことができます。Androidが対応しており、ステータスバーやブラウザのタブの色の表示に反映されます。

```
<meta name="theme-color" content="orange">
```

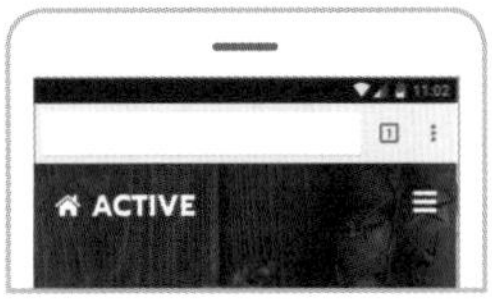

テーマカラーを指定していないときの表示。

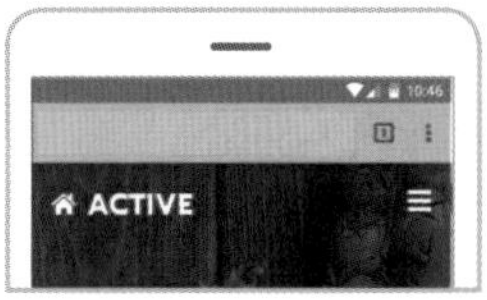

テーマカラーをオレンジ色（orange）に指定したときの表示。

<meta> の http-equiv 属性で示すことができるメタデータ

<meta> の http-equiv 属性では、HTTP ヘッダーと同等の情報を明示することができます。

http-equiv属性の値	メタデータの種類
content-type	エンコードの種類
content-language	言語の種類
set-cookie	クッキーの設定
default-style	優先代替スタイルシート

http-equiv属性の値	メタデータの種類
refresh	リフレッシュ
content-security-policy	コンテンツセキュリティポリシー(P.054参照)
x-ua-compatible	IEのレンダリングモード

エンコードの種類／言語の種類

http-equiv 属性の「content-type」ではエンコードの種類を、「content-language」では言語の種類を示すことができます。どちらも HTML4.01 時代の記述形式で、HTML5 では charset 属性（P.029）と lang 属性（P.025）の記述に置き換えることが推奨されています。

```
<meta http-equiv="content-type"
 content="text/html;charset=UTF-8">
```

```
<meta http-equiv="content-language"
 content="ja">
```

クッキーの設定

「set-cookie」ではクッキーの設定を記述することができます。ただし、<meta> による指定よりも HTTP ヘッダーの利用が推奨されています。

```
<meta http-equiv="set-cookie" content="～">
```

優先代替スタイルシート

「default-style」では P.038 の <link> や P.043 の <style> で指定した代替スタイルシートのうち、標準でページに適用したい優先代替スタイルシートを指定することができます。

```
<link rel="alternate stylesheet"
href="dark.css" title="ダークテーマ">
<link rel="alternate stylesheet"
href="light.css" title="ライトテーマ">
<meta http-equiv="default-style"
content="ダークテーマ">
```

リフレッシュ

「refresh」ではページのリロードやリダイレクトを指定することができます。ただし、ユーザーが止める手段がないことや、検索エンジンに「移転によるリダイレクト」といった情報を伝えることができないため、あまり利用しない方がよいとされています。

```
<meta http-equiv="refresh" content="60">
```

60秒間隔でページをリロード。

```
<meta http-equiv="refresh"
content="10; url=https://example.com/">
```

10秒後に「url= ～」で指定したページにリダイレクト。

IE のレンダリングモード

IE で互換表示になるのを防ぎ、常に標準規格に準拠したレンダリングでページを表示するためには、右のように X-UA-Compatible を指定します。

```
<meta http-equiv="X-UA-Compatible"
content="IE=edge">
```


HTML 関連した URL についての情報

<link rel="リンクタイプ" href="URL">

CONTENT MODEL
なし

<link> を利用すると、ページと関連した外部リソースの URL を明示することができます。このとき、rel 属性でリソースの種類（リンクタイプ）を、href 属性で URL を明示します。
HTML5 で定義されたリンクタイプは以下のようになっています。右のドキュメントに掲載された、拡張されたリンクタイプの値も利用できます。

```
<link rel="author" href="https://~/">
```

リンクタイプを「author」と指定し、著者情報のURLを明示したもの。

existing rel values: HTML5 link type extensions
http://microformats.org/wiki/existing-rel-values#HTML5_link_type_extensions

HTML5で定義されたrel属性の値	リンクタイプ	<link>	<a><area>
alternate	代替情報	○	○
author	著者情報	○	○
bookmark	パーマリンク	-	○
canonical	正規URL	○	-
external	外部リンク	-	○
help	ヘルプ情報	○	○
icon	アイコン	○	-
license	ライセンス情報	○	○
manifest	PWAのマニフェストファイル	○	-
next	次のページ	○	○
prev	前のページ	○	○
nofollow	リンク先を追跡しない	-	○
noreferrer	リファラを送信しない	-	○
noopener	リンク元への操作を禁止	-	○
opener	リンク元への操作を許可	-	○

HTML5で定義されたrel属性の値	リンクタイプ	<link>	<a><area>
dns-prefetch	DNSプリフェッチ	○	-
modulepreload	モジュールプリロード	○	-
preconnect	プリコネクト	○	-
prefetch	プリフェッチ	○	-
preload	プリロード	○	-
prerender	プリレンダー	○	-
pingback	ピングバック	○	-
search	検索機能	○	○
stylesheet	外部スタイルシート	○	-
tag	属するタグ	-	○

拡張されたrel属性の主な値	リンクタイプ	<link>	<a><area>
apple-touch-icon	iOS用のアイコン	○	-
category	属するカテゴリー	-	○

正規のURLを明示する

Googleの検索エンジンは、内容が同じ、または似ているページが異なるURLで重複して存在することを嫌います。そのため、重複の可能性がある場合などにはリンクタイプの「canonical」を利用して正規URLを明示することが推奨されています。

```
<link rel="canonical"
 href="https://example.com/">
```

重複したURLを統合する
https://support.google.com/webmasters/answer/139066?hl=ja

ヘルプ情報のURLを明示する

「help」では、ドキュメントについてのヘルプページやFAQページのURLを明示します。

```
<link rel="help" href="help.html">
```

ライセンス情報のURLを明示する

「license」では、ドキュメントに関するライセンス情報のURLを明示します。ライセンス情報は<a>のrel属性でも明示できます。

```
<link rel="license" href="license.html">
```

マニフェストファイルのURLを明示する

「manifest」ではPWAのマニフェストファイルのURLを明示します。

```
<link rel="manifest"
 href="/manifest.webmanifest">
```

前後のページのURLを明示する

「prev」と「next」では、前のページと次のページのURLを明示します。

```
<link rel="prev" href="part01.html">
<link rel="next" href="part03.html">
```

ピングバック用のURLを明示する

「pingback」ではブログなどで使用されるピングバック用のURLを明示します。

```
<link rel="pingback"
 href="https://example.com/core/xmlrpc.php">
```

リソースに関する情報を補足する

リソースに関する情報は<link>の属性で補足することができます。

<link>の属性	補足できる情報
crossorigin	クロスオリジンの設定(P.105を参照)。
integrity	サブリソース完全性の設定(P.040を参照)。
media	メディアクエリ(P.131を参照)。
hreflang	言語の種類。

<link>の属性	補足できる情報
referrerpolicy	リファラの設定(P.032を参照)。
type	MIMEタイプ。
sizes	アイコンサイズ。

たとえば、リソースが「代替情報（alternate)」であることを明示し、属性で情報を補足すると次のようになります。

PDF ファイル

media、hreflang、type 属性を利用して、代替情報として印刷用の日本語の PDF ファイルがあることを明示しています。

```
<link rel="alternate" href="print.pdf"
media="print" hreflang="ja"
type="application/pdf" >
```

英語版のページ

hreflang 属性を利用して、代替情報として英語版のページがあることを明示しています。

```
<link rel="alternate"
 href="https://example.com/en/"
 hreflang="en">
```

言語や地域の URL に hreflang を使用する
https://support.google.com/webmasters/answer/189077?hl=ja

フィード

type 属性を利用して、RSS フィードがあることを明示しています。

```
<link rel="alternate"
 href="https://example.com/feed/"
 type="application/rss+xml">
```

外部スタイルシートを指定する

リンクタイプを「stylesheet」と指定すると、外部スタイルシートファイルの URL であることを示し、スタイルシートの設定をページに適用することができます。

```
<link rel="stylesheet" href="style.css">
```

外部スタイルシートファイルの基本設定

外部スタイルシートファイルは「.css」という拡張子で作成し、CSSでデザインの設定を記述していきます。このとき、1行目には@charsetでエンコードの種類を明記し、文字化けを防ぎます。
また、@importを利用すると、スタイルシートの設定内に別の外部スタイルシートを読み込みことも可能です。

style.css

```
@charset "UTF-8";
@import url(style-sub.css);
h1 {color: orange;}
…
```

@importを利用する場合は@charsetに続けて記述します。

代替スタイルシート

rel属性では複数のリンクタイプを半角スペースで区切って指定できます。
たとえば、「alternate stylesheet」と指定すると、外部スタイルシートが代替スタイルシートとして扱われ、ブラウザのメニューからユーザーが選択することでページに適用されるようになります。ただし、メニューが用意されているのはFirefoxとIEのみとなっており、他のブラウザでは代替スタイルシートは適用されません。

```
<link rel="alternate stylesheet"
href="dark.css" title="ダークテーマ">

<link rel="alternate stylesheet"
href="light.css" title="ライトテーマ">
```

2つの代替スタイルシートを指定したもの。title属性で指定した名前がメニューに表示されます。

アイコンを指定する

リンクタイプを「icon」と指定すると、ページのアイコンを示すことができます。iOS にも対応する場合、「apple-touch-icon」でもアイコンを指定しておきます。
ページのアイコンはブラウザのタブやブックマークの表示に使用されるほか、iOS や Android ではホーム画面にリンクを追加したときのアイコン（Web クリップアイコン）としても使用されます。
現在のところ、iOS で最大 180 × 180 ピクセル、Android で最大 192 × 192 ピクセルで表示されるため、これらより大きい画像を用意します。

```
<link rel="icon" href="icon192.png">

<link rel="apple-touch-icon"
 href="icon180.png">
```

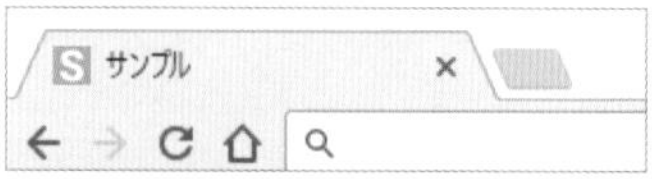

Chromeのタブに表示されたアイコン。

iOSでホーム画面にリンクを追加したときの表示。

Androidでホーム画面にリンクを追加したときの表示。

アイコン画像に関する補足情報

複数のアイコン画像の選択肢を用意する場合、sizes属性で画像サイズを、type属性でファイルの種類を明示することができます。

```
<link rel="icon" href="favicon.io"
 type="image/x-icon" sizes="32x32">

<link rel="icon" href="icon192.png"
 type="image/png" sizes="192x192">
```

リソースの先読み

次のリンクタイプでは、ブラウザに必要なリソースを伝え、必要に応じて先読みするように指示・提案します。

プリロード

「preload」は、ブラウザにリソースの先読みを指示します。これは強制的な指示となるため、注意が必要です。
as属性ではリソースの種類を指定します。指定できる値については右記のドキュメントを参照してください。

```
<link rel="preload" as="style"
 href="critical.css">
```

as属性の値
https://developer.mozilla.org/ja/docs/Web/HTML/Element/link#attr-as

モジュールプリロード

「modulepreload」は、モジュールスクリプトに特化した先読みを指示します。

```
<link rel="modulepreload"
 href="app.mjs">
```

プリコネクト

「preconnect」は、他のサイト（異なるオリジン）への接続が必要であることを伝え、できるだけ早く処理を開始するようにブラウザに提案します。

```
<link rel="preconnect"
 href="https://example.com">
```

DNSプリフェッチ

「dns-prefetch」は「preconnect」のサブセットのようなもので、DNSルックアップの処理を開始するようにブラウザに提案します。

```
<link rel="dns-prefetch"
 href="https://example.com">
```

※FirefoxはHTTPのみ対応。

プリフェッチとプリレンダー

「prefetch」は、ユーザーの操作などに応じて将来的に必要になるリソース（リンク先のページなど）であることを伝えます。ブラウザは現在のページの読み込みが完了した後に、指定されたリソースを読み込みます。
「prerender」と指定すると、ブラウザに対して読み込みだけでなくレンダリングも先行して実行するように提案します。

```
<link rel="prefetch"
 href="nextpage.html">
```

```
<link rel="prerender"
 href="nextpage.html">
```

※Firefoxはprefetchに対応、prerenderには未対応。

サブリソース完全性（SRI）の設定

integrity属性を利用すると、読み込むリソースが意図せず改ざんされていないかをブラウザが検証できるようになります。integrity属性ではリソース側と一致するハッシュ値を指定します。
たとえば、アイコンフォントのFont Awesomeの<link>には右のようにintegrity属性が指定されています。

```
<link rel="stylesheet" href="https://
use.fontawesome.com/…/css/all.css"
integrity="sha384-XXXXXXXXXXXXXXXXXXXXXX"
crossorigin="anonymous">
```

なお、integrity属性を指定できる<link>はrel属性の値が「stylesheet」、「preload」、「modulepreload」である必要があります。

クイックWebサイト検索に対応する

macOSとiOS版のSafari、PC版のChromeには「クイックWebサイト検索」と呼ばれる機能が用意されています。この機能を利用すると、アドレス欄に「サイト名またはURL＋キーワード」と入力するだけで、指定したサイトの検索機能を使って検索を実行することができます。

たとえば、Amazonの検索機能を使って検索を実行したい場合、アドレス欄に「amazon キーワード」や「amazon.co.jp キーワード」と入力します。すると、過去にAmazonを利用したことがあれば、Google検索以外に「amazon.co.jpを検索」という選択肢が表示され、Amazonのサイト上の検索機能を直接利用することができます。

iOS Safariでクイック Webサイト検索を利用したときの表示。

アドレス欄に「amazon キーワード」と入力。

Amazonで検索するための選択肢が表示されます。

ChromeでクイックWebサイト検索を利用したときの表示。

アドレス欄に「amazon.co.jp キーワード」と入力すると、Amazonで検索を実行する表示になります。

サイトで提供している検索機能がある場合、Amazonと同じようにクイックWebサイト検索に対応することができます。そのためには、検索機能に関する情報を記述したXMLファイルを用意し、リンクタイプを「search」と指定した<link>で指定します。
XMLファイルではOpenSearchという規格に従い、検索機能に関する情報を右のような形式で記述します。
これで、この設定を記述したページに頻繁にアクセスしたり、そのサイトの検索機能を利用したりしていると、自動的にXMLファイルで明示した情報がブラウザに登録され、クイックWebサイト検索で利用できるようになります。

```
<link rel="search"
type="application/opensearchdescription+xml"
href="opensearch.xml" title="サンプル">
```

XMLファイル

```
<?xml version="1.0"?>
<OpenSearchDescription
 xmlns="http://a9.com/-/spec/opensearch/1.1/">
<ShortName>Example</ShortName>
<Image width="16" height="16" type="image/x-icon">
https://example.com/favicon.ico
</Image>
<Url type="text/html" method="get"
template="https://example.com/?s={searchTerms}" />
</OpenSearchDescription>
```

検索を実行するURLを指定。検索キーワードが入る部分は{searchTerms}と記述します。

OpenSearch

http://www.opensearch.org/

OpenSearchは、Amazonの子会社であるA9.comが提唱した規格で、検索結果の活用や検索エンジンの識別などを可能にします。

XMLファイルで明示した情報がブラウザに登録されたことを確認する

XMLファイルで明示したサイトの検索機能に関する情報がブラウザに登録されると、管理画面の右の場所にサイトのURLが表示されます。

macOS Safariの場合
[Safari>環境設定>検索]の「Webサイトを管理」。

Chromeの場合
[設定>検索]の「検索エンジンの管理」。

クイックWebサイト検索の有効化

SafariのクイックWebサイト検索の機能は標準で有効になっていますが、機能しない場合は右の設定が有効になっていることを確認してください。

macOS Safariの場合
[Safari>環境設定>検索]の「クイックWebサイト検索を有効にする」。

iOS Safariの場合
[設定>Safari]の「クイックWebサイト検索」。

ベース URL

<base href="ベースURL">

CONTENT MODEL
なし

<base> ではベース URL を明示することができます。たとえば、右のようにベース URL を「https://example.com/」と指定すると、<base> より後に相対パスで記述した URL は以下のように処理されます。

```
<base href="https://example.com/">

<link rel="stylesheet" href="style.css">

<link rel="icon" href="img/icon.png">
```

記述したURL	ブラウザで処理されるURL
style.css	https://example.com/style.css
img/icon.png	https://example.com/img/icon.png

<base>ではtarget属性でブラウジングコンテキストを指定することもできます。ブラウジングコンテキストについてはP.076を参照してください。

内部スタイルシート（エンベッドスタイルシート）

<style> ... </style>

CONTENT MODEL
スタイルシートの設定

<style> を利用すると、スタイルシートの設定を記述することができます。P.037 の外部スタイルシートに対し、内部スタイルシート（エンベッドスタイルシート）と呼ばれます。

```
<style>
h1 {color: red;}
...
</style>
```

<style> の属性

<style> では media 属性でメディアクエリを指定することができます。

```
<style media="screen and (min-width: 1000px)">
h1 {color: red;}
...
</style>
```

属性	機能
media	メディアクエリ(P.131を参照)。

W3Cの勧告（HTML5.2）に含まれていた<style>のtype属性は削除されています。

内部スタイルシートを代替スタイルシートにする

外部スタイルシートと同じように、内部スタイルシートも代替スタイルシートにすることができます。そのためには、title属性で代替スタイルシートの名称を指定します。代替スタイルシートについてはP.038を参照してください。

なお、<style>で指定した代替スタイルシートのうち、最初の1つは優先代替スタイルシートとして扱われ、標準でページに適用されます。優先代替スタイルシートはP.034の<meta>の指定で変更できます。

```
<style title="ダークテーマ">
  body {background: black;}
</style>

<style title="ライトテーマ">
  body {background: white;}
</style>
```

2つの代替スタイルシートを指定したもの。title属性で指定した名前がメニューに表示されます。

HTML スクリプト

```
<script src="~"></script>
<script> ... </script>
```

CONTENT MODEL
src属性がある場合:
空またはスクリプトについての説明
src属性がない場合:
type属性で明示したスクリプトの設定

スクリプトを利用するためには、<script>のsrc属性で外部スクリプトを指定するか、<script>の中にスクリプトソースを記述します。
たとえば、右のサンプルでは1つ目の<script>でjQueryライブラリを読み込み、2つ目の<script>にjQueryを利用したスクリプトソースを記述しています。

なお、<script>は<head>内だけでなく、<body>内に記述することも可能です。

```
<script src="https://code.jquery.com/jquery-
3.2.1.min.js"></script>

<script>
$(function(){
  $(".button").click(function(){
    $(".nav").slideToggle();
  });
});
</script>
```

src属性で外部スクリプトを指定した場合、<script>の中にはスクリプトについての説明を記述することができます。説明はテキスト形式で、「//」でコメントアウトして記述します。記述した情報は画面表示やスクリプトの処理には影響しません。

```
<script src="https://code.jquery.com/
jquery-3.2.1.min.js">
// jQuery 3.2.1
// jQueryライブラリを利用するための設定です。
</script>
```

<script> の属性

<script> で指定できる属性は右のようになっています。type 属性ではスクリプトの種類を明示しますが、省略した場合は「text/javascript」として扱われます。そのため、JavaScript や JavaScript ライブラリの jQuery などを利用する場合は省略することができます。

属性	機能
src	外部スクリプトの指定。
type	スクリプトの種類。
nomodule	ES6モジュールに未対応なブラウザ用。
async	外部スクリプトを非同期に読み込んで実行。
defer	外部スクリプトを非同期に読み込んでDOM構築完了直後に実行。
crossorigin	クロスオリジンの設定(P.105を参照)。
integrity	サブリソース完全性の設定(P.040を参照)。
referrerpolicy	リファラの設定(P.032を参照)。

ES6 モジュールに未対応なブラウザ用であることを明示

nomodule 属性を指定すると、ES6 モジュールに未対応なブラウザ用のスクリプトであることを明示できます。ES6 モジュールに対応したブラウザ(Chrome、Safari、Firefox、Edge)では実行されず、未対応なブラウザ(IE11)では実行されます。

```
<script nomodule>
  …
</script>
```

外部スクリプトの非同期読み込みと実行

外部スクリプトの読み込み中はブラウザによる DOM の構築処理が中断されるため、ページの表示速度を遅くする一因となります。

このような場合に async 属性や defer 属性を指定すると、処理を止めずに非同期でスクリプトを読み込ませ、表示の高速化を期待することができます。なお、async 属性では読み込みが完了次第、defer 属性では DOM 構築完了直後にスクリプトが実行されます。

```
<script src="https://code.jquery.com/jquery-3.2.1.min.js" async></script>
```

近年はGoogle Analyticsといった外部サービスでも、async属性を含む非同期対応のスクリプトが提供されるようになっています。一方で、闇雲にasyncやdefer属性を指定するとスクリプトが正しく動作しなくなるケースもあるため、よく確認した上で設定することが求められています。

スクリプトが動作しない環境用の情報

<noscript> ... </noscript>

CONTENT MODEL
<head>の子要素の場合:
ゼロまたは1つ以上の<link>/<meta>/<style>
<body>の子要素の場合:
トランスペアレント

<noscript> を利用すると、スクリプトが動作しない環境用の情報を明示することができます。スクリプトが動作する環境では <noscript> は何も明示せず、表示にも影響しません。
<noscript> は <head> 内と <body> 内のどちらでも使用することができます。<head> 内で使用した場合、<noscript> 内には <link>、<meta>、<style> によるメタデータを記述することができます。たとえば、スクリプトが動作しない環境でボタンの表示を隠したい場合、右のように記述します。

<body> 内での使用例については P.099 を参照してください。

```
<script src="https://code.jquery.com/jquery-
3.2.1.min.js"></script>

<script>
$(function(){
  $(".button").click(function(){
    $(".nav").slideToggle();
  });
});
</script>

<noscript>
<style>
  .button {display: none;}
</style>
</noscript>
```

テンプレートの情報

<template> ... </template>

CONTENT MODEL
なし

<template> を利用すると、テンプレートとして利用する HTML ソースを明示することができます。<head> 内と <body> 内のどちらにでも記述することができ、スクリプトを使って HTML ドキュメント内に挿入します。
詳しくは P.098 を参照してください。

```
<template>
  <article>
    <img>
    <h2></h2>
  </article>
</template>
```

2-3 ボキャブラリーを使ったメタデータの記述

コンテンツの内容をより詳細に明示するためのボキャブラリー

HTML5の各タグにはセマンティクスが振られていますが、それだけで不十分な場合にはボキャブラリー（語彙）を利用して情報を付加し、コンテンツの内容をより詳細に明示します。
近年、一般的に利用されているのはOGPとschema.orgの2つのボキャブラリーです。OGPはFacebookなどのSNSで、schema.orgはGoogleなどの検索エンジンで使用されています。そこで、ここではOGPとschema.orgで情報を付加する方法を解説していきます。

OGP（The Open Graph protocol）
http://ogp.me/
Facebookが策定した規格で、FacebookやTwitterなど、主要なSNSで利用されています。

schema.org
http://schema.org/
検索エンジン大手のGoogle、Microsoft（Bing）、Yandex、Yahoo! が共同でボキャブラリーを管理するために立ち上げたもので、それぞれの検索エンジンで対応が進められています。

ボキャブラリーの記述に利用できるシンタックス

ボキャブラリーで情報を付加するために利用できる規格（シンタックス）としては、JSON-LD、Microdata、RDFaが挙げられます。
いずれの規格もHTMLのタグや属性を利用して情報の付加を行うもので、OGPとschema.orgについては右のシンタックスで記述することができます。

ボキャブラリー	利用できるシンタックス
OGP	RDFa
schema.org	JSON-LD / Microdata / RDFa

Microdata
https://html.spec.whatwg.org/multipage/microdata.html
HTML Living Standard（HTML5）の規格の一部として策定されています。
itemprop属性やitemtype属性などを使って情報を明示します。

JSON-LD
https://www.w3.org/TR/json-ld/
JSONをベースにボキャブラリーを記述する規格です。<script>で埋め込み、HTMLのマークアップとは分離して管理できるのが特徴で、Googleの検索エンジンではJSON-LDの利用が推奨されています。

RDFa
https://www.w3.org/TR/rdfa-primer/
3つのシンタックスの中では最も古くから策定作業が進められてきた規格で、数多くのボキャブラリーの記述に使用されています。
property属性やvocab属性などを使って情報を明示します。

OGP (The Open Graph protocol)

OGP で Web ページに関する情報を明示しておくと、SNS でページがシェアされたときに使用されます。たとえば、記事のタイトルや画像などの情報を明示し、Facebook でページをシェアすると、明示した情報が右のような形で表示されます。

OGP で明示できる情報は「メタタグ」として定義されており、ここでは次のような基本的なメタタグを使用して情報を明示しています。情報の記述には HTML の <meta> と RDFa の property 属性を使用します。

メタタグ	明示できる情報
og:site_name	サイト名
og:locale	言語の種類 (日本語: ja_JP / 英語: en_US など)
og:type	コンテンツの種類 (ニュースやブログの記事: article / 書籍: book / 汎用的なページ: website など)
og:title	タイトル
og:url	正規URL
og:description	概要
og:image	画像
og:image:width	画像の横幅
og:image:height	画像の高さ
fb:app_id	FacebookのアプリID

OGPで定義されているメタタグについて詳しくは以下のドキュメントを参照してください。

ウェブ管理者向けシェア機能ガイド
https://developers.facebook.com/docs/sharing/webmasters

Facebookでページをシェアしたときの表示。

記事の画像、タイトル、概要などが表示されます。

```
<!DOCTYPE html>
<html lang="ja">
<head>
<meta charset="UTF-8">
<meta name="viewport" content="width=device-width">
<title>快適なホームオフィス</title>

<meta property="og:site_name" content="ACTIVE">
<meta property="og:locale" content="ja_JP">
<meta property="og:type" content="article">
<meta property="og:title" content="快適なホームオフィス">
<meta property="og:url"
 content="http://example.com/office/">
<meta property="og:description"
 content="ホームオフィスのメリットや運用ポイントなどを紹介しています">
<meta property="og:image"
 content="http://example.com/office/img/home.jpg">
<meta property="og:image:width" content="1500">
<meta property="og:image:height" content="1000">
<meta property="fb:app_id" content="XXXXXXXXXXX">

</head>
```

OGPの記述チェック

OGPの記述に問題がないかどうかチェックするためには、Facebookが提供している「シェアデバッガー」を利用します。チェックしたいページのURLを指定して「デバッグ」をクリックすると、右のように取得した情報とシェアしたときのプレビューが表示されます。

問題がある場合は「修正が必要な問題」として表示されますので、指示に従って修正します。

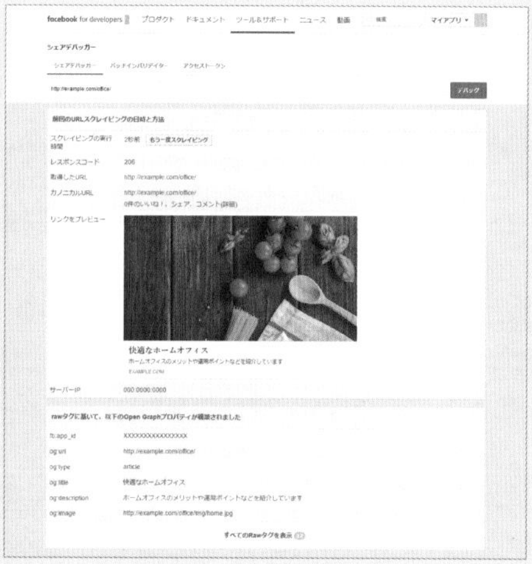

Facebookのシェアデバッガー
https://developers.facebook.com/tools/debug/sharing/

FacebookのアプリIDの取得

FacebookのシェアデバッガーではFacebookのアプリIDの記述が求められます。アプリIDはページとFacebookのアカウントを紐付けするもので、アプリを作成して取得します。
なお、アプリIDを記述していないくても、SNSでシェアしたときの表示には影響しません。

Facebook for Developers:
アプリ開発
https://developers.facebook.com/docs/apps/

利用するボキャブラリーの明示

RDFaで利用するボキャブラリーは、<head>のprefix属性で明示します。たとえば、OGPのメタタグ「og:~」と「fb:~」の利用を明示する場合、右のように記述します。
ただし、RDFa 1.1では主要ボキャブラリーが標準で定義されており、定義済みのボキャブラリーについてはprefix属性で明示する必要はなくなっています。OGPの場合、「og」は定義済みとなっていますが、「fb」は定義済みリストに含まれていません。そのため、「fb」はprefix属性での明示が求められることになります。

```
<!DOCTYPE html>
<html lang="ja">
<head prefix="og: http://ogp.me/ns# fb:
http://ogp.me/ns/fb#">
…
```

RDFa Core Initial Context
（RDFaで定義済みのボキャブラリー）
https://www.w3.org/2011/rdfa-context/rdfa-1.1

schema.org

schema.orgでWebページに関する情報を明示すると、検索エンジンの検索結果に反映されます。特に、Googleの検索エンジンはschema.orgで明示された情報を活用しており、スタンダードな形式の検索結果に情報を付加したり、リッチリザルトやナレッジパネルといった特別な形式で表示を行い、ユーザーが求める情報をよりわかりやすい形で提示しようとしています。

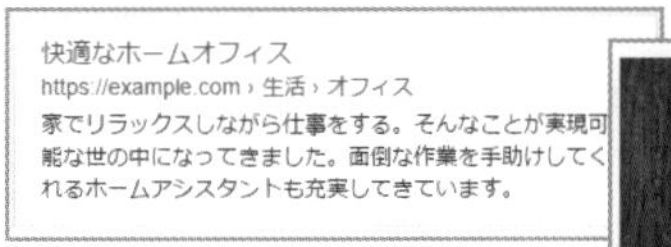
快適なホームオフィス
https://example.com › 生活 › オフィス
家でリラックスしながら仕事をする。そんなことが実現可能な世の中になってきました。面倒な作業を手助けしてくれるホームアシスタントも充実してきています。

快適なホームオフィス
ACTIVE

Googleの検索エンジンの検索結果の表示。スタンダードな形式（上）やリッチリザルトの形式（右）で表示されます。

```
<script type="application/ld+json">
{
  "@context": "http://schema.org/",
  "@type": "Article",
  "mainEntityOfPage": "http://example.com/office/",
  "headline": "快適なホームオフィス", …
}
</script>
```

Googleの検索エンジンが取得する情報

schema.orgで明示できる情報は多岐にわたっており、Googleの検索エンジンがどのような情報を取得し、どのように検索結果の表示に反映させるかは、右のページで確認することができます。たとえば、記事、パンくずリスト、レシピ、コース、レストラン、映画、レビュー、ハウツー、ローカルビジネス、組織ロゴ、Q&A、クチコミ、ビデオといった情報が取得され、特別な形式で表示されることになっています。
取得される情報の種類は年々増えており、日本語検索にも順次導入されています。また、特別な形式で表示されるのは大手サイトに限られるケースが多いものの、少しずつ一般サイトに解放されていく傾向もあります。

こうした情報をschema.orgで明示する方法については、右のページから各情報の解説ページを開いて確認することができます。ここでは、基本的な記事に関する情報を明示する方法を確認していきます。

検索ギャラリーを見る
Article
使ってみる
Book
使ってみる
パンくずリスト
そのページがサイト階層内のどこに位置するかを示すリスト。
使ってみる
カルーセル

検索ギャラリーを見る
https://developers.google.com/search/docs/guides/search-gallery

schema.orgのアイテムタイプ

schema.orgのボキャブラリーには、記事を示す「Article」や、イベントを示す「Event」、人物を示す「Person」など、さまざまなアイテムタイプが用意されており、これらを利用してさまざまなページの内容を明示していきます。

用意されたアイテムタイプの一覧は右のページで確認することができます。
アイテムタイプは「Thing」を頂点とした階層構造になっており、深い階層のアイテムタイプほど内容を具体的に明示するものとなっています。

たとえば、記事であることを示す「Article」は「Thing > CreativeWork > Article」に位置しており、子階層にはより詳細に記事の種類を明示する「NewsArticle」や「Report」、「BlogPosting」などが用意されています。そのため、どの程度詳細に情報を明示したいかに応じて、適当なアイテムタイプを選択できるようになっています。

ただし、記事に関する情報を明示する場合、Googleの検索エンジンでは「Article（記事）」、「NewsArticle（ニュース記事）」、「BlogPosting（ブログ記事）」のいずれかのアイテムタイプの利用が求められています。

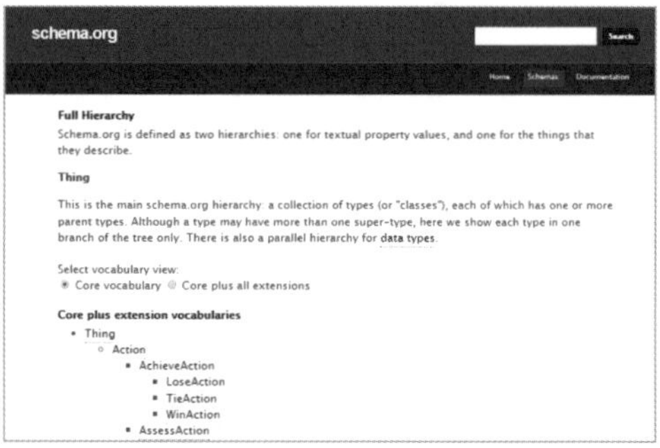

Full Hierarchy（アイテムタイプの一覧ページ）
http://schema.org/docs/full.html

アイテムタイプ	明示する情報
Thing	基本タイプ
└ CreativeWork	クリエイティブ・ワーク
└ Article	記事
└ NewsArticle	ニュース記事
└ Report	レポート
└ ScholarlyArticle	学術記事
└ SocialMediaPosting	ソーシャルメディアの投稿
└ BlogPosting	ブログ記事
└ LiveBlogPosting	ライブブログの記事
└ DiscussionForumPosting	フォーラムの投稿
└ TechArticle	テクニカル記事
└ APIReference	APIについてのリファレンス
└ WebPage	Webページ
└ MediaObject	メディアオブジェクト
└ ImageObject	画像
└ VideoObject	ビデオ
└ Organization	組織・団体
└ Person	人物
└ Event	イベント

アイテムタイプごとのプロパティ

各アイテムタイプには、アイテムに関する情報を明示するためのプロパティが用意されています。利用できるプロパティは、アイテムタイプの一覧ページから各アイテムタイプのページを開いて確認することができます。

たとえば、「Article」アイテムタイプで利用できるプロパティを確認すると、約100種類ものプロパティが用意されていることがわかります。

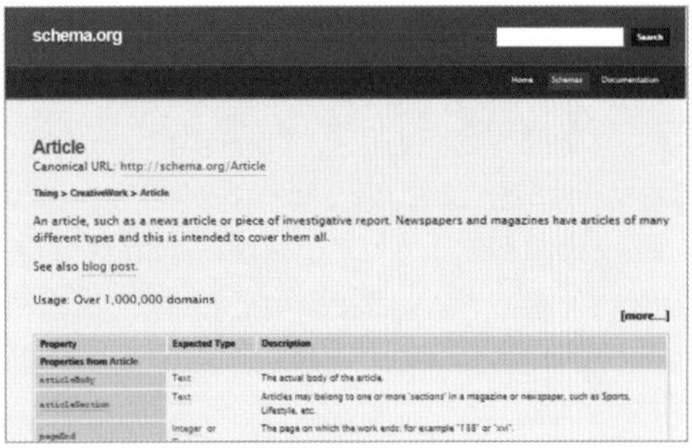

Article
http://schema.org/Article

この中で、Googleの検索エンジンが扱うものは右のようになっています。
なお、『image』、『publisher』、『author』プロパティについては、値として「ImageObject」、「Organization」、「Person」アイテムタイプを利用して、より詳細な情報を明示することを求めています。

「Article」アイテムタイプのプロパティ	明示する情報
mainEntityOfPage	正規URL
headline	記事のタイトル
description	記事の概要
datePublished	記事の投稿日
dateModified	記事の更新日
image	記事の画像
アイテムタイプ	「ImageObject」
url	URL
width	横幅
height	高さ
publisher	記事の発行者
アイテムタイプ	「Organization」
name	名前
logo	ロゴ
アイテムタイプ	「ImageObject」
url	URL
width	横幅
height	高さ
author	記事の著者
アイテムタイプ	「Person」
name	名前

「Article」アイテムタイプで利用できるプロパティは、子階層のアイテムタイプである「NewsArticle」や「BlogPosting」でも利用することができます。
そのため、「Article」アイテムタイプのプロパティで情報を明示しておけば、後から「Article」を「NewsArticle」や「BlogPosting」に変更することができます。

ページの表示を高速化するGoogleのAMPでは、記事に関する情報として右のプロパティの記述が必須となっています。AMPについて詳しくは下記のサイトを参照してください。

AMP
https://amp.dev/ja/

Microdataを利用してHTMLドキュメントに埋め込む

schema.orgのアイテムタイプとプロパティで構成されるボキャブラリーは、Microdataを使ってHTMLドキュメントに埋め込むことができます。たとえば、★印をつけた<h1>の場合は、『headline』というセマンティクスが明示されています。これは、親要素と合わせてschema.orgの「Article」アイテムタイプにおける『headline』だと解釈されるわけです。

```
<article itemscope
itemtype="http://schema.org/Article">
…
<h1 itemprop="headline">快適なホームオフィス</h1>
…
</article>
```

★印をつけたところのように、HTMLのドキュメント構造をそのまま活用し、入れ子の形でセマンティクスを明示することもできます。

```
<article itemscope
itemtype="http://schema.org/Article">
…
  <address itemprop="author" itemscope
  itemtype="http://schema.org/Person">
    WRITTEN BY
    <span itemprop="name">花子</span>
  </address>
…
</article>
```

画面に表示したくないものに対してセマンティクスを明示したい場合には、★印をつけた箇所のように、<div>と<meta>を使って記述します。HTML5では<meta>を記述できるのは<head>内に限られていますが、Microdataの属性を指定した場合は<body>内に記述できるようになります。

```
<div itemprop="publisher" itemscope
itemtype="http://schema.org/Organization">
  <meta itemprop="name" content="ACTIVE">
  …
</div>
```

```
<article itemscope
itemtype="http://schema.org/Article">

  <meta itemprop="mainEntityOfPage"
  itemscope itemtype="http://schema.org/WebPage"
  itemid="http://example.com/office/">

  <div itemprop="image" itemscope
  itemtype="http://schema.org/ImageObject">
    <img src="img/home.jpg" alt="">
    <meta itemprop="url"
     content="http://example.com/office/img/home.jpg">
    <meta itemprop="width" content="1500">
    <meta itemprop="height" content="1000">
  </div>

  <h1 itemprop="headline">快適なホームオフィス</h1>  ★

  <meta itemprop="description"
  content="ホームオフィスのメリットや運用ポイントなどを紹介しています">

  <time itemprop="datePublished"
  datetime="2017-06-01">
    投稿日：2017年06月01日</time>
  <time itemprop="dateModified"
  datetime="2017-06-10">
    更新日：2017年06月10日</time>

  <address itemprop="author" itemscope
  itemtype="http://schema.org/Person">
  WRITTEN BY <span itemprop="name">花子</span>  ★
  </address>

  <div itemprop="publisher" itemscope
  itemtype="http://schema.org/Organization">
    <meta itemprop="name" content="ACTIVE">
    <div itemprop="logo" itemscope
    itemtype="http://schema.org/ImageObject">
      <meta itemprop="url"
       content="http://example.com/icon.jpg">  ★
      <meta itemprop="width" content="60">
      <meta itemprop="height" content="60">
    </div>
  </div>

  <p>家でリラックスしながら仕事をする。そんなことが実現
可能な世の中になってきました。面倒な作業を手助けしてくれ
るホームアシスタントも充実してきています。</p>
…
</article>
```

JSON-LD を利用して HTML ドキュメントに埋め込む

schema.org のボキャブラリーは、JSON-LD を使って埋め込むこともできます。
JSON-LD は JSON をベースとしたテキストフォーマットで、「key」と「value」の組み合わせでデータを記述していきます。各値は「,（カンマ）」で区切り、文字列は「"（ダブルクォーテーション）」で囲みます。

まず、@context で schema.org の利用を明示し、@type でアイテムタイプを明示します。@type 以降にはアイテムタイプで利用できるプロパティと値を記述していきます。

```
"@context": "http://schema.org/",
"@type": "アイテムタイプ",
"プロパティ": "値",
"プロパティ": "値"
```

プロパティの値をアイテムタイプで明示する場合、{ } を使って入れ子にし、次のような形で記述します。

```
"プロパティ": {
  "@type": "アイテムタイプ",
  "プロパティ": "値",
  "プロパティ": "値"
}
```

こうした記法に従い、P.051 のアイテムタイプとプロパティで記事に関する情報を明示すると右のようになります。HTML ドキュメントに埋め込む際には、<script type= "applocation/ld+json"> ～ </script> でマークアップして記述します。

Googleの検索エンジンでは『mainEntityOfPage』プロパティで記事の正規URLを明示する方法として、右のようにJSON-LDの「@id」を利用し、グローバル識別子として明示する方法が紹介されています。正規URLについてはP.036を参照してください。

```
<!DOCTYPE html>
<html lang="ja">
<head>
<meta charset="UTF-8">
<meta name="viewport" content="width=device-width">
<title>快適なホームオフィス</title>

<script type="application/ld+json">
{
  "@context": "http://schema.org/",
  "@type": "Article",
  "mainEntityOfPage": {
    "@type": "WebPage",
    "@id": "http://example.com/office/"
  },
  "headline": "快適なホームオフィス",
  "description": "ホームオフィスのメリットや運用
                  ポイントなどを紹介しています",
  "datePublished": "2017-06-01",
  "dateModified": "2017-06-10",
  "image": {
    "@type": "ImageObject",
    "url": "http://example.com/office/img/home.jpg",
    "width": 1500,
    "height": 1000
  },
  "author": {
    "@type": "Person",
    "name": "花子"
  },
  "publisher": {
    "@type": "Organization",
    "name": "ACTIVE",
    "logo": {
      "@type": "ImageObject",
      "url": "http://example.com/icon.png",
      "width": 60,
      "height": 60
    }
  }
}
</script>

</head>
```

schema.orgの記述チェック

Googleの検索エンジンが利用するschema.orgで記述した情報は、リッチリザルトテストで検証が可能です。P.052やP.053の情報を埋め込んだ記事ページをテストすると、右のように表示されます。

リッチリザルトテスト
https://search.google.com/test/rich-results

コンテンツセキュリティポリシーの設定

外部サイトから読み込んだスクリプトや画像などのリソースは、標準では何の制限もなく実行・表示されます。そのため、Webページはクロスサイトスクリプティングといった悪意ある攻撃のリスクにさらされています。こうしたリスクを軽減するために用意されたのが「コンテンツセキュリティポリシー（CSP）」の設定です。この設定を行うと、特定サイトのリソースの処理のみを許可することができます。
設定はサーバー側で行い、HTTPヘッダーに含めるのが一般的ですが、<meta>を使って右のように指定することも可能です。

```
<meta http-equiv="Content-Security-Policy"
content="default-src 'self';">
```

Webページと同じサイト（同一オリジン）のリソースのみを許可。

```
<meta http-equiv="Content-Security-Policy"
content="default-src 'self';
script-src https://code.jquery.com;
frame-src https://www.youtube.com;">
```

Webページと同じサイト（同一オリジン）のリソースに加えて、jQueryのサイト上にあるスクリプトの実行と、YouTubeビデオの<iframe>による埋め込みを許可。

なお、コンテンツセキュリティポリシーの設定を行うと、HTMLドキュメント内に記述した内部スクリプト<script>、内部スタイルシート<style>、インラインスタイルシート（style属性）は実行されなくなります。これらはセキュリティリスクが高いと判断されるためです。
どうしてもこれらを利用したい場合には、右のように「'unsafe-inline'」を許可するか、nonce属性を利用し、コードが一致する場合にのみ実行を許可します。コードはページを表示するたびに生成することが推奨されています。

```
<meta http-equiv="Content-Security-Policy"
content="default-src 'self' 'unsafe-inline';">
```

Webページと同じサイト（同一オリジン）のリソースに加えて、ドキュメント内のスクリプトやスタイルシートの実行を許可。

```
<meta http-equiv="Content-Security-Policy"
content="default-src 'self';
script-src 'nonce-xxxxxxxxxx';
style-src 'nonce-zzzzzzzzzz'">

<script nonce="xxxxxxxxxx"> ... </script>
<style nonce="zzzzzzzzzz"> ... </style>
```

nonce属性を利用してドキュメント内のスクリプトやスタイルシートの実行を許可。

より詳しくは、右のドキュメントを参照してください。

コンテンツ セキュリティ ポリシー
https://developers.google.com/web/fundamentals/security/csp/

Chapter 3

コンテンツのマークアップ

3-1 コンテンツのマークアップ

コンテンツのマークアップに使用できるタグは次のようになっています。本章では各タグの機能を確認していきます。

セクション

詳細はP.058

セクションをマークアップするタグです。

<article> / <nav> / <aside> / <section>

セクションに関連した情報

詳細はP.061

セクションでキーとなるワード（見出し、タイトル、表題）など、セクションに関連した情報をマークアップするタグです。

<h1> / <h2> / <h3> / <h4> / <h5> / <h6> / <hgroup> / <header> / <footer> / <address>

グルーピング・コンテンツ

詳細はP.064

段落やリストといった、ブロック単位のマークアップを行うタグです。

<p> / <hr> / <pre> / <blockquote> / <ol> / <ul> / <li> / <menu> / <dl> / <dt> / <dd> / <figure> / <figcaption> / <main> / <div>

テキストレベル・セマンティクス

詳細はP.074

重要な語句といった、テキスト単位のマークアップを行うタグです。

<a> / <strong> / <em> / <small> / <s> / <cite> / <q> / <dfn> / <abbr> / <ruby> / <rb> / <rt> / <rtc> / <rp> / <data> / <time> / <code> / <var> / <samp> / <kbd> / <sup> / <sub> / <i> / <b> / <u> / <mark> / <bdi> / <bdo> / <span> /
 / <wbr>

エディット（編集）

詳細はP.094

編集した箇所をマークアップするタグです。

<ins> / <del>

エンベディッド・コンテンツ

詳細はP.299

画像やビデオといった外部コンテンツを表示するタグです。詳細は Chapter 10（P.299）で確認していきます。

<img> / <picture> / <source> / <iframe> / <object> / <embed> / <video> / <audio> / <track> / <map> / <area> / <canvas> / <svg> / <math>

テーブルデータ

詳細はP.245

表組形式のデータをマークアップするタグです。詳細は Chapter 8（P.245）で確認していきます。

<table> / <caption> / <tr> / <th> / <td> / <colgroupd> / <col> / <thead> / <tbody> / <tfoot>

フォーム

詳細はP.327

フォームを作成するタグです。詳細は Chapter 11（P.327）で確認していきます。

<form> / <label> / <input> / <button> / <select> / <option> / <textarea> / <output> / <progress> / <meter> / <datalist> / <fieldset> / <legend>

インタラクティブ

詳細はP.096

ユーザーからのアクションを求めるインタラクティブなインターフェースを作成するタグです。

<details> / <summary> / <dialog>

スクリプト

詳細はP.098

スクリプトによる処理を指定するタグです。繰り返し利用するマークアップをテンプレートとして定義する機能も用意されています。

<script> / <noscript> / <template>

3-2 セクション

『セクショニング・コンテンツ』カテゴリー（P.016）に属するタグを利用すると、ページを構成するセクションをマークアップすることができます。セクションについて詳しくはP.014を参照してください。
たとえば、右のサンプルでは記事を「完結したコンテンツ」、ナビゲーションメニューを「ナビゲーション」、サイドバーのメニューを「補足・関連情報」として、<article>、<nav>、<aside>でマークアップしています。

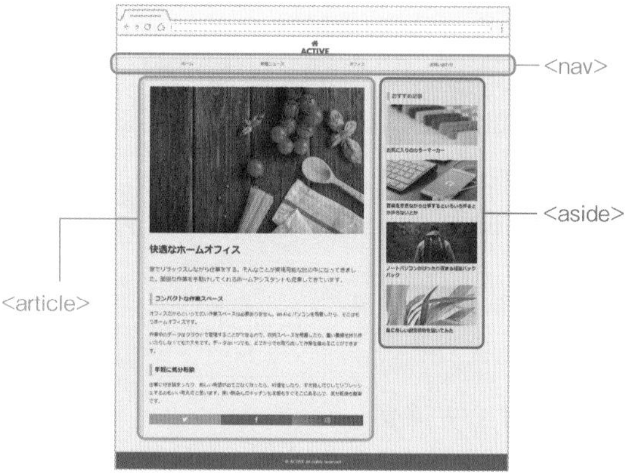

タグ	セマンティクス
<article>	完結したコンテンツ（ニュースやブログの記事など）
<nav>	ナビゲーション
<aside>	補足・関連情報
<section>	汎用的なセクション

```
<body>
<nav>…</nav>
<article>…</article>
<aside>…</aside>
</body>
```

完結したコンテンツ

<article> ... </article>

CONTENT MODEL
フロー・コンテンツ

<article>はページを構成するセクションのうち、ニュースやブログの記事といった、その部分だけを取り出しても単体で完結したコンテンツをマークアップすることができます。
サンプルではブログの記事を<article>でマークアップしています。

```
<article>
  <img src="img/home.jpg"
   alt="" width="600" height="400">
  <h1>快適なホームオフィス</h1>
  <p>家でリラックスしながら仕事をする。そんなこと
  …
</article>
```

HTML ナビゲーション

<nav> ... </nav>

CONTENT MODEL
フロー・コンテンツ

<nav> はナビゲーションの役割を持つセクションのマークアップに使用します。ページ内のすべてのリンクを <nav> でマークアップする必要はなく、主要なものをマークアップすることが推奨されています。サンプルではページ上部のナビゲーションメニューをマークアップしています。

```
<nav>
    <ul>
    <li><a href="～">ホーム</a></li>
    <li><a href="～">新着ニュース</a></li>
    <li><a href="～">オフィス</a></li>
    <li><a href="～">お問い合わせ</a></li>
    </ul>
</nav>
```

HTML 補足・関連情報

<aside> ... </aside>

CONTENT MODEL
フロー・コンテンツ

<aside> は補足・関連情報のマークアップに使用します。たとえば、右のサンプルでは SNS のシェアボタンとサイドバーのメニューを補足・関連情報として <aside> でマークアップしています。
なお、SNS のシェアボタンは <article> の中に記述していますので、記事に関する補足・関連情報と認識されます。また、P.015 のリーダーモードで記事を表示する際には抽出から除外されます。

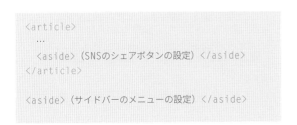

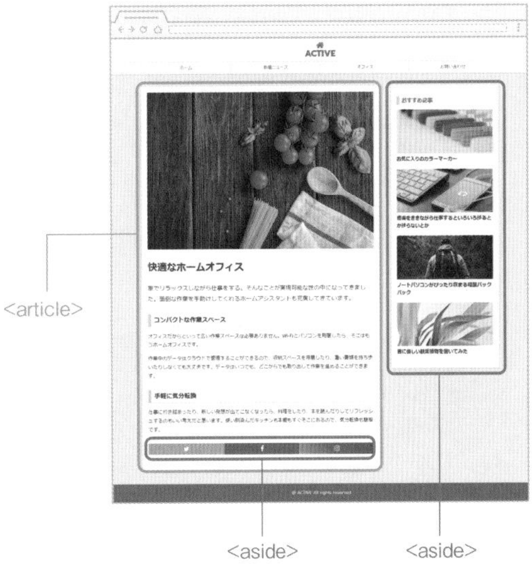


```
<article>
  ...
  <aside>（SNSのシェアボタンの設定）</aside>
</article>

<aside>（サイドバーのメニューの設定）</aside>
```

汎用的なセクション
<section> ... </section>

CONTENT MODEL
フロー・コンテンツ

<section> は、<article>、<nav>、<aside> 以外の汎用的なセクションのマークアップに使用します。
たとえば、右のサンプルでは記事内で小見出しを付けた部分を <section> でマークアップしています。

```
<section>
  <h2>コンパクトな作業スペース</h2>
  <p>オフィスだからといって広い作業スペースは必要あり
  …
</section>

<section>
  <h2>手軽に気分転換</h2>
  <p>仕事に行き詰まったり、新しい発想が出てこなくなっ
  …
</section>
```

<section>

セクションのマークアップ例：記事の一覧

トップページなどにリストアップした記事の一覧などもセクションとして <section> でマークアップすることができます。
これが記事の一覧であることをより明確にしたい場合には、ボキャブラリー（語彙）をつけます。たとえば、P.050 の schema.org の「ItemList」アイテムタイプを利用すると、一覧であることを伝えることができます。

```
<section itemscope
itemtype="http://schema.org/ItemList">
<h2>RECENT POSTS</h2>
  <article> … </article>
  <article> … </article>
  …
</section>
```

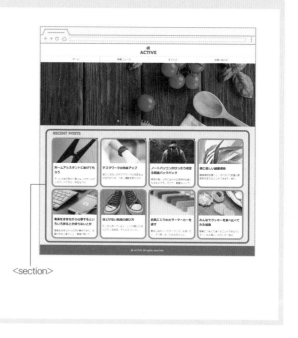

<section>

3-3 セクションに関する情報

以下のタグを使用すると、キーとなるワードや、ヘッダー、フッター、コンテンツに関する問い合わせ先をマークアップすることができます。
たとえば、右のサンプルではページ上部のサイト名とナビゲーションメニューを <header> で、ページ下部のコピーライトを <footer> でマークアップしています。また、記事のタイトルは <h1> で、著者情報は <address> でマークアップしています。

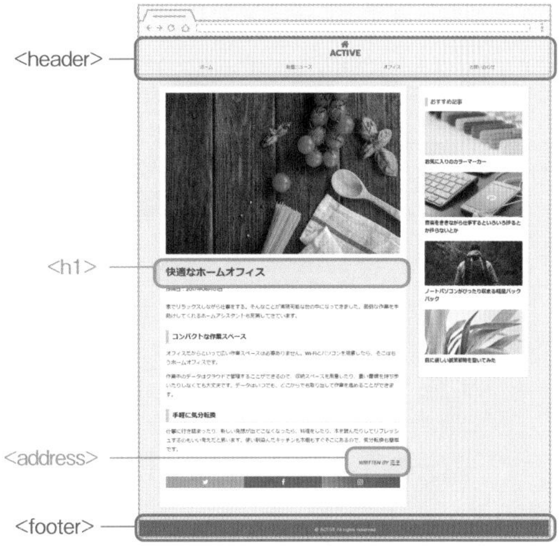

タグ	セマンティクス
<h1>/<h2>/<h3>/<h4>/<h5>/<h6>	キーとなるワード（見出し・タイトル・表題など）
<hgroup>	キーとなるワードのグループ（見出しとサブタイトルなど）
<header>	ヘッダー
<footer>	フッター
<address>	コンテンツに関する問い合わせ先

```
<body>

<header>
  <div class="site">ACTIVE</div>
  <nav> … </nav>
</header>

<article>
  <img src="img/home.jpg" alt="">
  <h1>快適なホームオフィス</h1>
  …
  <address>
  WRITTEN BY <a href="～">花子</a>
  </address>
</article>

<aside>
  …
</aside>

<footer>
  <small>@ ACTIVE … </small>
</footer>

</body>
```

セクションの中で利用した場合

これらのタグを P.058 のセクションの中で使用した場合、セクションに関する情報として認識されます。たとえば、<article> の中に記述した <h1> は、P.015 のようにセクションのキーとなるワード（見出し・タイトル・表題など）として認識されます。

セクションがない場合

セクションがない場合、ドキュメントに関する情報として認識されます。これは、ドキュメント全体をマークアップしている <body> が『セクショニング・ルート』カテゴリー（P.019）に属しており、セクションとして処理されるためです。

キーとなるワード（見出し・タイトル・表題など）

<h1> / <h2> / <h3> / <h4> / <h5> / <h6>

CONTENT MODEL
フレージング・コンテンツ

<h1>～<h6>はキーとなるワード（見出し・タイトル・表題など）のマークアップに使用できるタグです。タグの数字はキーとなるワードのレベルを表しており、<h1>が最高位レベルとなります。そのため、右のサンプルでは記事のタイトルを<h1>で、記事の小見出しを<h2>でマークアップしています。

```
<article>
  …
  <h1>快適なホームオフィス</h1>
  …
  <h2>コンパクトな作業スペース</h2>
  …
  <h2>手軽に気分転換</h2>
  …
</article>
```

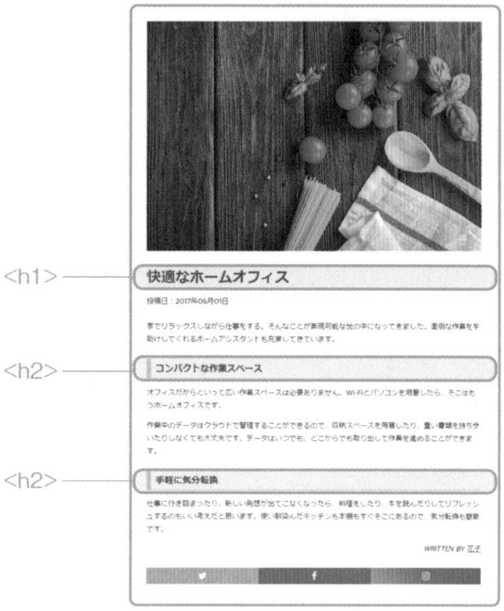

キーとなるワードのグループ（見出しとサブタイトルなど）

<hgroup>

CONTENT MODEL
<h1>～<h6>

<hgroup>は<h1>～<h6>で明示されたキーとなるワードのグループを示します。たとえば、次のようにマークアップすると、<h1>がタイトル、<h2>がサブタイトルであることを明示できます。

```
<article>
  …
  <hgroup>
    <h1>快適なホームオフィス</h1>
    <h2>Comfortable Home Office</h2>
  </hgroup>
  …
</article>
```

<hgroup>はW3Cの勧告には含まれておらず、サブタイトルのマークアップには<h1>～<h6>ではなく、<p>や<span>を使用することが推奨されていました。

HTML ヘッダー / フッター
<header> / <footer>

CONTENT MODEL
フロー・コンテンツ
※<header>・<footer>を除く

<header> ではヘッダーを、<footer> ではフッターをマークアップすることができます。
右のサンプルでは、記事の画像、タイトル、投稿日を <header> で、著者情報と SNS のシェアボタンを <footer> でマークアップしています。

```
<article>
  <header>
    <img src="img/home.jpg" alt="">
    <h1>快適なホームオフィス</h1>
    <time datetime="2017-06-01">
    投稿日：2017年06月01日</time>
  </header>
  …
  <footer>
    <address>
    WRITTEN BY <a href="～">花子</a>
    </address>
    <aside> (SNSのシェアボタンの設定) </aside>
  </footer>
</article>
```

HTML コンテンツに関する問い合わせ先
<address> ... </address>

CONTENT MODEL
フロー・コンテンツ
※ヘディング・コンテンツ / セクショニング・コンテンツ / <header> / <footer> / <address>を除く

<address> を使用すると、コンテンツに関する問い合わせ先をマークアップすることができます。たとえば、右のサンプルでは記事の著者情報を <address> でマークアップしています。

```
<article> …
  <address>
  WRITTEN BY <a href="～">花子</a>
  </address> …
</article>
```

3-4 グルーピング・コンテンツ

文書整形を行い、ドキュメントをわかりやすく、読みやすい形にするためには以下のタグを利用します。これらのタグの多くはHTML2.0の時代から使用されてきたもので、古くは見た目のデザインを調整するものとして使用されてきました。
見た目のデザインをCSSで調整するようになった現在では、基本的な文書整形とセマンティクスの付加を行うものとして使用します。

たとえば、右のサンプルでは記事の本文を<p>で、図版とキャプションを<figure>と<figcaption>で、SNSのシェアボタンを<ul>と<li>でマークアップしています。

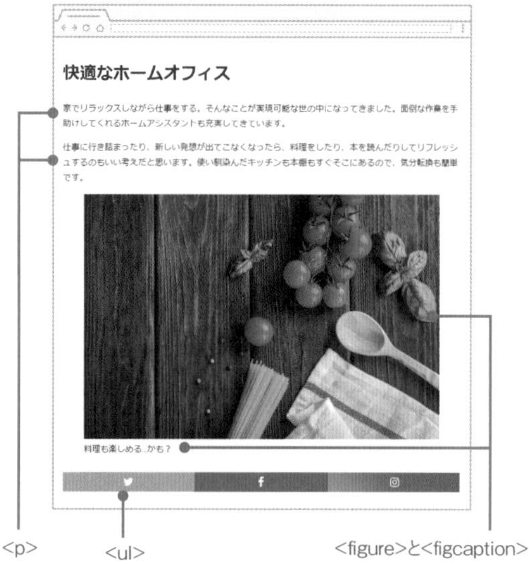

タグ	セマンティクス
<p>	パラグラフ
<hr>	パラグラフレベルの区切り
<pre>	整形済みテキスト
<blockquote>	引用
<ol> / <ul>	リスト
<li>	リストの各項目
<menu>	ツールバー
<dl>	説明リスト
<dt>	説明リストの語句
<dd>	説明リストの語句の説明
<figure>	フィギュア
<figcaption>	フィギュアのキャプション
<main>	メインコンテンツ
<div>	汎用タグ（特別なセマンティクスを持たない）

```
<h1>快適なホームオフィス</h1>

<p>家でリラックスしながら仕事をする。そんなことが実現可能な世の中になってきました。面倒な作業を手助けしてくれるホームアシスタントも充実してきています。</p>

<p>仕事に行き詰まったり、新しい発想が出てこなくなったら、料理をしたり、本を読んだりしてリフレッシュするのもいい考えだと思います。使い馴染んだキッチンも本棚もすぐそこにあるので、気分転換も簡単です。</p>

<figure>
  <img src="img/home.jpg" alt="">
  <figcaption>料理も楽しめる…かも？</figcaption>
</figure>

<ul>
<li><a href="～">（Twitterのボタン）</a></li>
<li><a href="～">（Facebookのボタン）</a></li>
<li><a href="～">（Google+のボタン）</a></li>
</ul>
```

パラグラフ

<p> ... </p>

CONTENT MODEL
フレージング・コンテンツ

<p>はパラグラフのマークアップに使用できるタグです。パラグラフは段落をはじめとしたテキストのまとまりで、住所の表記や、フォームの各項目、詩の節などのマークアップにも使用できます。
たとえば、右のサンプルでは記事の本文を<p>でマークアップしています。ブラウザはパラグラフの上下に余白を挿入し、テキストのまとまりが視覚的にわかりやすくなるように表示を行います。

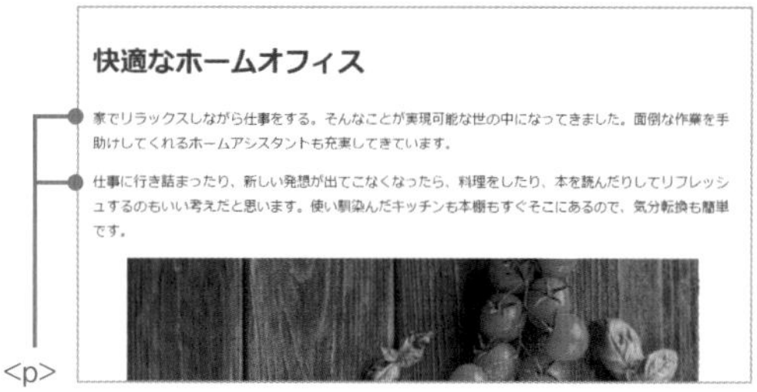

快適なホームオフィス
家でリラックスしながら仕事をする。そんなことが実現可能な世の中になってきました。面倒な作業を手助けしてくれるホームアシスタントも充実してきています。
仕事に行き詰まったり、新しい発想が出てこなくなったら、料理をしたり、本を読んだりしてリフレッシュするのもいい考えだと思います。使い馴染んだキッチンも本棚もすぐそこにあるので、気分転換も簡単です。
<p>

```
<h1>快適なホームオフィス</h1>

<p>家でリラックスしながら仕事をする。そんなことが実現可能な世の中になってきました。面倒な作業を手助けしてくれるホームアシスタントも充実してきています。</p>

<p>仕事に行き詰まったり、新しい発想が出てこなくなったら、料理をしたり、本を読んだりしてリフレッシュするのもいい考えだと思います。使い馴染んだキッチンも本棚もすぐそこにあるので、気分転換も簡単です。</p>
```

ブラウザが上下に挿入する余白サイズはCSSのmarginプロパティ(P.143)で変更することができます。

日本語の「段落」には「意味段落」と「形式段落」があります。意味段落が意味を持つまとまりであるのに対し、形式段落は表記上のまとまりで、<p>でマークアップできるのは「形式段落」と考えるとわかりやすいでしょう。

パラグラフレベルの区切り

<hr>

CONTENT MODEL
なし

<hr>はひと続きのパラグラフと、次の連続するパラグラフとの間に挿入し、区切りを表すために使用します。

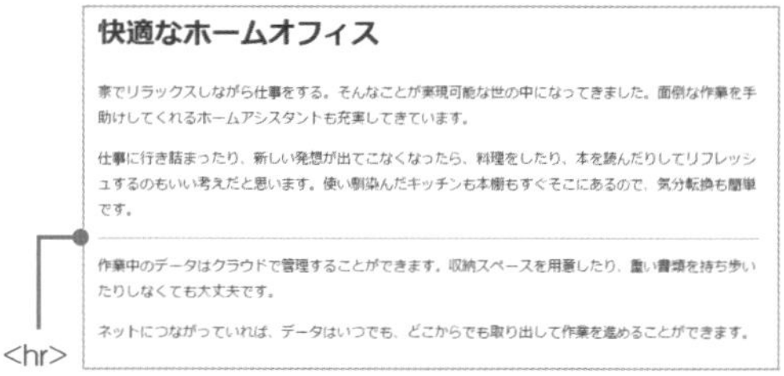

快適なホームオフィス
家でリラックスしながら仕事をする。そんなことが実現可能な世の中になってきました。面倒な作業を手助けしてくれるホームアシスタントも充実してきています。
仕事に行き詰まったり、新しい発想が出てこなくなったら、料理をしたり、本を読んだりしてリフレッシュするのもいい考えだと思います。使い馴染んだキッチンも本棚もすぐそこにあるので、気分転換も簡単です。
作業中のデータはクラウドで管理することができます。収納スペースを用意したり、重い書類を持ち歩いたりしなくても大丈夫です。
ネットにつながっていれば、データはいつでも、どこからでも取り出して作業を進めることができます。
<hr>

```
<h1>快適なホームオフィス</h1>
<p>家でリラックスしながら仕事をする。そんな…</p>
<p>仕事に行き詰まったり、新しい発想が出てこ…</p>
<hr>
<p>作業中のデータはクラウドで管理することが…</p>
<p>ネットにつながっていれば、データはいつで…</p>
```

視覚的なデザインとして区切り線を入れたい場合、<hr>は使用せず、CSSのborderプロパティ(P.147)を使用します。

整形済みテキスト

<pre> ... </pre>

CONTENT MODEL
フレージング・コンテンツ

<pre>は改行、タブ、半角スペースで表示を整えた「整形済みテキスト」をマークアップするためのタグです。たとえば、メールの文面やコンピュータ・コード、アスキーアートなどのマークアップに使用することができます。
ブラウザは改行などの記述をそのまま画面に反映させ、等幅フォントを使って表示を行います。

<pre>に対してはブラウザによってP.276の「white-space: pre」が適用されるため、ホワイトスペース（改行、タブ、スペース）が表示に反映され、自動改行なしの表示になります。white-spaceの値を変えると、改行などの表示への反映について細かくコントロールできます。

```
メールでお知らせした内容

*  *  *  *  *  *  *  *  *  *

◆日時       毎週月曜日
◆場所       カフェテラス
◆交通手段   中央線「中央駅」東口
            徒歩５分

*  *  *  *  *  *  *  *  *  *
```

```
<p>メールでお知らせした内容</p>

<pre>
*  *  *  *  *  *  *  *  *  *

◆日時       毎週月曜日
◆場所       カフェテラス
◆交通手段   中央線「中央駅」東口
            徒歩５分

*  *  *  *  *  *  *  *  *  *
</pre>
```

コンピュータ・コード／コンピュータからの出力内容をマークアップする場合

<pre>でコンピュータ・コードや、コンピュータからの出力内容をマークアップし、そのことをより明確にしたい場合には、P.088の<code>や<samp>を併用し、次のようにマークアップします。

<code>はコンピュータ・コードを、<samp>はコンピュータの出力内容をマークアップするためのタグですが、<pre>のように改行などを表示に反映させる文書整形の機能は持っていません。

```
<p>メニューを閉じる処理</p>

<pre><code class="language-javascript">
function menuclose() {
  document.querySelector(".menu").style.
display = "none";
}
</code></pre>
```

コンピュータ・コードをマークアップしたもの。

```
<p>ファイルを一覧表示</p>

<pre><samp>
$ <kbd>ls -a</kbd>
.  ..  .htaccess  index.html  readme.txt
style.css
</samp></pre>
```

コンピュータの出力内容をマークアップしたもの。

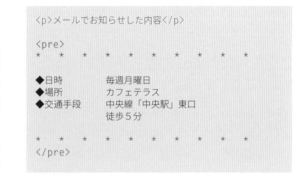

引用

<blockquote> ... </blockquote>

CONTENT MODEL
フロー・コンテンツ

<blockquote>は引用したコンテンツをマークアップするタグです。たとえば、右のサンプルでは引用した文章をマークアップしています。
ブラウザ画面では引用したコンテンツの左右に余白が入り、他と区別できるように表示されます。

「クラウド（クラウドコンピューティング）」は、NIST（アメリカ国立標準技術研究所）では次のように定義されています。

> クラウドコンピューティングは、共用の構成可能なコンピューティングリソース（ネットワーク、サーバー、ストレージ、アプリケーション、サービス）の集積に、どこからでも、簡便に、必要に応じて、ネットワーク経由でアクセスすることを可能とするモデルであり、最小限の利用手続きまたはサービスプロバイダとのやりとりで速やかに割当てられ提供されるものである。

ブラウザが左右に挿入する余白サイズはCSSのmarginプロパティ(P.143)で変更することができます。

```
<p>「クラウド（クラウドコンピューティング）」は、NIST（アメリカ国立標準技術研究所）では次のように定義されています。</p>

<blockquote>
<p>クラウドコンピューティングは、共用の構成可能なコンピューティングリソース（ネットワーク、サーバー、ストレージ、アプリケーション、サービス）の集積に、どこからでも、簡便に、必要に応じて、ネットワーク経由でアクセスすることを可能とするモデルであり、最小限の利用手続きまたはサービスプロバイダとのやりとりで速やかに割当てられ提供されるものである。</p>
</blockquote>
```

引用元のタイトルや著者名

引用元のタイトルや著者名は<blockquote>に続けて記述し、<p>や<cite>でマークアップします。<cite>はP.083のように作品のタイトルや著者名、組織名などをマークアップするためのタグです。
さらに、引用したコンテンツと引用元との関連をより明確に示す場合は、右のように<figure>と<figcaption>でマークアップします。

なお、引用元のURLは<blockquote>のcite属性で示すこともできます。ただし、ブラウザ画面の表示には反映されません。

```
<figure>
<blockquote cite="https://www.ipa.go.jp/files/000025366.pdf">
<p>クラウドコンピューティングは、共用の構成可能なコンピューティングリソース…速やかに割当てられ提供されるものである。</p>
</blockquote>
<figcaption>
— <cite><a href="https://www.ipa.go.jp/files/000025366.pdf">NISTによるクラウドコンピューティングの定義</a></cite>
</figcaption>
</figure>
```

HTML Living Standardでは<blockquote>内には引用したコンテンツのみを記述し、引用元の情報は<blockquote>外に記述することが求められています。

ただし、伝統的に引用元の情報は<blockquote>内に記述されるケースも多く、W3Cの勧告では右のような形で記述してもよいことになっていました。現在でも、P.022の文法チェックツールでは文法違反にはなりません。

```
<blockquote cite="https://www.ipa.go.jp/
files/000025366.pdf">
<p>クラウドコンピューティングは、共用の構成可能な
コンピューティングリソース…速やかに割当てられ提供
されるものである。</p>
— <cite><a href="https://www.ipa.go.jp/
files/000025366.pdf">NISTによるクラウドコン
ピューティングの定義</a></cite>
</blockquote>
```

リスト

```
<ol><li> ... </li></ol>
<ul><li> ... </li></ul>
```

CONTENT MODEL: <ol>・<ul>
ゼロまたは1つ以上の<li> / <script> / <template>

CONTENT MODEL: <li>
フロー・コンテンツ

<ol> や <ul> は複数の項目をリストアップしたリスト形式のコンテンツをマークアップするタグです。項目の順番が重要なリストは <ol> で、順不同なリストは <ul> で、各項目は <li> でマークアップします。ブラウザは <ol> のリストには連番を、<ul> のリストには黒丸のリストマークを付けて表示します。

1. 沖縄
2. 北海道
3. 京都

```
<ol>
<li>沖縄</li>
<li>北海道</li>
<li>京都</li>
</ol>
```

- 沖縄
- 北海道
- 京都

```
<ul>
<li>沖縄</li>
<li>北海道</li>
<li>京都</li>
</ul>
```

連番やリストマークの表示については、CSSのlist-style-type（P.172）で変更することができます。また、連番については以下の<ol>と<li>の属性を使って変更することもできます。

連番の表示を変更する

<ol>と<li>の属性を利用すると、連番の表示を変更することができます。たとえば、<ol>のtype属性で表記を「a」に、reversed属性で降順に、start属性で開始番号を「26」に指定すると右のようになります。また、start属性の代わりに、1つ目の<li>のvalue属性を「26」と指定しても同じ表示になります。

タグ	属性	値	機能
<ol>	type	1 / a / A / i / I	番号の表記を指定。
	reversed ※	なし	降順。
	start	数字	開始番号を指定。
<li>	value	数字	開始番号を指定。

※ IEは未対応。

z. 沖縄
y. 北海道
x. 京都

```
<ol type="a" reversed start="26">
<li>沖縄</li>
<li>北海道</li>
<li>京都</li>
</ol>
```

```
<ol type="a" reversed>
<li value="26">沖縄</li>
<li>北海道</li>
<li>京都</li>
</ol>
```

HTML ツールバー

<menu><li> ... </li></menu>

CONTENT MODEL: <menu>
ゼロまたは1つ以上の<li> / <script> / <template>

<menu> はツールバー（ユーザーが操作するコマンドをリストアップしたもの）を明示するタグで、各コマンドは <li> でマークアップします。

コマンドをリストアップするときに、<ul>のセマンティック的な代替として<menu>を使用できます。

- コピー
- カット
- ペースト

```
<menu>
<li><button onclick="…">コピー</button></li>
<li><button onclick="…">カット</button></li>
<li><button onclick="…">ペースト</button></li>
</menu>
```

説明リスト

```
<dl>
  <dt> 語句 </dt>
  <dd> 語句の説明 </dd>
  <dd> 語句の説明 </dd>
</dl>
```

CONTENT MODEL: <dl>
ゼロまたは1つ以上の<dt>とそれに続く<dd>

CONTENT MODEL: <dt>
フロー・コンテンツ
※ヘディング・コンテンツ / セクショニング・コンテンツ / <header> / <footer> を除く

CONTENT MODEL: <dd>
フロー・コンテンツ

<dl> は「語句」と「語句の説明」の組み合わせで構成される情報をマークアップします。語句は <dt> で、語句の説明は <dd> でマークアップし、セットで記述します。たとえば、人物についての説明を記述すると右のようになります。

ティム・バーナーズ=リー
　World Wide Web（WWW）を考案した人物

```
<dl>
  <dt>ティム・バーナーズ=リー</dt>
  <dd>World Wide Web（WWW）を考案した人物</dd>
</dl>
```

セットになる <dt> と <dd> の数は自由です。たとえば、Queen というバンドに関する情報を記述すると右のようになります。

```
<dl>
  <dt>Queenのメンバー</dt>
  <dd>ブライアン・メイ</dd>
  <dd>フレディ・マーキュリー</dd>
  <dd>ジョン・ディーコン</dd>
  <dd>ロジャー・テイラー</dd>

  <dt>レコードレーベル</dt>
  <dd>パーロフォン</dd>
  <dd>ハリウッド</dd>
  <dd>ユニバーサルミュージック</dd>
</dl>
```

語句とその定義を記述する場合

語句とその定義を記述する場合、語句を<dt>と<dfn>でマークアップします。<dfn>はP.084のように定義される語句をマークアップするタグです。これにより、<dd>に記述した内容が語句の定義であることを伝えることができます。

```
<dl>
  <dt><dfn>オフィス</dfn></dt>
  <dd>作業を行う部屋、事務所、施設</dd>

  <dt><dfn>クラウド</dfn></dt>
  <dd>ネットワークを介したコンピュータの利用形態</dd>
</dl>
```

フィギュア

```
<figure>
  自己完結したコンテンツ
  <figcaption> キャプション </figcaption>
</figure>
```

CONTENT MODEL: <figure>
フロー・コンテンツと<figcaption>

CONTENT MODEL: <figcaption>
フロー・コンテンツ

<figure> は自己完結したコンテンツをマークアップするタグです。自己完結したコンテンツは一般的にメインコンテンツから参照されるものとされており、図や表、イラストや写真といったものから、プログラムコードや詩など多岐にわたるものが想定されています。
たとえば、右のサンプルでは画像をマークアップしています。ブラウザ画面では左右に余白が挿入され、他のコンテンツと区別できるように表示されます。

なお、<figure> でマークアップしたコンテンツには <figcaption> でキャプションを付けることができます。

アプリで運動量を記録

```
<figure>
  <img src="img/watch_org.jpg"
   alt="スマートウォッチ">
  <figcaption>アプリで運動量を記録</figcaption>
</figure>
```

ブラウザが左右に挿入する余白サイズはCSSのmarginプロパティ(P.143)で変更することができます。

メインコンテンツから参照する場合

メインコンテンツから参照する場合、キャプションに「図1」といった情報を追加したり、<figure>にIDをつけてリンクで参照できるようにします。

```
<p><a href="#log">図1</a>のように…</p>

<figure id="log">
  <img src="～" alt="～">
  <figcaption>図1</figcaption>
</figure>
```

キャプションを上に表示する場合

キャプションをコンテンツの上に表示するためには、次のように<figcaption>を記述します。

```
<figure>
  <figcaption>アプリで運動量を記録</figcaption>
  <img src="img/watch_org.jpg"
   alt="スマートウォッチ">
</figure>
```

メインコンテンツ

<main> ... </main>

CONTENT MODEL
フロー・コンテンツ

<main> はドキュメント内のメインコンテンツをマークアップするタグです。メインコンテンツは、ナビゲーションメニューやコピーライトのように複数のドキュメントに共通した部分ではなく、ドキュメントごとにユニークな部分とされています。そのため、メインコンテンツとしてマークアップできるのはドキュメント内で１カ所のみとなっています。

たとえば、右のサンプルではドキュメントのヘッダー、フッター、サイドバーを除き、記事をメインコンテンツとして <main> でマークアップしています。

HTMLの階層構造で<main>の親要素として認められるのは、<html>、<body>、<div>、<form>となっています。
右のサンプルの場合、<main>の親要素は<html>と<body>のみなため、問題はありません。

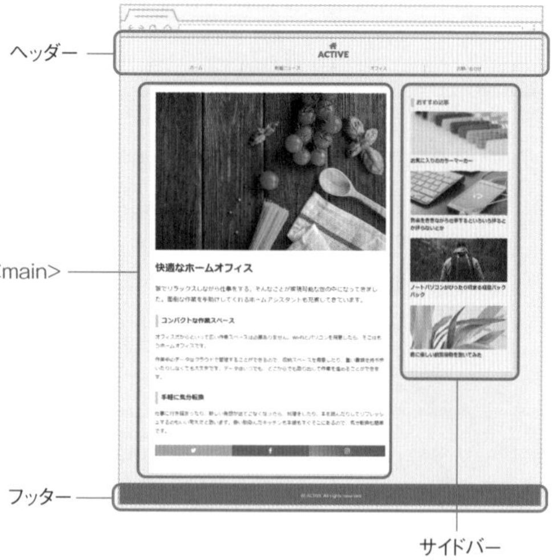


```
<!DOCTYPE html>
<html lang="ja">
…
<body>

<header> … </header>

<main>
  <article>
  <h1>快適なホームオフィス</h1>
  <p>家でリラックスしながら仕事をする。そんな…</p>
  …
  </article>
</main>

<aside> … </aside>

<footer> … </footer>

</body>
</html>
```

汎用タグ

<div> ... </div>

CONTENT MODEL
フロー・コンテンツ

<div> は他に適当なタグがない場合や、スタイルシートやスクリプトの処理のためにマークアップする必要がある場合などに使用できる汎用タグです。

たとえば、右のサンプルでは記事とサイドバーを２段組みのレイアウトにするため、<article> と <aside> を <div> でマークアップし、スタイルシートの設定を適用できるようにしています。
なお、P.101 の class 属性でクラス名を指定することで、他のコンテンツと区別し、スタイルシートの設定を適用しやすくすることができます。

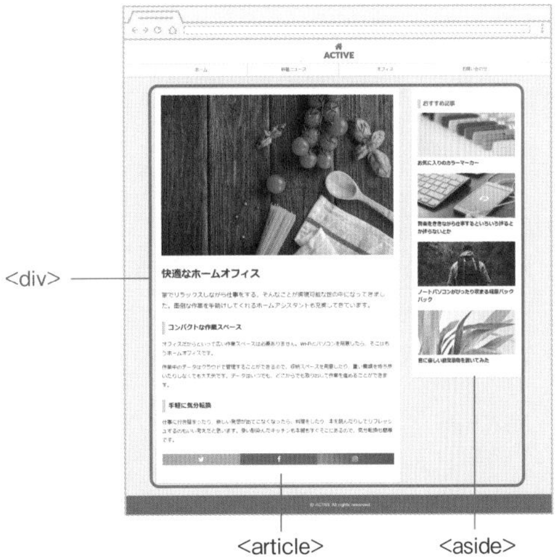

<div>よりも適当なタグがある場合はそちらを利用することが推奨されています。

```
<header> … </header>

<div class="container">
  <article>
  <h1>快適なホームオフィス</h1>
  <p>家でリラックスしながら仕事をする。そんな…</p>
  …
  </article>

  <aside> … </aside>
</div>

<footer> … </footer>
```

右のサンプルではP.202のフレキシブルボックスレイアウトの機能を利用して2段組みを設定しています。

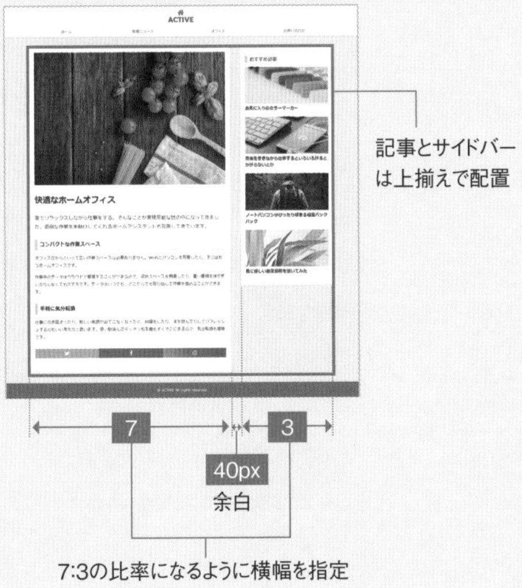


```
.container {
    display: flex;
    align-items: flex-start;
    max-width: 1200px;
    margin: 0 auto;
}
.container > article {
    flex: 7;
    margin-right: 40px;
}
.container > aside {
    flex: 3;
 }
```

3-5 テキストレベル・セマンティクス

語句などのテキストのマークアップには以下のタグを使用します。これらの多くもHTML2.0の時代から使用されてきたもので、「重要な語句は太字で表示する」といった基本的な書式整形とセマンティクスの付加を行います。また、リンクを設定したり、改行を挿入するタグも用意されています。
たとえば、右のサンプルでは投稿日を <time> で、重要な語句を <strong> でマークアップし、<a> でリンクを設定しています。

快適なホームオフィス
投稿日：2017年06月01日
家でリラックスしながら仕事をする。そんなことが実現可能な世の中になってきました。面倒な作業を手助けしてくれるホームアシスタントも充実してきています。
<time>
<strong>
<a>

```
<h1>快適なホームオフィス</h1>

<time datetime="2017-06-01">
投稿日：2017年06月01日
</time>

<p><strong>家でリラックス</strong>しながら仕事を
する。そんなことが実現可能な世の中になってきました。面
倒な作業を手助けしてくれる<a href="～">ホームアシス
タント</a>も充実してきています。</p>
```

タグ	セマンティクス
<a>	リンク
<strong>	重要
<em>	強調・強勢
<small>	但し書き・注意
<s>	変更・更新情報
<cite>	作品のタイトル・著者名・URL
<q>	引用
<dfn>	定義する語句
<abbr>	略語
<ruby>	ルビ
<data>	マシンリーダブルな情報
<time>	日時
<code>	コンピュータ・コード
<var>	変数

タグ	セマンティクス
<samp>	コンピュータからの出力内容
<kbd>	コンピュータへの入力内容
<sub>	上付き
<sup>	下付き
<i>	学名や慣用句などの語句
<b>	注目してほしい語句
<u>	不明瞭な語句
<mark>	ハイライト
<bdi>	双方向アルゴリズムの隔離
<bdo>	双方向アルゴリズムのオーバーライド
<span>	汎用タグ（特別なセマンティクスを持たない）
 	改行タグ
<wbr>	改行を認める箇所

HTML リンク

```
<a href="～"> ... </a>
```

CONTENT MODEL
トランスペアレント
※インタラクティブ・コンテンツ / <a> を除く

<a> はリンクを設定するタグです。リンク先の URL は href 属性で指定します。ブラウザはリンクを設定したテキストに下線を付け、文字を青色にして表示します。

面倒な作業を手助けしてくれる<u>ホームアシスタント</u>も充実してきています。

```
<p>面倒な作業を手助けしてくれる<a href="～">ホームアシスタント</a>も充実してきています。</p>
```

下線の表示と文字の色は、CSSのtext-decoration(P.285)とcolor(P.284)で変更することができます。

<a>のコンテンツモデルは『トランスペアレント』(P.018)となっているため、親要素と同じタグを内包できます。右のサンプルの場合、親要素<aside>が内容できる『フロー・コンテンツ』(P.016)に属するタグ(sectionやh1など)を<a>でマークアップし、リンクを設定しています。
なお、『インタラクティブ・コンテンツ』(P.016)に属するタグやリンク<a>が含まれている場合にはマークアップできません。

```
<aside class="advertising">
  <a href="～">
    <section>
      <h1>広告</h1> …
    </section>
  </a>
</aside>
```

href属性を省略できるケース

<a>のhref属性は基本的に必須です。しかし、右のようなナビゲーションメニューをサイト全体で使っている場合、ホームページを表示しているときには「ホーム」のリンクを機能させる必要がありません。このような場合、<a>のhref属性を削除し、リンクを無効化することが認められています。

```
<ul>
<li><a>ホーム</a></li>
<li><a href="～">新着ニュース</a></li>
<li><a href="～">オフィス</a></li>
<li><a href="～">お問い合わせ</a></li>
</ul>
```

ホームページを開くリンク。

ホームページを表示。

<a> で利用できる属性

<a> で利用できる属性は次のようになっています。ここからは、href 以外の属性の使い方を見ていきます。

タグ	セマンティクス
href	リンク先のURL
target	ブラウジングコンテキスト
download	ダウンロードリンク
ping	リンク先へのアクセス状況の把握

タグ	セマンティクス
rel	リンク先のリンクタイプ
hreflang	リンク先の言語の種類
type	リンク先のMIMEタイプ
referrerpolicy	リファラの送信（P.032を参照）

ブラウジングコンテキストの指定

<a> の target 属性を利用すると、リンク先をどこに表示するかを指定することができます。表示場所は「ブラウジングコンテキスト」と呼ばれ、一般的にはブラウザのウィンドウ、タブ、<iframe> で作成したインラインフレームのことを指します。
たとえば、target 属性を「_blank」と指定すると、ブラウザが新しいウィンドウまたはタブを開いてリンク先を表示します。

```
<a href="～" target="_blank">
新しいウィンドウで開く
</a>
```

target属性の値	ブラウジングコンテキスト
_blank	新規ウィンドウ / タブで開く
_self	現在のウィンドウ / タブ / インラインフレームで開く
_parent	親階層のウィンドウ / タブ / インラインフレームで開く
_top	最上位階層のウィンドウ / タブで開く
名前	指定した名前のウィンドウ / タブ / インラインフレームで開く ※存在しない場合は指定した名前の 新規ウィンドウ / タブ で開く

主要ブラウザはウィンドウではなくタブを使って表示を行います。

インラインフレームは入れ子にしてページに埋め込んでいくことができるため、階層構造を構成します。target属性を「_parent」または「_top」と指定したとき、リンクから見て親階層のウィンドウ / タブ / インラインフレームがない場合、リンク先は「_self」と同じ処理で表示されます。

「_blank」で開いたリンク先のページからリンク元のページが操作されたり、負荷がかかるのを防ぐためには、<a>のrel属性を「noopener」と指定します。詳しくはP.080を参照してください。

ダウンロードリンクの作成

<a> の download 属性を利用すると、ファイルの種類に関係なく、リンク先のファイルをダウンロードするように指定することができます。
たとえば、PDF ファイルは標準ではブラウザの内蔵ビューワを使って表示されます。しかし、右のように download 属性を指定した場合、内臓ビューワは使用せず、ダウンロードされるようになります。

```
<a href="help.pdf" download>
PDFファイルをダウンロードする
</a>
```

また、download 属性ではダウンロード時のファイル名を指定することもできます。右のように指定すると、help.pdf が「ヘルプ .pdf」というファイル名でダウンロードされます。

```
<a href="help.pdf" download="ヘルプ.pdf">
PDFファイルをダウンロードする
</a>
```

リンク先へのアクセス状況の把握

<a> の ping 属性を利用すると、リンクがクリックされたときに ping 属性で指定した URL にもアクセスを発生させることができます。そのため、リンクのクリック数や、リンク先へのアクセス状況を把握するのに利用することが可能です。ping 属性で指定した URL の内容がブラウザ画面に表示されることはありません。
なお、ping 属性の URL は「http://」や「https://」から始まる形で記述することが求められています。また、半角スペースで区切り、複数の URL を指定することも可能です。

```
<a href="subscription.html"
ping="http://example.com/check.jpg">
応募ページを開く
</a>
```

```
<a href="subscription.html"
ping="http://example.com/check.jpg http://
example.com/count.jpg">
応募ページを開く
</a>
```

Firefoxはping属性の機能に内部的には対応済みです。ただし、プライバシーの問題が懸念されるとし、標準では無効化されています。

3 コンテンツのマークアップ

リンクタイプの明示

<a> の rel 属性を利用すると、リンクの種類（リンクタイプ）を明示することができます。たとえば、右のサンプルでは「ヘルプ情報（help)」へのリンクであることを示しています。また、hreflang 属性と type 属性を利用し、リンク先が日本語の PDF ファイルであることも補足しています。

```
<a href="help.pdf" rel="help"
hreflang="ja" type="application/pdf">
ヘルプ
</a>
```

使用できるリンクタイプの値については P.035 を参照してください。ここでは、右の表のように <a> と <area> のみで使用できる値と、主に <a> で使用されている値について解説していきます。

HTML5で定義されたrel属性の値	リンクタイプ	<link>	<a> <area>
help	ヘルプ情報	○	○
bookmark	パーマリンク	-	○
external	外部リンク	-	○
license	ライセンス情報	○	○
nofollow	リンク先を追跡しない	-	○
noreferrer	リファラを送信しない	-	○
noopener	リンク元への操作を禁止	-	○
opener	リンク元への操作を許可	-	○
tag	タグ	-	○

拡張されたrel属性の主な値	リンクタイプ	<link>	<a> <area>
category	カテゴリー	-	○

<a>のrel属性でリンクタイプを明示したリンクは、親要素やセクションに関連したものとして認識されます。たとえば、rel属性を「help」と指定したリンクは、親要素に関連したヘルプ情報であると認識されます。

パーマリンク

リンクタイプの「bookmark」では、リンク先の URL がパーマリンクであることを示します。パーマリンクはコンテンツを指し示す固有の URL のことです。一般的には WordPress などのブログシステムで記事ページにリンクする際に使用します。

```
<a href="/blog/post01.html" rel="bookmark">
…
</a>
```

外部リンク

リンクタイプの「external」では、リンク先が外部サイトのリソースであることを示します。

```
<a href="https://example.com/" rel="external">
…
</a>
```

タグ／カテゴリー

WordPressなどのブログシステムでは、記事の分類にタグとカテゴリーを使用し、タグページやカテゴリーページへのリンクを用意します。このとき、リンクタイプを「tag」、「category」と指定することで、タグページやカテゴリーページへのリンクであることを示し、記事がそのタグやカテゴリーに属していることを伝えることができます。

快適なホームオフィス

TAG: リラックス

CATEGORY: 仕事, クラウド

```
<div>TAG:
  <a href="～" rel="tag">リラックス</a>
</div>
<div>CATEGORY:
  <a href="～" rel="category">仕事</a>,
  <a href="～" rel="category">クラウド</a>
</div>
```

ライセンス情報

リンクタイプの「license」を利用すると、メインコンテンツについてのライセンス情報を明示することができます。たとえば、右のサンプルではクリエイティブ・コモンズのライセンス情報を明示しています。
ライセンス情報はライセンス対象の近くに記述するなど、できるだけわかりやすく提示することが求められています。

```
<a href="http://creativecommons.org/
licenses/by/4.0/" rel="license">
クリエイティブ・コモンズ 表示 4.0 国際 ライセンス
</a>
```

クリエイティブ・コモンズのライセンスのリンクは下記のページで作成することができます。

creative commons
https://creativecommons.org/choose/

リンク先の追跡を禁止

リンクタイプの値を「nofollow」と指定すると、検索エンジンのロボット（クローラ）に対し、リンク先の追跡を行わないように指示することができます。

```
<a href="～" rel="nofollow"> … </a>
```

Googleの検索エンジンの「nofollow」の対応については下記のページを参照してください。

Google に外部リンクの関係性を伝える
https://support.google.com/webmasters/answer/96569?hl=ja

ページ内のすべてのリンクに対して「nofollow」を適用したい場合、<meta>の「nofollow」を利用することができます。詳しくはP.033を参照してください。

リファラを送信しない

※Windows 10 Creators Updateを適用したIE11は対応しています。

リンクタイプの値を「noreferrer」と指定すると、ブラウザに対し、リンク先にリファラを送信しないように指示することができます。リファラとはリンク元のURLのことで、この情報が送信されなかった場合、リンク先ではどこのページからアクセスが発生したのかを知ることができなくなります。

```
<a href="~" rel="noreferrer"> … </a>
```

<meta>の「no-referrer」(P.032)を利用すると、ページ内のすべてのリンクに「noreferrer」を適用できます。

リンク元への操作を禁止

P.076の「target="_blank"」を指定し、リンク先を新規ウィンドウやタブで開くようにした場合、リンク先のページからリンク元のページが操作され、フィッシング詐欺などに利用される危険性があります。
また、リンク先のページで負荷の高いスクリプトが実行されていた場合、リンク元のページにも負荷がかかるという問題が確認されています。

こうした問題を防ぐためには、右のようにrel属性の値を「noopener」と指定し、リンク元への操作を禁止します。

なお、SafariとFirefoxでは「rel="noopener"」を指定しなくても、標準でリンク元への操作が禁止されるようになっています。

```
<a href="~" target="_blank" rel="noopener">
新しいウィンドウで開く
</a>
```

IEにも対応する

「noopener」に未対応のIEでは、「noreferrer」を併記することでリンク先からリンク元が操作されるのを防ぐことができます。
WordPressでは「target="_blank"」を含むリンクに自動的に「rel="noopener noreferrer"」が挿入されます。

```
<a href="~" target="_blank"
rel="noopener noreferrer">
新しいウィンドウで開く
</a>
```

リンク先からリンク元のページが操作されるデモや、「noopener」を指定したときの効果については下記のページで確認することができます。

About rel=noopener
https://mathiasbynens.github.io/rel-noopener/

リンク元への操作を許可

標準でリンク元への操作を禁止するようになったブラウザでは、「rel="opener"」でリンク元への操作を許可します。

```
<a href="~" target="_blank" rel="opener">
新しいウィンドウで開く
</a>
```

重要

<strong> ... </strong>

CONTENT MODEL
フレージング・コンテンツ

<strong>は重要な語句のマークアップに使用します。ブラウザは重要な語句を太字にして表示します。

家でリラックスしながら仕事をする。そんなことが実現可能な世の中になってきました。

```
<p><strong>家でリラックス</strong>しながら仕事をする。そんなことが実現可能な世の中になってきました。</p>
```

文字の太さはCSSのfont-weight(P.262)で変更することができます。

重要性の度合いは<strong>を入れ子にして示すことができます。たとえば、右のサンプルでは「リラックス」という語句を<strong>で2重にマークアップし、より重要な語句であることを示しています。

```
<p><strong>家で<strong>リラックス</strong></strong>しながら仕事をする。そんなことが実現可能な世の中になってきました。</p>
```

強調・強勢

<em> ... </em>

CONTENT MODEL
フレージング・コンテンツ

<em>は会話などにアクセントをつけ、強調・強勢する語句をマークアップします。アクセントをつける語句によって文章のニュアンスが変わるような場合に使用します。
たとえば、右のサンプルでは「Can you come to my party on Friday?（あなたは金曜の私のパーティにこれますか？）」という文章の中で強勢する語句を示したものです。日本語においては使いどころが難しいタグと言えます。

```
<p>Can you come to my party on <em>Friday</em>?</p>
```

「週末まで忙しい」と言われたため、「Friday(金曜の)」を強調して発言したもの。

```
<p>Can <em>you</em> come to my party on Friday?</p>
```

「みんな忙しそう」と言われたため、「you(あなたは)」を強調して発言したもの。

```
<p>Can you come to <em>my party</em> on Friday?</p>
```

「パーティは好きじゃない」と言われたため、「my party(私のパーティ)」を強調して発言したもの。

<strong>と同じように、<em>も入れ子にすることで強調・強勢の度合いを示すことができます。

```
… <em><em>my</em> party</em> …
```

HTML 但し書き・注意

<small> ... </small>

CONTENT MODEL
フレージング・コンテンツ

<small> は一般的に小さな文字で表示する但し書きや注意をマークアップするタグです。警告や免責、コピーライト、ライセンス要件などのマークアップに使用することができます。
たとえば、右のサンプルではコピーライトを <small> でマークアップしています。ブラウザでは通常のテキストよりもひと回り小さいフォントサイズで表示されます。

@ ACTIVE, All rights reserved.

```
<small>@ ACTIVE, All rights reserved.</small>
```

フォントサイズはCSSのfont-size（P.258）で変更することができます。

HTML 変更・更新情報

<s> ... </s>

CONTENT MODEL
フレージング・コンテンツ

以前の情報から新しい情報に変更・更新した場合に、以前の情報を <s> でマークアップすることができます。ただし、編集したことを表すものではなく、過去のある時点で正しかった情報が、現時点では変更・更新され、正しくなくなったことを表します。
たとえば、右のサンプルでは特別価格で提供するようになった商品の元の定価を <s> でマークアップしています。ブラウザでは取り消し線が表示されます。

~~定価： 1200円~~

特別価格： 800円

```
<p><s>定価： 1200円</s></p>
<p>特別価格： 800円</p>
```

取り消し線の表示はCSSのtext-decoration（P.285）で変更することができます。

誤った情報などの削除を伝えたい場合には、P.094の<del>を利用します。

作品のタイトル・著者名・URL

<cite> ... </cite>

CONTENT MODEL
フレージング・コンテンツ

<cite>は作品のタイトル、著者名（組織名）、URLのマークアップに使用することができます。書籍、詩、絵画、音楽、ゲーム、テレビ番組、舞台、コンピュータ・コード、Webサイトなど、さまざまなものを「作品」と考えることが可能です。
右のサンプルでは小説のタイトルをマークアップしています。ブラウザ画面では斜体で表示されます。

ロボット三原則はSF小説の「*I, Robot*」で登場します。

```
<p>ロボット三原則はSF小説の
「<cite>I, Robot</cite>」で登場します。</p>
```

「メイリオ」フォントで表示している場合は斜体にはなりません。また、斜体の表示についてはCSSのfont-style（P.262）で変更することができます。

WHATWGでは作品のタイトルのマークアップのみに使用することが求められています。

引用

<q> ... </q>

CONTENT MODEL
フレージング・コンテンツ

<q>は引用した語句をマークアップするタグです。ブラウザは言語の種類に応じてカギ括弧やクォーテーションで語句を囲んで表示します。P.025の<html>で日本語の使用を明示したページの場合、右のようにカギ括弧「」で囲んだ表示になります。

ロボット三原則は「ロボットが従うべきとして示された原則」のことです。

```
<p>ロボット三原則は<q>ロボットが従うべきとして示された
原則</q>のことです。</p>
```

カギ括弧の表示についてはCSSのquotes（P.190）で変更することができます。

なお、<q>のcite属性を使用すると、引用元のURLを記述することができます。URLを記述してもブラウザ画面の表示には影響しません。

```
<p>ロボット三原則は<q cite="https://ja.wikipedia.
org/wiki/ロボット工学三原則">ロボットが従うべきとして
示された原則</q>のことです。</p>
```

3
コンテンツのマークアップ

HTML 定義する語句

<dfn> ... </dfn>

CONTENT MODEL
フレージング･コンテンツ

語句の定義を記述する場合、定義する語句を <dfn> でマークアップし、<dfn> を含む段落やセクションに語句についての定義を記述します。
ブラウザ画面では定義する語句が斜体で表示されます。

「メイリオ」フォントで表示している場合は斜体にはなりません。また、斜体の表示についてはCSSのfont-style（P.262）で変更することができます。

*Robot*とは、一連の作業を自動で行う装置のことで、チェコ語の**robota**（強制労働）を元にした造語とされる。

```
<p><dfn>Robot</dfn>とは、一連の作業を自動で行う装置のことで、チェコ語のrobota（強制労働）を元にした造語とされる。</p>
```

HTML 略語

<abbr> ... </abbr>

CONTENT MODEL
フレージング･コンテンツ

<abbr> は略語や頭文字をマークアップするタグで、title 属性を利用して元の語句を記述します。ブラウザの Chrome、Firefox、Edge では点線を付けた表示になりますが、他のブラウザでは画面表示は変化しません。

なお、CSS で略語を目立つようにデザインすることが目的の場合には title 属性を省略することが可能です。また、元の語句を明示する必要がなく、CSS でデザインも行わない場合には、<abbr> でマークアップしなくても問題ありません。

点線の表示はCSSのtext-decoration（P.285）で変更することができます。

WHATWGで策定された規格です。

```
<p><abbr title="Web Hypertext Application Technology Working Group">WHATWG</abbr>で策定された規格です。</p>
```

title属性で記述した元の語句をブラウザ画面に表示したい場合、CSSのattr()（P.188）を利用することができます。

HTML ルビ

```
<ruby>
 <rb> ベース </rb>
 <rt>  ルビ  </rt>
</ruby>
```

CONTENT MODEL: <ruby>
フロー・コンテンツまたは<rb>と、それに続く<rp>/<rt>/<rtc>

CONTENT MODEL: <rb>
フレージング・コンテンツ

CONTENT MODEL: <rt>
フレージング・コンテンツ

HTML ルビ用のコンテナ

```
<rtc> ... </rtc>
```

CONTENT MODEL
フレージング・コンテンツ / <rt> / <rp>

HTML ルビに未対応なブラウザ用の設定

```
<rp> ... </rp>
```

CONTENT MODEL
フレージング・コンテンツ

<ruby> を利用すると、右のように記述して語句にルビ（ふりがな）を付けることができます。ルビを付けるベースとなる語句は <rb> で、ルビは <rt> でマークアップします。<rb> は省略することも可能です。

べんり
便利なホームアシスタント。

```
<ruby><rb>便利</rb><rt>べんり</rt></ruby>なホーム
アシスタント。
```

```
<ruby>便利<rt>べんり</rt></ruby>なホームアシスタン
ト。
```

<rb>と<rtc>はW3Cの勧告で採用されていたタグです。HTML Living Standardでは未採用ですが、採用への働きかけは継続されています。また、ルビ関連のCSSの仕様（P.167）には<rb>と<rtc>に関する設定も含まれています。

文字単位でルビを付ける

語句単位ではなく、文字単位でルビを付けることもできます。

```
<ruby><rb>便</rb><rt>べん</rt><rb>利</rb><rt>り
</rt></ruby>なホームアシスタント。
```

<rtc>を利用して、文字単位のルビをグループ化することもできます。<rtc>の記述は省略することも可能です。
なお、<rtc>に対応しているのは現在のところFirefoxのみとなっています。

```
<ruby><rb>便</rb><rb>利</rb><rtc><rt>べん</rt><rt>り</rt></rtc></ruby>なホームアシスタント。
```

```
<ruby><rb>便</rb><rb>利</rb><rt>べん</rt><rt>り</rt></ruby>なホームアシスタント。
```

2つのルビを付ける

<rtc>を利用すると、2つのルビを付けることもできます。HTML5の仕様では2つ目のルビは語句の下に表示されることになっていますが、Firefoxでは1つ目のルビの上に表示されます。

convenience
べんり
便利なホームアシスタント。

```
<ruby>
  <rb>便利</rb>
  <rtc><rt>べんり</rt></rtc>
  <rtc><rt>convenience</rt></rtc>
</ruby>なホームアシスタント。
```

HTML Living Standardでは<ruby>をネストして2つのルビを付ける方法が提案されています。この記述にはChrome、Safari、Firefox、Edgeが対応しています。

```
<ruby>
  <ruby>便利<rt>べんり</rt></ruby>
  <rt>convenience</rt>
</ruby>なホームアシスタント。
```

ルビに未対応なブラウザ用の設定

<rp>を利用すると、ルビに未対応なブラウザ用の設定を用意することができます。たとえば、未対応なブラウザではルビを丸括弧（）で囲んで表示する場合、右のように記述します。

```
<ruby>
  <rb>便利</rb>
  <rp>（</rp><rt>べんり</rt><rp>）</rp>
</ruby>なホームアシスタント。
```

べんり
便利なホームアシスタント。

ルビに対応したブラウザでの表示。

便利（べんり）なホームアシスタント。

ルビに未対応なブラウザでの表示。

マシンリーダブルな情報

```
<data value="～"> ... </data>
```

CONTENT MODEL
フレージング・コンテンツ

<data> はマシンリーダブルな情報を付加するために用意されたタグです。マシンリーダブルな情報は value 属性で記述します。
たとえば、右のサンプルでは商品名を <data> でマークアップし、value 属性で商品コードの情報を付加しています。<data> でマークアップしてもブラウザ画面の表示には影響しません。
なお、value 属性で日時の情報を付加する場合、<data> ではなく <time> を使用します。

```
<data value="112233445566">アメリカ産のオレンジジュース</data>
```

ブラウザの対応状況はJavaScriptの「document.querySelector('data').value」でvalue属性の値を取得できる場合に「対応」としています。

日時

```
<time datetime="～"> ... </time>
```

CONTENT MODEL
フレージング・コンテンツ

<time> は日時の情報をマークアップするとともに、datetime 属性でマシンリーダブルな日時の情報を付加するタグです。
たとえば、「２日前」という情報をマークアップし、datetime 属性で２日前が 2017 年６月１日の 21 時 05 分（日本標準時）であることを記述すると右のようになります。datetime 属性を省略した場合、<time> の中にマシンリーダブルな日時の情報を記述することが求められます。

```
<time datetime="2017-06-01T21:05+09:00">
２日前
</time>
```

```
<time>
2017-06-01T21:05+09:00
</time>
```

マシンリーダブルな日時の情報は ISO8601 をベースに右のような形式で記述します。日付、時間、タイムゾーンの順に記述しますが、省略し、必要な情報のみを記述することも可能です。

```
YYYY-MM-DDTHH:MM:SS±HH:MM
```

日付（年-月-日）。 時間（時:分:秒）。 タイムゾーン。

- 日付と時間を区切る「T」は半角スペースにすることもできます。
- タイムゾーンは「:」を省略し、「±HHMM」という形で記述することもできます。
- 「+00:00」のUTC（協定世界時）は「Z」で表記することができます。

コンピュータ・コード

<code> ... </code>

CONTENT MODEL
フレージング・コンテンツ

<code> はコンピュータ・コードをマークアップするタグです。コードの種類は、「language-～」という形のクラス名で示す方法が提案されています。たとえば、JavaScript であることを示す場合、右のように「language-javascript」と指定します。

```
<p>JavaScriptの<code class="language-javascript">
querySelector()</code>を利用してマッチする要素を参照
します。</p>
```

変数

<var> ... </var>

CONTENT MODEL
フレージング・コンテンツ

<var> はコンピュータ・コードや数学における変数をマークアップするタグです。

```
<p><var>a</var>個の赤玉、<var>b</var>個の青玉の入っ
た箱がある。この箱から1個の玉を取り出したとき、赤玉である
確率を求めよ。</p>
```

コンピュータからの出力内容

<samp> ... </samp>

CONTENT MODEL
フレージング・コンテンツ

<samp> はコンピュータからの出力内容をマークアップするタグです。

```
<p>ブラウザでアクセスすると、<samp>セキュリティで保護さ
れていないページです</samp>と表示されることがあります。
</p>
```

コンピュータへの入力内容

<kbd> ... </kbd>

CONTENT MODEL
フレージング・コンテンツ

<kbd> はコンピュータへの入力内容をマークアップするタグです。

```
<p>必要事項を入力したら、最後に<kbd>Enter</kbd>キーを
押してください。</p>
```

同時に入力するキー

同時に入力するキーは<kbd>を入れ子にしてマークアップすることができます。たとえば、Ctrlキーを押しながらF3キーを入力する場合、右のように記述します。

```
<kbd><kbd>Ctrl</kbd>+<kbd>F3</kbd></kbd>
を入力。
```

メニューから選択する項目

メニューから選択する項目は<kbd>と<samp>でマークアップすることができます。たとえば、メニューから［ファイル ＞ 印刷］を選択する場合は右のように記述します。

```
<kbd><kbd><samp>ファイル</samp></kbd> >
<kbd><samp>印刷</samp></kbd></kbd>を選択。
```


HTML 上付き

^{...}

CONTENT MODEL
フレージング・コンテンツ

HTML 下付き

_{...}

CONTENT MODEL
フレージング・コンテンツ

<sup>は上付き文字を、<sub>は下付き文字をマークアップします。化学式や数式など、上付きや下付きの書式で表記するのが一般的で、特別な意味を持つような場合にのみ利用することができます。
たとえば、右のサンプルでは化学式や関係式の数字をマークアップし、上付き・下付き文字の書式で表示するようにしています。

なお、数式についてはP.313のようにMathMLで記述することが推奨されています。ただし、MathMLほど詳細なマークアップを必要としない場合は<sup>や<sub>で記述することが認められています。

水素と酸素から水ができます： $2H_2 + O_2 \rightarrow 2H_2O$

```
<p>水素と酸素から水ができます：
2H<sub>2</sub> + O<sub>2</sub>
→ 2H<sub>2</sub>O</p>
```

アインシュタインのエネルギーと質量の関係式： $E=mc^2$

```
<p>アインシュタインのエネルギーと質量の関係式：
<var>E</var>=<var>m</var><var>c</var><sup>2</sup>
</p>
```

学名や慣用句などの語句

<i> ... </i>

CONTENT MODEL
フレージング・コンテンツ

注目してほしい語句

<b> ... </b>

CONTENT MODEL
フレージング・コンテンツ

不明瞭な語句

<u> ... </u>

CONTENT MODEL
フレージング・コンテンツ

<i>、<b>、<u> は HTML1.0 の時代から書式（斜体、太字、下線）を指定するために使用されてきたタグです。HTML5 では削除することも検討されましたが、伝統的なタグであるため残されることになりました。
HTML5 においては、他と区別したい語句や、慣例的に斜体、太字、下線付きの文字で表示する語句のマークアップに使用することができます。重要性などを示す役割はなく、他に適当なタグがある場合はそちらを利用することが求められています。

斜体、太字、下線付きの書式は、CSSの以下のプロパティで設定することができます。

- 斜体: font-style （P.262）
- 太字: font-weight （P.262）
- 下線: text-decoration （P.285）

学名や慣用句などの語句

<i> は声や雰囲気の異なる語句や、思考内容、学名、外国語の慣用句などを区別するために使用します。ブラウザ画面では斜体で表示されます。

チャノキ（学名：*Camellia sinensis*）の葉

```
チャノキ（学名：<i>Camellia sinensis</i>）の葉
```

注目してほしい語句

<b> はキーワードや商品名、リード文など、注目してほしい語句を区別するために使用します。ブラウザ画面では太字で表示されます。

家で**リラックス**しながら仕事をする。

```
家で<b>リラックス</b>しながら仕事をする。
```

不明瞭な語句

<u> はそのままでは他との区別が難しく、不明瞭になってしまう中国語の固有名詞やスペルミスの語句を区別するために使用します。ブラウザ画面では下線付きの文字で表示されます。

「paragraph」を「parraglaph」と記述。

```
「paragraph」を「<u>parraglaph</u>」と記述。
```

ハイライト

<mark> ... </mark>

CONTENT MODEL
フレージング・コンテンツ

<mark> を利用すると、特定の語句をマーキングし、ハイライト表示することができます。たとえば、引用文やコンピュータ・コードに含まれる注目箇所や、検索キーワードと一致した語句などのマークアップに使用することができます。
右のサンプルの場合、P.067 で引用した文章の注目箇所をマークアップしています。ブラウザ画面では語句の背景が黄色くハイライト表示されます。
なお、<mark> でハイライトした箇所は引用元のオリジナルコンテンツではなく、引用側で付加したものと認識されます。

クラウドコンピューティングは、共用の構成可能なコンピューティングリソース（ネットワーク、サーバー、ストレージ、アプリケーション、サービス）の集積に、どこからでも、簡便に、必要に応じて、ネットワーク経由でアクセスすることを可能とするモデルであり、最小限の利用手続きまたはサービスプロバイダとのやりとりで速やかに割当てられ提供されるものである。

```
<blockquote>
<p>クラウドコンピューティングは、共用の構成可能なコン
ピューティングリソース（ネットワーク、サーバー、ストレー
ジ、アプリケーション、サービス）の集積に、<mark>どこか
らでも、簡便に、必要に応じて、ネットワーク経由でアクセス
することを可能とする</mark>モデルであり、最小限の利用手
続きまたはサービスプロバイダとのやりとりで速やかに割当て
られ提供されるものである。</p>
</blockquote>
```

背景色はCSSのbackground-color（P.321）で変更することができます。

双方向アルゴリズムの隔離

<bdi> ... </bdi>

CONTENT MODEL
フレージング・コンテンツ

双方向アルゴリズムのオーバーライド

<bdo dir="書字方向"> ... </bdo>

CONTENT MODEL
フレージング・コンテンツ

各国の言語で記述した語句は、Unicode の双方向アルゴリズム（bidirectional algorithm）によってそれぞれ正しい書字方向で表示されます。しかし、期待通りの書字方向で表示されない場合には、<bdi> や <bdo> を利用して双方向アルゴリズムの隔離やオーバーライドの処理を適用します。

双方向アルゴリズムの隔離やオーバーライドの処理は、CSSのdirectionやunicode-bidi（P.297）を使って適用することもできます。ただし、これらの処理はブラウザでCSSがオフにされると適用されなくなってしまうため、CSSは使用せず、<bdo>や<bdi>を使用することが推奨されています。

双方向アルゴリズムの隔離

<bdi> では双方向アルゴリズムの処理を隔離し、前後の文字に適用しないようにすることができます。
たとえば、右のように野菜の名前と個数をリストアップした場合、英語では「野菜の名前：1 個」という形で表示されますが、アラビア語では「1: 野菜の名前個」という形になってしまいます。これは、アラビア語の双方向アルゴリズムの処理が「: 1」まで適用されているためです。

そこで、野菜の名前を <bdi> でマークアップします。すると、双方向アルゴリズムの処理が前後の文字に適用されなくなり、アラビア語でも「野菜の名前：1 個」という形で表示することができます。

- トマト tomato: 2個
- ナス aubergine: 1個
- たまねぎ 1 :بَصَل個

```
<ul>
<li>トマト tomato: 2個</li>
<li>ナス aubergine: 1個</li>
<li>たまねぎ بَصَل: 1個</li>
</ul>
```

- トマト tomato: 2個
- ナス aubergine: 1個
- たまねぎ بَصَل: 1個

```
<ul>
<li>トマト tomato: 2個</li>
<li>ナス aubergine: 1個</li>
<li>たまねぎ <bdi>بَصَل</bdi>: 1個</li>
</ul>
```

双方向アルゴリズムのオーバーライド

<bdo> では双方向アルゴリズムをオーバーライド（上書き）し、書字方向を変更することができます。
たとえば、日本語で記述したテキストの書字方向は、双方向アルゴリズムによって左から右の表示になります。これを右から左に変更したい場合、<bdo> でマークアップし、dir 属性を「rtl」と指定します。

dir属性の値	書字方向
ltr	左から右
rtl	右から左

古いお札には右書きで『行銀本日』と書かれていました。

```
<p>古いお札には右書きで『<bdo dir="rtl">日本銀行</bdo>』と書かれていました。</p>
```

双方向アルゴリズムに関する詳しい情報については、下記のドキュメントを参照してください。

Unicode Bidirectional Algorithm basics
https://www.w3.org/International/articles/inline-bidi-markup/uba-basics

汎用タグ

```
<span> ... </span>
```

CONTENT MODEL
フレージング・コンテンツ

<span> は P.073 の <div> と同じように、他に適当なタグがない場合や、スタイルシートなどの処理で必要な場合に使用できる汎用タグです。
たとえば、右のサンプルでは見た目をアレンジしたい語句を <span> でマークアップし、CSS を適用して文字の色などを変更しています。

家でリラックスしながら仕事をする。そんなことが実現可能な世の中になってきました。

```
<p><span class="pop">家でリラックス</span>しながら仕事をする。そんなことが実現可能な世の中になってきました。</p>
```

改行タグ

```
<br>
```

CONTENT MODEL
なし

 は改行を挿入するタグです。住所や詩などの表記で、改行が必要な場合に使用します。

〒000-0000
東京都中央区中央２丁目１－１５

```
<p>〒000-0000<br>
東京都中央区中央２丁目１－１５</p>
```

改行を認める箇所

```
<wbr>
```

CONTENT MODEL
なし

<wbr> は改行を認める箇所を指示するタグです。たとえば、連続したアルファベットのコードなどの場合、そのままでは途中に改行が入らず、小さい画面には収まりません。このような場合、<wbr> で改行を認める箇所を指示しておくと、必要に応じて改行が挿入され、小さい画面にも収まる形で表示できるようになります。
右のサンプルの場合、画面の横幅を小さくすると、２つ目の <wbr> の位置で改行されていることが確認できます。

商品コード:
AWPOEWSDJKFURHEOWIJSDLFDKBVDNCQMEOESPRSK

↓

商品コード:
AWPOEWSDJKFURHEOWIJSDLFDK
BVDNCQMEOESPRSK

画面の横幅を小さくしたときの表示。

```
<p>商品コード：<br>
AWPOEWSDJKFU<wbr>RHEOWIJSDLFDK<wbr>BVDNCQMEOESPRSK</p>
```

3-6 エディット（編集）

ドキュメントの編集箇所のマークアップには以下のタグを使用します。
たとえば、右のサンプルでは削除したコンテンツを<del>で、追加したコンテンツを<ins>でマークアップしています。

快適なホームオフィス
家でリラックスしながら仕事をする。そんなことが実現可能な世の中になってきました。面倒な作業を手助けしてくれるプログラムホームアシスタントも充実してきています。
<del>
<ins>

タグ	セマンティクス
<ins>	追加したコンテンツ
<del>	削除したコンテンツ

```
...
<h1>快適なホームオフィス</h1>

<p>家でリラックスしながら仕事をする。そんなことが実現
可能な世の中になってきました。面倒な作業を手助けしてく
れる<del>プログラム</del><ins>ホームアシスタント
</ins>も充実してきています。</p>
```

追加したコンテンツ <ins>

CONTENT MODEL
トランスペアレント

削除したコンテンツ <del>

CONTENT MODEL
トランスペアレント

<ins>は追加したコンテンツを、<del>は削除したコンテンツをマークアップするタグです。上のサンプルのように、ブラウザ画面では追加したコンテンツに下線が、削除したコンテンツに取り消し線が表示されます。

<ins>と<del>のコンテンツモデルは『トランスペアレント』(P.018)となっているため、パラグラフやリスト、テーブル、セクションなど、さまざまな要素を任意にマークアップすることができます。

下線や取り消し線の表示はCSSのtext-decoration(P.285)で変更することができます。

編集した日時

<ins> と <del> では datetime 属性を利用して編集した日時を明記することができます。日時の情報は P.087 のように ISO8601 をベースにした形式で記述します。
たとえば、次のサンプルでは ToDo リストの項目ごとに、追加・削除した年月日を示しています。

ToDo

- ~~あいさつ回りをする~~
- ~~新しいティーポットを探す~~
- ポストカードの印刷
- アールグレイを追加注文
- お茶会の案内状を作る

```
<h3>ToDo</h3>
<ul>
<li><del datetime="2017-07-01"><ins datetime="2017-06-05">あいさつ回りをする</ins></del></li>
<li><del datetime="2017-07-02"><ins datetime="2017-06-12">新しいティーポットを探す</ins></del></li>
<li><ins datetime="2017-06-15">ポストカードの印刷</ins></li>
<li><ins datetime="2017-07-03">アールグレイを追加注文</ins></li>
<li><ins datetime="2017-07-05">お茶会の案内状を作る</ins></li>
</ul>
```

編集理由のURL

<ins>と<del>のcite属性を利用すると、編集理由を記した箇所のURLを示すことができます。

```
<del cite="http://example.com/event.html">
日曜日</del>から配布開始予定です。
```

3-7 インタラクティブ

インタラクティブなインターフェースを作成するために用意されたタグです。

タグ	セマンティクス
<details> / <summary>	追加情報
<dialog>	ダイアログボックス

HTML 追加情報

```
<details>
  <summary> 概要 </summary>
  追加情報
</details>
```

CONTENT MODEL: <details>
1つの<summary>とそれに続くフロー・コンテンツ

CONTENT MODEL: <summary>
フレージング・コンテンツ

<details> では追加情報をマークアップし、開閉式ウィジェットの形で表示することができます。ウィジェットのトップに表示する概要は <summary> でマークアップします。たとえば、次のサンプルでは写真に関する追加情報を <details> でマークアップし、概要を「フォトデータ」と指定しています。
ユーザーは概要をクリックしてウィジェットを開き、追加情報を閲覧することができます。

```
<img src="office.jpg" alt="">

<details>
<summary>フォトデータ</summary>
<dl>
  <dt>ファイル名</dt>
  <dd>office.jpg</dd>
  <dt>大きさ</dt>
  <dd>1500×1000ピクセル</dd>
</dl>
</details>
```

ブラウザは<details>のopen属性を追加・削除することでウィジェットの開閉をコントロールしています。そのため、open属性を記述しておくと最初からウィジェットを開いた状態で表示することができます。

```
<details open>
…
</details>
```

ダイアログボックス

<dialog> ... </dialog>

CONTENT MODEL
フロー・コンテンツ

<dialog> はユーザーの操作が必要な情報であることを示し、ダイアログボックスの形で表示を行います。標準では非表示となり、open 属性の指定によって表示されます。

たとえば、ページのロード時に showModal() でダイアログボックスをモーダルで表示すると右のようになります。スクリプトにより、<dialog> には open 属性が付加され、ダイアログボックス以外の操作はできなくなります。
ダイアログボックス直下に表示されるオーバーレイのスタイルは ::backdrop 疑似要素で指定できます。ここではオーバーレイの色を半透明なグレーに指定しています。

なお、ダイアログボックスは close() で閉じるように設定しています。

```
<body onload="document.
getElementById('modal').showModal()">

<dialog id="modal">

  <h2>お仕事中ですか？</h2>
  <a href="#">はい</a>
  <a href="#">いいえ</a>

  <button type="button" onclick="document.
  getElementById('modal').close()">
      CLOSE <i class="fa fa-times"></i>
  </button>

</dialog>
```

```
dialog::backdrop {
  background: rgba(0,0,40,0.5);
}
```

```
<dialog id="modal" open>…</dialog>
```

ダイアログボックスが開いたときの表示。<dialog>にはopen属性が付加されています。

「CLOSE」をクリック。

```
<dialog id="modal">…</dialog>
```

open属性が削除され、ダイアログボックスが閉じます。

::backdrop疑似要素はWHATWGが策定している仕様に掲載されています。

Fullscreen API
https://fullscreen.spec.whatwg.org/

3-8 スクリプト

スクリプト関連の設定は右のタグで指定します。これらは <body> の中だけでなく、<head> の中でも利用することが可能です。各タグについて詳しくは Chapter 2 (P.043 ~ P.045) を参照してください。ここではこれらを利用して、テンプレートを元に HTML コードを生成する方法を紹介します。

タグ	機能
<script>	スクリプトの設定を記述
<noscript>	スクリプトが動作しない環境用の情報を記述
<template>	テンプレートの情報を記述

テンプレートの活用

テンプレートの機能を活用すると、繰り返し利用するマークアップをテンプレートとして用意し、スクリプトでデータを追加してページに出力することができます。

たとえば、以下のような記事の一覧も、記事のデータ（URL、画像、タイトル）とテンプレートを用意し、スクリプトで処理して出力することができます。スクリプトの設定は次のページのように記述しています。

記事のデータ

```
[{
  "url": "shoes.html",
  "img": "img/shoes.jpg",
  "title": "ほどけない靴紐の結び方"
},{
  "url": "work.html",
  "img": "img/watch.jpg",
  "title": "デスクワークの効率アップ"
}];
```

テンプレート

```
<template>
  <article>
  <a>
    <img alt="">
    <h2></h2>
  </a>
  </article>
</template>
```

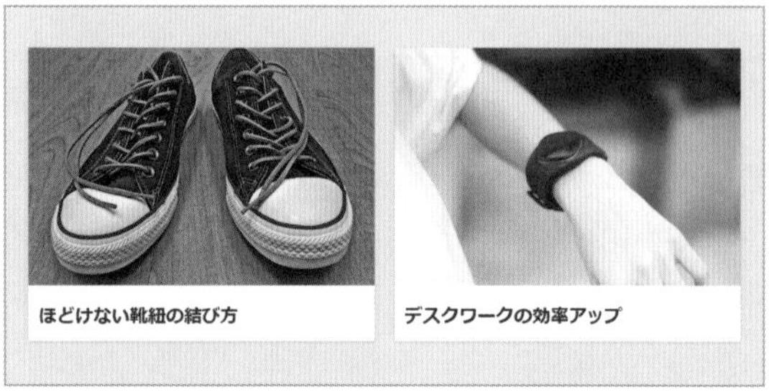

出力

```
<article>
<a href="shoes.html">
    <img alt="" src="img/shoes.jpg">
    <h2>ほどけない靴紐の結び方</h2>
</a>
</article>

<article>
<a href="work.html">
    <img alt="" src="img/watch.jpg">
    <h2>デスクワークの効率アップ</h2>
</a>
</article>
```

```
<div id="list"></div>

<template>
  <article>
  <a>
    <img alt="">
    <h2></h2>
  </a>
  </article>
</template>

<script>
var postdata = [{
  "url": "shoes.html",
  "img": "img/shoes.jpg",
  "title": "ほどけない靴紐の結び方"
},{
  "url": "work.html",
  "img": "img/watch.jpg",
  "title": "デスクワークの効率アップ"
}];

if ('content' in document.createElement('template')) {

  //テンプレートの中身をtempに取得
  var temp = document.querySelector('template').content;

  postdata.forEach(function(data) {

    // 記事のデータをtempに追加
    temp.querySelector('a').href = data.url;
    temp.querySelector('img').src = data.img;
    temp.querySelector('h2').textContent = data.title;

    // tempを<div id="list">内に出力
    var clone = document.importNode(temp, true);
    document.querySelector('#list').appendChild(clone);

  });

} else {
  document.write("テンプレートに未対応です");
}
</script>

<noscript>
JavaScriptを実行することができません。
</noscript>
```

記事一覧の出力先を用意します。ここでは<div id="list">内に出力するように設定していきます。

テンプレートを用意し、<template>でマークアップします。

テンプレートの処理をJavaScriptで指定し、<script>でマークアップします。

記事のデータを記述し、postdataに代入しています。

<template>に対応している場合はⒶとⒷの処理を実行します。

Ⓐ <template>の中身をtempに取得。

Ⓑ 記事ごとにURL、画像、タイトルのデータをtemp内の<a>、<img>、<h2>に追加し、<div id="list">内に出力。

<template>に未対応な場合に出力する内容を指定しています。

<script>が動作しない場合に表示する内容を記述し、<noscript>でマークアップしています。

3-9 グローバル属性

グローバル属性はHTML5で定義されたすべてのタグで利用できる属性です。

グローバル属性	機能
accesskey	キーボードショートカット
tabindex	Tabキーによる選択順
class	クラス名
id	ID
autocapitalize	オートキャピタライズ
autofocus	オートフォーカス
contenteditable	編集の可否
inputmode	最適な入力メカニズム
enterkeyhint	Enterキーのアクションラベル
draggable	ドラッグの可否

グローバル属性	機能
nonce	コンテンツセキュリティポリシーの設定(P.054を参照)。
hidden	隠す
lang	言語の種類
dir	書字方向
spellcheck	スペルチェック
translate	翻訳の可否
style	インラインスタイルシート
title	補助的な情報
data-*	カスタムデータ
onclickなど	イベントハンドラ

キーボードショートカット accesskey属性

accesskey属性では要素を選択・実行するためのキーボードショートカットを指定します。たとえば、右のように<a>に指定した場合、Chromeでは「Alt + 1」で「ホーム」のリンク先にアクセスすることができます。
ショートカットキーの組み合わせはブラウザごとに以下のようになっています。

ブラウザ	ショートカットキー
Chrome	Alt+accesskeyの値
Safari	Ctrl+Alt+accesskeyの値
Firefox	Shift+Alt+accesskeyの値
Edge / IE	Alt+accesskeyの値

Chromeでは「Alt+1」で「ホーム」のリンク先にアクセス。

```
<ul>
<li><a href="~" accesskey="1">ホーム</a></li>
<li><a href="~" accesskey="2">新着ニュース</a></li>
<li><a href="~" accesskey="3">オフィス</a></li>
<li><a href="~" accesskey="4">お問い合わせ</a></li>
</ul>
```

Tab キーによる選択順　tabindex 属性

tabindex 属性では、Tab キーを使って要素を選択（フォーカス）していく順番を指定することができます。右のサンプルでは <h1> や <h2> でマークアップしたタイトルや表題などが順に選択されるように指定しています。なお、Safari では <a> に tabindex を指定しても Tab キーで選択することはできません。

```
<h1 tabindex="1">快適なホームオフィス</h1>
…
<h2 tabindex="2">コンパクトな作業スペース</h2>
…
<h2 tabindex="3">手軽に気分転換</h2>
…
```


クラス名　class 属性 / ID　id 属性

class 属性ではクラス名を指定します。クラス名は要素の分類やスタイルシートの適用などに利用することができます。複数のクラス名は半角スペースで区切って指定します。

id 属性では ID を指定します。クラス名と異なり、ページ内で同じ ID を複数の要素に指定することはできないため、特定の参照先や JavaScript の処理対象などを示すのに利用されます。

```
<img src="A.jpg" alt="" class="photo work">
<img src="B.jpg" alt="" class="photo food">
```

2つの画像<img>が「photo」というクラスに属し、個別には「work」および「food」というクラスに属していることを示したもの。

```
<nav id="mainmenu"> … </nav>
```

<nav>のIDを「mainmenu」と指定したもの。

クラス名とIDで使用できる文字

HTML5ではクラス名とIDで使用できる文字に制限はありません。ただし、CSSでは使用できる文字がアルファベット（A~Z、a~z）、数字（0~9）、ハイフン（-）、アンダーバー（_）に制限され、数字から始まる名称も禁止されています。また、大文字と小文字が区別されます。

オートキャピタライズ　autocapitalize 属性

autocapitalize 属性では、モバイルデバイス（仮想キーボードや音声）でテキスト入力する際のキャピタライズ（入力文字列の先頭大文字化）を制御します。ただし、<inpput> の type 属性の値が url、email、password の場合には適用されません。

なお、autocapitalize 属性の設定は、P.019 の「オートキャピタライズの継承（autocapitalize-inheriting）」カテゴリーに属する要素に継承されます。

```
<form autocapitalize="none">…</form>
```

属性値	処理
default	閲覧環境の設定に従う
none / off	すべて小文字にする
sentences / on	文章の最初の文字を大文字にする
words	単語の最初の文字を大文字にする
characters	すべての文字を大文字にする

オートフォーカス　autofocus 属性

編集可能な要素に autofocus 属性を指定すると、ページをロードした段階で選択し、すぐに入力できる状態にします。フォームコントロール以外へのオートフォーカスには Chrome と Edge が対応しています。

```
<input type="text"
name="～" autofocus>
```

選択状態で表示。

編集の可否　contenteditable 属性

contenteditable 属性ではコンテンツの編集の可否を「true」または「false」で示します。値を「true」と指定すると、ブラウザ画面上でコンテンツの編集が可能になります。ただし、編集後の処理についてはJavaScript で設定する必要があります。

画面上でコンテンツを直接編集できるようになります。

```
<article contenteditable="true">…</article>
```

最適な入力メカニズム　inputmode 属性

inputmode 属性では編集可能な要素を選択したときに最適な入力メカニズムを指定します。

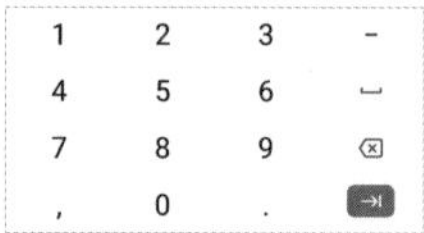


```
<input inputmode="decimal">
```

inputmodeを「decimal」にしたときに表示されるAndroidの仮想キーボード。

属性値	処理
none	仮想キーボードを表示しない
text	標準的な仮想キーボードを表示
tel	電話番号の入力に最適な仮想キーボードを表示
url	URLの入力に最適な仮想キーボードを表示

属性値	処理
email	メールアドレスの入力に最適な仮想キーボードを表示
numeric	数字（PIN）の入力に最適な仮想キーボードを表示
decimal	小数を含む数字の入力に最適な仮想キーボードを表示
search	検索の入力に最適な仮想キーボードを表示

Enter キーのアクションラベル　enterkeyhint 属性

enterkeyhint 属性では仮想キーボードの Enter キーに表示するアクションラベル（テキストまたはアイコン）を指定します。

属性値		
enter	next	send
done	previous	
go	search	

```
<input enterkeyhint="done">
```

```
<input enterkeyhint="send">
```

Androidの仮想キーボード。

ドラッグの可否　draggable 属性

draggable 属性ではドラッグの可否を「true」または「false」で示します。値を「true」と指定すると、ブラウザ画面上でコンテンツのドラッグが可能になります。ただし、ドラッグ後の処理についてはJavaScript で設定する必要があります。
なお、<a> で設定したリンクや <img> で表示した画像は標準でドラッグできるようになっています。

快適なホームオフィス
快適なホームオフィス
家でリラックスしながら仕事をする。そんなことが実現可

ブラウザ画面上でコンテンツをドラッグ。

```
<h1 draggable="true">…</h1>
```

隠す　hidden 属性

hidden 属性を指定すると、現在の状態のページとは関連がないことを示すことができます。また、ブラウザ画面にも表示されなくなります。

```
<div hidden>…</div>
```

言語の種類　lang 属性

lang 属性では使用している言語の種類を示すことができます。たとえば、右のサンプルでは <strong> でマークアップした語句が英語（en）であることを示しています。
言語の種類は BCP47 で標準化された言語タグで示します。指定できるのは自然言語のみで、スクリプト言語などを指定することはできません。たとえば、日本語は「ja」、フランス語は「fr」、ドイツ語は「de」と指定します。

```
<strong lang="en">ROBOT</strong>
```

BCP47: Tags for Identifying Languages
https://tools.ietf.org/html/bcp47

書字方向　dir 属性

dir 属性では、以下の値で書字方向を示すことができます。「auto」では自動判別となるため、書字方向がわからない場合にのみ指定することが推奨されています。

```
<strong dir="ltr">ROBOT</strong>
```

属性値	書字方向
ltr	左から右
rtl	右から左
auto	自動判別

スペルチェック　spellcheck 属性

ブラウザは、編集可能なテキストコンテンツに対してスペルチェックを行います。このとき、spellcheck 属性を「false」と指定すると、スペルチェックの機能を無効化することができます。

スペルチェックが有効なとき。

スペルチェックを無効にしたとき。

```
<input type="text" name="food" spellcheck="false">
```

翻訳の可否　translate 属性

translate 属性では、「yes」または「no」で翻訳の可否を指定することができます。たとえば、Google 翻訳を利用して「英語」→「日本語」に翻訳した場合、コピーライトは右のように翻訳されます。翻訳されるのを防ぐためには、translate 属性を「no」と指定します。

Google翻訳
https://translate.google.co.jp/

@ ACTIVEすべての権利を保有しています。

translate属性が未指定のときの翻訳結果。日本語に翻訳されます。

translate属性を「no」と指定したときの翻訳結果。翻訳されなくなります。

```
<small translate="no">@ ACTIVE All rights reserved.</small>
```

インラインスタイルシート　style 属性

style 属性を利用すると、CSS の設定を記述し、適用することができます。この設定は「インラインスタイルシート」と呼ばれます。
たとえば、右のサンプルでは <span> でマークアップした語句を赤色にして、太字のひとまわり大きいフォントサイズで表示するように指定しています。

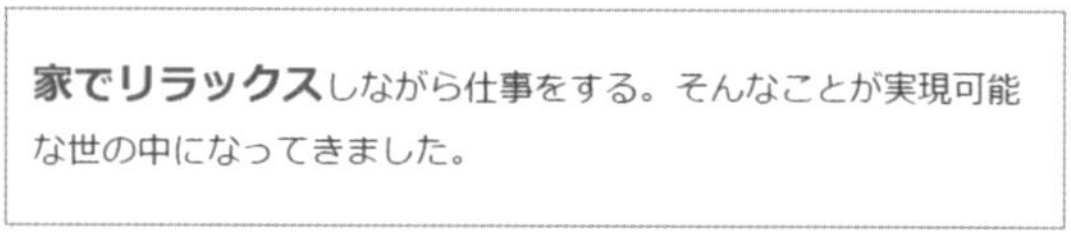


```
<p><span style="color:red; font-weight:bold; font-size:larger;">家でリラックス</span>しながら仕事をする。そんなことが実現可能な世の中になってきました。</p>
```

補助的な情報　title 属性

title 属性では補助的な情報を示すことができ、カーソルを重ねるとツールチップの形で表示されるようになっています。ただし、スマートフォンなどでは表示することができないため、現状では title 属性を積極的に利用することは推奨されていません。
なお、title 属性が特別な役割を持つタグもあります。たとえば、略語を示す <abbr>（P.084）では、title 属性で元の語句を示すように定義されています。

カーソルを重ねるとツールチップの形で表示されます。

```
<p><abbr title="Web Hypertext Application Technology Working Group">WHATWG</abbr>で策定された規格です。</p>
```

カスタムデータ　data-* 属性

「data-*」はカスタムデータ属性と呼ばれるもので、情報を付加するのに適切な属性がない場合に利用することができます。属性名も、「*」に１文字以上の語句を入れて独自に設定します。１つのタグに複数のカスタムデータ属性を指定することも可能です。

```
<ul>
  <li data-food-type="中華">マーボー豆腐</li>
  <li data-food-type="和食">さんまの塩焼き</li>
  <li data-food-type="洋食">ハンバーグ</li>
</ul>
```

イベントハンドラ

イベントハンドラ属性はスクリプトを実行するための属性です。属性値として JavaScript のコードを記述します。たとえば、右のサンプルでは <button> に onclick 属性を指定し、ボタンをクリックすると指定した JavaScript の処理が実行されるようにしています。
HTML5 では次のイベントハンドラ属性が採用されており、すべてのタグで利用することができます。

```
<script>
function menuopen() {
  document.querySelector(".menu").style.display="block";
}
</script>

<button type="button" class="open" onclick="menuopen()">
メニューを開く
</button>
```

イベントハンドラ属性

onabort / onblur / oncancel / oncanplay / oncanplaythrough / onchange / onclick / onclose / oncontextmenu / oncopy / oncuechange / oncut / ondblclick / ondrag / ondragend / ondragenter / ondragexit / ondragleave / ondragover / ondragstart / ondrop / ondurationchange / onemptied / onended / onerror / onfocus / oninput / oninvalid / onkeydown / onkeypress / onkeyup / onload / onloadeddata / onloadedmetadata / onloadstart / onmousedown / onmouseenter / onmouseleave / onmousemove / onmouseout / onmouseover / onmouseup / onwheel / onpaste / onpause / onplay / onplaying / onprogress / onratechange / onreset / onresize / onscroll / onseeked / onseeking / onselect / onshow / onstalled / onsubmit / onsuspend / ontimeupdate / ontoggle / onvolumechange / onwaiting

クロスオリジンの設定　crossorigin 属性

外部サイト上のスクリプトや画像を利用すると、標準ではエラーの詳細が得られない、Canvas での再利用ができないといった制限がかかります。これは CORS という、異なるサイト間（クロスオリジン）でのデータのやりとりを制限する仕組みによるものです。
ただし、外部サイト側で許可されている場合、crossorigin 属性の指定により、外部リソースを Web ページと同じサイト（同一オリジン）にあるリソースとして扱うことができます。crossorigin 属性は <script>、<img>、<video>、<audio>、<link> で指定することが可能です。詳しくは、右のドキュメントを参照してください。

```
<script src="https://example.com/example.js"
crossorigin="anonymous"></script>
```

crossorigin属性の値	処理
anonymous	認証情報なしでリクエスト
use-credentials	認証情報ありでリクエスト

HTML crossorigin 属性
https://developer.mozilla.org/ja/docs/Web/HTML/CORS_settings_attributes

レンダリングパフォーマンスの改善　CSS Containment

HTMLでマークアップしたコンテンツはブラウザによってツリー構造や要素ごとのスタイル（CSS）が解析され、位置とサイズの計算（レイアウト）や描画（ペイント）などの処理を経て、Webページとして画面に表示されます。しかし、要素の追加や変更を行うと、それが一部に対するものであっても全体に影響し、ページによっては再計算・再描画の負荷が大きいものとなります。
こうした問題を回避するために策定されたのが、CSS Containmentという仕様です。containプロパティを利用し、特定の処理に対して他から独立していることをブラウザに伝え、レンダリングパフォーマンスの改善ができるようになっています。

containの値
none / strict / content / size / layout / style / paint

たとえば、<article>内のレイアウトが他から独立していることを明示する場合、次のようにcontainを「layout」と指定します。
これにより、<article>はフロールート（P.161）と同様に別レイヤーで扱われ、外の要素に対する上下マージンの重ね合わせ（P.144）なども行われなくなります。

```
<article>
  <h1> … </h1>
  <p> … </p>
</article>
```

```
article {
  contain: layout;
}
```

詳しくは下記の仕様を参照してください。

CSS Containment Module Level 1
https://www.w3.org/TR/css-contain-1/

レンダリングの制御　content-visibility / contain-intrinsic-size

CSS ContainmentのLevel 2の仕様では、レンダリングの制御を行うcontent-visibilityプロパティが提案されています。
たとえば、<section>のcontent-visibilityを「auto」と指定すると、画面外（オフスクリーン）にある<section>の中身はレンダリングされなくなります。そして、スクロールなどで画面の表示範囲に近付き、ブラウザが必要と判断するとレンダリングが行われます。
contain-intrinsic-sizeプロパティではコンテンツの推定サイズを指定します。
詳しくは右のドキュメントを参照してください。

content-visibilityの値	処理
visible	通常の処理（初期値）
auto	オフスクリーンの場合はレンダリングしない
hidden	レンダリングしない

```
section {
  content-visibility: auto;
  contain-intrinsic-size: 1000px;
}
```

contain-intrinsic-sizeでは横幅と高さを「1000px」と指定しています。スペース区切りで横幅と高さを個別に指定することもできます。

CSS Containment Module Level 2
https://drafts.csswg.org/css-contain-2/

content-visibility: the new CSS property that boosts your rendering performance
https://web.dev/content-visibility/

※web.devのドキュメントにはデモも用意されています。

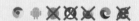

Chapter 4

CSSの適用

4-1 HTML ドキュメントのプレゼンテーション

HTMLドキュメントのプレゼンテーション（レイアウトやデザイン）はCSSで設定します。CSSはHTMLタグでマークアップした部分（要素）ごとに設定します。

たとえば、HTMLタグでマークアップせずに記述したコンテンツには改行も入らず、右のような形で表示されます。

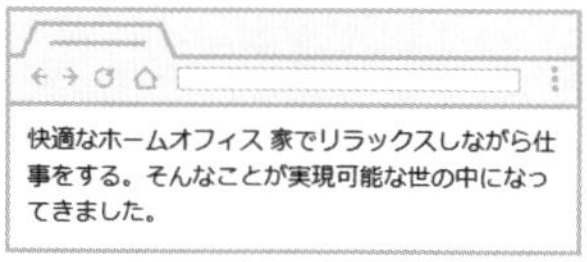
快適なホームオフィス 家でリラックスしながら仕事をする。そんなことが実現可能な世の中になってきました。

```
快適なホームオフィス
家でリラックスしながら仕事をする。そんなことが実現可能な世の中になってきました。
```

HTMLタグでマークアップすると、セマンティクスに従って表示が整えられます。見出し<h1>は大きな太字になり、見出し<h1>と段落<p>の間には適度な余白が入ります。

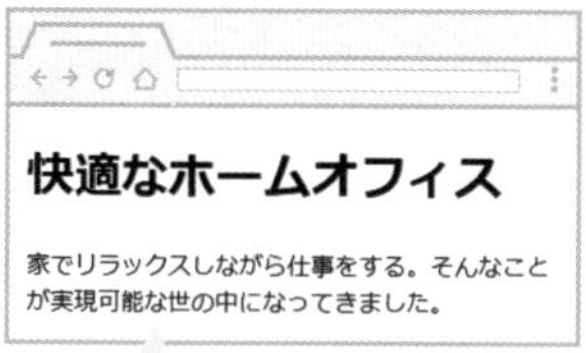
快適なホームオフィス
家でリラックスしながら仕事をする。そんなことが実現可能な世の中になってきました。

```
<h1>快適なホームオフィス</h1>
<p>家でリラックスしながら仕事をする。そんなことが実現可能な世の中になってきました。</p>
```

これは、ブラウザによって<h1>と<p>に右のようなCSSが適用され、フォントサイズなどが調整されるためです。ブラウザが標準で適用するCSSは「UAスタイルシート」や「デフォルトスタイルシート」と呼ばれます。

```
h1 {display: block;
    margin-block-start: 0.67em;
    margin-block-end: 0.67em;
    margin-inline-start: 0px;
    margin-inline-end: 0px;
    font-size: 2em;
    font-weight: bold;}
```

```
p {display: block;
   margin-block-start: 1em;
   margin-block-end: 1em;
   margin-inline-start: 0px;
   margin-inline-end: 0px;}
```

UAスタイルシート

これに対し、ページ制作者は

- 外部スタイルシート <link>（P.038）
- 内部スタイルシート <style>（P.042）
- インラインスタイルシート style属性(P.104)

を使ってCSSを用意し、デザインやレイアウトを調整していきます。右のサンプルではフォントの色や太さ、サイズを調整しています。

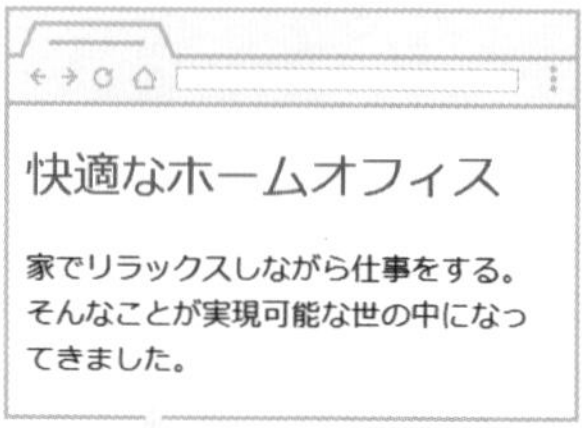
快適なホームオフィス
家でリラックスしながら仕事をする。そんなことが実現可能な世の中になってきました。

```
<h1>快適なホームオフィス</h1>
<p>家でリラックスしながら仕事をする。そんなことが実現可能な世の中になってきました。</p>
```

```
h1 {color: red;
    font-weight: normal;}

p { font-size: 1.25em;}
```

制作者のスタイルシート

Web黎明期にはHTMLタグでプレゼンテーションの設定が行われていましたが、特定のOSやブラウザを使わないと閲覧できないといった問題が発生しました。このときの反省から、現在では「HTMLではセマンティクスの明示を行い、プレゼンテーションはCSSで設定する」のがスタンダードとなっています。

4-2 ボックスとボックスモデル

CSSでは各要素が構成するボックスを利用します。ボックスは次の図のようにレイアウトをコントロールするための構造（ボックスモデル）を持っていると同時に、CSSで定められたさまざまな機能をプロパティとして持っています。

HTMLドキュメントではページを構成する要素が入れ子を構成するため、HTMLドキュメントをボックスから見た場合も入れ子構造になります。そして、各ボックスの相互関係と、マージン、ボーダー、パディングがレイアウトの調整に使用されるとともに、細かい部分を調整するプロパティが次ページのように用意されています。

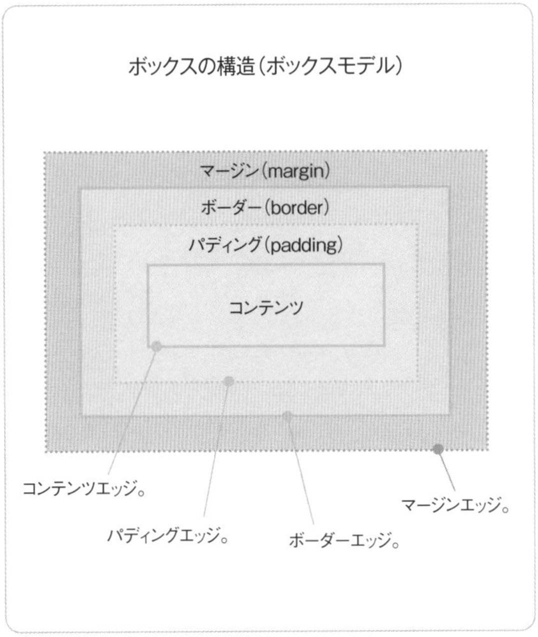

```
<article>
    <h1>快適なホームオフィス</h1>
    <p>家でリラックスしながら仕事をする。そんなことが実
    現可能な世の中になってきました。…</p>
    …
</article>
```

4-3 プロパティ

CSSで利用できるプロパティは次のようになっています。各プロパティの機能についてはChapter 5以降で詳しく確認していきます。

ボックスモデル

詳細はP.142

ボックスモデルを構成するマージン、ボーダー、パディングと、ボックスの横幅・高さを調整するプロパティです。

margin / padding / border / width / height / min-width / min-height / max-widht / max-height / box-sizing

ボックスのレイアウト

詳細はP.154

ディスプレイタイプ（ボックスの種類）を指定するプロパティです。ディスプレイタイプに応じてレイアウトモードが変わり、ボックスがどのようにレイアウトされるかが決まります。
また、レイアウトモードごとにレイアウトの調整に利用するプロパティが次のように用意されています。

display

フレキシブルボックスレイアウト

P.202

flex / gap / flex-direction / flex-wrap / order / justify-content / align-items / align-self / align-content

グリッドレイアウト

P.218

grid / grid-template-rows / grid-template-columns / grid-template-areas / grid-row-start / grid-row-end / grid-column-start / grid-column-end / grid-row /grid-column / grid-area / gap / grid-auto-flow / grid-auto-rows / grid-auto-columns / justify-items / justify-self / align-items / align-self

テーブルレイアウト

P.246

table-layout / border-collapse / border-spacing / empty-cells / caption-side

ルビレイアウト

P.167

ruby-position / ruby-align

リスト

P.170

list-style-position / list-style-type / list-style-image / list-style

特殊なボックス

詳細はP.176

異なるレイヤーでボックスを構成し、「フロート」および「ポジション」レイアウトを実現するプロパティです。

float / clear / position / left / top / right / bottom / z-index

ボックスに関する付属事項を指定するプロパティ

詳細はP.185

ボックスからオーバーフローしたコンテンツの表示方法や、ボックスの生成・装飾など、ボックスに関する付属事項を設定するプロパティです。

overflow / resize / scroll-snap-type / scroll-snap-align / content / couter-increment / counter-reset / quotes / border-radius / box-shadow / outline / cursor / visibility / opacity /

テキスト

詳細はP.257

書式設定

フォントのサイズや太さといった、書式設定を行うプロパティです。

font-size / font-family / font-weight / font-style / font-stretch / font-variant / line-height / font / @font-face

行内のコンテンツの位置揃え

1行の中に含まれるコンテンツの行揃えや垂直方向の位置揃えを調整するプロパティです。

text-align / vertical-align

改行・タブ・スペースのコントロール

改行・タブ・スペースをどのように画面表示に反映させるかを設定するプロパティです。

white-space / word-break / overflow-wrap / hyphens / line-break / tab-size / word-spacing / letter-spacing / text-indent

テキストの装飾

テキストの色の指定や、下線、影の表示など、装飾を行うプロパティです。

color / text-transform / text-decoration / text-emphasis / text-shadow

テキストのレイアウト

テキストのレイアウトを調整するプロパティです。マルチカラムや縦書きを実現します。

columns / column-gap / column-rule / column-span / column-fill / writing-mode / text-orientation / text-combine-upright

エンベディッド・コンテンツ

詳細はP.299

画像・ビデオの表示エリアへのフィッティング

HTML で挿入した画像やビデオを表示エリアのサイズに合わせてどうフィットさせ、表示するかを指定できるプロパティです。

```
object-fit / object-position
```

CSS による画像の表示

ボックスの背景やボーダーとして画像を表示するプロパティです。

```
background-image / background-position / background-size / background-repeat / background-attachment / background-origin /background-clip / background-color / background / border-image
```

特殊効果

詳細はP.343

トランスフォーム

2次元または3次元の変形処理を指定することができるプロパティです。

```
transform / perspective / perspective-origin / transform-style
```

アニメーション

プロパティの値を変化させ、アニメーションを作成することができるプロパティです。

```
transition / animation / @keyframes
```

エフェクト

フィルタ、マスク、クリッピングパス、ブレンドモード（合成モード）といった各種エフェクトを適用することができるプロパティです。

```
filter / mask / clip-path / mix-blend-mode / background-blend-mode
```

プロパティの記述形式

プロパティの設定は右のような形で記述し、適用先の要素をセレクタで指定します。

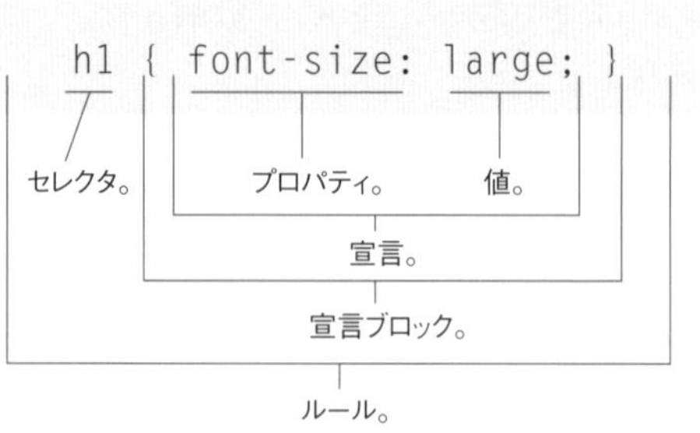

宣言のグループ化

プロパティと値のセット（宣言）は、右のように別々に記述することも、1つのルールとしてグループ化し、まとめて記述することもできます。

```
h1  {font-size: large;}
h1  {color: #ff0000;}
```

＝

```
h1  {font-size: large;
     color: #ff0000;}
```

値の継承

「継承あり」と定義されたプロパティでは、子要素でプロパティが未指定の場合、親要素の値が継承されます。そのため、右のように親要素でまとめて指定することが可能です。

```
h1  {color: #ff0000;}
p   {color: #ff0000;}
```

＝

```
article {color: #ff0000;}
```

```
<article>
    <h1>快適なホームオフィス</h1>
    <p>家でリラックスしながら仕事をする。そんな
    ことが実現可能な世の中になってきました。</p>
</article>
```

4
CSSの適用

継承される値

基本的に、数値とパーセント指定（%）による値の場合は算出された値が、それ以外（倍率など）の場合は指定した値そのものが継承されます。

たとえば、右のサンプルは親要素の<article>でフォントサイズ（font-size）を16px、行の高さ（line-height）を200%または2と指定したものです。line-heightの%と倍率はフォントサイズに対して処理されるため、<article>の行の高さはどちらの場合も32pxになります。

これに対し、子要素<p>に継承されるline-heightの値は、%指定の場合は算出値の「32px」、倍率指定の場合は指定値の「2」となります。そのため、<p>にfont-sizeを適用すると、<p>の行の高さの表示結果が異なることになりますので、注意してください。

```
article {font-size: 16px;
         line-height: 200%;}
p {font-size: 12px;}
```

➡ <p>のline-heightの値=32px
▼ <p>の行の高さの表示=32px

```
article {font-size: 16px;
         line-height: 2;}
p {font-size: 12px;}
```

➡ <p>のline-heightの値=2
▼ <p>の行の高さの表示=24px

```
<article>
    <p>家でリラックスしながら仕事をする。…</p>
</article>
```

プロパティの初期値

ボックスはすべてのプロパティを持つものとして扱われます。そのため、プロパティが未指定で、値の継承もない場合、プロパティの初期値で処理されます。

プロパティの適用先

プロパティの適用先に関しては、基本的には全要素が対象ですが、一部のプロパティに関しては限定されているものがあります。詳しくはP.175を参照してください。

4-4 セレクタ

適用先の要素を指定するセレクタは、要素名を指定するばかりではなく、次のようなさまざまなものが用意されています。

シンプルセレクタ

分類		セレクタ	適用先となる要素
タイプセレクタ		要素名	指定した名前の要素
ユニバーサルセレクタ		*	すべての要素
属性セレクタ		[属性名]	指定した属性が記述された要素
		[属性名="値"]	指定した属性の値が「値」の要素
		[属性名~="値"]	指定した属性の値にスペース区切りの「値」が含まれる要素
		[属性名|="値"]	指定した属性の値がハイフン(-)区切りの「値」で始まる要素
		[属性名^="値"]	指定した属性の値が「値」で始まる要素
		[属性名$="値"]	指定した属性の値が「値」で終わる要素
		[属性名*="値"]	指定した属性の値の一部に「値」が含まれる要素
クラスセレクタ		.class	クラス名が「class」の要素
IDセレクタ		#id	IDが「id」の要素
言語疑似クラス		:lang(〜)	指定した言語の要素
構造疑似クラス	全要素をカウント	:nth-child(〜)	同一階層の最初から〜番目の要素
		:nth-last-child(〜)	同一階層の最後から〜番目の要素
		:first-child	同一階層の最初の要素
		:last-child	同一階層の最後の要素
		:only-child	同一階層の唯一の要素
	特定要素をカウント	:nth-of-type(〜)	同一階層の最初から〜番目の要素
		:nth-last-of-type(〜)	同一階層の最後から〜番目の要素
		:first-of-type	同一階層の最初の要素
		:last-of-type	同一階層の最後の要素
		:only-of-type	同一階層の唯一の要素
	ルート疑似クラス	:root	ルート要素
	エンプティ疑似クラス	:empty	中身が空の要素

分類		セレクタ	適用先となる要素
ダイナミック疑似クラス	リンク疑似クラス	:link	リンク先に未アクセスの要素
		:visited	リンク先にアクセス済みの要素
	ユーザーアクション疑似クラス	:hover	カーソルを重ねた要素
		:focus	フォーカスした要素
		:active	アクティブな要素
ターゲット疑似クラス		:target	リンクターゲットの要素
インプット疑似クラス		:enabled / :disabled	有効/無効なコントロール
		:read-only / :read-write	表示専用/編集可能なコントロール
		:valid / :invalid	検証結果が正しい/正しくないコントロール
		:required / :optional	必須 / 任意のコントロール
		:in-range / :out-of-range	範囲内 / 範囲外のコントロール
		:placeholder-shown	プレースホルダを表示したコントロール
		:checked	選択中のコントロール
		:default	標準のコントロール
		:indeterminate	不確定なコントロール
否定疑似クラス		:not(〜)	指定した条件と一致しない要素

疑似要素

分類	セレクタ	適用先となる要素
::first-line疑似要素	::first-line	要素の1行目
::first-letter疑似要素	::first-letter	要素の1文字目
::before / ::after疑似要素	::before	要素の前に挿入したコンテンツ
	::after	要素の後に挿入したコンテンツ

セレクタの記述形式

セレクタは右のように単体で利用することもできますが、組み合わせて記述することで、より詳細に適用先を限定することができます。

```
.post { … }
```

セレクタ。

クラス名が「post」の要素が適用先になります。

混合セレクタ

複数のセレクタの条件と一致する要素を適用先にする場合、スペースなどを入れずにセレクタを繋げて記述します。このとき、シンプルセレクタはいくつでも繋げて記述することができますが、タイプセレクタ（要素名）とユニバーサルセレクタ（*）は1つのみ1番最初に記述できます。また、疑似要素は最後に1つのみ記述できます。

```
div.post:lang(en)::first-letter { … }
```

タイプセレクタ。　シンプルセレクタ。　疑似要素。

<div class="post" lang="en">の1文字目が適用先になります。

結合子を利用したセレクタ

ドキュメントの階層構造で要素を限定する場合、結合子を利用します。利用できる結合子は次のようになっています。セレクタには上記の混合セレクタも記述できます。

```
div.post > h1 { … }
```

セレクタ。　セレクタ。

<div class="post">の1階層下の<h1>が適用先になります。

分類	結合子	セレクタの記述	適用先となる要素
子孫セレクタ	半角スペース	A B	Aの階層下のすべてのB。
子セレクタ	>	A > B	Aの1階層下のB。
兄弟セレクタ（隣接セレクタ）	+	A + B	Aの直後に記述した同階層のB。
兄弟セレクタ（間接セレクタ）	~	A ~ B	Aの後に記述したすべての同階層のB。

セレクタリスト

適用先を複数指定する場合、セレクタをカンマで区切って記述します。上記の混合セレクタや、結合子を利用したセレクタも記述することができます。

```
div.post, h1 { … }
```

セレクタ。　セレクタ。

<div class="post">と<h1>が適用先になります。

:is() / :where()疑似クラス

CSS4で提案されている:is()や:where()疑似クラスを利用すると、セレクタリストを1つのセレクタとして扱うことができます。右のように指定すると、<div class="post">または<h1>直下の<span>が適用先になります。

なお、:where()はP.128の詳細度が「0」となるのに対し、:is()は引数内で最も詳細度の高いセレクタ（右のサンプルの場合はdiv.post）の詳細度を取ります。

```
:is(div.post, h1) > span { … }

:where(div.post, h1) > span { … }
```

※非標準ですが、Chromeでは:-webkit-any()、Safari 13.x以前では:matches() を:is()の代わりに使用することができます。ただし、引数として結合子を利用したセレクタは指定できません。

タイプセレクタ / ユニバーサルセレクタ

タイプセレクタ（要素名）とユニバーサルセレクタ（*）は単体で利用すると適用対象が多くなるため、他のセレクタと組み合わせ、制限をかけながら使うのがポイントとなります。

たとえば、記事の左右には余白を入れてレイアウトするのが一般的ですが、本文中の画像は画面の横幅いっぱいに表示したいという場合、タイプセレクタとユニバーサルセレクタを利用すると次のように余白を調整することができます。
ここでは、「article > *」セレクタで <article> 直下のすべての要素の左右に 30 ピクセルの余白を挿入し、「article > img」セレクタで <article> 直下の <img> の左右の余白を削除しています。

画像<img>以外の要素（<h1>、<p>、<h2>、<aside>）の左右に余白が挿入されます。

```
article > * {
  margin-left: 30px;
  margin-right: 30px;
}

article > img {
  width: 100%;
  margin-left: 0;
  margin-right: 0;
}
```

```
<article>
  <h1>快適なホームオフィス</h1>
  <p>家でリラックスしながら仕事をする。…</p>
  <img src="home.jpg" alt="">
  <h2>コンパクトな作業スペース</h2>
  <p>オフィスだからといって広い作業スペース…</p>
  <p>作業中のデータはクラウドで管理すること…</p>
  <img src="img/green.jpg" alt="">
  <h2>手軽に気分転換</h2>
  <p>仕事に行き詰まったり、新しい発想が出て…</p>
  <aside class="sns">…</aside>
</article>
```

属性セレクタ

属性セレクタを利用すると、指定した属性や属性値を持つ要素を適用先にすることができます。
たとえば、P.077 のように download 属性を指定したダウンロードリンクに CSS の設定を適用する場合、右のようにセレクタを「[download]」と指定します。
また、ここでは ::before 疑似要素（P.128）を併用し、「[download]::before」セレクタでダウンロードアイコンを挿入するように指定しています。

ダウンロードアイコン
（download.svg）。
※Illustratorで「レスポンシブ」に設定して出力したもの。

```
[download] { background-color: #7dbe28;
             color: #fff; …}

[download]::before
   {content: url(img/download.svg);
    display: inline-block;
    width: 30px;
    height: 30px;
    margin-right: 5px;
    vertical-align: middle;}
```

```
<a href="help.pdf" download>
ダウンロード
</a>
```

リンク先のファイルの拡張子に応じてデザインを変える

属性セレクタを利用すると、リンク先のファイルの拡張子に応じてデザインを変えることもできます。
たとえば、リンク先がPDFファイルのリンクのデザインを指定する場合、href属性の値が「pdf」で終わる要素を適用先にするため、セレクタを「[href$="pdf"]」と指定します。

```
[href$="pdf"] {…}

[href$="pdf"]::before {
  content: url(img/Adobe_PDF.png); …}
```

クラスセレクタ / ID セレクタ

特定のクラス名や ID を持つ要素を適用先にする場合、クラスセレクタ、ID セレクタを利用します。クラスセレクタのクラス名には「.（ピリオド）」を、ID セレクタの ID には「#」を付けて記述します。
たとえば、右のサンプルで「photo」というクラス名を持つ要素を適用先にする場合、クラスセレクタで「.photo」と指定します。これは、属性セレクタで「[class~="photo"]」と指定することもできます。

```
.photo {…}
```

```
<img src="A.jpg" alt="" class="photo work">
<img src="B.jpg" alt="" class="photo food">
```

クラスセレクタでクラス名が「photo」の要素を適用先に指定したもの。

また、右のサンプルで「office」という ID を持つ要素を適用先にする場合、ID セレクタで「#office」と指定します。これは、属性セレクタで「[ID="office"]」と指定することもできます。

```
#office {…}
```

```
<article id="office">
  …
</article>
```

IDセレクタでIDが「office」の要素を適用先に指定したもの。

属性セレクタを利用してクラス名に部分一致させる

属性セレクタを利用すると、クラス名に部分一致する要素を適用先にすることができます。
たとえば、CSSフレームワークのBootstrapでは、段組みの各段の横幅などを「col-○-○」という形式のクラス名で指定する仕組みになっています。こうしたクラス名を持つ要素にまとめてCSSの設定を適用したい場合、属性セレクタで「[class*="col-"]」と指定します。これにより、class属性の値に「col-」を含む要素が適用先になります。

```
[class*="col-"] {…}
```

```
<div class="row">
  <div class="col-xs-12 col-md-8">…</div>
  <div class="col-xs-6 col-md-4">…</div>
</div>
```


言語疑似クラス

特定の言語の要素を適用先にする場合、言語疑似クラス「:lang()」を利用することができます。たとえば、右のサンプルでは英文を <p> でマークアップし、lang 属性で言語の種類が「en-us（アメリカ英語）」であることを示しています。また、文章中の重要な語句は <strong> でマークアップしています。

```
<p lang="en-us">
In recent years, it has become possible
option to <strong>work at home</strong>.
The home assistant helps troublesome work.
</p>
```

このとき、英語で記述した要素を赤色の罫線で囲むため、Ⓐのように言語疑似クラスでセレクタを「:lang(en)」と指定すると、<p lang="en-us"> と <strong> が適用先となります。

In recent years, it has become possible option to **work at home**. The home assistant helps troublesome work.

Ⓐ
```
:lang(en) {
  border: solid 1px red;
}
```

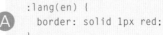

これに対し、Ⓑのように属性セレクタで「[lang|="en"]」と指定すると、同じ結果になるように思えますが、この場合は <p lang="en-us"> のみが適用先となります。
このような違いが出るのは、Ⓑの属性セレクタではlang属性の値がハイフン区切りの「en」で始まる要素を見るのに対し、Ⓐの言語疑似クラスではlang属性で示されたセマンティクスを持つすべての要素を見るためです。

In recent years, it has become possible option to **work at home**. The home assistant helps troublesome work.

Ⓑ
```
[lang|="en"] {
  border: solid 1px red;
}
```

なお、<strong> のみを罫線で囲みたいような場合、言語疑似クラスではⒶ'「strong:lang(en)」、属性セレクタではⒷ'「[lang|="en"] strong」と指定することができます。
どちらのセレクタでも表示結果は同じものとなりますが、Ⓐ'が「言語が英語」のセマンティクスを持つ <strong> を見ているのに対し、Ⓑ'はlang属性の値がハイフン区切りの「en」で始まる要素の中にある <strong> を見ていることになります。

In recent years, it has become possible option to **work at home**. The home assistant helps troublesome work.

Ⓐ'
```
strong:lang(en) {
  border: solid 1px red;
}
```

Ⓑ'
```
[lang|="en"] strong {
  border: solid 1px red;
}
```

書字方向疑似クラス

CSS4では書字方向疑似クラス「:dir()」が提案されており、言語疑似クラス「:lang()」と同じように、書字方向のセマンティクスを持つ要素を適用対象にすることができます。
たとえば、右のサンプルではdir属性で書字方向を「rtl（右から左）」と示した要素を赤色の罫線で囲むように指定しています。

في السنوات الأخيرة، أصبح من الممكن خيار **العمل في المنزل**. مساعد المنزل يساعد العمل مزعجة.

```
:dir(rtl) {
  border: solid 1px red;
}
```

```
<p dir="rtl">
في السنوات الأخيرة، أصبح من الممكن خيار <strong>
العمل في المنزل </strong>. مساعد المنزل يساعد
العمل مزعجة.
</p>
```

構造疑似クラス

構造疑似クラスの「:nth-child()」を利用すると、同一階層のすべての要素をカウントし、「An+B」番目の要素を適用先にすることができます。

:nth-child()のパラメータ			適用先
An+B			B番目の要素と、B番目からA個おきの要素
B			B番目の要素のみ
odd	2n+1		奇数番目の要素
even	2n+2	2n	偶数番目の要素
-n+B			最初のB個の要素

たとえば、複数の記事を右のような段組みにした場合に、間の余白を調整してみましょう。ここでは各記事<article>の右側に余白を入れる形で対応します。ただし、右端の記事の右側にも余白を入れるとレイアウトが崩れるため、この余白は削除します。

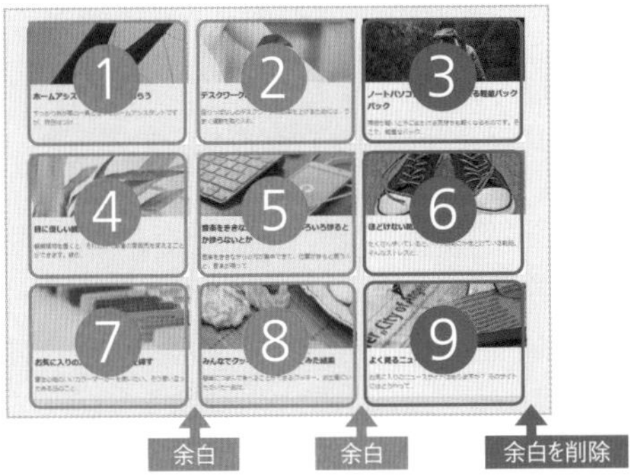


```
.container {
  display: flex;
  flex-wrap: wrap;
}

.container > * {
  flex: 1 1 30%;
  margin-right: 20px;
}

.container > :nth-child(3n+3) {
  margin-right: 0;
}
```

```
<div class="container">
  <article> … </article> ❶
  <article> … </article> ❷
  <article> … </article> ❸
  <article> … </article> ❹
  <article> … </article> ❺
  <article> … </article> ❻
  <article> … </article> ❼
  <article> … </article> ❽
  <article> … </article> ❾
</div>
```

そこで、右のサンプルでは「.container > *」セレクタですべての記事の右側に20ピクセルの余白を挿入し、「.container > :nth-child(3n+3)」セレクタで右端の記事（3、6、9番目の記事）の右側の余白を削除しています。

なお、同一階層の要素を逆順でカウントし、最後から「An+B」番目の要素を適用先にしたい場合、:nth-last-child() 疑似クラスを利用することができます。

また、:nth-child() と :nth-last-child() を利用した記述のうち、次の適用先を指定するものについては専用の構造疑似クラスで記述することもできます。

構造疑似クラス	:nth-child() / :nth-last-child() による記述	適用先
:first-child	:nth-child(1)	同一階層の最初の要素
:last-child	:nth-last-child(1)	同一階層の最後の要素
:only-child	:nth-child(1):nth-last-child(1)	同一階層の唯一の要素（最初かつ最後の要素）

同一階層の特定の要素のみをカウントする場合

「:nth-child()」では同一階層のすべての要素がカウントされますが、特定の要素のみをカウントしたい場合は「:nth-of-type()」を利用します。
たとえば、右のサンプルでは記事<article>の中の段落<p>のうち、1つ目の段落をリード文として目立つようにデザインするため、セレクタを「article > p:nth-of-type(1)」と指定しています。

セレクタを「article > p:nth-child(1)」と指定した場合、1つ目の要素としてカウントされるのは<img>となるため、マッチする要素が存在しないことになります。

なお、すべての要素をカウントする構造疑似クラスに対し、特定の要素をカウントする構造疑似クラスは次のように用意されています。

すべての要素をカウントする構造疑似クラス	適用先	特定の要素をカウントする構造疑似クラス
:nth-child(~)	最初から~番目の要素	:nth-of-type(~)
:nth-last-child(~)	最後から~番目の要素	:nth-last-of-type(~)
:first-child	最初の要素	:first-of-type
:last-child	最後の要素	:last-of-type
:only-child	唯一の要素	:only-of-type

1つ目の段落<p>が太字のひとまわり大きなフォントサイズで表示されます。

```
article > p:nth-of-type(1) {
  font-size: larger;
  font-weight: bold;
}
```

```
<article>
  <img src="home.jpg" alt="">
  <h1>快適なホームオフィス</h1>
  <p>家でリラックスしながら仕事をする。…</p> ❶

  <h2>コンパクトな作業スペース</h2>
  <p>オフィスだからといって広い作業スペ…</p> ❷
  <p>作業中のデータはクラウドで管理する…</p> ❸

  <h2>手軽に気分転換</h2>
  <p>仕事に行き詰まったり、新しい発想が…</p> ❹

  <aside class="sns">…</aside>
</article>
```

<p>のカウント

ルート疑似クラス

ルート疑似クラスの「:root」を利用すると、ルート要素を適用先にすることができます。HTML ドキュメントの場合、ルート要素は <html> になります。
たとえば、P.360 の CSS の変数（カスタムプロパティ）を HTML ドキュメント全体で利用できるようにする場合、右のようにルート要素に対して変数の定義を適用します。

```
:root {
  --main-color: #5D9AB2;
}

h1 {
  color: var(--main-color);
}
```

```
<!DOCTYPE html>
<html lang="ja">
…
</html>
```

エンプティ疑似クラス

エンプティ疑似クラスの「:empty」を利用すると、タグの中身が空の要素を適用先にすることができます。
たとえば、空の状態で記述した <span></span> や、VOID（P.020）に属する <img> などが適用先になります。

```
:empty { … }
```

```
<span class="fa fa-home"></span>
<img src="office.jpg" alt="">
<h1>快適なホームオフィス</h1>
```

フルスクリーン疑似クラス

「:fullscreen」疑似クラスを利用すると、Fullscreen APIでフルスクリーン表示した要素を適用先にすることができます。たとえば、右のようにrequestFullscreen()を設定したボタンをクリックすると<html>がフルスクリーン表示になり、「:fullscreen」セレクタの設定が<html>に適用されます。
Fullscreen APIについてはWHATWGの仕様として策定されています。

Fullscreen API
https://fullscreen.spec.whatwg.org/

```
:fullscreen { … }
```

```
<button type="button" onclick="document.
documentElement.requestFullscreen()">フル
スクリーン</button>
```

※Safariは「:-webkit-full-screen」、「webkitRequestFullScreen()」で対応しています。

※ブラウザの機能（F11キーなど）でフルスクリーン表示にしたときにCSSを適用したい場合、P.140のメディアクエリの特性「display-mode: fullscreen」を利用します。

ダイナミック疑似クラス

ダイナミック疑似クラスを利用すると、要素の状態に応じてCSSの設定を適用することができます。

ダイナミック疑似クラス	適用先
:link	リンク先に未アクセスの要素
:visited	リンク先にアクセス済みの要素
:hover	カーソルを重ねた要素
:focus	フォーカス(キーボードで選択／マウスなどでクリックやタップ)した要素
:active	アクティブな要素

たとえば、「:hover」と「:active」を利用すると、ユーザーのアクションに応じてリンクのデザインを変化させることができます。右のサンプルでは、リンクの背景色を緑色（limegreen）に設定し、カーソルを重ねた「:hover」のときには薄緑色（lightgreen）に、クリックした「:active」のときにはオレンジ色（orange）になるように指定しています。

なお、カーソルを重ねることができないタッチデバイス（iOSやAndroid）では、タップした瞬間から「:active」と「:hover」の設定が適用され、PC環境に近い処理が行われます。
ただし、iOSでこうした処理を行うためには、ontouchstart属性の指定が必要です。また、iOSやAndroidにはタップしたリンクを標準でハイライト表示する機能が備わっていますが、CSSでデザインを指定する場合は邪魔になります。そこで、ハイライト表示を無効化するため、-webkit-tap-highlight-colorを「transparent」と指定しています。

リンクの長押しで表示されるiOSのポップアップメニューを無効化したい場合には、-webkit-touch-calloutを「none」と指定します。

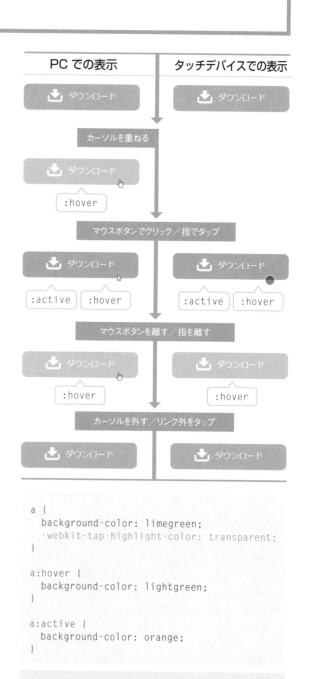

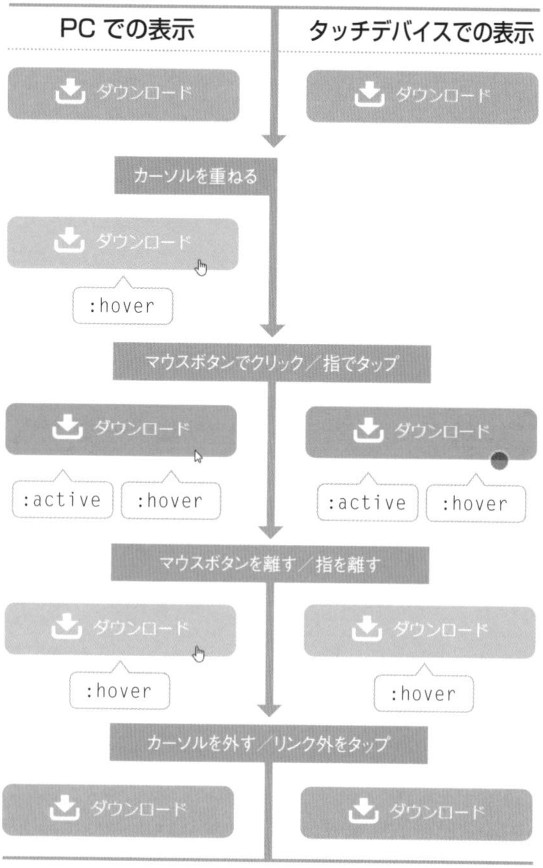


```
a {
  background-color: limegreen;
  -webkit-tap-highlight-color: transparent;
}

a:hover {
  background-color: lightgreen;
}

a:active {
  background-color: orange;
}
```

```
<a href="help.pdf" download ontouchstart>
ダウンロード
</a>
```

すべてのリンクを適用先にする疑似クラス　:any-link

CSS4ではリンクの状態に関係なく、すべてのリンクを適用先にする「:any-link」という疑似クラスが提案されています。この疑似クラスでは、href属性を指定した<a>、<area>、<link>が適用先となります。

```
:any-link { … }
```

```
<a href="～"> … </a>
<a> … </a>
```

:focus-visible

86以降　86以降　86以降

:focusではキーボードで選択した要素だけでなく、クリックやタップした要素も適用先になります。これに対し、CSS4の:focus-visibleを利用すると、フォーカスしたことを視覚的に明示する必要があるとブラウザが判断した要素（主にキーボードで選択した要素）に限定してCSSを適用できます。

:focus-within

CSS4の:focus-withinでは子要素がフォーカスされたときにCSSを適用できます。たとえば、子要素の<input>がフォーカスされたときに親要素の<form>にCSSを適用する場合は次のように指定します。

```
form:focus-within { … }
```

ターゲット疑似クラス

HTML ドキュメント内の特定の要素を URL で参照する場合、URL に要素の ID を付加してアクセスします。たとえば、右のサンプルでは記事のタイトル <h1> の ID を「title」と指定し、URL に「#title」を付加して参照できるようにしています。
このとき、ターゲット疑似クラスの「:target」を利用すると、URL で参照された要素に CSS の設定を適用することができます。ここでは URL に「#title」を付加してアクセスすると、<h1> の背景を黄色くハイライト表示するように指定しています。

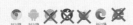

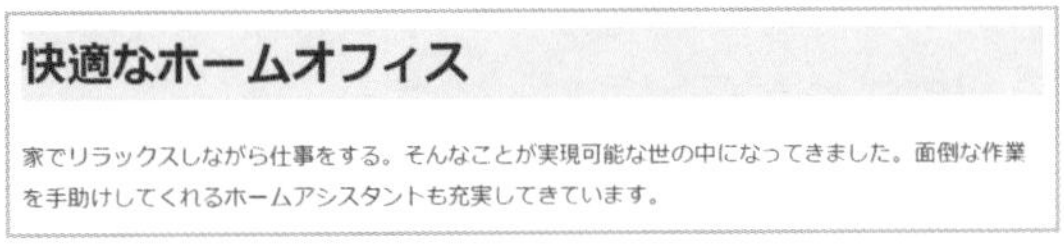
快適なホームオフィス
家でリラックスしながら仕事をする。そんなことが実現可能な世の中になってきました。面倒な作業を手助けしてくれるホームアシスタントも充実してきています。

「https://～.html#title」でアクセスしたときの表示。

```
:target {background-color: yellow;}
```

```
<h1 id="title">快適なホームオフィス</h1>
<p>家でリラックスしながら仕事をする。そんな…</p>
```

インプット疑似クラス

インプット疑似クラスを利用すると、フォームの入力項目（フォームコントロール）の状態に応じて CSS の設定を適用することができます。詳しくは P.342 を参照してください。

```
:required { … }
```

```
<input type="text" name="name" required>
```

否定疑似クラス

否定疑似クラス「:not()」ではパラメータとしてシングルセレクタを指定し、それと一致しない要素を適用先にすることができます。
たとえば、右のサンプルで「photo」というクラス名を持たない画像 <img> を適用先にする場合、セレクタを「img:not(.photo)」と指定します。

```
img:not(.photo) {…}
```

```
<img src="A.jpg" alt="" class="photo work">
<img src="B.jpg" alt="" class="photo food">
<img src="C.jpg" alt="" class="illust food">
<img src="D.jpg" alt="" class="graph">
```

否定疑似クラスで複数の条件を指定する

否定疑似クラスのパラメータはCSS3ではシングルセレクタに限定されていますが、CSS4ではセレクタリストを利用できるようにすることが提案され、複数の条件を簡単に指定できるようになっています。
たとえば、右のサンプルで「photo」と「graph」のどちらのクラス名も持たない画像<img>を適用先にする場合、シングルセレクタではⒶのように「img:not(.photo):not(.graph)」と指定する必要がありますが、セレクタリストを利用するとⒷのように「img:not(.photo, .graph)」と指定できるようになります。

Ⓐ
```
img:not(.photo):not(.graph) {…}
```

Ⓑ
```
img:not(.photo, .graph) {…}
```

```
<img src="A.jpg" alt="" class="photo work">
<img src="B.jpg" alt="" class="photo food">
<img src="C.jpg" alt="" class="illust food">
<img src="D.jpg" alt="" class="graph">
```

※ Ⓑの記述にはSafari / iOS Safariのみ対応

::first-line / ::first-letter 疑似要素

::first-line と ::first-letter 疑似要素を利用すると、要素内の１行目または１文字目に CSS の設定を適用することができます。

たとえば、<h1> の１行目を大きなフォントサイズで表示するように指定すると、右のようになります。

快適なホームオフィス
Comfortable Home Office

```
h1::first-line {font-size: 40px;}
```

```
<h1>快適なホームオフィス<br>
Comfortable Home Office</h1>
```

同じように、<p>の１文字目を大きなフォントサイズにすると、右のようになります。

家でリラックスしながら仕事をする。そんなことが実現可能な世の中になってきました。面倒な作業を手助けしてくれるホームアシスタントも充実してきています。

```
p::first-letter {font-size: 40px;}
```

```
<p>家でリラックスしながら仕事をする。そんなことが実現可能な世の中になってきました。面倒な作業を手助けしてくれるホームアシスタントも充実してきています。</p>
```

CSS4では::first-lineと::first-letterで使用できるプロパティが次のように提案されています。

::first-lineと::first-letterで使用できるプロパティ

フォント	font / font-* / line-height
背景	background / background-*
その他	text-decoration / text-shadow / text-transform / color / opacity / letter-spacing / word-spacing / vertical-align

::first-letterで使用できるプロパティ

margin / padding / border / box-shadow / float

ドロップキャップの設定　initial-letter

-webkit-　-webkit-

ドロップキャップは先頭の文字を大きくし、後続行に埋め込んで表示する文字配置です。ドロップキャップを実現するためには、CSS3で提案されているinitial-letterプロパティで埋め込む行数を指定し、::first-letter疑似要素で適用します。
たとえば、右のサンプルでは後続の2行に埋め込むため、initial-letterを「2」と指定しています。これにより、1文字目のフォントサイズが行数に合わせて調整され、右のような形で表示されます。

家でリラックスしながら仕事をする。そんなことが実現可能な世の中になってきました。面倒な作業を手助けしてくれるホームアシスタントも充実してきています。

```
p::first-letter {
  -webkit-initial-letter:2;
}
```

ハイライト疑似要素　::selection

CSS4で提案されているハイライト疑似要素「::selection」を利用すると、ユーザーが選択した箇所にCSSの設定を適用することができます。
たとえば、右のサンプルでは選択箇所を黄色い背景色で表示するように指定しています。

選択したテキスト。

家でリラックスしながら仕事をする。そんなことが実現可能な世の中になってきました。面倒な作業を手助けしてくれるホームアシスタントも充実してきています。

```
::selection {
  background-color: yellow;
}
```

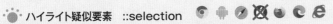

::before / ::after 疑似要素

::before と ::after 疑似要素を利用すると、**適用先のコンテンツ**の前または後に仮想的なボックスを挿入することができます。挿入するボックスの中身は content プロパティで指定します。
たとえば、右のサンプルでは「a::before」セレクタを利用し、<a> でマークアップしたコンテンツの前にボックスを挿入し、content プロパティでダウンロードアイコンを表示するように指定しています。なお、content プロパティではボックスの中身として画像、テキスト、引用符などを指定することができます。詳しくはP.189を参照してください。

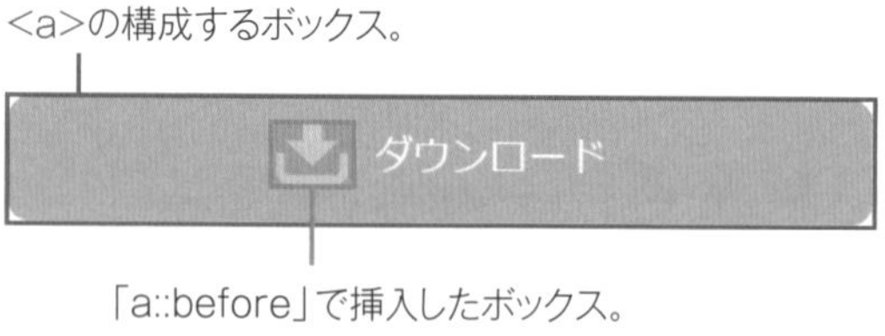

ダウンロードアイコンを挿入していないときの表示。

「a::before」セレクタでダウンロードアイコンを挿入したときの表示。

```
a::before
 {content: url(img/download.svg); …}
```

```
<a href="help.pdf" download>
ダウンロード
</a>
```

セレクタの詳細度

CSSの設定は1つの要素に対していくつでも適用することができるため、設定が重複するケースも出てきます。その場合、基本的には後から記述した設定の優先順位が高くなります。
たとえば、右のサンプルではセレクタを「h1」と指定した設定を2つ記述しています。それぞれの設定では背景色をオレンジ色と緑色に指定していますが、後から記述した設定が優先され、<h1> は緑色で表示されます。

```
h1 {background-color: orange;}
h1 {background-color: greenyellow;}
```

```
<div>
  <h1 class="title">快適なホームオフィス</h1>
</div>
```

しかし、オレンジ色の設定を子セレクタの形で「div > h1」と指定すると、「h1」セレクタよりも優先順位が高くなり、<h1> がオレンジ色になります。

```
div > h1 {background-color: orange;}
h1 {background-color: greenyellow;}
```

また、クラスセレクタで「.title」と指定し、背景色を黄色に指定した設定を追加します。すると、「h1」や「div > h1」の設定よりも優先され、<h1>が黄色に変わります。

快適なホームオフィス

```
.title {background-color: yellow;}
div > h1 {background-color: orange;}
h1 {background-color: greenyellow;}
```

このように、優先順位はセレクタの詳細度によって変わります。詳細度はセレクタごとに右のa～cの値を算出して決定するもので、aから順に比較して値が大きい場合は詳細度が高くなります。サンプルの場合、「.title」はb=1となり、他の2つよりもbの値が大きいので最も詳細度が高くなります。「div > h1」と「h1」の場合は、それぞれc=2、c=1ですので、「div > h1」の詳細度が高くなります。

a	IDセレクタの数。
b	クラスセレクタ / 属性セレクタ / 疑似クラスの数。
c	タイプセレクタ / 疑似要素の数。

※ ユニバーサルセレクタ「*」はカウントしません。
※ 否定疑似クラスでは:not()内に記述したセレクタをカウントし、:not()自身はカウントしません。

セレクタ	a	b	c
.title	0	1	0
div > h1	0	0	2
h1	0	0	1

詳細度が高い
詳細度が低い

詳細度・特定性（specificity）
索引法の用語で，個々の索引語の詳しさ，具体性の度合いのこと。例えば，「樹木」よりも「桜」「桜」よりも「ソメイヨシノ」の方が特定性が高いという。
― 図書館情報学用語辞典より
https://kotobank.jp/word/特定性-1703404

インラインスタイルシートの詳細度

style属性で指定したインラインスタイルシートの設定は、セレクタで適用した設定よりも詳細度が高くなります。
たとえば、前ページのサンプルで<h1>に右のようにstyle属性を追加すると、<h1>の背景色は水色に変わります。

快適なホームオフィス

```
.title {background-color: yellow;}
div > h1 {background-color: orange;}
h1 {background-color: greenyellow;}
```

```
<div>
  <h1 class="title"
  style="background-color: skyblue;">
  快適なホームオフィス
  </h1>
</div>
```

!importantルール

セレクタの詳細度に関係なく、最優先で適用したい設定がある場合、設定の末尾に「!important」を付加します。たとえば、右のように「h1」セレクタの設定に「!important」を付加すると、<h1>が緑色になります。

快適なホームオフィス

```
.title {background-color: yellow;}
div > h1 {background-color: orange;}
h1 {background-color: greenyellow !important;}
```

4-5 メディアクエリ

メディアクエリ @media を利用すると、出力デバイスの特性や種類を判別し、条件を満たす場合にだけ CSS の設定を適用することができます。
たとえば、次のサンプルではデバイスのビューポート（ブラウザ画面）の横幅に応じて適用する CSS の設定を切り替え、レイアウトが３段階で変化するように指定しています。

```
@media (max-width: 599px) {
    .post h1 {
      font-size: 26px;
    }
}

@media (min-width: 600px) and (max-width: 768px) {
    .post h1 {
      font-size: 32px;
    }
}

@media (min-width: 769px) {
    .post h1 {
      font-size: 40px;
    }
}
```

ここではスマートフォン、タブレット、PCに合わせてレイアウトを変えるため、600ピクセルと768ピクセルの2つのブレークポイント（レイアウトを切り替えるポイント）を用意し、599ピクセル以下、600〜768ピクセル、769ピクセル以上で適用するCSSの設定を切り替えています。

このようにメディアクエリを利用し、デバイスに応じてレイアウトを変化させる手法は「レスポンシブWebデザイン」と呼ばれ、マルチデバイスに対応するための基本手法となっています。

メディアクエリでは次のような特性を判別することができます。

特性名	判別できる特性	指定できる値
width / min-width / max-width	ビューポートの横幅	数値
height / min-height / max-height	ビューポートの高さ	数値
aspect-ratio / min-aspect-ratio / max-aspect-ratio	ビューポートの縦横比	縦横比 「横/縦」という形で指定
orientation	ビューポートの向き	portrait（縦向き）/ landscape（横向き）
resolution / min-resolution / max-resolution	解像度（DPR）	解像度 単位は dpi / dpcm / dppx
-webkit-device-pixel-ratio / -webkit-min-device-pixel-ratio / -webkit-max-device-pixel-ratio	解像度（DPR）	整数
scan	走査方式	progressive（プログレッシブ）/ interlace（インターレース）
grid	グリッドベースのデバイス	1（グリッドベースのデバイス）/ 0（それ以外）
color / min-colod / max-color	カラーデバイス	整数 （カラーのビット数）
color-index / min-color-index /max-color-index	カラールックアップテーブル使用デバイス	整数 （カラールックアップテーブルのエントリ数）
monochrome / min-monochrome / max-monochrome	モノクロデバイス	整数 （階調のビット数）
device-width / min-device-width / max-device-height ※	スクリーンの横幅	数値
device-height / min-device-width / max-device-height ※	スクリーンの高さ	数値
device-aspect-ratio / min-device-aspect-ratio / max-device-aspect-ratio ※	スクリーンの縦横比	縦横比 「横/縦」という形で指定

※ CSS4では非推奨。

メディアクエリの記述形式

メディアクエリは次のような形で記述し、CSSの設定を適用する条件を指定します。条件は特性名と値のセットで指定し、複数の特性は「and」でつないで指定します。

たとえば、次のサンプルではビューポートの横幅が「600ピクセル以上」と「768ピクセル以下」の両方の条件を満たす場合にCSSの設定が適用されます。

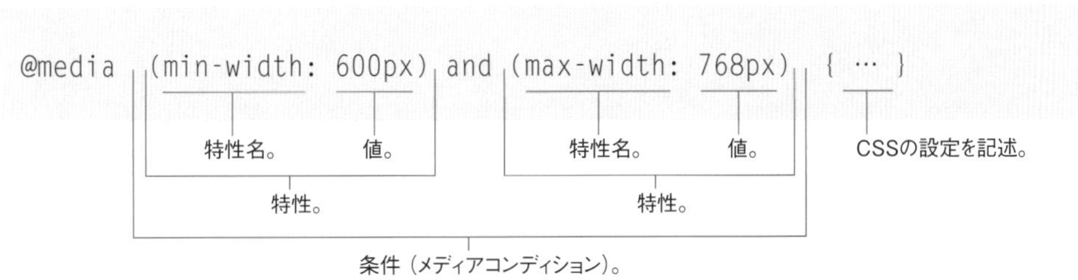

メディアクエリリスト

条件を「,（カンマ）」で区切って指定すると、いずれかの条件を満たす場合にCSSの設定を適用することができます。

たとえば、次のサンプルではビューポートの横幅が「600～768ピクセル」または「1200ピクセル以上」のときにCSSの設定が適用されます。

```
@media  (min-width: 600px) and (max-width: 768px), (min-width: 1200px)  { … }
```

条件（メディアコンディション）。　条件（メディアコンディション）。　CSSの設定を記述。

メディアクエリのネスト

メディアクエリ@mediaの設定はネストして記述することができます。

たとえば、ビューポートの横幅が768ピクセル以下のときに表示する背景画像を、デバイスの解像度（DPR）に応じて変更したいという場合、右のような形で指定することができます。
ここでは、Ⓐでビューポートの横幅の条件を指定した上で、ⒷとⒸで解像度（DPR）が「2以上」または「3以上」のときに表示する高解像度な背景画像を指定しています。ⒷとⒸの条件を満たさなかった場合はⒹの設定が適用されます。

```
@media (max-width: 768px) {                              ―Ⓐ

  .logo {background-image: url(logo-1x.jpg);}            ―Ⓓ

  @media (min-resolution: 2dppx) {                       ―Ⓑ
    .logo {background-image: url(logo-2x.jpg);}
  }

  @media (min-resolution: 3dppx) {                       ―Ⓒ
    .logo {background-image: url(logo-3x.jpg);}
  }

}
```

上のサンプルの設定をネストを使わずに記述すると、右のようになります。

```
@media (max-width: 768px) {
  .logo {background-image: url(logo-1x.jpg);}
}

@media (max-width: 768px) and (min-resolution: 2dppx) {
  .logo {background-image: url(logo-2x.jpg);}
}

@media (max-width: 768px) and (min-resolution: 3dppx) {
  .logo {background-image: url(logo-3x.jpg);}
}
```

メディアタイプ（出力先）の指定

メディアクエリでは右のようなメディアタイプ（出力先）の判別も行うことができます。

メディアタイプ	出力先
all	すべての出力先
screen	スクリーン （「print」と「speech」以外のすべての出力先）
print	印刷
speech	スクリーンリーダー

メディアタイプを指定する場合、次のように条件の前に追加し、andでつないで記述します。ここでは出力先が「スクリーン」で、ビューポートの横幅が1200ピクセル以上の場合にCSSを適用するように指定しています。

```
@media screen and (min-width: 1200px) {…}
```

screen：メディアタイプ。
(min-width: 1200px)：条件（メディアコンディション）。

条件の指定を省略し、メディアタイプのみを指定することも可能です。

```
@media screen {…}
```

screen：メディアタイプ。

メディアタイプはもともとHTML4で定義されたものです。CSS3ではその定義を継承し、上記の他に以下のメディアタイプも採用されています。しかし、これらはデバイスの進化などにより現状に合わなくなったと判断され、CSS4では非推奨となっています。
なお、将来的にはメディアタイプそのものを廃止する可能性も示唆されています。

CSS4で非推奨となったメディアタイプ

handheld	携帯機器
projection	プロジェクタ
tv	テレビ
tty	文字幅固定のデバイス（テレタイプ端末など）
braille	点字ディスプレイ
embossed	点字プリンタ

印刷したときのデザインの指定

Webページを印刷したときのデザインは、「print」メディアタイプで指定することができます。また、@pageを利用すると、用紙の余白サイズを指定することも可能です。たとえば、右のサンプルでは印刷時の<h1>を赤色に、用紙の余白サイズを200pxに指定しています。
@pageや印刷関連のCSSについて詳しくは下記のページを参照してください。

@page - Mozilla Developer Network
https://developer.mozilla.org/ja/docs/Web/CSS/@page

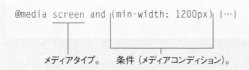

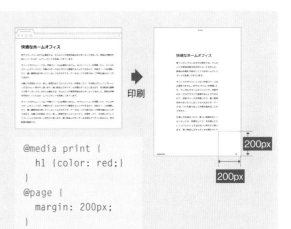

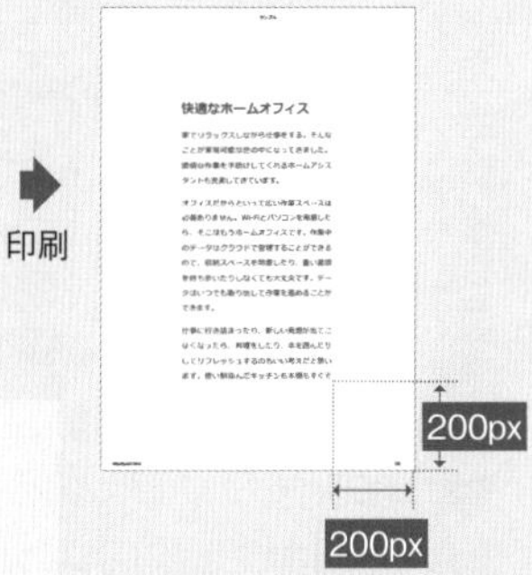


```
@media print {
  h1 {color: red;}
}
@page {
  margin: 200px;
}
```

※Safari / iOS Safari / Android Chromeは@pageに未対応です。

メディアクエリの修飾子

メディアタイプを指定した場合に限り、メディアタイプの前に次の修飾子を記述することができます。

否定修飾子: not

メディアクエリの適用先を反転する場合には「not」を付けます。たとえば、次のサンプルではすべての出力先の中からビューポートの横幅が1200ピクセル以上のものが適用先となります。

```
@media all and (min-width: 1200px) {…}
```

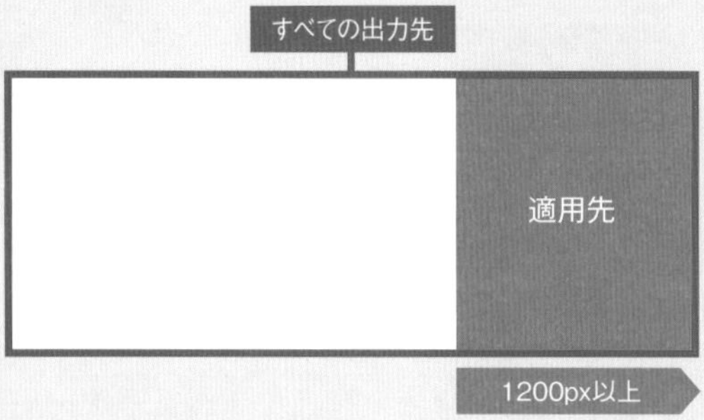

この指定に「not」を付けた場合、すべての出力先の中からビューポートの横幅が1200ピクセル未満のものが適用先となります。

```
@media not all and (min-width: 1200px) {…}
```

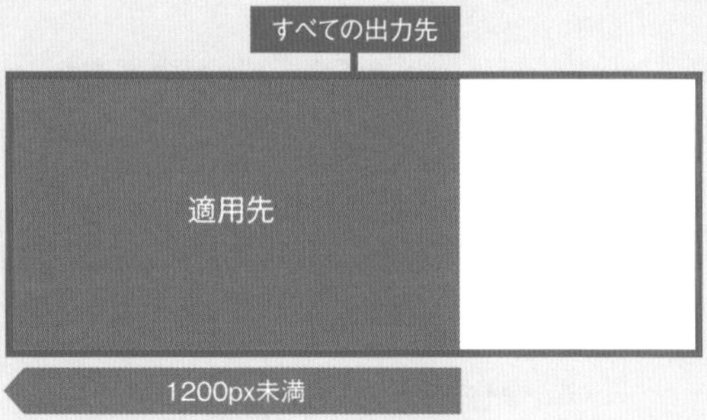

下位互換用の修飾子: only

IE8以前の古いブラウザはメディアタイプの指定には対応していますが、特性の指定には未対応です。こうしたブラウザではメディアタイプの条件が満たされただけで、CSSが適用される場合があります。
これを回避するためには、右のように「only」を付けて記述します。すると、古いブラウザは認識できないメディアタイプが指定されていると判断し、CSSを適用しません。
なお、メディアクエリに対応したブラウザではonlyは無視され、処理に影響を与えることはありません。

```
@media only all and (min-width: 1200px) {…}
```

ビューポートの横幅／高さ／縦横比

レスポンシブ Web デザインでは、通常ビューポートの横幅に応じて適用する CSS を切り替え、レイアウトやデザインを変更します。そのためには、次のように max-width や min-width を利用してメディアクエリを指定します。ここではビューポートの横幅が 399 ピクセル以下の場合は緑色、400 ピクセル以上の場合は水色の背景色で表示するように指定しています。

```
@media (max-width: 399px) {
  body {background-color: greenyellow;}
}

@media (min-width: 400px) {
  body {background-color: skyblue;}
}
```

また、「width」、「height」を利用し、ピンポイントでビューポートの横幅や高さにマッチさせることもできます。たとえば、iPhone 7 の Safari（iOS10）にマッチさせる場合、次のようにビューポートの横幅（375px）と高さ（スクリーンの高さからツールバーを引いた 559px）を指定します。

```
@media (width: 375px) and (height: 559px) {…}
```

この指定は「aspect-ratio」を利用し、ビューポートの縦横比（横 / 縦）で指定することもできます。

```
@media (aspect-ratio: 375/559) {…}
```

スクリーンの横幅／高さ／縦横比

「device-width」、「device-height」、「device-aspect-ratio」を利用すると、スクリーンの横幅、高さ、縦横比を判別することができます。たとえば、前ページのiPhone 7のスクリーンにマッチさせる場合は右のように指定します。ただし、これらはCSS4では非推奨となっており、他の特性を利用することが求められています。

```
@media (device-width: 375px) and (device-height: 667px) {…}
```

```
@media (device-aspect-ratio: 375/667) {…}
```

ビューポートの向き

「orientation」を利用すると、ビューポートの横幅が高さよりも小さい場合は縦向き（portrait）、大きい場合は横向き（landscape）と判別することができます。たとえば、次のサンプルでは縦向きのときは緑色、横向きのときは水色の背景色で表示するように指定しています。

```
@media (orientation: portrait) {
  body {background-color: greenyellow;}
}
@media (orientation: landscape) {
  body {background-color: skyblue;}
}
```

解像度（DPR）

「min-resolution」、「max-resolution」を利用すると、デバイスのDPRを判別することができます。
たとえば、右のサンプルではDPRが「2」以上および「3」以上の場合に、それぞれ最適な背景画像を読み込むように指定しています。

```
@media (min-resolution: 2dppx) {
  .logo {background-image: url(logo-2x.jpg);}
}
@media (min-resolution: 3dppx) {
  .logo {background-image: url(logo-3x.jpg);}
}
```

なお、Safari と iOS Safari は「resolution」に未対応です。これらにも対応するためには、右のように「-webkit-device-pixel-ratio」による指定も追加します。

```
@media (min-resolution: 2dppx),
(-webkit-min-device-pixel-ratio: 2) {
  body {background-color: greenyellow;}
}
@media (min-resolution: 3dppx),
(-webkit-min-device-pixel-ratio: 3) {
  body {background-color: skyblue;}
}
```

DPR(device pixel ratio)はdensityとも呼ばれ、デバイスごとにdpi(またはppi)に応じて設定されている値です。たとえば、初期のiPhoneでは「1」、Retinaディスプレイを持つiPhone 7では「2」、iPhone 7 Plusでは「3」と設定されています。

DPRの単位

「resolution」では、DPRの値をdppx、dpi、dpcmの3種類の単位で指定することができます。たとえば、DPRを「1」と指定する場合、「1dppx」と記述します。

「dpi」、「dpcm」を使用する場合、CSSでは1in = 96px = 2.54cm と定義されていますので、それぞれ右のように指定することができます。

単位	DPR「1」の指定
dppx (dots per pixel)	1dppx
dpi (dots per inch)	96dpi
dpcm (dots per cm)	96 ÷ 2.54 = 約37.79dpcm

※ IEはdpiのみ対応。

走査方式

「scan」では出力デバイスの走査方式がプログレッシブ (progressive) か、インターレース (interlace) かを判別します。

```
@media (scan: progressive) {…}

@media (scan: interlace) {…}
```

グリッドベース

「grid」を利用すると、グリッドベースの出力先 (1) か、それ以外の出力先(0)かどうかを判別できます。グリッドベースのデバイスにはテキストブラウザなどがあります。

```
@media (gird: 1) {…}

@media (grid: 0) {…}
```

カラー / カラールックアップテーブル / モノクロデバイス

「color」、「color-index」、「monochrome」を利用すると、カラーデバイス、カラールックアップテーブルを使用するデバイス、モノクロデバイスを判別することができます。たとえば、次のサンプルではcolorとmonochromeを利用し、カラーデバイスの場合は緑色の背景色で、モノクロデバイスの場合は黒色の背景色と白色の文字で表示するように指定しています。

カラーデバイスの場合は緑色の背景色で、モノクロデバイスの場合は黒色の背景色と白色の文字で表示するように指定。

iPhoneでは[設定 > アクセシビリティ > 画面表示とテキストサイズ > カラーフィルタ]で「グレイスケール」を選択すると、モノクロ表示になります。

```
@media (color) {
  body {
    background-color: greenyellow;
  }
}

@media (monochrome) {
  body {
    background-color: black;
    color: white;
  }
}
```

min-やmax-を付けた場合、カラーのビット数、カラーテーブルのエントリ数、モノクロの階調のビット数の指定が可能です。

```
@media (min-color: 8) {…}
```

8bit以上のカラーデバイスを判別。

CSS4で提案されている「color-gamut」を利用すると、出力環境が対応した色空間（色域）を判別できます。

```
@media (color-gamut: srgb) {…}
```

sRGBを判別。Firefox未対応。

ユーザー設定の判別

CSS5（Media Queries Level 5）ではダークモードやアニメーション効果などについて、ユーザーが要求している設定を判別する特性が提案されています。

ダークモード

「prefers-color-scheme」を「dark」と指定すると、ユーザーの要求するカラーテーマがダークモードの場合に設定が適用されます。ライトモードを判別する場合は「light」と指定します。

```
@media (prefers-color-scheme: dark) {…}
```

アニメーション効果の最小化

「prefers-reduced-motion」を「reduce」と指定すると、ユーザーがアニメーション効果の最小化を求めている場合に設定が適用されます。最小化を求めていないことを判別する場合は「no-preference」と指定します。

```
@media (prefers-reduced-motion: reduce) {…}
```

インタラクション機能の判別

CSS4（Media Queries Level 4）では、デバイスのインタラクション機能を判別する特性が提案されています。

デバイスの標準の入力方法の判別

「pointer」を利用すると、デバイスの標準の入力方法を判別することができます。たとえば、スマートフォンやタブレットの標準の入力方法はタッチスクリーンです。そのため、スマートフォンやタブレットでボタンを大きくしたい場合には、右のように指定することができます。

```
@media (pointer: coarse) {
    a[download] {
        width: 200px;
        height: 60px;
    }
}
```

pointerの値	デバイスの標準の入力方法	該当するデバイス
none	なし	キーボードのみの環境など
coarse	限定的（タッチスクリーン、ジェスチャー、リモコンなど）	スマートフォン／タブレット／Kinect／スマートテレビなど
fine	高精度（マウス、タッチパッド、スタイラスペンなど）	PC環境など

hover機能の判別

「hover」を利用すると、デバイスの標準の入力方法でマウスオーバー（hover）ができるかどうかを判別することができます。

```
@media (hover: none){…}

@media (hover: hover){…}

@media (hover){…}
```

hoverの値	マウスオーバーの可否	該当する入力方法
none	不可	タッチスクリーン、スタイラスペンなど
hover（省略可）	可能	マウス、タッチパッド、ジェスチャー、リモコンなど

利用できるすべての入力方法を対象にした判別

「any-pointer」、「any-hover」を利用すると、デバイスで利用できるすべての入力方法を対象に判別を行うことができます。

たとえば、スマートTVの標準の入力方法はリモコンですが、マウスを接続することも可能です。しかし、マウスを接続した場合でも、pointerでは「pointer:coarse」とマッチします。

このようなケースでany-pointerを利用すると、マウスが未接続な場合は「any-pointer:coarse」、接続済みの場合は「any-pointer:fine」とマッチします。

たとえば、マウスを接続しているときにスクロールバーを表示させたいといったときには、「any-point:fine」を利用することができます。

表示モードの判別

「Web App Manifest」の仕様ではWebアプリやページの表示モードを判別する特性として「display-mode」が提案されています。

display-modeの値はPWAのマニフェストファイルの「display」で指定できる値と同じです。たとえば、右のように「fullscreen」と指定すると、フルスクリーン表示のときに設定が適用されます。詳しくは、下記の仕様を参照してください。

Web App Manifest
https://w3c.github.io/manifest/

```
@media (display-mode: fullscreen) {…}
```

display-modeの値	表示モード
fullscreen	フルスクリーン表示
standalone	ネイティブアプリのようなスタンドアローン表示
minimal-ui	スタンドアローンに最小限のUIを加えた表示
browser	通常のブラウザ画面での表示

※ Windowsでは「F11」、macOSでは「command+ctrl+F」キーでフルスクリーン表示になりますが、Safariでは「fullscreen」と判別されません。

対応状況の判別　@supports

@supportsを利用すると、特定のCSSのプロパティと値の指定に対応しているかどうかを判別することができます。たとえば、右のサンプルでは、「filter: sepia(100%)」という指定に対応している場合にCSSが適用されます。

```
@supports (filter: sepia(100%)) {…}
```

複数の条件はandやorで指定します。右のように指定すると、「filter: sepia(100%)」または「mix-blend-mode: multiply」に対応している場合にCSSが適用されます。

```
@supports (filter: sepia(100%)) or
(mix-blend-mode: multiply) {…}
```

また、未対応な場合にCSSを適用するためには、右のようにnotを付けて指定します。

```
@supports not (filter: sepia(100%)) {…}
```

名前空間の判別　@namespace

@namespaceを利用すると、特定の名前空間（P.026）に属するタグにCSSを適用することができます。たとえば、SVGの名前空間に属する<polygon>に適用したい場合、右のように指定します。「myspace」は任意に指定できる接頭辞です。

```
@namespace myspace "http://www.w3.org/2000/svg";
myspace|polygon {…}
```

```
<svg xmlns="http://www.w3.org/2000/svg">
<polygon points="…" />
</svg>
```

Chapter 5

ボックスのレイアウト

5-1 ボックスモデル

要素の背景に色を付けると、要素が構成する初期状態のボックスを確認することができます。たとえば、<h1>と<p>でマークアップした部分が構成するボックスは右のようになります。

```
h1, p {background: #8df3ff;}
```

```
<h1>快適なホームオフィス</h1>
<p>家でリラックスしながら仕事をする。そんなことが実現可能な世の中になってきました。面倒な作業を手助けしてくれるホームアシスタントも充実してきています。</p>
```

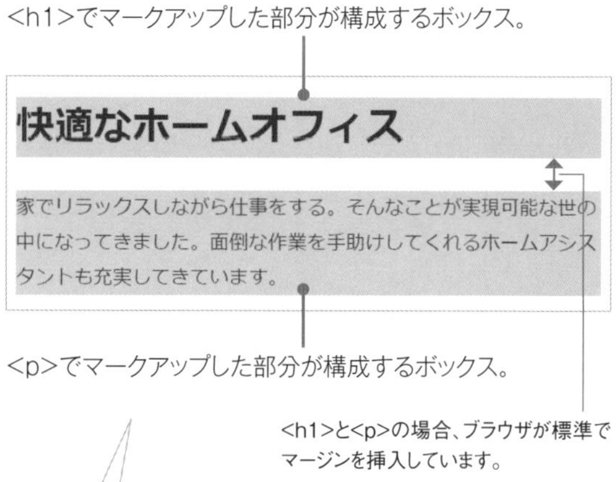
<h1>でマークアップした部分が構成するボックス。
快適なホームオフィス
家でリラックスしながら仕事をする。そんなことが実現可能な世の中になってきました。面倒な作業を手助けしてくれるホームアシスタントも充実してきています。
<p>でマークアップした部分が構成するボックス。
<h1>と<p>の場合、ブラウザが標準でマージンを挿入しています。

各ボックスの内部構造は右のようになっており、ボックスモデルと呼ばれます。CSSではこのボックスモデルを利用し、必要に応じてマージン、ボーダー、パディングを追加してレイアウトを調整していきます。また、ボックスの横幅や高さを指定することも可能です。

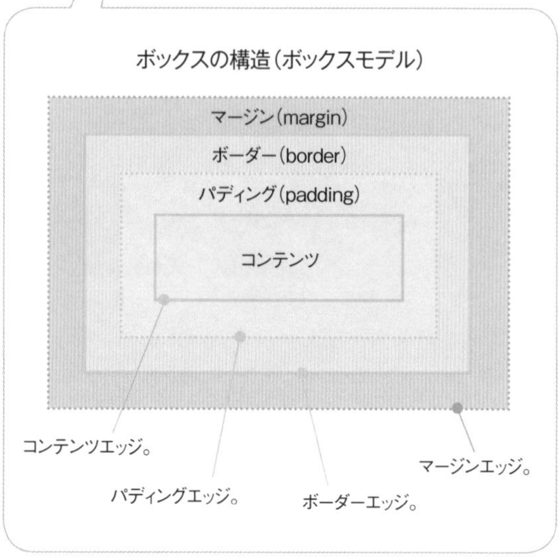
ボックスの構造（ボックスモデル）
マージン（margin）
ボーダー（border）
パディング（padding）
コンテンツ
コンテンツエッジ。
パディングエッジ。
ボーダーエッジ。
マージンエッジ。

ボックスモデルを調整するプロパティ	調整対象
margin	マージン
padding	パディング
border	ボーダー（罫線）
width / min-width / max-width	横幅
height / min-height / max-height	高さ
box-sizing	横幅と高さの指定対象

ボックスモデルの調整には論理プロパティも利用できます。詳しくはP.153を参照してください。

CSS マージン

margin: マージンサイズ

初期値	0
継承	なし
適用先	全要素

マージンサイズ	数値 / % / auto	NOTES ※%は親要素の横幅に対する割合で指定。

マージンはボックスモデル（P.142）でボックスの一番外側に挿入される余白です。margin プロパティを利用すると、この余白サイズを調整することができます。たとえば、右のサンプルは <h1> の背景を水色にして、初期状態のボックスを表示したものです。このボックスのまわりの余白サイズを調整したい場合には、右のように margin を指定します。ここでは「40px」と指定し、余白サイズを 40 ピクセルにしています。

ボックスまわりの余白サイズを調整。

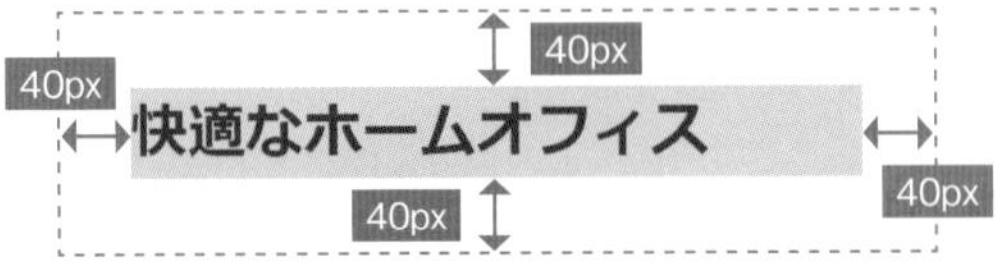


```
h1 {
  margin: 40px;
  background: #8df3ff;
}
```

```
<h1>快適なホームオフィス</h1>
```

マージン部分には背景は表示されません。また、ブラウザが標準で挿入したマージンのサイズは、marginで指定したサイズで上書きされます。

上下左右のマージンサイズを個別に指定する

上下左右のマージンサイズは以下のプロパティで個別に指定することができます。ここでは <h1> のテキストを右上に寄せた配置にするため、次のようにマージンサイズを指定しています。

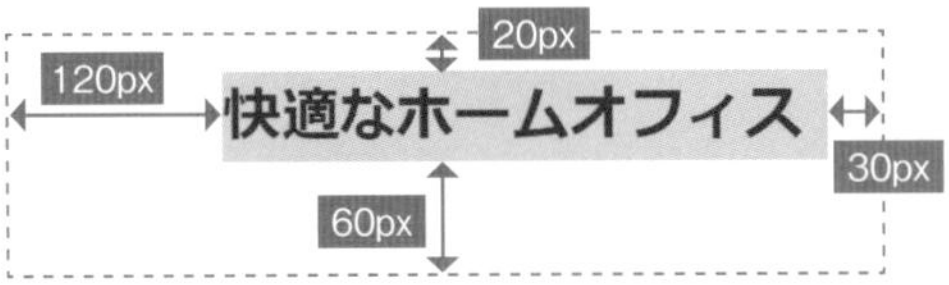


```
h1 {
  margin-top: 20px;
  margin-right: 30px;
  margin-bottom: 60px;
  margin-left: 120px;
  background: #8df3ff;
}
```

プロパティ	調整対象
margin-top	上マージン
margin-right	右マージン

プロパティ	調整対象
margin-bottom	下マージン
margin-left	左マージン

上下左右のマージンサイズをmarginで個別に指定する

marginプロパティでも上下左右のマージンサイズを個別に指定することができます。その場合、各値を次の形式で指定します。たとえば、前ページのサンプルは右のように記述することができます。

marginの値の記述形式	
上 右 下 左	上、右、下、左のマージンサイズを指定。
上 左右 下	上、左右、下のマージンサイズを指定。
上下 左右	上下、左右のマージンサイズを指定。
上下左右	すべてのマージンサイズを指定。

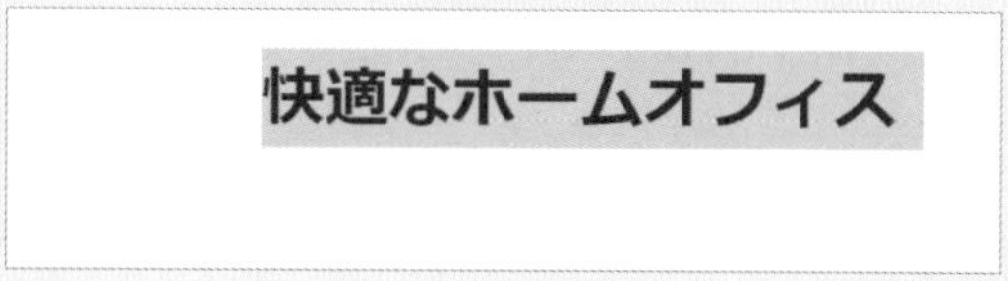
快適なホームオフィス

```
h1 {
  margin: 20px 30px 60px 120px;
  background: #8df3ff;
}
```

上下マージンの重ね合わせ

複数のボックスを並べた場合、上下マージンの重ね合わせ（相殺）が行われます。
たとえば、右のサンプルでは <h1> の上下マージンを 40 ピクセル、<p> の上下マージンを 20 ピクセルに指定しています。このとき、<h1> と <p> の間隔はマージンを合算した 60 ピクセルではなく、重ね合わせた 40 ピクセルとなります。

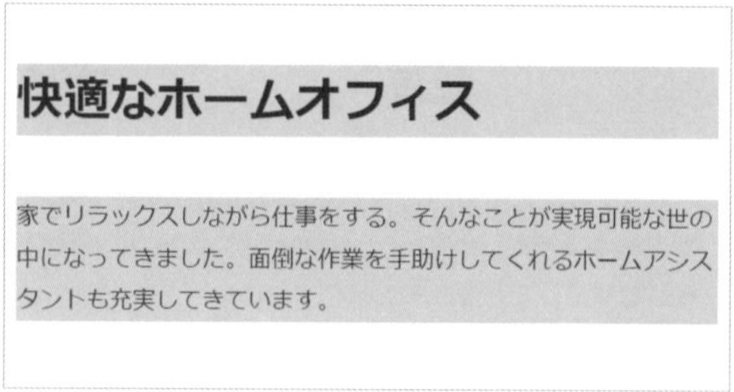
快適なホームオフィス
家でリラックスしながら仕事をする。そんなことが実現可能な世の中になってきました。面倒な作業を手助けしてくれるホームアシスタントも充実してきています。

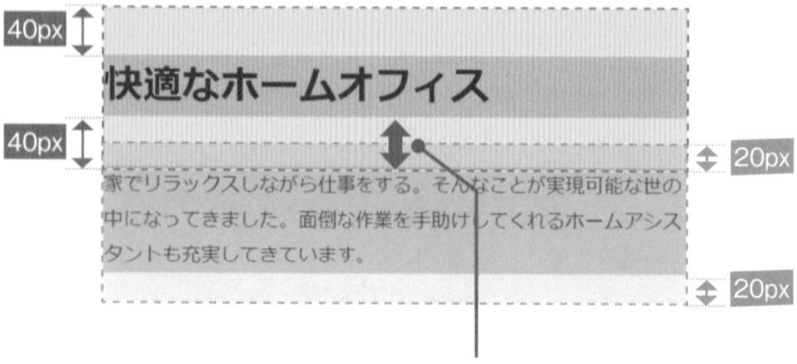
40px
快適なホームオフィス
40px
20px
家でリラックスしながら仕事をする。そんなことが実現可能な世の中になってきました。面倒な作業を手助けしてくれるホームアシスタントも充実してきています。
20px

<h1>と<p>の間隔: 40ピクセル。

```
h1 {
  margin-top: 40px;
  margin-bottom: 40px;
  background: #8df3ff;
}

p {
  margin-top: 20px;
  margin-bottom: 20px;
  background: #8df3ff;
}
```

```
<h1>快適なホームオフィス</h1>
<p>家でリラックスしながら仕事をする。そんなことが実現可能な世の中になってきました。面倒な作業を手助けしてくれるホームアシスタントも充実してきています。</p>
```

左右マージンや、ボーダー、パディングの重ね合わせは行われません。

ボックスの種類によっては上下マージンの重ね合わせが行われません。詳しくはP.106、163、165、169、177、181を参照してください。

親と子のボックスの上下マージンの重ね合わせ

上下マージンの重ね合わせは、親と子のボックスの間でも行われます。たとえば、右のサンプルは前ページの <h1> と <p> を <div> でマークアップしたもので、<div> の中に <h1> と <p> のボックスが入った構造になります。ここでは <div> のボックスの背景に黄色の斜線を表示しています。

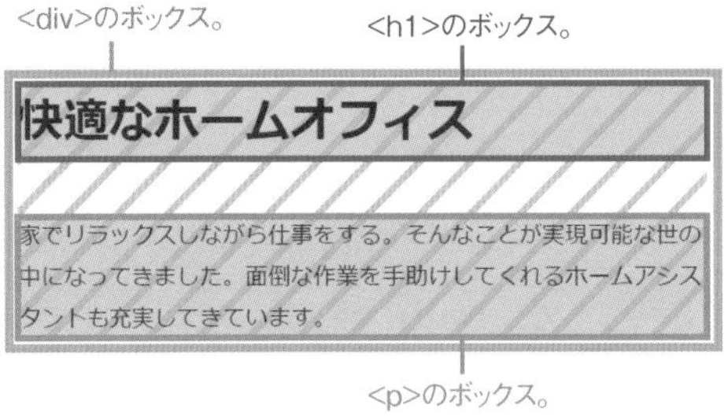
<div>のボックス。
<h1>のボックス。
快適なホームオフィス
家でリラックスしながら仕事をする。そんなことが実現可能な世の中になってきました。面倒な作業を手助けしてくれるホームアシスタントも充実してきています。
<p>のボックス。

<div> の上下マージンは 30 ピクセルに指定していますが、上マージンは <h1> の上マージンと、下マージンは <p> の下マージンと重ね合わせが行われます。その結果、<div> の上下に入る余白サイズは、40 ピクセルと 30 ピクセルになります。

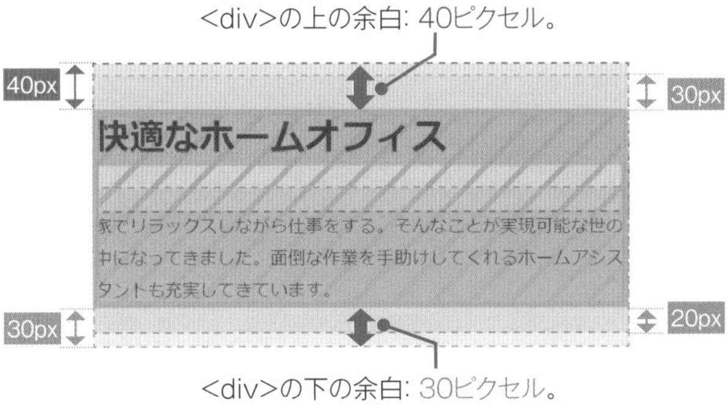
<div>の上の余白: 40ピクセル。
40px
30px
快適なホームオフィス
家でリラックスしながら仕事をする。そんなことが実現可能な世の中になってきました。面倒な作業を手助けしてくれるホームアシスタントも充実してきています。
30px
20px
<div>の下の余白: 30ピクセル。

なお、親要素にボーダーやパディングが指定されている場合、親と子の上下マージンの重ね合わせは行われません。たとえば、<div> を太さ 10 ピクセルの黄色のボーダーで囲むと、上下マージンは右のように挿入されます。

```
div { border: solid 10px #fcd209;
      margin-top: 30px;
      margin-bottom: 30px;
      …
```

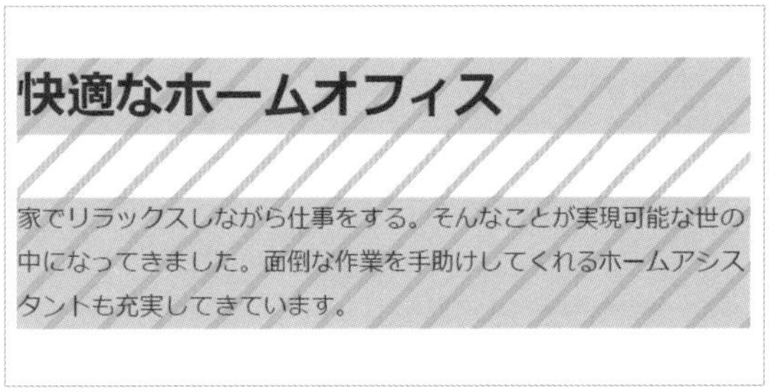
快適なホームオフィス
家でリラックスしながら仕事をする。そんなことが実現可能な世の中になってきました。面倒な作業を手助けしてくれるホームアシスタントも充実してきています。

```
div {
  margin-top: 30px;
  margin-bottom: 30px;
  background: repeating-linear-gradient(-45deg,
  #fcd209, #fcd209 5px, #fff 5px, #fff 25px);
}

h1 {
  margin-top: 40px;
  margin-bottom: 40px;
  background: #8df3ff;
  mix-blend-mode: multiply;
}

p {
  margin-top: 20px;
  margin-bottom: 20px;
  background: #8df3ff;
  mix-blend-mode: multiply;
}
```

```
<div>
<h1>快適なホームオフィス</h1>
<p>家でリラックスしながら仕事をする。そんなことが実現
可能な世の中になってきました。面倒な作業を手助けしてく
れるホームアシスタントも充実してきています。</p>
</div>
```

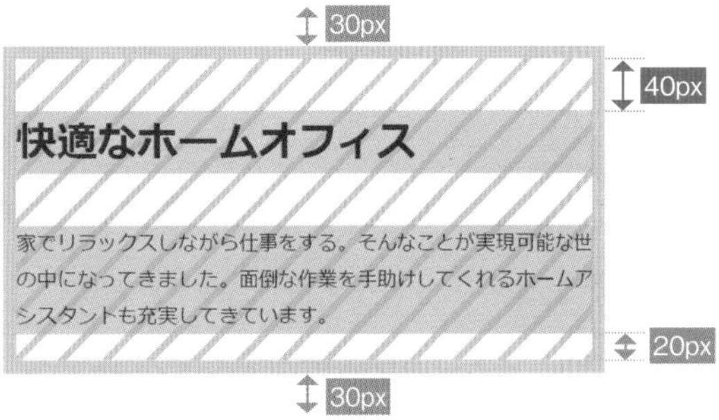
30px
40px
快適なホームオフィス
家でリラックスしながら仕事をする。そんなことが実現可能な世の中になってきました。面倒な作業を手助けしてくれるホームアシスタントも充実してきています。
20px
30px

CSS パディング

padding: パディングサイズ

初期値	0
継承	なし
適用先	全要素

パディングサイズ	数値 / %	NOTES ※%は親要素の横幅に対する割合で指定。

パディングはボックスモデル（P.142）でボーダーとコンテンツの間に挿入される余白で、padding プロパティでサイズを調整します。
たとえば、右のサンプルは <p> の背景を水色にして、初期状態のボックスを表示したものです。このボックス内に余白を入れたい場合には、右のように padding を指定します。ここでは 40 ピクセルの余白を挿入しています。

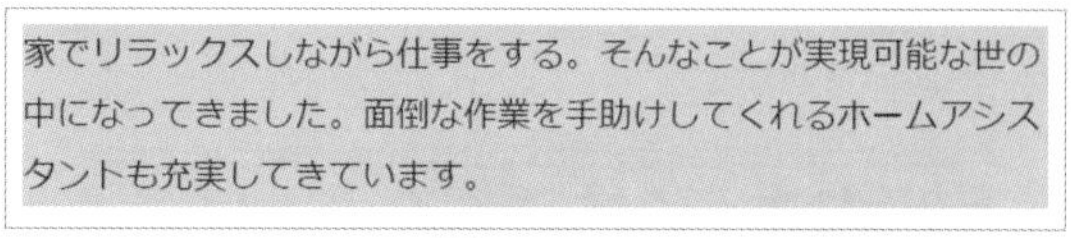
家でリラックスしながら仕事をする。そんなことが実現可能な世の中になってきました。面倒な作業を手助けしてくれるホームアシスタントも充実してきています。

ボックス内の余白サイズを調整。

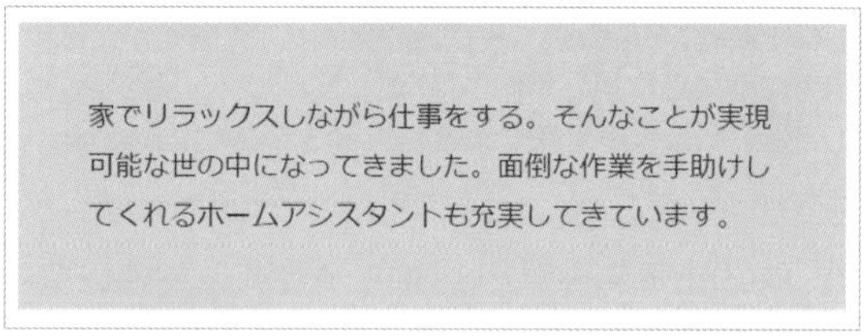
家でリラックスしながら仕事をする。そんなことが実現可能な世の中になってきました。面倒な作業を手助けしてくれるホームアシスタントも充実してきています。

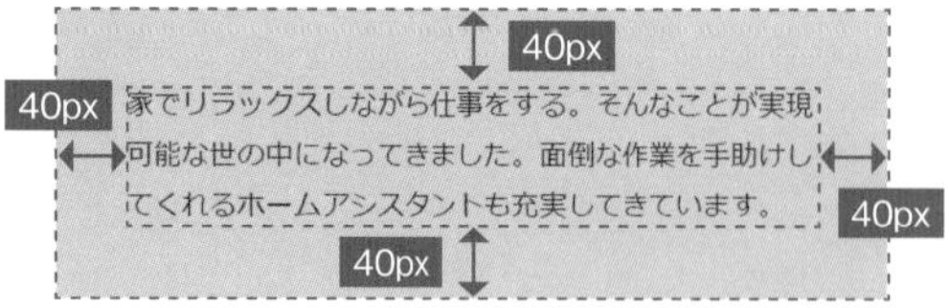
40px
40px
家でリラックスしながら仕事をする。そんなことが実現可能な世の中になってきました。面倒な作業を手助けしてくれるホームアシスタントも充実してきています。
40px
40px

```
p {
  padding: 40px;
  background: #8df3ff;
}
```

```
<p>家でリラックスしながら仕事をする。そんなこと…</p>
```

P.143 のマージンと同じように、上下左右のパディングサイズを個別に指定することもできます。その場合、以下のプロパティや、値の記述形式を利用します。

プロパティ	調整対象
padding-top	上パディングのサイズ
padding-right	右パディングのサイズ
padding-bottom	下パディングのサイズ
padding-left	左パディングのサイズ

paddingの値の記述形式

上 右 下 左	上、右、下、左のパディングサイズを指定。
上 左右 下	上、左右、下のパディングサイズを指定。
上下 左右	上下、左右のパディングサイズを指定。
上下左右	すべてのパディングサイズを指定。

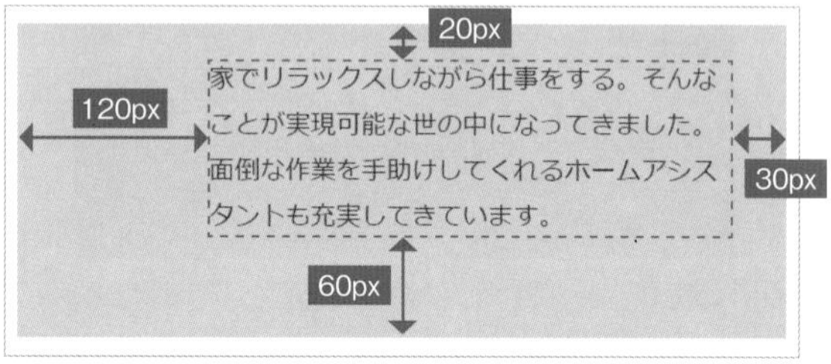
20px
120px
家でリラックスしながら仕事をする。そんなことが実現可能な世の中になってきました。面倒な作業を手助けしてくれるホームアシスタントも充実してきています。
30px
60px

```
p {
  padding-top: 20px;
  padding-right: 30px;
  padding-bottom: 60px;
  padding-left: 120px;
  background: #8df3ff;
}
```

```
p {
  padding: 20px 30px 60px 120px;
  background: #8df3ff;
}
```

ボーダー

border: スタイル 太さ 色

初期値	none medium currentColor
継承	なし
適用先	全要素

スタイル	none / hidden / dotted / dashed / solid / double / groove / ridge / inset / outset
太さ	数値 / thin / medium / thick
色	色の値

borderプロパティを利用すると、ボックスモデル（P.142）のマージンとパディングの間にボーダー（罫線）を挿入することができます。
たとえば、右のサンプルは<h1>の背景を水色にして、青色のボーダーで囲んだものです。ボーダーのスタイルは実線（solid）に、太さは10ピクセルに指定しています。また、ボーダーの内側にはpaddingで10ピクセルの余白も挿入し、ボーダーとコンテンツの間隔を調整するようにしています。

```
h1 {
  border: solid 10px #00a0e9;
  padding: 10px;
  background: #8df3ff;
}
```

```
<h1>快適なホームオフィス</h1>
```

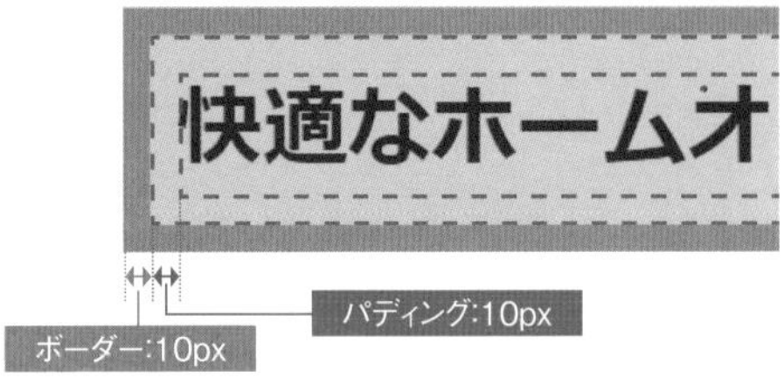

ボーダーのスタイル、太さ、色の値は個別のプロパティで次のように指定することもできます。

```
h1 {
  border-style: solid;
  border-width: 10px;
  border-color: #00a0e9;
  background: #8df3ff;
}
```

プロパティ	値
border-style	スタイル
border-width	太さ
border-color	色

指定できるスタイルと太さの値

スタイルの値	スタイル	表示例
none / hidden	ボーダーなし	
dotted	点線	
dashed	破線	
solid	実線	
double	二重線	
groove	立体枠	
ridge	立体枠	
inset	立体枠	
outset	立体枠	

太さの値	スタイル	表示例
thin	細いボーダー	
medium	中太のボーダー	
thick	太いボーダー	

背景とボーダー

ボックスの背景はボーダー部分まで表示されます。たとえば、ボーダーのスタイルを「dashed（破線）」にすると、破線の間に水色の背景が表示されることを確認できます。なお、背景の表示範囲はP.320のbackground-clipで変更できます。

```
h1 {
  border: dashed 10px #00a0e9;
  padding: 10px;
  background: #8df3ff;
}
```

上下左右のボーダーを個別に指定する

上下左右のボーダーは以下のプロパティで個別に指定することもできます。たとえば、右のサンプルではborder-left で左ボーダーのみを表示したデザインにしています。

プロパティ	調整対象
border-top	上ボーダー
border-right	右ボーダー
border-bottom	下ボーダー
border-left	左ボーダー

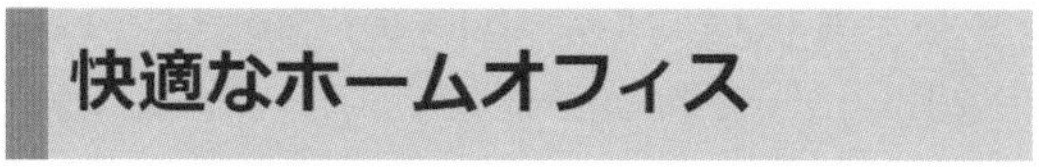


```
h1 {
  border-left: solid 20px #00a0e9;
  padding: 10px;
  background: #8df3ff;
}
```

上下左右のボーダーのスタイル、太さ、色を個別に指定する

次の記述形式やプロパティを使うと、上下左右のボーダーのスタイル、太さ、色を個別に指定することが可能です。

border-style / border-width / border-colorの値の記述形式	
上 右 下 左	上、右、下、左の値を指定。
上 左右 下	上、左右、下の値を指定。
上下 左右	上下、左右の値を指定。
上下左右	すべての値を指定。

```
h1 {
  border-left-style: solid;
  border-left-width: 20px;
  border-left-color: #00a0e9;
  …}
```

※スタイルの指定がない場合、ボーダーは表示されません。

プロパティ	調整対象
border-top-style / border-right-style / border-bottom-style / border-left-style	上/右/下/左のスタイル
border-top-width / border-right-width / border-bottom-width / border-left-width	上/右/下/左の太さ
border-top-color / border-right-color / border-bottom-color / border-left-color	上/右/下/左の色

横幅と高さ

width: 横幅の値
height: 高さの値

初期値	auto
継承	なし
適用先	全要素 ※非置換のインライン要素/テーブルの行、列、グループを構成する要素を除く

横幅の値・高さの値	数値 / % / auto	NOTES ※%は親要素の横幅/高さに対する割合で指定。

ボックスの横幅と高さは、標準では width と height の初期値「auto」で処理されます。たとえば、右のサンプルは <h1> の背景を水色にして、初期状態のボックスを表示したものです。横幅と高さは「auto」で処理され、横幅はブラウザ画面や親要素に合わせたサイズで、高さはボックス内のコンテンツに合わせたサイズで表示されています。

このボックスを特定の横幅と高さで表示したい場合には、width と height を指定します。たとえば、width で横幅を 200 ピクセル、height で高さを 150 ピクセルに指定すると右のようになります。

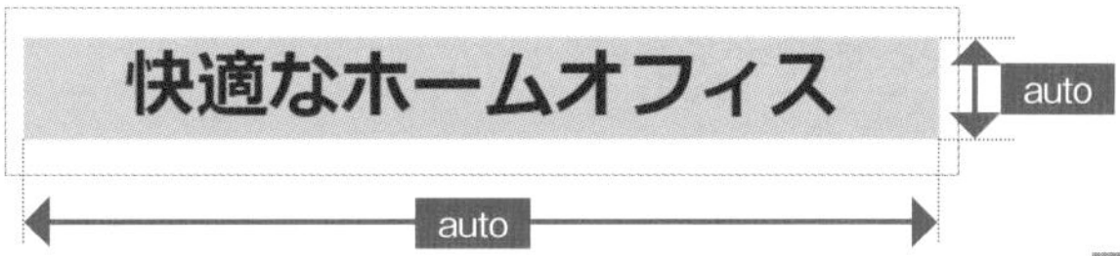

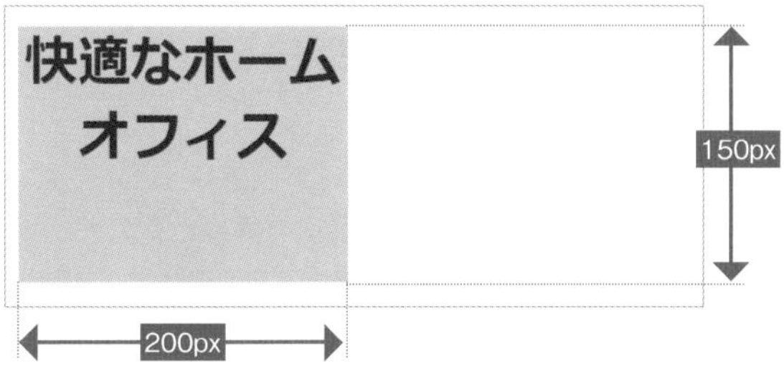


```
h1 {
  width: 200px;
  height: 150px;
  background: #8df3ff;
  text-align: center;
}
```

```
<h1>快適なホームオフィス</h1>
```

ボックスを中央に配置する

横幅を短くしたボックスを中央に配置する方法はいくつかありますが、左右マージンを「auto」と指定すると左右に同じサイズの余白を挿入し、簡単に中央に配置することができます。

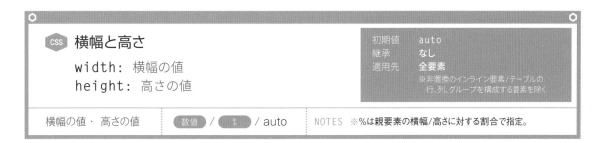

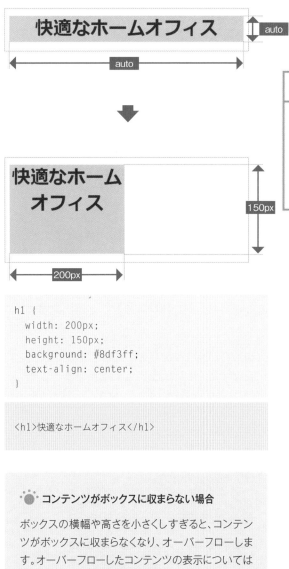

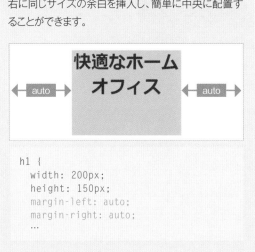

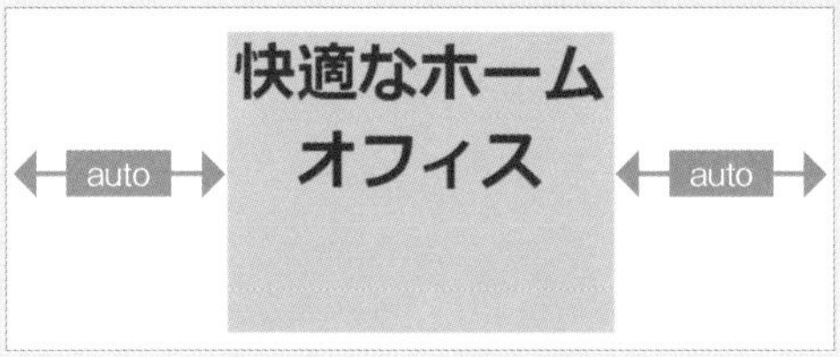


```
h1 {
  width: 200px;
  height: 150px;
  margin-left: auto;
  margin-right: auto;
  ...
```

コンテンツがボックスに収まらない場合

ボックスの横幅や高さを小さくしすぎると、コンテンツがボックスに収まらなくなり、オーバーフローします。オーバーフローしたコンテンツの表示についてはP.185のoverflowで調整します。

パディングとボーダーを挿入したときの横幅と高さ

widthとheightが指定するのは、ボックスモデル（P.142）のコンテンツ部分の横幅と高さで、パディングやボーダーのサイズは含みません。
たとえば、右のサンプルでは横幅を200ピクセルに指定したボックスに、20ピクセルのパディングとボーダーを挿入しています。この場合、パディングとボーダーを含んだ横幅は280ピクセルになります。

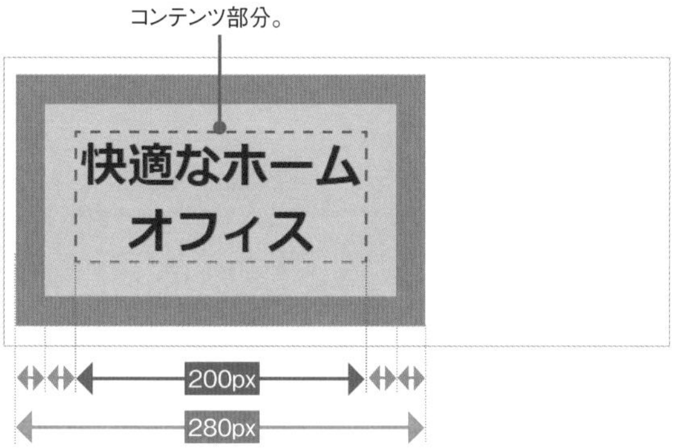


```
h1 {
  width: 200px;
  padding: 20px;
  border: solid 20px #00a0e9;
  background: #8df3ff;
  text-align: center;
}
```

widthの値が「auto」の場合、パディングとボーダーを含めてブラウザ画面または親要素に合わせた横幅になります。

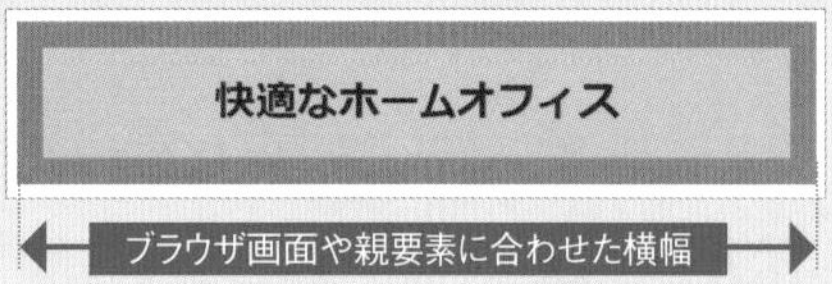

なお、widthとheightで指定する横幅と高さに、パディングとボーダーのサイズを含めて処理したい場合、box-sizingプロパティをborder-boxと指定します。
上のサンプルに指定した場合、右のようにパディングとボーダーを含む横幅が200ピクセルになります。

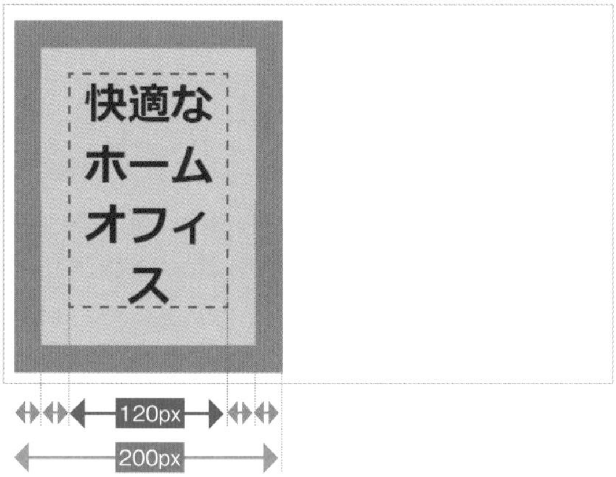

```
h1 {
  width: 200px;
  box-sizing: border-box;
  padding: 20px;
  border: solid 20px #00a0e9;
  background: #8df3ff;
  text-align: center;
}
```

「box-sizing: border-box」を適用した場合でも、コンテンツ部分の横幅は0ピクセル以下にはなりません。そのため、右のサンプルで「width: 0;」と指定した場合、コンテンツ部分の横幅は0ピクセル、パディングとボーダーを含む横幅は80ピクセルになります。

box-sizingプロパティ

box-sizingプロパティで指定できる値は次のようになっています。初期値は「content-box」です。

box-sizingの値	widthとheightの指定対象
content-box	コンテンツ部分
border-box	パディングとボーダーを含む部分

コンテンツに合わせた横幅と高さ

CSS3 では、ボックスの横幅・高さをコンテンツに合わせたサイズに設定する値が提案されています。

widthの値	処理
min-content	コンテンツの最小幅に設定。
max-content	コンテンツの最大幅に設定。
fit-content　※	画面または親要素に合わせたサイズに設定。ただし、min-content以下、max-content以上のサイズにはなりません。

※ Firefoxでは値に「-moz-」をつける必要があります。

```
h1 {width: min-content;}
```

```
h1 {width: max-content;}
```

日本語コンテンツのmin-content / max-content

ボックスの中身が日本語のコンテンツの場合、横幅を min-content や max-content に指定すると右のような表示になります。
特に、min-contentでは文字ごとに改行が入った表示になるため注意が必要です。

```
h1 {width: max-content;}
```

```
h1 {width: min-content;}
```

ストレッチ

CSS4ではボックスの横幅・高さをレイアウト可能なスペースに合わせたサイズにする「stretch」という値が提案されています。ただし、ChromeやSafariは「-webkit-fill-available」で、Firefoxは「-moz-available」で対応しています。
右のように指定した場合、<h1>の高さは300ピクセルになります。

```
div {height: 300px;}

h1 {height: -webkit-fill-available;}
```

```
<div>
<h1>快適なホームオフィス</h1>
</div>
```

※ Firefoxの「-moz-available」はheightでは機能しません。

横幅と高さの最小値・最大値

右のプロパティを利用すると、横幅と高さの最小値・最大値を指定することができます。

たとえば、レスポンシブWebデザインでは、大きな画面でレイアウトが横に拡がりすぎないように、max-widthで横幅の最大値を指定しておくのが一般的です。次のサンプルの場合、2段組みの横幅の最大値を1200ピクセルに指定しています。すると、ブラウザ画面の横幅が小さい場合、2段組みの横幅は「auto」で処理され、画面の横幅に合わせて変化します。しかし、画面の横幅が1200ピクセル以上になると、2段組みの横幅は1200ピクセルに固定され、変化しなくなります。

プロパティ		指定できる値	初期値
min-width	横幅の最小値	数値 / %	0
max-width	横幅の最大値	数値 / % / none	none
min-height	高さの最小値	数値 / %	0
max-height	高さの最大値	数値 / % / none	none

```
.container {
    max-width: 1200px;
    margin: 0 auto;
}
```

2段組みの左右のマージンサイズはP.149のように「auto」と指定しています。これにより、横幅が1200ピクセルに固定された場合には、2段組みを画面の中央に配置することができます。

論理プロパティ

CSSでは調整対象を上下左右（top、bottom、left、right）で表す「物理プロパティ」に対し、書字方向（block、inline、start、end）で表す「論理プロパティ」の策定も進められています。

- 「block」はブロックボックスが並ぶ方向で、writing-mode（P.295）の指定によって変わります。
- 「inline」はインラインボックスが並ぶ方向で、direction（P.297）、dir属性（P.103）、<bdo>（P.091）の指定によって変わります。
- 「start」と「end」は各方向の開始サイド、終了サイドを示します。

日本語ページの標準の書字方向は「左横書き」となるため、たとえば、次のように上マージンはmargin-topまたはmargin-block-startで、右マージンはmargin-rightまたはmargin-inline-endで指定できます。

物理プロパティ

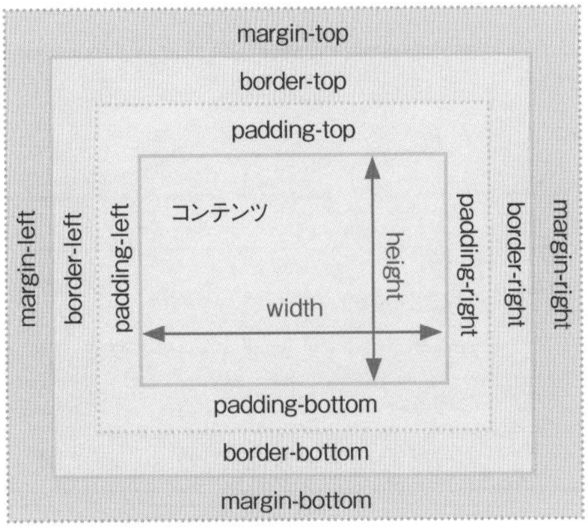

margin / border / padding
… 上下左右の値をまとめて指定。

論理プロパティ（左横書きの場合）

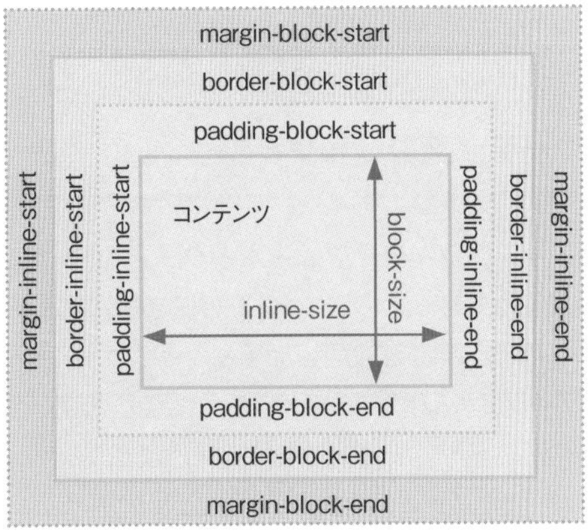

margin-block / border-block / padding-block / margin-inline / border-inline / padding-inline
… 各方向の値をまとめて指定。
対応ブラウザの詳細は特典PDF（P.002）を参照してください。

ボックスモデルを構成するmargin、border、padding以外にも、右のような物理プロパティに対して論理プロパティが用意されています。

さらに、値を論理値で指定できるプロパティも増えてきています。

論理プロパティが用意されているもの

`margin / border / padding / width / height / min-width / min-height / border-radius / top / right / bottom / left / overflow / scroll-margin / scroll-padding` など

論理値が用意されているもの

`text-align / float / clear / resize / justify-content / align-content` など

5-2 ボックスのレイアウト

Web ページのレイアウトはボックスの相互関係をコントロールし、いかにボックスを並べるかで形にしていきます。
相互関係のコントロールには、ボックスとボックスの位置関係（アウター）をコントロールする方法と、ボックスの内側にあるもの（インナー）をコントロールする方法があります。

すべてのボックスに存在するこの２つの属性をどのようにコントロールするかは、display プロパティのディスプレイタイプの値で決まります。

基本となるディスプレイタイプ

アウターディスプレイタイプ

アウターディスプレイタイプは、ボックスとボックスの位置関係（アウター）のコントロール方法を指定する値です。これらの値を指定した場合、インナーディスプレイタイプは「フローレイアウト」になります。

displayの値	アウターディスプレイタイプ	インナーディスプレイタイプ	ボックスの呼称
block	ブロック	フローレイアウト	ブロックボックス
inline	インライン	フローレイアウト	インラインボックス
run-in	ランイン	フローレイアウト	ランインボックス

```
.boxA {display: block;}
.boxB {display: block;}
```

```
<div class="boxA">A</div>
<div class="boxB">B</div>
```

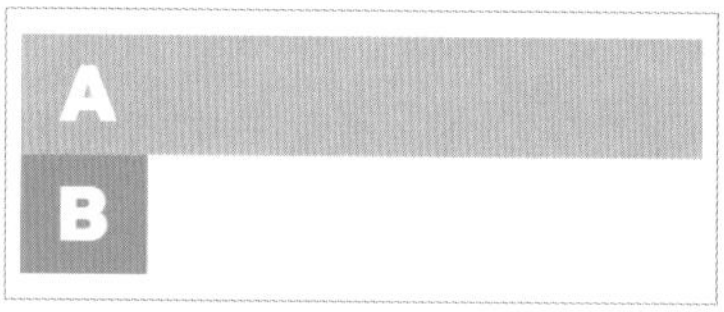


```
.boxA {display: block;}
.boxB {display: inline;}
```

```
<div class="boxA">A</div>
<div class="boxB">B</div>
```

```
.boxA {display: inline;}
.boxB {display: inline;}
```

```
<div class="boxA">A</div>
<div class="boxB">B</div>
```

インナーディスプレイタイプ

インナーディスプレイタイプは、ボックスの内側にあるもの（インナー）のコントロール方法を指定する値です。インナーのコントロール方法は、「レイアウトモード」とも呼ばれます。

これらの値を指定した場合、アウターディスプレイタイプは「ブロック（block）」になります。ただし、「ルビレイアウト」の場合は「インライン（inline）」、「フローレイアウト」の場合は指定した値に応じて決まります。

displayの値	インナー ディスプレイタイプ	アウター ディスプレイタイプ	ボックスの呼称
block / inline / run-in	フローレイアウト	ブロック / インライン / ランイン	アウターディスプレイタイプによる
flow-root	フローレイアウト（ルート）	ブロック	ブロックボックス（フロールート）
flex	フレキシブルボックスレイアウト	ブロック	フレックスコンテナ
grid	グリッドレイアウト	ブロック	グリッドコンテナ
table	テーブルレイアウト	ブロック	テーブルボックス
ruby	ルビレイアウト	インライン	ルビコンテナ

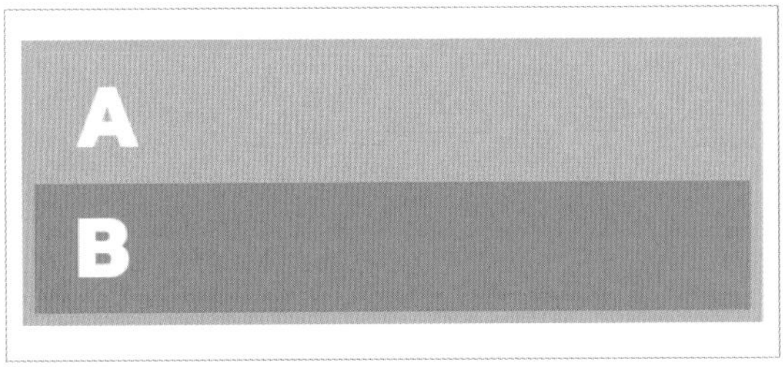

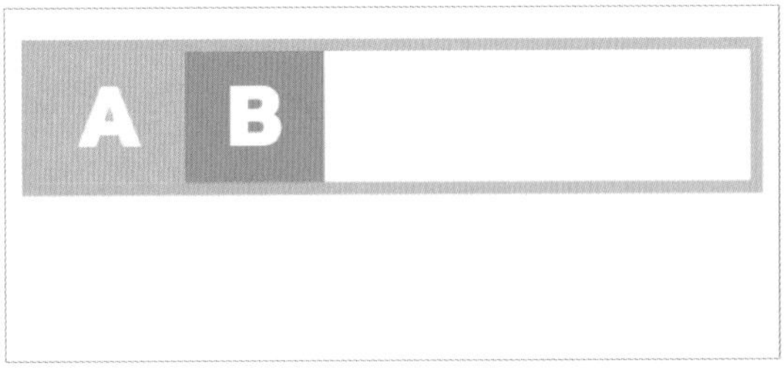


```
.container {
  display: flow-root;
  border: solid 6px #abcf3e;
}
```

```
<div class="container">
  <div class="boxA">A</div>
  <div class="boxB">B</div>
</div>
```

```
.container {
  display: flex;
  border: solid 6px #abcf3e;
}
```

```
<div class="container">
  <div class="boxA">A</div>
  <div class="boxB">B</div>
</div>
```

その他のディスプレイタイプ

インラインレベルのインナーディスプレイタイプ

前ページのインナーディスプレイタイプで、アウターディスプレイタイプが「ブロック」になるものを「インライン」にしたい場合は次の値を利用することができます。

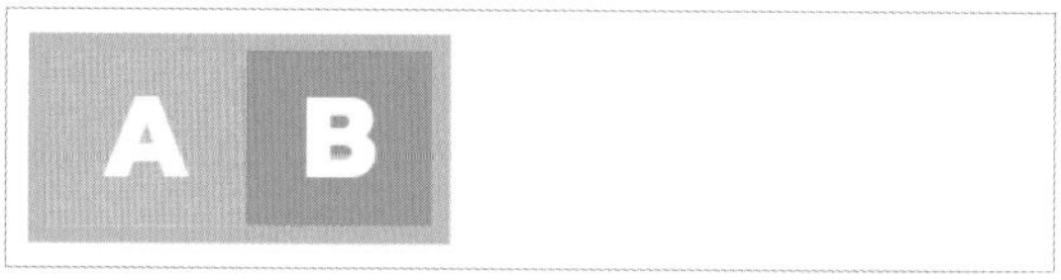


```
.container {
  display: inline-flex;
  border: solid 6px #abcf3e;
}
```

displayの値	インナー ディスプレイタイプ	アウター ディスプレイタイプ	ボックスの呼称
inline-block	フローレイアウト(ルート)	インライン	インラインブロックボックス
inline-flex	フレキシブルボックスレイアウト	インライン	インラインフレックスコンテナ
inline-grid	グリッドレイアウト	インライン	インライングリッドコンテナ
inline-table	テーブルレイアウト	インライン	インラインテーブル

特殊なディスプレイタイプ

特殊な処理を行うディスプレイタイプです。マーカーボックスを構成する「list-item」や、ボックスを構成しない「none」や「contents」という値が用意されています。

displayの値	ボックスの処理
list-item	ブロックボックスに加えて、リストマークを表示するマーカーボックスを構成。
none	ボックスを構造しない(子階層のボックスも構成しない)。
contents	ボックスを構成しない(子階層のボックスは構成する)。

特定のレイアウトモードで使用するディスプレイタイプ

テーブルレイアウトおよびルビレイアウト内で使用するディスプレイタイプです。

displayの値
table-row-group / table-header-group / table-footer-group / table-row / table-cell / table-column-group / table-column / table-caption /
ruby-base / ruby-text / ruby-base-container / ruby-text-container

OUTER

ブロック
display: block

初期値	inline
継承	なし
適用先	全要素

displayプロパティの値を「block」と指定すると、アウターディスプレイタイプが「ブロック」となり、ブロックボックスが構成されます。
ブロックボックスはブラウザ画面や親要素に合わせた横幅になり、上から下に並べて表示されます。

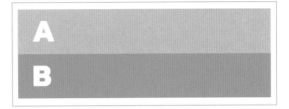

```
div {display: block;}
```

```
<div class="boxA">A</div>
<div class="boxB">B</div>
```

widthプロパティ（P.149）で横幅を短くしても、後続のボックスが横に並ぶことはありません。

<div>や<article>といった『フロー・コンテンツ』カテゴリーに属するHTMLタグは、『フレージング・コンテンツ』カテゴリーに属するものを除き、標準でブロックボックスを構成します。HTMLタグのカテゴリーについてはP.016を参照してください。

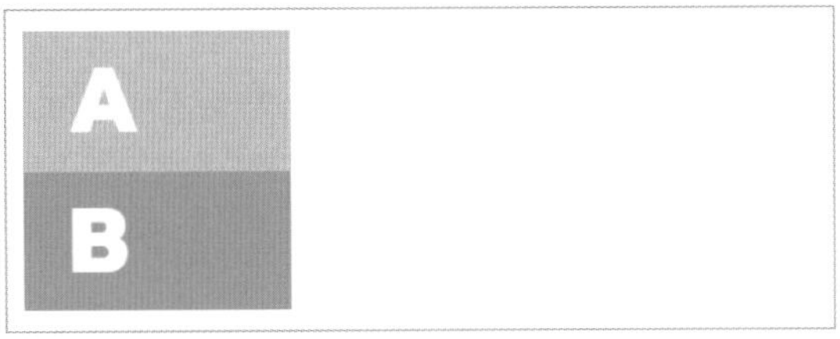


```
div {display: block;
     width: 80px;}
```

OUTER

インライン
display: inline

初期値	inline
継承	なし
適用先	全要素

displayプロパティの値を「inline」と指定すると、アウターディスプレイタイプが「インライン」となり、インラインボックスが構成されます。
インラインボックスはボックス内のコンテンツに合わせた横幅になり、横に並べて表示されます。また、テキストコンテンツと同じように扱われるため、HTMLソースで挿入した改行が半角スペースに変換され、ボックスの間に入っています。

```
div {display: inline;}
```

```
<div class="boxA">A</div>
<div class="boxB">B</div>
```

インラインボックスの間のスペースを削除したい場合、HTMLソースの改行を削除します。

```
div {display: inline;}
```

```
<div class="boxA">A</div><div class="boxB">B
</div>
```

widthやheightプロパティ（P.149）はインラインボックスでは機能しないため、横幅と高さを変更することはできません。

<span>や<a>といった『フレージング・コンテンツ』カテゴリーに属するHTMLタグは、標準でインラインボックスを構成します。HTMLタグのカテゴリーについてはP.016を参照してください。

インラインボックスの分割

インラインボックスは複数行に分割される場合があります。
たとえば、右のサンプルはテキストの一部を <span> でマークアップし、display を「inline」と指定してインラインボックスを構成したものです。

家でリラックスしながら仕事をする。そんなことが実現可能な世の中になってきました。

```
span {display: inline;
      background: #f3c90b;}
```

```
<p>家でリラックスしながら仕事をする。<span>そんなことが実現可能な</span>世の中になってきました。</p>
```

ブラウザ画面や親要素の横幅に応じて１行の横幅が変化すると、自動改行が挿入され、インラインボックスが複数行に分割されます。

家でリラックスしながら仕事
をする。そんなことが実現可
能な世の中になってきまし

このとき、インラインボックスのマージン、ボーダー、パディングは分割部分には挿入されません。たとえば、border プロパティを追加し、太さ５ピクセルのオレンジ色のボーダーで囲むと右のようになります。

家でリラックスしながら仕事
をする。そんなことが実現可
能な世の中になってきまし

```
span {display: inline;
      border: solid 5px #ff8e52;
      background: #f3c90b;}
```

HTMLタグの
（P.093）でインラインボックス内に改行を挿入した場合も、インラインボックスは複数行に分割されます。

> 家でリラックスしながら仕事をする。そんなことが
> 実現可能な世の中になってきまし

```
<p>家でリラックスしながら仕事をする。<span>そんなこと
が<br>実現可能な</span>世の中になってきました。</p>
```

インラインボックスのマージン、ボーダー、パディングは上下のテキストやボックスの表示位置に影響を与えません。そのため、サイズを大きくすると上下のテキストやボックスと重なって表示されます。たとえば、太さ12ピクセルのボーダーで囲むと次のようになります。

> 家でリラックスしながら仕事をする。そんなことが実現可能な世の中になってきました。

ランイン
display: run-in

初期値	inline
継承	なし
適用先	全要素

display プロパティの値を「run-in」と指定すると、アウターディスプレイタイプが「ランイン」となり、ランインボックスが構成されます。

ランインボックスは後続のブロックボックス内にインラインボックスとして挿入されるボックスです。本文の行頭に見出しを入れる「追い込み見出し（run-in heading）」と呼ばれるレイアウトを実現するために利用することができます。

たとえば、右のサンプルは<h1>と<p>を記述したもので、どちらも標準ではブロックボックスを構成します。このとき、<h1>の display を「run-in」に指定すると、右のように<p>の行頭に挿入されます。後続のボックスがブロックボックス以外の場合、ランインボックスはブロックボックスとして扱われ、後続のボックスに挿入されることはありません。

ChromeとSafariは一時期「run-in」の指定に対応していましたが、現在は非対応となっています。また、FirefoxやEdgeでも非対応となっており、結果的に現在対応しているのはIEのみとなっています。

快適なホームオフィス
家でリラックスしながら仕事をする。そんなことが実現可能な世の中になってきました。

快適なホームオフィス家でリラックスしながら仕事をする。そんなことが実現可能な世の中になってきました。

```
h1 {display: run-in;}
```

```
<h1>快適なホームオフィス</h1>
<p>家でリラックスしながら仕事をする。そんなことが実現
可能な世の中になってきました。</p>
```

INNER

フローレイアウト
display: block / inline /run-in

初期値	inline
継承	なし
適用先	全要素

displayプロパティの値を「block」、「inline」、「run-in」と指定すると、インナーディスプレイタイプ（レイアウトモード）を「フローレイアウト」にすることができます。
フローレイアウトでは、ボックスの中身がそれぞれのアウターディスプレイタイプ（ブロック／インライン／ランイン）の規則に従って並べられます。

たとえば、右のサンプルはA～Fの6つのボックスをグループ化した<div>のdisplayを「block」と指定し、インナーディスプレイタイプを「フローレイアウト」にしたものです。
<div>の中にあるA、B、Fをブロックボックス、C、D、Eをインラインボックスに指定すると、ブロックボックスは上から下に、インラインボックスは左から右に並べてレイアウトされます。

```
.container {
  display: block;
  border: solid 6px #abcf3e;
}

.boxA, .boxB, .boxF {display: block;}
.boxC, .boxD, .boxE {display: inline;}
```

```
<div class="container">
  <div class="boxA">A</div>
  <div class="boxB">B</div>
  <div class="boxC">C</div>
  <div class="boxD">D</div>
  <div class="boxE">E</div>
  <div class="boxF">F</div>
</div>
```

INNER

フローレイアウト（フロールート）

display: flow-root

初期値	inline
継承	なし
適用先	全要素

displayプロパティの値を「flow-root」と指定した場合、インナーディスプレイタイプ（レイアウトモード）が「フローレイアウト」になります。ただし、フローレイアウトのルート（フロールート）として、ボックスが別レイヤーで扱われるようになります。

たとえば、右のサンプルはボックスを3つずつ<div>でグループ化したものです。このとき、<div>内のボックスBにP.176のfloatを適用すると、右のような表示になります。このような表示になるのは、floatがフローティングボックス（浮動ボックス）という特殊なボックスを構成し、別レイヤーで扱われるためです。

```
<div class="container01">
  <div class="boxA">A</div>
  <div class="boxB">B</div>
  <div class="boxC">C</div>
</div>

<div class="container02">
  <div class="boxD">D</div>
  <div class="boxE">E</div>
  <div class="boxF">F</div>
</div>
```

```
.container01, .container02 {
  display: block;
  border: solid 6px #abcf3e;
}
.boxB {
  float: left;
  height: 200px;
}
```

フローティングボックスが影響する範囲を<div>内に留めたい場合、<div>のdisplayを「flow-root」と指定します。すると、<div>も別レイヤーで扱われるようになり、右のような表示になります。

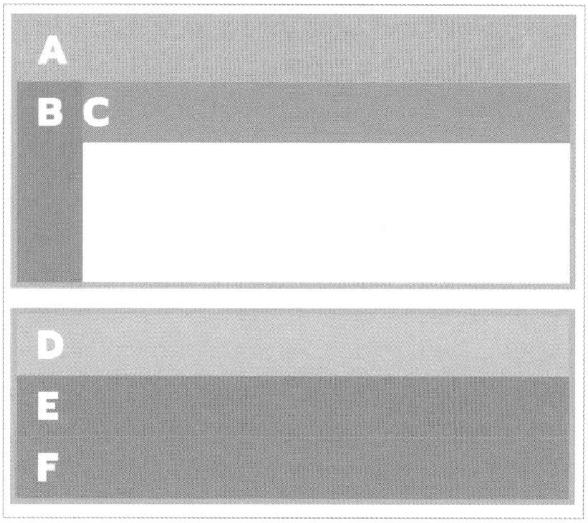


```
.container01, .container02 {
  display: flow-root;
  border: solid 6px #abcf3e;
}
.boxB {
  float: left;
  height: 200px;
}
```

なお、D～Fをグループ化した<div class="container02">の方だけdisplayを「flow-root」に指定すると、フローティングボックスのBとレイヤーが揃い、右のような表示になります。これは、P.177のように複数のフローティングボックスが横に並ぶ仕組みと同じです。

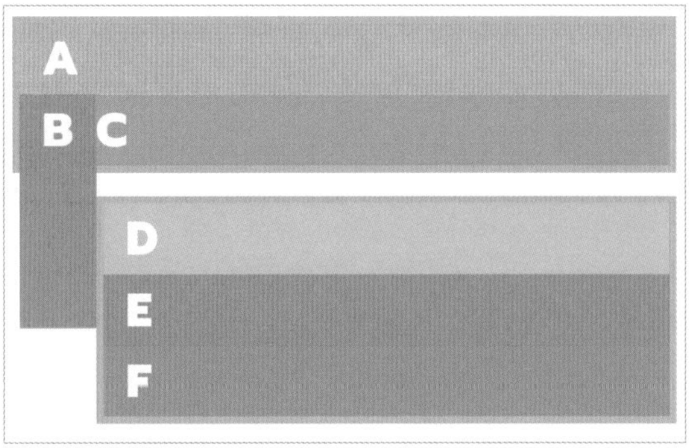


```
.container01, .container02 {
  border: solid 6px #abcf3e;
}
.boxB {
  float: left;
  height: 200px;
}

.container02 {
  display: flow-root;
}
```

```
<div class="container01">
  <div class="boxA">A</div>
  <div class="boxB">B</div>
  <div class="boxC">C</div>
</div>

<div class="container02">
  <div class="boxD">D</div>
  <div class="boxE">E</div>
  <div class="boxF">F</div>
</div>
```

詳細はP.201

INNER

フレキシブルボックスレイアウト
display: flex

初期値	inline
継承	なし
適用先	全要素

displayプロパティの値を「flex」と指定すると、「フレックスコンテナ」と呼ばれるボックスを構成し、インナーディスプレイタイプ（レイアウトモード）を「フレキシブルボックスレイアウト」にすることができます。

フレキシブルボックスレイアウトでは、フレックスコンテナの中身がすべて横に並べて表示されます。
たとえば、右のサンプルでは<div>のdisplayを「flex」と指定し、フレックスコンテナにしています。すると、<div>でグループ化したA～Fのボックスが「フレックスアイテム」として処理され、中身に合わせた横幅で横に並べて表示されます。

```
.container {
  display: flex;
  border: solid 6px #abcf3e;
}
```

```
<div class="container">
  <div class="boxA">A</div>
  <div class="boxB">B</div>
  <div class="boxC">C</div>
  <div class="boxD">D</div>
  <div class="boxE">E</div>
  <div class="boxF">F</div>
</div>
```

フレックスアイテムの横幅は flex プロパティを使って柔軟にコントロールできるようになっています。たとえば、フレックスコンテナを6つのフレックスアイテムで均等割りにする場合、右のように <div> の flex を「1 1 0」と指定します。

IEにも対応する場合は「flex: 1;」と指定します。

```
.container {
  display: flex;
  border: solid 6px #abcf3e;
}
.container > div {
  flex: 1 1 0;
}
```

また、フレックスアイテムを2行で並べる場合、<div> の flex-wrap を「wrap」と指定し、フレックスアイテムの横幅を <div> の flex で指定します。ここではカラム落ちで2行にするため、flex を「1 1 33%」と指定しています。

詳しくは Chapter 6（P.201）で解説していきます。

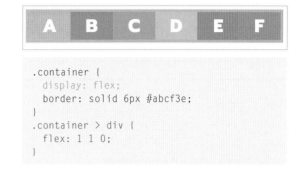

```
.container {
  display: flex;
  flex-wrap: wrap;
  border: solid 6px #abcf3e;
}
.container > div {
  flex: 1 1 33%;
}
```

フレックスアイテムでは上下マージンの重ね合わせ（P.144）は行われません。また、フレックスコンテナやフレックスアイテムに適用しても機能しないプロパティやセレクタは右のようになっています。

適用先	適用しても機能しないプロパティやセレクタ
フレックスコンテナ	::first-line (P.126) ::first-letter (P.126) マルチカラムレイアウトのプロパティ (P.290)
フレックスアイテム	float (P.176) clear (P.177) vertical-align (P.274)

詳細はP.217

INNER

グリッドレイアウト

display: grid

古い規格

初期値	inline
継承	なし
適用先	全要素

displayプロパティの値を「grid」と指定すると、「グリッドコンテナ」と呼ばれるボックスを構成し、インナーディスプレイタイプ(レイアウトモード)を「グリッドレイアウト」にすることができます。

グリッドレイアウトでは格子状のグリッドを作成し、グリッドコンテナの中身（グリッドアイテム）を配置してレイアウトを形にします。
たとえば、右のサンプルでは<div>のdisplayを「grid」と指定してグリッドコンテナを構成し、grid-template-areas、grid-template-columns、grid-template-rowsで次のようなグリッドを作成しています。ここでは各列の横幅を「1:1:1」の比率に、各行の高さを150、100、100ピクセルに指定し、行列で構成されるエリアに「a」～「f」のエリア名を指定しています。
各エリアに配置するグリッドアイテムはgrid-areaで指定します。サンプルの場合、<div>でグループ化したA～Fのボックスが「グリッドアイテム」として処理されるため、grid-areaでエリア「a」～「f」に配置するように指定しています。

詳しくはChapter 7（P.217）で解説していきます。

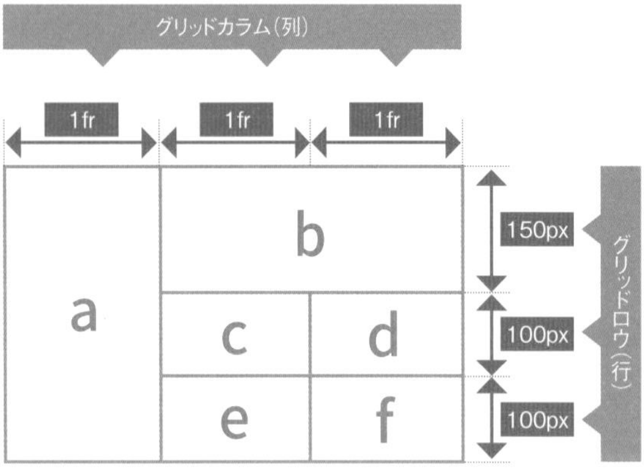

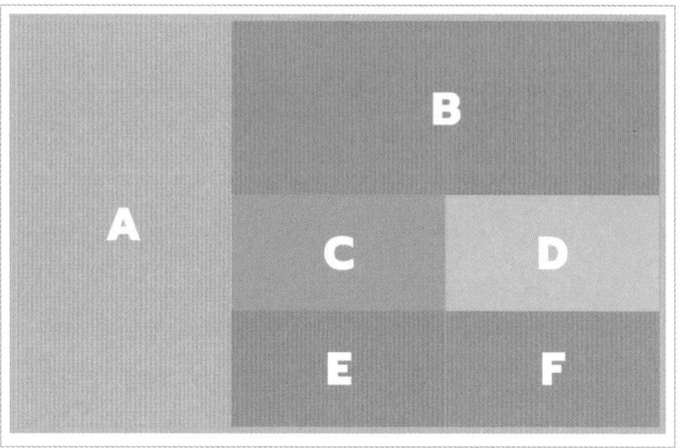


```
.container {
    display:grid;
    grid-template-areas:
                "a b b"
                "a c d"
                "a e f";
    grid-template-columns:
                1fr 1fr 1fr;
    grid-template-rows:
                150px
                100px
                100px;

    border: solid 6px #abcf3e;
}

.boxA   {grid-area: a;}
.boxB   {grid-area: b;}
.boxC   {grid-area: c;}
.boxD   {grid-area: d;}
.boxE   {grid-area: e;}
.boxF   {grid-area: f;}
```

```
<div class="container">
  <div class="boxA">A</div>
  <div class="boxB">B</div>
  <div class="boxC">C</div>
  <div class="boxD">D</div>
  <div class="boxE">E</div>
  <div class="boxF">F</div>
</div>
```

グリッドアイテムでは上下マージンの重ね合わせ(P.144)は行われません。また、グリッドコンテナやグリッドアイテムに適用しても機能しないプロパティやセレクタは次のようになっています。

適用先	適用しても機能しないプロパティやセレクタ
グリッドコンテナ	::first-line (P.126) ::first-letter (P.126) マルチカラムレイアウトのプロパティ (P.290)
グリッドアイテム	float (P.176) clear (P.177) vertical-align (P.274)

フレキシブルボックスレイアウトが直線上にボックスを並べる1次元のレイアウトであるのに対し、グリッドレイアウトは2次元のレイアウトを実現するためのものとされています。

詳細はP.245

INNER

テーブルレイアウト

display: table

初期値	inline
継承	なし
適用先	全要素

表形式のデータをマークアップするために用意されている <table> で構成されたボックスは、インナーディスプレイタイプ（レイアウトモード）が「テーブルレイアウト」になります。
かつてはグリッドベースのレイアウトなどにも利用されていましたが、現状ではグリッドレイアウトなどが用意されたため、あくまでも表形式のデータを扱うことになっています。

たとえば、3行×4列の表形式のデータを <table> でマークアップすると、テーブルレイアウトによって右のように表の形で表示されます。

プラン	A	B	C
利用料金	100円/月	500円/月	800円/月
容量	10GB	100GB	500GB

```
<table>
<tr>
  <th>プラン</th>
  <th>A</th><th>B</th><th>C</th>
</tr>

<tr>
  <th>利用料金</th>
  <td>100円/月</td><td>500円/月</td><td>800円/月</td>
</tr>

<tr>
  <th>容量</th>
  <td>10GB</td><td>100GB</td><td>500GB</td>
</tr>
</table>
```

<table> 内でテーブルの構造を作るために利用できるタグは右のように用意されています。タグごとに標準で適用される display の値も定義されており、行やセルなどのボックスを構成します。

前ページのサンプルの場合、<table> などには標準で次の display の設定が適用されていることになります。なお、テーブルレイアウトについて詳しくは Chapter 8（P.245）で解説していきます。

```
table  {display: table;}

tr     {display: table-row;}

th, td {display: table-cell;}
```

HTMLタグ	displayの値	構成されるボックス
<table>	table	テーブルボックス
<tr>	table-row	テーブルの行
<td> / <th>	table-cell	テーブルのセル
<tbody>	table-row-group	行のグループ（メイン）
<thead>	table-header-group	行のグループ（ヘッダー）
<tfoot>	table-footer-group	行のグループ（フッター）
<colgroup>	table-column-group	列のグループ
<col>	table-column	グループに属する列
<caption>	table-caption	テーブルのキャプション

displayを指定することで、<table>以外のタグにもテーブルレイアウトを適用することができます。
たとえば、右のサンプルでは<ul>でマークアップしたデータに以下のCSSを適用し、テーブルレイアウトで表示するように指定しています。

```
ul {
  display: table;
  border-spacing: 2px;
  padding: 0;
  border: solid 6px #abcf3e;
}
li {
  display: table-row;
}
h2 {
  display: table-cell;
  background: #f3c90b;
}
p {
  display: table-cell;
  background: #fff799;
}
```

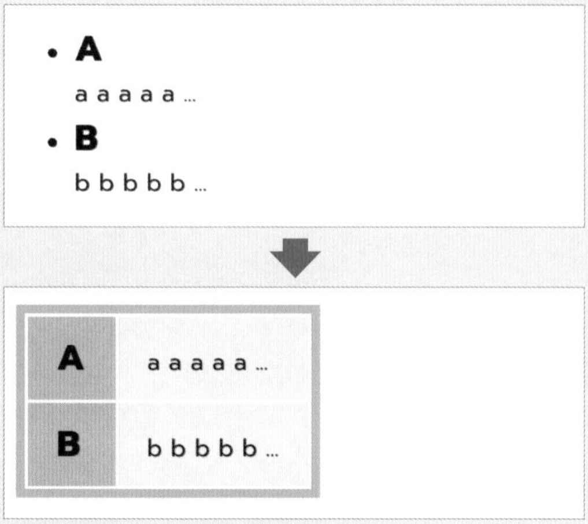


```
<ul>
<li><h2>A</h2><p>a a a a a ...</p></li>
<li><h2>B</h2><p>b b b b b ...</p></li>
</ul>
```

詳細はP.085

INNER

ルビレイアウト

`display: ruby`

初期値	inline
継承	なし
適用先	全要素

ルビ（ふりがな）をマークアップするために用意されている<ruby>で構成されたボックスは、インナーディスプレイタイプ（レイアウトモード）が「ルビレイアウト」になります。
たとえば、ベースとなる語句とルビを<ruby>でマークアップすると、ルビレイアウトによって右のように語句の上にルビが表示されます。

だいだいいろ
橙 色

```
<ruby>
  <rb>橙色</rb>
  <rt>だいだいいろ</rt>
</ruby>
```

<ruby>内で語句やルビなどのマークアップに利用できるタグは右のように用意されています。タグごとに標準で適用されるdisplayの値も定義されており、サンプルの場合は以下のようにdisplayの設定が適用されていることになります。
なお、displayの指定によって<ruby>以外のタグにルビレイアウトを適用することもできますが、アクセシビリティなどを確保するため、<ruby>によるマークアップを行うことが推奨されています。<ruby>について詳しくはP.085を参照してください。

HTMLタグ	displayの値	構成されるボックス
<ruby>	ruby	ルビコンテナ
<rb>	ruby-base	ルビベースボックス
<rt>	ruby-text	ルビテキストボックス
<rtc>	ruby-text-container	ルビテキストコンテナ

```
ruby  {dislay: ruby;}
rb    {display: ruby-base;}
rt    {display: ruby-text;}
```

ルビに関するCSSは以下の仕様で策定が進められています。

CSS Ruby Layout Module Level 1
https://www.w3.org/TR/css-ruby-1/

ルビの表示位置の指定　ruby-position

ruby-positionプロパティを利用すると、ルビの表示位置を指定することができます。

値	ルビの表示位置
over	語句の上
under	語句の下
inter-character	中国語の注音符号を表示するための値

※Firefoxも「inter-character」には未対応です。

橙 色
だいだいいろ

```
ruby  {ruby-position:under;}
```

ルビの位置揃え　ruby-align

独自

ruby-alignプロパティを利用すると、ルビの位置揃えを指定することができます。

値	位置揃え	IEが対応した値
start	書字方向に揃える	left
center	中央揃え	center
space-between	両端揃え	distribute-letter
space-around	両端揃え+両端に余白	distribute-space

だいだいいろ
橙色

`ruby-align: start;`

だいだいいろ
橙色

`ruby-align: center;`

だいだいいろ
橙　色

`ruby-align: space-between;`

だいだいいろ
橙 色

`ruby-align: space-around;`

OTHER

インラインへの埋め込み

display: inline-block	（ブロックボックスを埋め込み）	
display: inline-flex	（フレックスコンテナを埋め込み）	
display: inline-grid	（グリッドコンテナを埋め込み）	
display: inline-table	（テーブルボックスを埋め込み）	

初期値	inline
継承	なし
適用先	全要素

ここまでに見てきたブロックボックス、フレックスコンテナ、グリッドコンテナ、テーブルボックスをインラインに埋め込むためには、上のdisplayの値を利用します。

たとえば、右のサンプルはテキストの中にブロックボックスAを挿入したものです。widthで横幅を150ピクセルに指定していますが、テキストと並ぶことはありません。

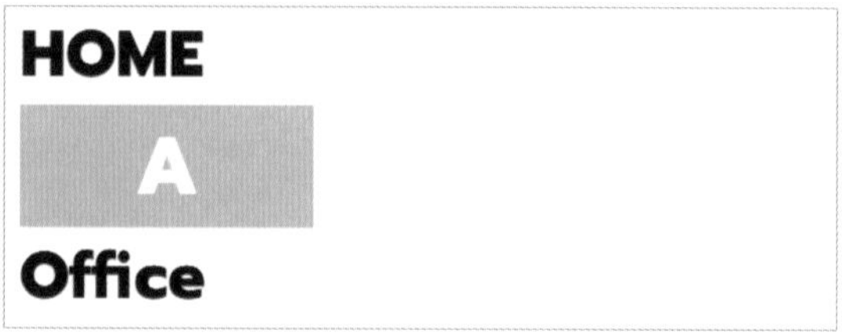


```
.boxA {display: block;
       width: 150px;}
```

```
<h1>HOME <span class="boxA">A</span> Office</h1>
```

そこで、displayプロパティを「inline-block」と指定します。すると、右のように横幅を維持したままインラインに埋め込むことができます。なお、こうしてインラインに埋め込んだブロックボックスは「インラインブロックボックス」と呼ばれます。

```
.boxA {display: inline-block;
       width: 150px;}
```

インラインブロックボックスの特徴

P.157のインラインボックスと異なり、インラインブロックボックスは次のような特徴を持っています。

- width、heightによる横幅と高さの指定が表示に反映されます。
- ボックスが複数に分割されることはありません。
- マージン、ボーダー、パディングは上下左右のテキストやボックスの表示位置に影響を与えます。ただし、上下マージンの重ね合わせ（P.144）は行われません。

たとえば、右のサンプルはテキストの一部を<span>でマークアップし、displayを「inline-block」と指定したものです。ボーダーで囲んだり、
で改行を入れると次のような表示になります。

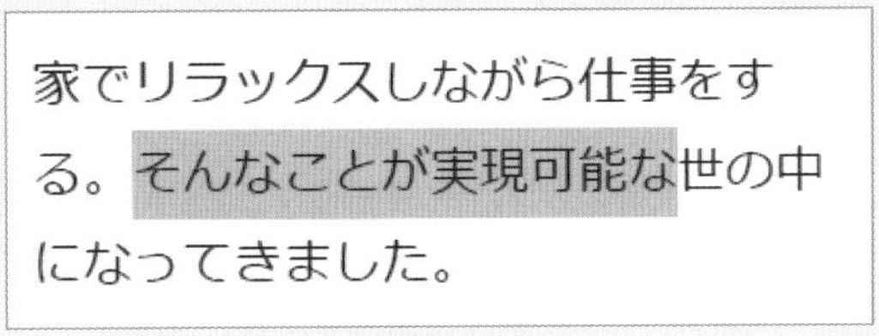
家でリラックスしながら仕事をする。そんなことが実現可能な世の中になってきました。

```
span {display: inline-block;
      background: #f3c90b;}
```

```
<p>家でリラックスしながら仕事をする。<span>そんなこ
とが実現可能な</span>世の中になってきました。</p>
```

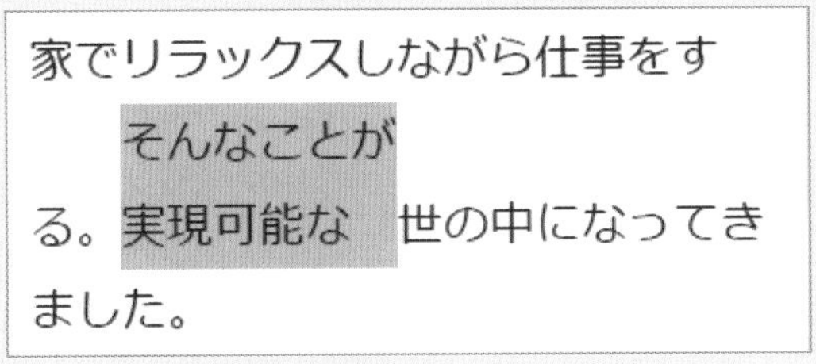
家でリラックスしながら仕事をす
そんなことが
る。実現可能な　世の中になってき
ました。

でボックス内のテキストに改行を入れたときの表示。

```
<p>家でリラックスしながら仕事をする。<span>そんなことが
<br>実現可能な</span>世の中になってきました。</p>
```

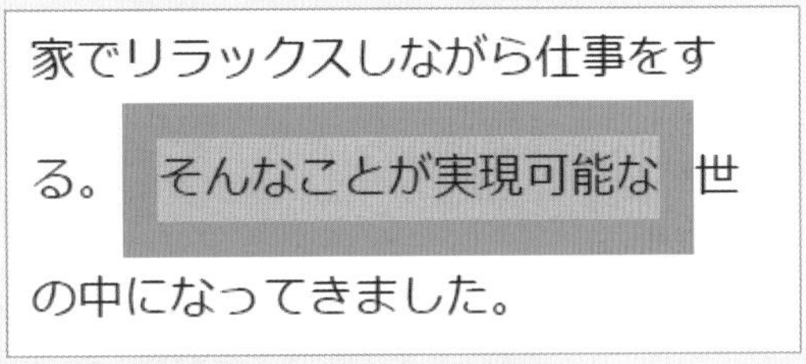
家でリラックスしながら仕事をす
る。そんなことが実現可能な 世
の中になってきました。

太さ12ピクセルのボーダーで囲んだときの表示。

```
span {display: inline-block;
      border: solid 12px #ff8e52; …
```

置換要素（Replaced Elements）

<img>や<video>のように外部リソースを読み込んで表示するものは「置換要素」と呼ばれ、構成するボックスはインラインブロックボックスと同じ特徴を持ちます。
ただし、画像のように固有の大きさを持つリソースを読み込んだ場合、width、heightで横幅や高さを指定すると拡大縮小の処理が行われます。

HOME
Office

```
img {width: 150px;}
```

```
<h1>HOME <img src="img/home.jpg" alt="">
Office</h1>
```

OTHER

リスト
display: list-item

初期値	inline
継承	なし
適用先	全要素

リスト形式のコンテンツをマークアップする <li>（P.068）では、ブロックボックスとマーカーボックスの2つのボックスが構成されます。ブロックボックスには <li> でマークアップした中身が、マーカーボックスにはリストマークが表示されます。

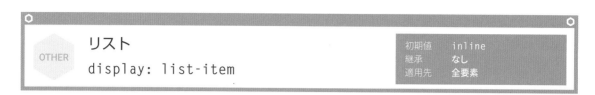

```
<ul>
<li>沖縄</li>
<li>北海道</li>
<li>京都</li>
</ul>
```

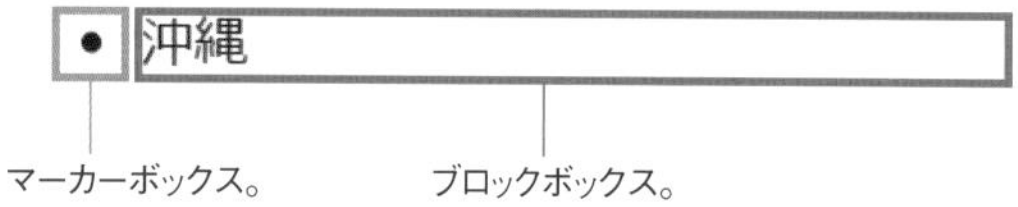

こうした処理が行われるのは、<li> の display の値が標準で「list-item」になるためです。サンプルの場合、右のように display の設定が適用されていることになります。なお、<li> 以外のタグの display を「list-item」に指定することも可能です。

```
li	{display: list-item;}
```

ブロックボックスの設定

<li> のブロックボックスのレイアウトやデザインは、<li> のプロパティで調整します。
たとえば、右のサンプルは <li> の上下マージン、パディング、ボーダー、背景を指定したものです。これらはブロックボックスのみに適用され、マーカーボックスには影響しません。

なお、通常のブロックボックスと同じように、<li> のブロックボックスの上下マージンは重ね合わせ（P.144）が行われます。

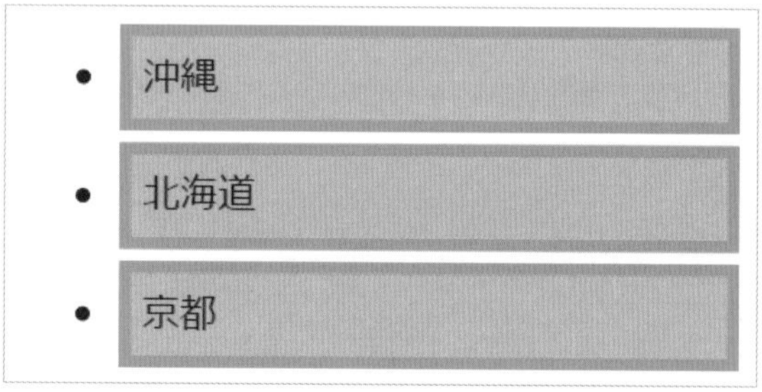


```
li {
	margin-top: 5px;
	margin-bottom: 5px;
	padding: 5px;
	border: solid 5px #ff8e52;
	background: #f3c90b;
}
```

マーカーボックスの設定

マーカーボックのレイアウトやデザインは、::marker 疑似要素や右のプロパティを利用して調整できます。

プロパティ	調整対象
list-style-position	マーカーボックスの挿入位置
list-style-type	リストマークの種類
list-style-image	リストマークの画像
list-style	上記3つの値をまとめて指定

::marker 疑似要素

::marker 疑似要素ではマーカーボックスの CSS を調整します。ただし、調整できるのは以下のプロパティに限られています。

::marker疑似要素で調整できるプロパティ
white-space / color / text-combine-upright / unicode-bidi / direction / content / フォント、アニメーション、トランジション関連のプロパティ

```
li::marker {color: red;}
```

マーカーボックスの挿入位置

list-style-position プロパティを利用すると、マーカーボックスの挿入位置を指定することができます。標準では「outer」となり、ブロックボックスの外側（ボーダーの左側）に挿入されます。「inside」と指定すると、右のようにコンテンツの左側に挿入することができます。

値	マーカーボックスの表示位置
outside	ブロックボックスの外側（ボーダーの左側）
inside	ブロックボックスの内側（コンテンツの左側）

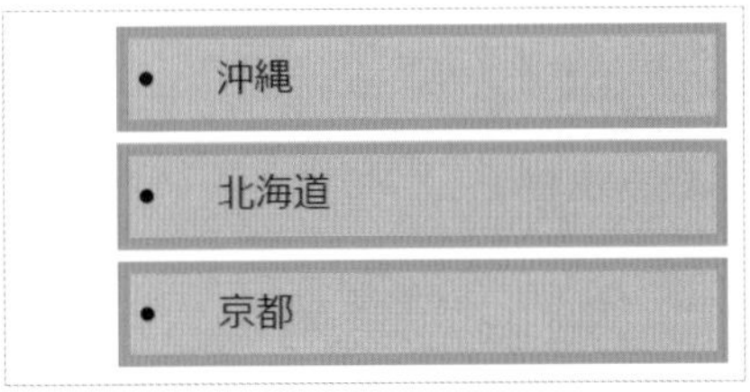


```
li {list-style-position: inside;}
```

<li>のブロックボックスの左側には<ul>の左パディングで余白が入っています。マーカーボックスの表示スペースを確保するために標準で挿入されるもので、<ul>には次のような設定が適用されていることになります。

```
ul {padding-left: 40px;}
```

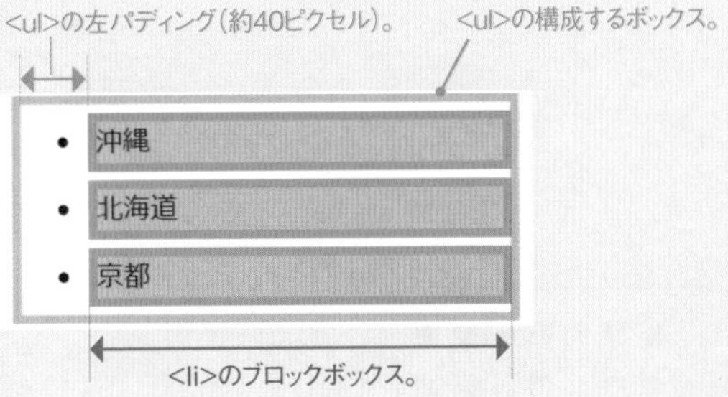

リストマークの種類

list-style-type プロパティを利用すると、マーカーボックスの中に表示するリストマークの種類を指定することができます。指定できる値は以下のようになっており、シンボル以外の値を指定すると連番での表示になります。

リストマークを削除したい場合には、値を「none」と指定します。また、文字をリストマークとして表示したい場合には、クォーテーションで囲んで指定します。

i. 沖縄
ii. 北海道
iii. 京都

```
li {list-style-type:
 lower-roman;}
```

沖縄
北海道
京都

```
li {list-style-type: none;}
```

★沖縄
★北海道
★京都

```
li {list-style-type: '★';}
```

シンボル

値	表示
disc	• 沖縄 • 北海道 • 京都
circle	○ 沖縄 ○ 北海道 ○ 京都
square	■ 沖縄 ■ 北海道 ■ 京都
disclosure-open ※	▼ 沖縄 ▼ 北海道 ▼ 京都
disclosure-closed ※	▶ 沖縄 ▶ 北海道 ▶ 京都

数字

値	表示
decimal	1. 沖縄 2. 北海道 3. 京都
decimal-leading-zero	01. 沖縄 02. 北海道 03. 京都
arabic-indic ※	١. 沖縄 ٢. 北海道 ٣. 京都
armenian (upper-armenian)	Ա. 沖縄 Բ. 北海道 Գ. 京都
lower-armenian ※	ա. 沖縄 բ. 北海道 գ. 京都
bengali ※	১. 沖縄 ২. 北海道 ৩. 京都
cambodian ※	១. 沖縄 ២. 北海道 ៣. 京都
khmer ※	១. 沖縄 ២. 北海道 ៣. 京都
cjk-decimal ※	一、沖縄 二、北海道 三、京都

値	表示
devanagari ※	१. 沖縄 २. 北海道 ३. 京都
georgian	ა. 沖縄 ბ. 北海道 გ. 京都
gujarati ※	૧. 沖縄 ૨. 北海道 ૩. 京都
gurmukhi ※	੧. 沖縄 ੨. 北海道 ੩. 京都
hebrew ※	א. 沖縄 ב. 北海道 ג. 京都
kannada ※	೧. 沖縄 ೨. 北海道 ೩. 京都
lao ※	໑. 沖縄 ໒. 北海道 ໓. 京都
malayalam ※	൧. 沖縄 ൨. 北海道 ൩. 京都
mongolian ※	᠑. 沖縄 ᠒. 北海道 ᠓. 京都

値	表示
myanmar ※	၁. 沖縄 ၂. 北海道 ၃. 京都
oriya ※	୧. 沖縄 ୨. 北海道 ୩. 京都
persian ※	۱. 沖縄 ۲. 北海道 ۳. 京都
lower-roman	i. 沖縄 ii. 北海道 iii. 京都
upper-roman	I. 沖縄 II. 北海道 III. 京都
tamil ※	௧. 沖縄 ௨. 北海道 ௩. 京都
telugu ※	౧. 沖縄 ౨. 北海道 ౩. 京都
thai ※	๑. 沖縄 ๒. 北海道 ๓. 京都
tibetan ※	༡. 沖縄 ༢. 北海道 ༣. 京都

※ …
※ …

アルファベット

値	表示
lower-alpha (lower-latin)	a. 沖縄 b. 北海道 c. 京都
upper-alpha (upper-latin)	A. 沖縄 B. 北海道 C. 京都
cjk-earthly-branch ※	子. 沖縄 丑. 北海道 寅. 京都
cjk-heavenly-stem ※	甲. 沖縄 乙. 北海道 丙. 京都
lower-greek	α. 沖縄 β. 北海道 γ. 京都

値	表示
hiragana ※	あ. 沖縄 い. 北海道 う. 京都
hiragana-iroha ※	い. 沖縄 ろ. 北海道 は. 京都
katakana ※	ア. 沖縄 イ. 北海道 ウ. 京都
katakana-iroha ※	イ. 沖縄 ロ. 北海道 ハ. 京都

漢数字・大字

値	表示
japanese-formal ※	壱、沖縄 弐、北海道 参、京都
japanese-informal ※	一、沖縄 二、北海道 三、京都
simp-chinese-formal ※	壹、沖縄 貳、北海道 叁、京都
simp-chinese-informal ※	一、沖縄 二、北海道 三、京都
trad-chinese-formal ※	壹、沖縄 貳、北海道 參、京都

値	表示
trad-chinese-informal ※	一、沖縄 二、北海道 三、京都
korean-hangul-formal ※	일、沖縄 이、北海道 삼、京都
korean-hanja-informal ※	一、沖縄 二、北海道 三、京都
korean-hanja-formal ※	壹、沖縄 貳、北海道 參、京都

※ …
※ …
※ …

上記の漢数字・大字の指定では、「99」が「九十九」や「九拾九」といった形で表記されます。

リストマークの画像

list-style-imageプロパティを利用すると、指定した画像をリストマークとして表示することができます。

- 沖縄
- 北海道
- 京都

```
li {list-style-image: url(mark.png);}
```

list-styleプロパティを利用すると、マーカーボックス関連のプロパティの設定をまとめて指定することができます。

```
li {list-style: outside circle url(mark.png);}
```

outside … list-style-position
circle … list-style-type
url(mark.png) … list-style-image

独自のリストマークの定義

CSS3で提案されている@counter-styleを利用すると、独自のリストマークを定義することができます。たとえば、次のサンプルではUnicodeのトマトの絵文字をリストマークとして定義し、「tomato」という値で利用できるようにしています。

- 🍅 沖縄
- 🍅 北海道
- 🍅 京都

```
@counter-style tomato {
    system: cyclic;
    symbols: 🍅;
    suffix: " ";
}

li {list-style-type: tomato;}
```

Unicodeの絵文字を指定。

OTHER

ボックスを構成しない

`display: none`　（子階層も構成しない）
`display: contents`　（子階層は構成する）

初期値	inline
継承	なし
適用先	全要素

display プロパティではボックスを構成しないように指定することができます。このとき、子階層も含めて構成しないようにする場合には「none」、子階層は残して構成しないようにする場合には「contents」と指定します。

たとえば、右のサンプルは <div> の display を「flex」と指定し、P.163 のように <div> の中身を均等割りで横に並べたものです。ただし、ボックス B と C は <div> でグループ化していますので、均等割りで横に並ぶのはボックス A、<div>、D となっています。

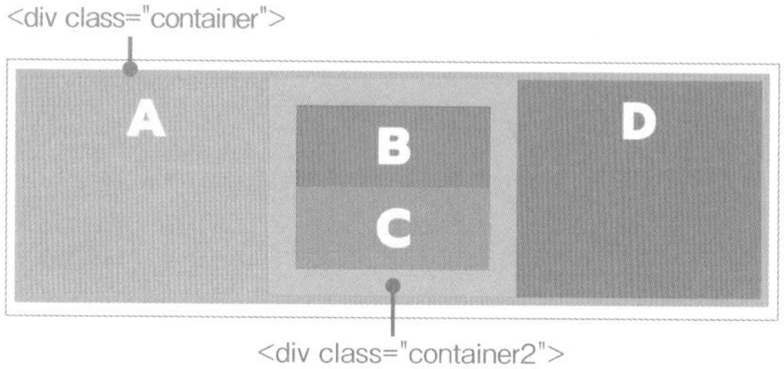


```
.container {
  display: flex;
  border: solid 6px #abcf3e;
}
.container > div {
  flex: 1 1 0;
}
```

```
<div class="container">
    <div class="boxA">A</div>
    <div class="container2">
        <div class="boxB">B</div>
        <div class="boxC">C</div>
    </div>
    <div class="boxD">D</div>
</div>
```

<div> の display を「none」と指定すると、<div> とその子階層のボックス B と C が構成されなくなります。その結果、ボックス A と D のみが均等割りで横に並んだ表示になります。

```
.container2 {display: none;}
```

一方、<div> の display を「contents」と指定すると、<div> が構成されなくなりますが、その子階層のボックス B と C は構成されます。その結果、<div> の子階層にボックス A、B、C、D を記述したことになり、右のように横に並んだ表示になります。
なお、ボックス B と C には「.container > div」セレクタの指定が適用されないため、中身に合わせた横幅になります。

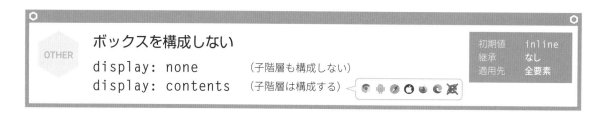

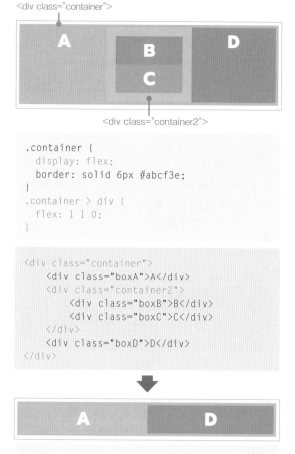

```
.container2 {display: contents;}
```

プロパティから見た要素の分類

CSSの一部のプロパティに関しては、適用先が限定されているものがあります。こうしたプロパティ側から見た場合、要素は次のように分類されます。

ブロックレベル

アウターディスプレイタイプが「block」になるボックスを構成する要素です。P.154〜156を確認すると、displayプロパティの値が右のようになる要素が該当します。

```
block / flow-root / list-item / flex / grid / table
```

インラインレベル

アウターディスプレイタイプが「inline」になるボックスを構成する要素と、P.169の置換要素です。P.154〜156を確認すると、displayプロパティの値が右のようになる要素が該当します。

```
inline / inline-block / inline-flex / inline-grid / ruby / inline-table
```

atomicインラインレベル

インラインレベルに属する要素のうち、置換要素と、インナーディスプレイタイプが「フローレイアウト」以外になるボックスを構成する要素です。displayプロパティの値では右のようになる要素が該当します。

```
inline-block / inline-flex / inline-grid / ruby / inline-table
```

ブロックコンテナ

インナーディスプレイタイプが「フローレイアウト」または「フローレイアウト（ルート）」になるボックスを構成する要素です。ただし、P.156のインラインボックスとラインボックスは含まれません。

なお、テーブルのセルとキャプションを構成する要素も含まれることになっており、displayプロパティの値が右のようになる要素が該当します。

```
block / flow-root / list-item / inline-block / table-cell / table-caption
```

5-3 特殊なボックス

ここまで見てきたボックスとは異なり、違うレイヤーでボックスを構成するものがあります。それが、「フロート」レイアウトを実現する float と、「ポジション」レイアウトを実現する position です。

プロパティ	設定できるレイアウト
float	「フロート」レイアウト
position	「ポジション」レイアウト

CSS フロート

float: 配置

初期値	none
継承	なし
適用先	全要素 ※positionが「absolute」、「fixed」の要素を除く

配置	left / right / none

float プロパティを「left」または「right」と指定すると、フローティングボックス（浮動ボックス）を構成し、左寄せまたは右寄せで配置することができます。

たとえば、右のサンプルは <div> で構成した A、B、C の3つのボックスを用意したものです。
ボックス A の float を「left」と指定すると左寄せの配置になり、別のレイヤーで扱われるようになります。その結果、後続のボックス B と C は A の後ろに入り込んでレイアウトされます。ただし、「ボックスの中身はフローティングボックスと重ならないように表示する」という決まりがあるため、ボックス B と C の中身は A の下には入りません。

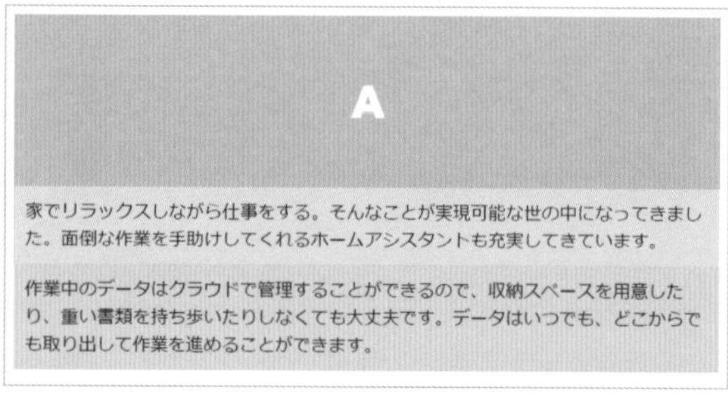
A
家でリラックスしながら仕事をする。そんなことが実現可能な世の中になってきました。面倒な作業を手助けしてくれるホームアシスタントも充実してきています。
作業中のデータはクラウドで管理することができるので、収納スペースを用意したり、重い書類を持ち歩いたりしなくても大丈夫です。データはいつでも、どこからでも取り出して作業を進めることができます。

```
<div class="boxA">A</div>
<div class="boxB">家でリラックスしながら仕事をする。そんなことが実現可能な世の中になってき…</div>
<div class="boxC">作業中のデータはクラウドで管理することができるので、収納スペースを用意し…</div>
```

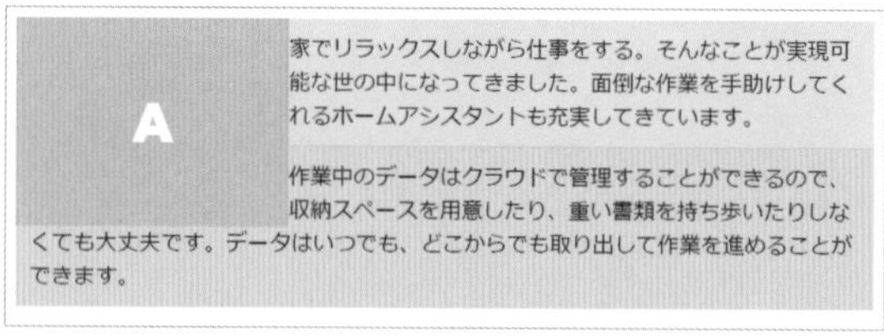
A
家でリラックスしながら仕事をする。そんなことが実現可能な世の中になってきました。面倒な作業を手助けしてくれるホームアシスタントも充実してきています。
作業中のデータはクラウドで管理することができるので、収納スペースを用意したり、重い書類を持ち歩いたりしなくても大丈夫です。データはいつでも、どこからでも取り出して作業を進めることができます。

```
.boxA {float: left;
       width: 200px;}
```

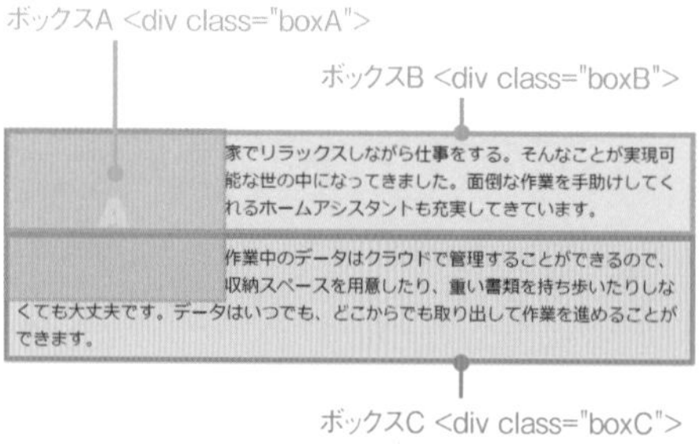
ボックスA <div class="boxA">
ボックスB <div class="boxB">
A
家でリラックスしながら仕事をする。そんなことが実現可能な世の中になってきました。面倒な作業を手助けしてくれるホームアシスタントも充実してきています。
作業中のデータはクラウドで管理することができるので、収納スペースを用意したり、重い書類を持ち歩いたりしなくても大丈夫です。データはいつでも、どこからでも取り出して作業を進めることができます。
ボックスC <div class="boxC">

float を指定したボックスが続く場合、それらは同じレイヤーで扱われます。同じレイヤーのボックスはインラインボックスのような振る舞いをするため、右のように横に並べて表示されます。

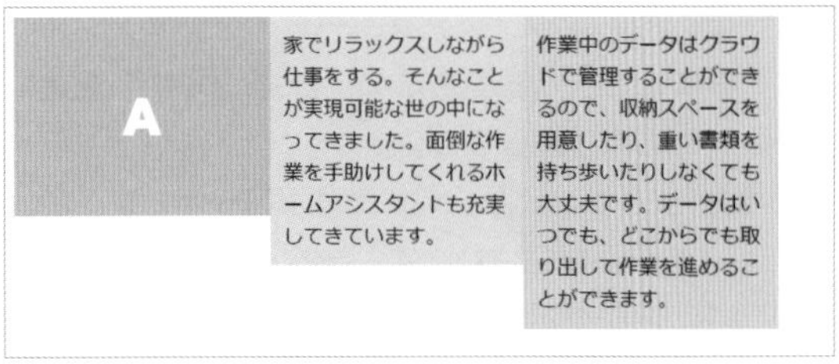
A
家でリラックスしながら仕事をする。そんなことが実現可能な世の中になってきました。面倒な作業を手助けしてくれるホームアシスタントも充実してきています。
作業中のデータはクラウドで管理することができるので、収納スペースを用意したり、重い書類を持ち歩いたりしなくても大丈夫です。データはいつでも、どこからでも取り出して作業を進めることができます。

```
.boxA, .boxB, .boxC {
        float: left;
        width: 200px;
}
```

> width、heightで横幅と高さを指定できることから、インラインブロックボックスのようなものと考えることもできます。

なお、float を「right」と指定した場合、右寄せで配置することができます。

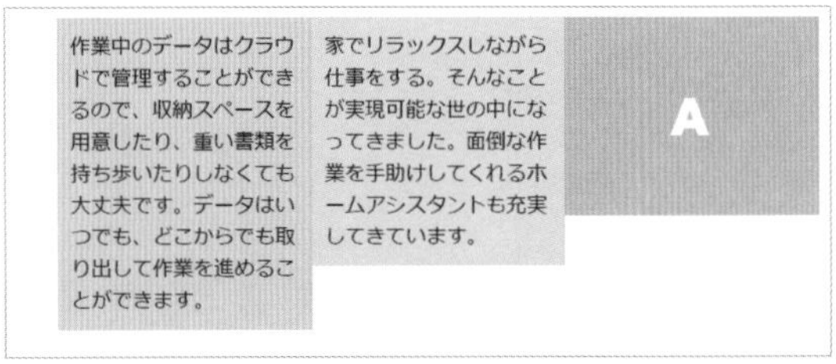
作業中のデータはクラウドで管理することができるので、収納スペースを用意したり、重い書類を持ち歩いたりしなくても大丈夫です。データはいつでも、どこからでも取り出して作業を進めることができます。
家でリラックスしながら仕事をする。そんなことが実現可能な世の中になってきました。面倒な作業を手助けしてくれるホームアシスタントも充実してきています。
A

```
.boxA, .boxB, .boxC {
        float: right;
        width: 200px;
}
```

> フローティングボックスではP.144の上下マージンの重ね合わせは行われません。

前にあるフローティングボックスの影響を排除する

clear プロパティを利用すると、前にあるフローティングボックスの影響を排除することができます。

たとえば、前ページの下のサンプルで、ボックス C に「clear: left」を適用してみます。すると、ボックス C の前にあるフローティングボックス A の影響が排除され、右のような表示になります。

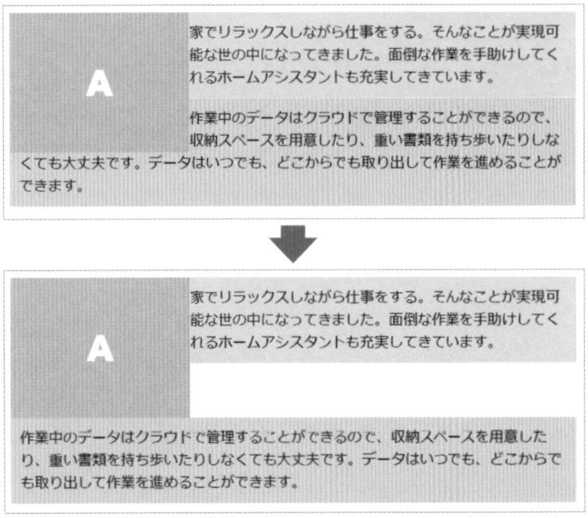
A
家でリラックスしながら仕事をする。そんなことが実現可能な世の中になってきました。面倒な作業を手助けしてくれるホームアシスタントも充実してきています。
作業中のデータはクラウドで管理することができるので、収納スペースを用意したり、重い書類を持ち歩いたりしなくても大丈夫です。データはいつでも、どこからでも取り出して作業を進めることができます。
A
家でリラックスしながら仕事をする。そんなことが実現可能な世の中になってきました。面倒な作業を手助けしてくれるホームアシスタントも充実してきています。
作業中のデータはクラウドで管理することができるので、収納スペースを用意したり、重い書類を持ち歩いたりしなくても大丈夫です。データはいつでも、どこからでも取り出して作業を進めることができます。

```
.boxA {float: left;
       width: 200px;}

.boxC {clear: left;}
```

clearの値	機能
left	左寄せで配置したフローティングボックスの影響を排除
right	右寄せで配置したフローティングボックスの影響を排除
both	すべてのフローティングボックスの影響を排除
none	排除なし

また、すべてのボックスをフローティングボックスにしたサンプルで、ボックスBに「clear: both」を適用すると、右のようになります。
この場合も、ボックスBの前にあるフローティングボックスAの影響が排除されます。なお、ボックスB自身もフローティングボックスなため、ボックスBの後続のボックスには影響を及ぼし続け、ボックスCはボックスBの横に並びます。

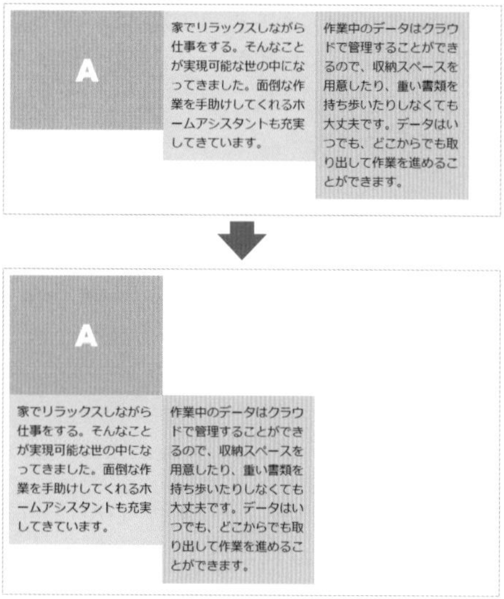
A
家でリラックスしながら仕事をする。そんなことが実現可能な世の中になってきました。面倒な作業を手助けしてくれるホームアシスタントも充実してきています。
作業中のデータはクラウドで管理することができるので、収納スペースを用意したり、重い書類を持ち歩いたりしなくても大丈夫です。データはいつでも、どこからでも取り出して作業を進めることができます。
A
家でリラックスしながら仕事をする。そんなことが実現可能な世の中になってきました。面倒な作業を手助けしてくれるホームアシスタントも充実してきています。
作業中のデータはクラウドで管理することができるので、収納スペースを用意したり、重い書類を持ち歩いたりしなくても大丈夫です。データはいつでも、どこからでも取り出して作業を進めることができます。

```
.boxA, .boxB, .boxC {
        float: left;
        width: 200px;
}

.boxB {clear: both;}
```

floatとclearの論理値

floatとclearプロパティでは、物理値の「left」「right」に対し、論理値の「inline-start」「inline-end」で書字方向に合わせた指定ができます。論理値についてはP.153を参照してください。

```
.boxA {float: inline-start;
        width: 200px;}

.boxC {clear: inline-start;}
```

フローティングボックスのインナー

フローティングボックスのインナーは、フロールートとして処理されます。たとえば、P.161の上のサンプルのように、<div class="container01">の中にフローティングボックスBを含んだものを用意します。

```
<div class="container01">
  <div class="boxA">A</div>
  <div class="boxB">B</div>
  <div class="boxC">C</div>
</div>

<div class="container02">
  <div class="boxD">D</div>
  <div class="boxE">E</div>
  <div class="boxF">F</div>
</div>
```

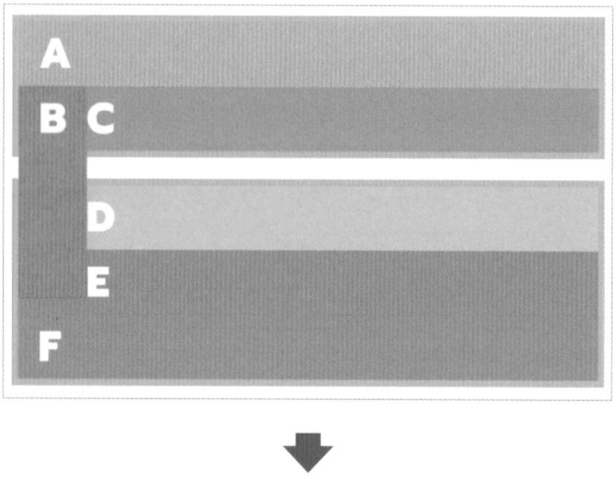
A
B
C
D
E
F

<div class="container01"> に「float: left」を適用すると、フロールートと同様の振る舞いになり、ボックス B の影響する範囲が <div> 内に留まるようになります。合わせて、<div> はフローティングボックスとなり、インラインボックスの性質を持つようになります。そのため、中身に合わせた横幅となり、後続のボックスが後ろに入り込んで表示されます。

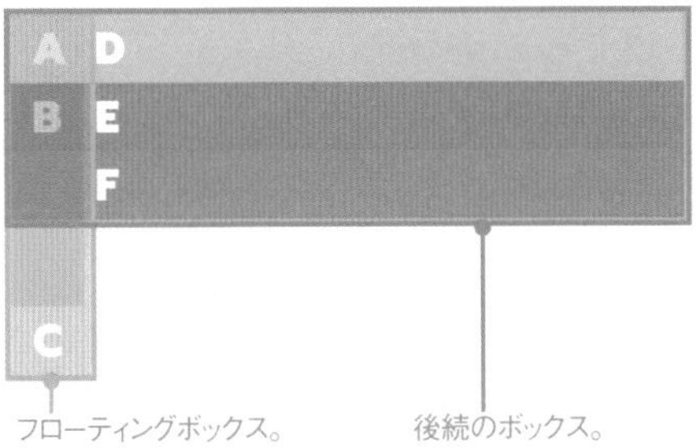

```
.container01 {
  float: left;
  background: #fff;
}
.boxB {
  float: left;
  height: 200px;
}
```

なお、<div> の横幅を 200 ピクセルに指定すると右のような表示になり、インラインブロックの特徴も持っていることが確認できます。

```
.container01 {
  width: 200px;
  float: left;
  …
```

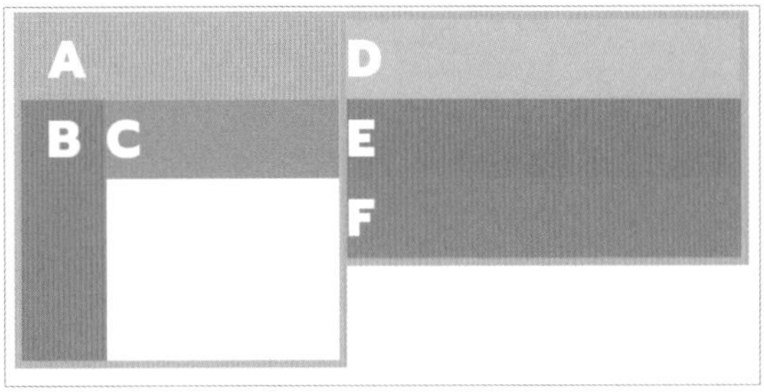

clearfix（クリアフィックス）

floatは長い間Webページでボックスの並べ方をコントロールするために利用されてきました。このとき、floatの影響範囲を一定の範囲に留めるため、P.161のように<div>をフロールートにしたときと同じような効果を得るために生み出されたのが「clearfix（クリアフィックス）」と呼ばれる設定です。
clearfixはさまざまなプロパティを組み合わせ、改良が加えられてきたテクニックの1つです。たとえば、上のサンプルで<div>にfloatを適用せず、clearfixの設定を適用すると右のようになります。この設定では、<div>の末尾（ボックスCの後）にブロックボックスを挿入し、「clear:both」を適用しています。

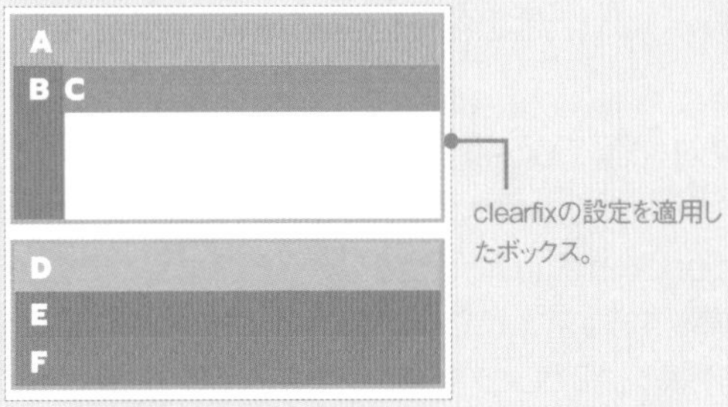


```
.container01::after {
  content: "";
  display: block;
  clear: both;
}
```

ポジション

position: ポジショニングスキーム

初期値	static
継承	なし
適用先	全要素 ※displayが「table-column-group」、「table-column」の要素を除く

ポジショニングスキーム	relative / absolute / fixed / sticky / static

positionプロパティを指定すると「ポジションボックス」が構成され、フローティングボックスと同じように別レイヤーで位置を指定することができます（ただし、フローティングボックスよりもさらに上位の層のイメージ）。また、フローティングボックスと異なり、後続のボックスの中身がポジションボックスを避けるようなことはありません。

positionを指定されたボックスの特性はフロートなども含めてそのまま維持されます。

positionの値	ポジショニングスキーム
relative	相対配置
absolute	絶対配置
fixed	固定配置
sticky	スティッキー配置
static	ポジショニングスキームを使った配置を行わない

position関連のプロパティ	
top / right / bottom / left	基点の上下左右からの距離（数値または%）を指定。
z-index	ポジションを指定したボックスの重なり順

position関連の論理プロパティ

ポジションボックスの配置は、物理プロパティのtop、right、bottom、leftだけでなく、右の論理プロパティでも指定できます。

top / right / bottom / left に対する論理プロパティ
inset-block-start / inset-block-end / inset-inline-start / inset-inline-end / inset-block / inset-inline / inset

相対配置　position: relative

positionを「relative」と指定すると、ボックスの表示位置をずらすことができます。
たとえば、次のサンプルはボックスA、B、Cを<div class="container">でグループ化したものです。

ボックスBを上から下に40ピクセル、左から右に20ピクセルずらしたい場合、次のようにpositionを「relative」、topを「40px」、leftを「20px」と指定します。

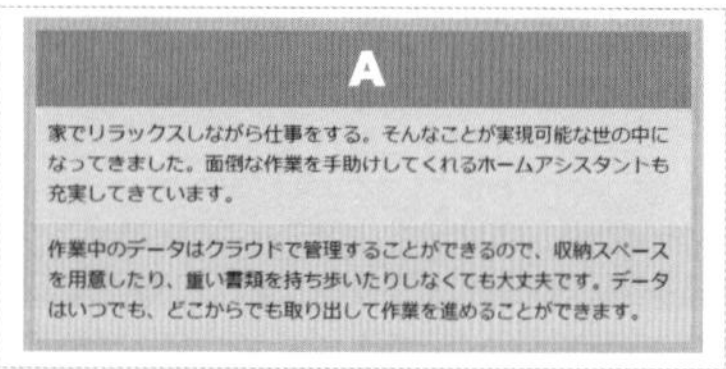
A
家でリラックスしながら仕事をする。そんなことが実現可能な世の中になってきました。面倒な作業を手助けしてくれるホームアシスタントも充実してきています。
作業中のデータはクラウドで管理することができるので、収納スペースを用意したり、重い書類を持ち歩いたりしなくても大丈夫です。データはいつでも、どこからでも取り出して作業を進めることができます。

```
<div class="container">
   <div class="boxA">A</div>
   <div class="boxB">家でリラックス…</div>
   <div class="boxC">作業中のデータ…</div>
</div>
```

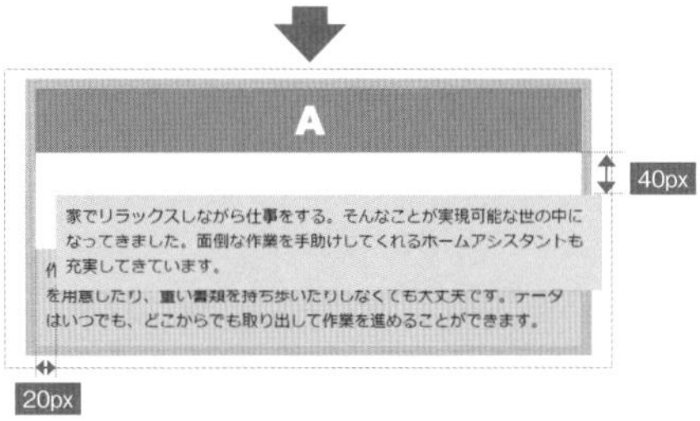
A
40px
家でリラックスしながら仕事をする。そんなことが実現可能な世の中に
なってきました。面倒な作業を手助けしてくれるホームアシスタントも
充実してきています。
はいつでも、どこからでも取り出して作業を進めることができます。
20px

```
.boxB {
        position: relative;
        top: 40px;
        left: 20px;
}
```

絶対配置　position: absolute

position を「absolute」と指定すると、ボックスの位置を親のボックスの頂点を基点として指定することができます。親のボックスは position を指定したボックスであることが求められ、position 指定したボックスがない場合はブラウザ画面が親となります。
右のサンプルでは、<div class="container"> に「position: relative」を指定した上で、ボックス A の position を「absolute」と指定し、<div class="container"> の右から20 ピクセル、下から 40 ピクセルの位置に配置しています。

絶対配置したボックスではP.144の上下マージンの重ね合わせは行われません。

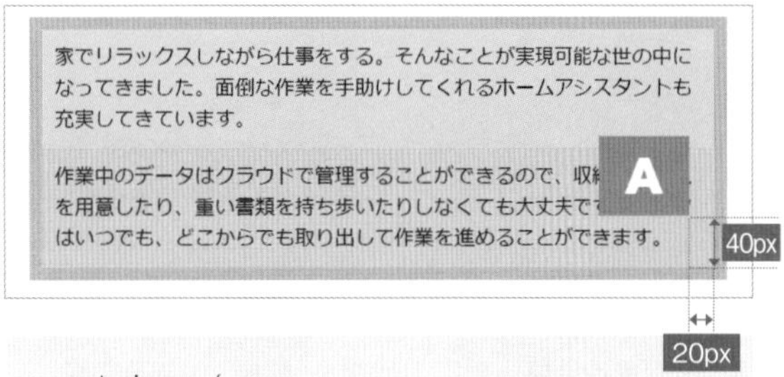
家でリラックスしながら仕事をする。そんなことが実現可能な世の中に
なってきました。面倒な作業を手助けしてくれるホームアシスタントも
充実してきています。
A
はいつでも、どこからでも取り出して作業を進めることができます。
40px
20px

```
.container {
        position: relative;
        border: solid 10px #f3c90b;
}
.boxA {
        position: absolute;
        right: 20px;
        bottom: 40px;
}
```

固定配置　position: fixed

position を「fixed」と指定すると、ボックスの位置をブラウザ画面を基点として指定し、固定表示することができます。
右のサンプルでは、ボックス A の position を「fixed」と指定し、ブラウザ画面の左上に揃えて固定表示しています。また、横幅を 100% と指定し、ブラウザ画面の横幅に合わせて表示しています。

固定配置したボックスではP.144の上下マージンの重ね合わせは行われません。

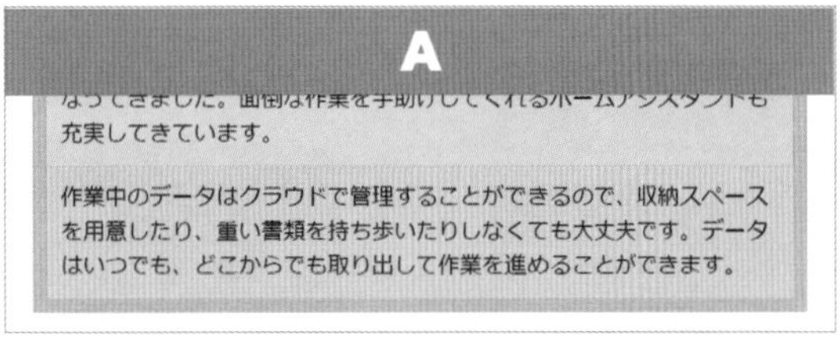
A
充実してきています。
作業中のデータはクラウドで管理することができるので、収納スペース
を用意したり、重い書類を持ち歩いたりしなくても大丈夫です。データ
はいつでも、どこからでも取り出して作業を進めることができます。

```
.boxA {
        position: fixed;
        top: 0;
        left: 0;
        width: 100%;
}
```

スティッキー配置　position: sticky

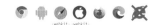

-webkit- -webkit-

positionの値を「sticky」と指定すると、スクロールによって指定した座標から固定が開始され、その親要素とともに画面上から流れていきます。
たとえば、次のサンプルはボックスA、B、Cをグループ化した<div class="container">を繰り返し記述し、ボックスAのpositionを「sticky」と指定し、座標は「top: 0」と指定しています。

```
.boxA {
        position: -webkit-sticky;
        position: sticky;
        top: 0;
}
```

```
<div class="container">
   <div class="boxA">A</div>
   …
</div>
<div class="container">
   <div class="boxA">AA</div>
   …
</div>
…
```

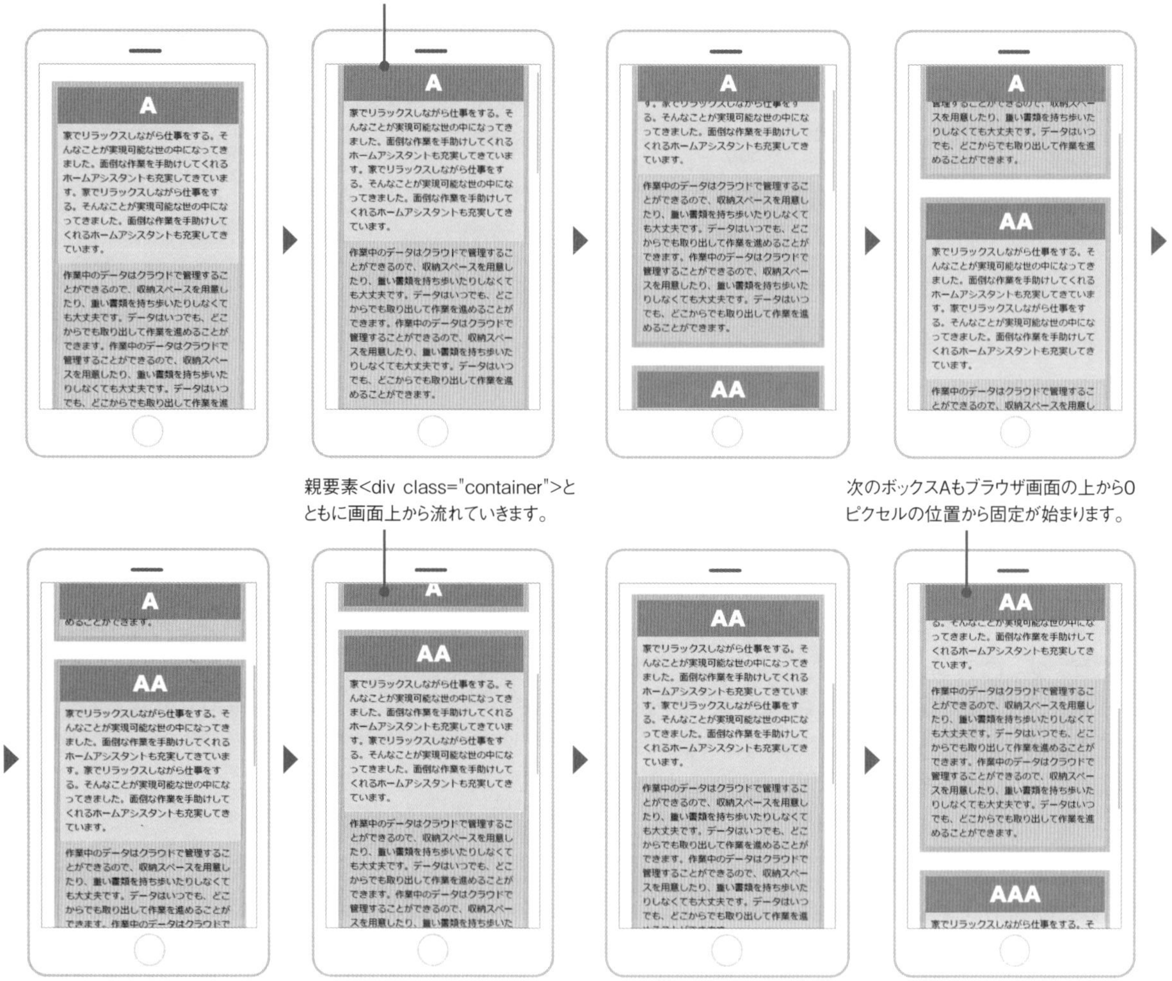
ボックスAがブラウザ画面の上から0ピクセルの位置から固定開始。
親要素<div class="container">とともに画面上から流れていきます。
次のボックスAもブラウザ画面の上から0ピクセルの位置から固定が始まります。
A
AA
AAA

ボックスの重なり順　z-index

z-index プロパティを利用すると、position を指定したボックスの重なり順を指定することができます。重なり順は初期値では「0」となり、大きな数を指定するほど上に重なります。マイナスの値を指定することも可能です。値が同じ場合、後から記述したものが上になります。
たとえば、右のサンプルはボックス A に P.181 の「position: absolute」の設定を、ボックス B に P.180 の「position: relative」の設定を適用したものです。この段階ではそれぞれの重なり順は同じ「0」となり、記述した順に重なります。

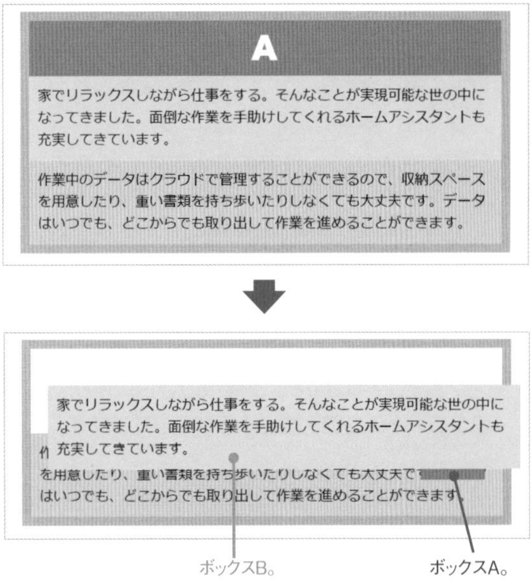
A
家でリラックスしながら仕事をする。そんなことが実現可能な世の中になってきました。面倒な作業を手助けしてくれるホームアシスタントも充実してきています。
作業中のデータはクラウドで管理することができるので、収納スペースを用意したり、重い書類を持ち歩いたりしなくても大丈夫です。データはいつでも、どこからでも取り出して作業を進めることができます。
ボックスB。
ボックスA。

```
.container {
        position: relative;
        border: solid 10px #f3c90b;
}
.boxA {
        position: absolute;
        right: 20px;
        bottom: 40px;
}
.boxB {
        position: relative;
        top: 40px;
        left: 20px;
}
```

```
<div class="container">
   <div class="boxA">A</div>
   <div class="boxB">家でリラックス…</div>
   <div class="boxC">作業中のデータ…</div>
</div>
```

z-index を指定すると、次のように重なり順を変えることができます。

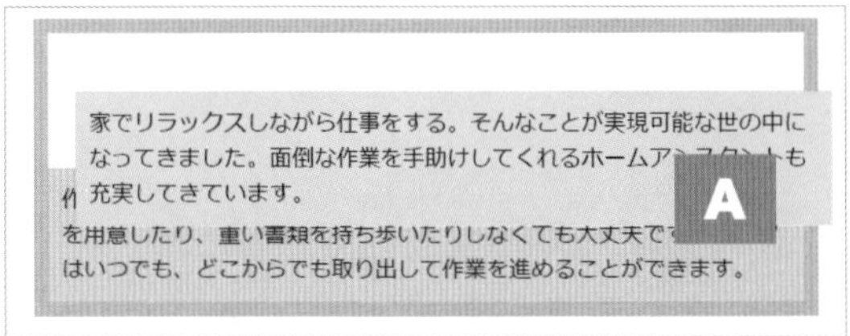
家でリラックスしながら仕事をする。そんなことが実現可能な世の中になってきました。面倒な作業を手助けしてくれるホームア
充実してきています。
A
を用意したり、重い書類を持ち歩いたりしなくても大丈夫で
はいつでも、どこからでも取り出して作業を進めることができます。

```
.boxA {z-index: 1;}
```

ボックスAのz-indexを「1」と指定し、一番上に重ねたもの。

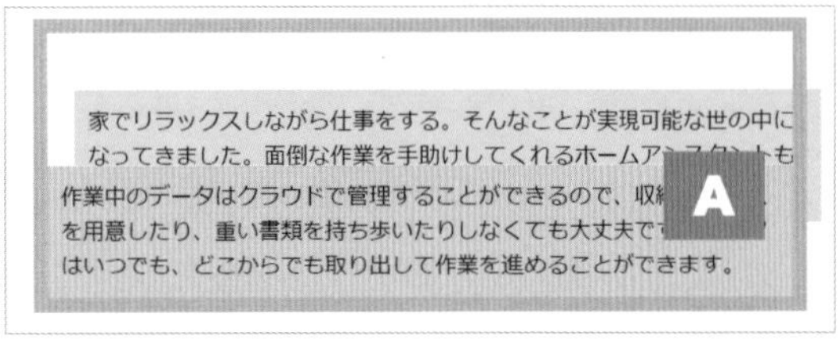
家でリラックスしながら仕事をする。そんなことが実現可能な世の中になってきました。面倒な作業を手助けしてくれるホームア
作業中のデータはクラウドで管理することができるので、収
A
を用意したり、重い書類を持ち歩いたりしなくても大丈夫で
はいつでも、どこからでも取り出して作業を進めることができます。

```
.boxB {z-index: -1;}
```

ボックスBのz-indexを「-1」と指定し、ポジションを指定していないボックスCの後ろに挿入したもの。

シェイプ　shape-outside

shape-outside プロパティを利用すると、float で作成したフローティングボックスのフロートエリアの形状を指定することができます。フロートエリアは、後続のボックスの中身が重ならないように処理されるエリアのことです。標準ではフローティングボックスのマージンエッジがフロートエリアとなります。形状は P.355 の関数を利用して、四角形、円形、楕円形、多角形にすることが可能です。
たとえば、P.176のようにボックスAをフローティングボックスにしたサンプルの場合、ボックス A のフロートエリアは右のようになっています。

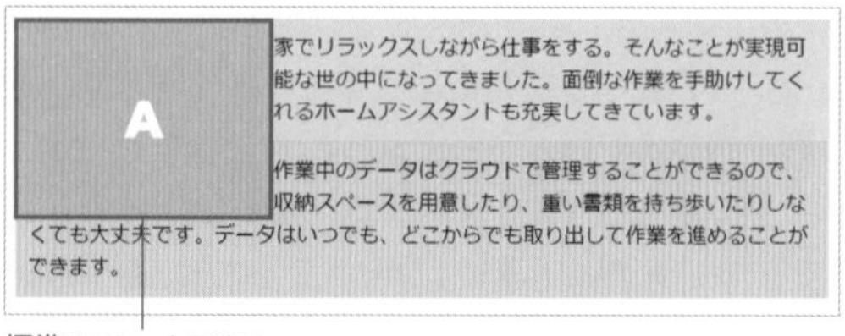
A
家でリラックスしながら仕事をする。そんなことが実現可能な世の中になってきました。面倒な作業を手助けしてくれるホームアシスタントも充実してきています。
作業中のデータはクラウドで管理することができるので、収納スペースを用意したり、重い書類を持ち歩いたりしなくても大丈夫です。データはいつでも、どこからでも取り出して作業を進めることができます。

標準のフロートエリア。

```
.boxA {float: left;
       width: 200px;
       height: 150px;}
```

```
<div class="boxA">A</div>
<div class="boxB">家でリラックス…</div>
<div class="boxC">作業中のデータ…</div>
```

ボックス A に shape-outside を適用し、circle() 関数でフロートエリアの形状を円形にすると右のようになります。ここでは半径 70px の円形に指定しています。
ただし、shape-outside で形状が変化するのはフロートエリアのみで、ボックス A の形状は変化しません。ボックス A をフロートエリアと同じ形状に切り抜くためには P.355 の clip-path プロパティも適用します。

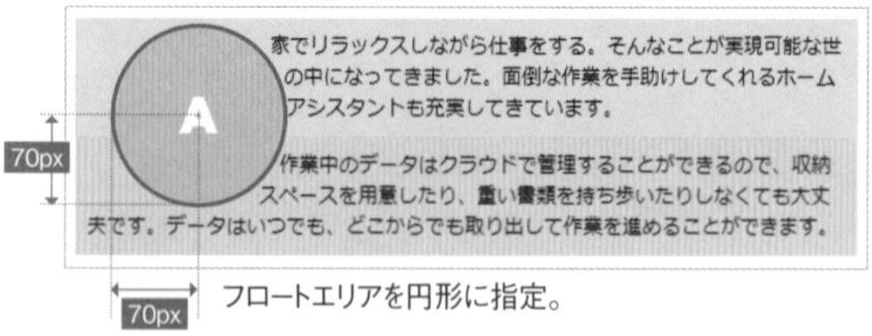
A
70px
70px
家でリラックスしながら仕事をする。そんなことが実現可能な世の中になってきました。面倒な作業を手助けしてくれるホームアシスタントも充実してきています。
作業中のデータはクラウドで管理することができるので、収納スペースを用意したり、重い書類を持ち歩いたりしなくても大丈夫です。データはいつでも、どこからでも取り出して作業を進めることができます。

フロートエリアを円形に指定。

```
.boxA {shape-outside: circle(70px at 50% 50%);
       clip-path: circle(70px at 50% 50%);}
```

なお、shape-outside で画像の URL を指定すると、画像のアルファチャンネルをフロートエリアの形状にすることも可能です。

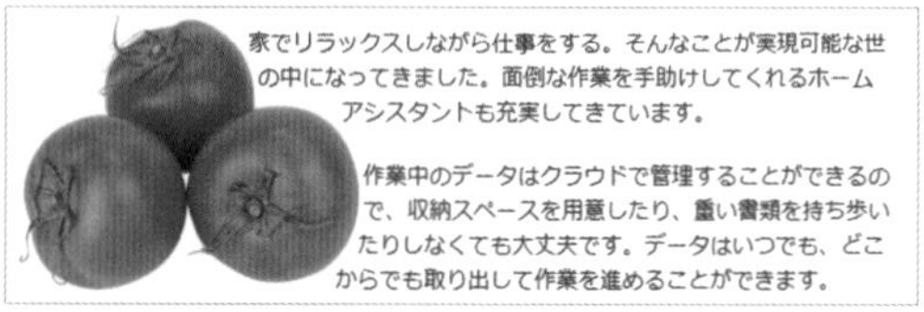
家でリラックスしながら仕事をする。そんなことが実現可能な世の中になってきました。面倒な作業を手助けしてくれるホームアシスタントも充実してきています。
作業中のデータはクラウドで管理することができるので、収納スペースを用意したり、重い書類を持ち歩いたりしなくても大丈夫です。データはいつでも、どこからでも取り出して作業を進めることができます。

フロートエリアを画像のアルファチャンネルの形状に指定。

```
.boxA {shape-outside: url(img/tomato.png);}
```

```
<img src="img/tomato.png" class="boxA">
<div class="boxB">家でリラックス…</div>
<div class="boxC">作業中のデータ…</div>
```

shape-marginプロパティを利用すると、形状のまわりに余白を追加することができます。

shape-image-thresholdプロパティを利用すると、形状にする範囲をアルファチャンネルの不透明度で指定できます。値は0（透明）～1（不透明）で指定し、標準では0で処理されます。

5-4 ボックスに関する付帯事項

ここまでに見てきたプロパティ以外に、ボックスに関する設定を行うものが次のように用意されています。

オーバーフローしたコンテンツの表示

ボックスに収まらず、オーバーフローしたコンテンツの表示に関する設定を行います。

プロパティ	機能
overflow	オーバーフローしたコンテンツの表示方法を指定
resize	ボックスのリサイズを指定
scroll-snap-type	スクロールスナップを指定
scroll-snap-align	スクロールスナップのスナップ位置を指定

仮想的なボックスのコンテンツ

::before / ::after疑似要素で挿入する仮想的なボックスの中身に関する設定を行います。

プロパティ	機能
content	仮想的なボックスのコンテンツを指定
counter-increment counter-reset	カウンターのコントロール
quotes	引用符の種類

ボックスの装飾

ボックスの装飾に関する設定を行います。

プロパティ	機能
border-radius	角丸
box-shadow	ボックスシャドウ
outline	アウトライン
cursor	カーソル
visibility	ビジビリティ
opacity	透明度

CSS オーバーフローしたコンテンツの表示方法

overflow: 表示方法

初期値	visible
継承	なし
適用先	ブロックコンテナ/フレックスコンテナ/グリッドコンテナ

表示方法	visible / hidden / scroll / auto

overflow プロパティを利用すると、ボックス内に収まらず、オーバーフローしたコンテンツの表示方法を指定することができます。

overflowの値	オーバーフローしたコンテンツの表示方法
visible	表示する
hidden	隠す（隠した部分は閲覧不可。）
scroll	隠す（隠した部分はスクロールで閲覧可能。縦横のスクロールバーを常に表示。）
auto	隠す（隠した部分はスクロールで閲覧可能。必要に応じてスクロールバーを表示。）

overflow-x / overflow-yプロパティを利用すると、横方向または縦方向の表示方法を個別に指定できます。論理プロパティのoverflow-inline / overflow-block（Firefoxのみ対応）も提案されています。

たとえば、次のサンプルは <div> が構成するボックスの高さを 200 ピクセルに指定したものです。overflow の初期値は「visible」となるため、縦方向にオーバーフローしたコンテンツが表示されます。

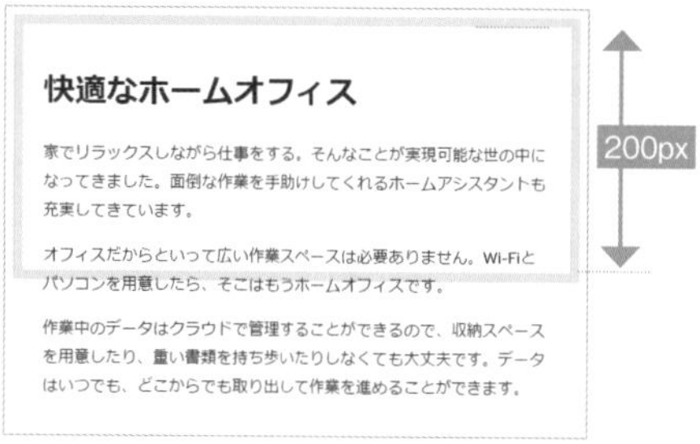
快適なホームオフィス
家でリラックスしながら仕事をする。そんなことが実現可能な世の中になってきました。面倒な作業を手助けしてくれるホームアシスタントも充実してきています。
オフィスだからといって広い作業スペースは必要ありません。Wi-Fiとパソコンを用意したら、そこはもうホームオフィスです。
作業中のデータはクラウドで管理することができるので、収納スペースを用意したり、重い書類を持ち歩いたりしなくても大丈夫です。データはいつでも、どこからでも取り出して作業を進めることができます。
200px

```
div {height: 200px;
     border: solid 10px #d2f36d;}
```

```
<div>
  <h1>快適なホームオフィス</h1>
  <p>家でリラックスしながら仕事をする。…</p>
  …
</div>
```

overflow を適用し、オーバーフローしたコンテンツを隠すと次のようになります。こうしてコンテンツを隠した要素（ここでは <div>）は、スクロール可能なボックスを構成するものとして「スクロールコンテナ」と呼ばれます。

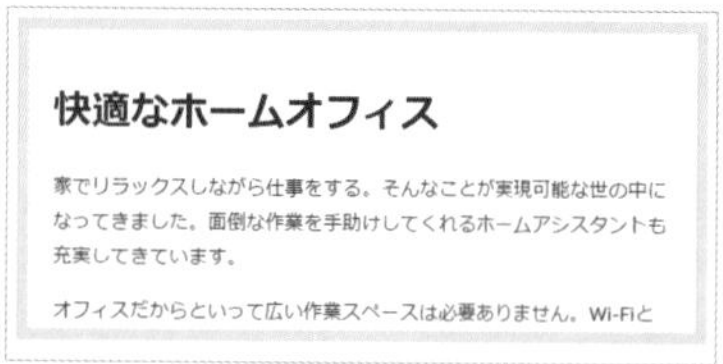
快適なホームオフィス

```
div {overflow: hidden;}
```

隠したコンテンツは閲覧できなくなります。スクロールバーも表示されません。

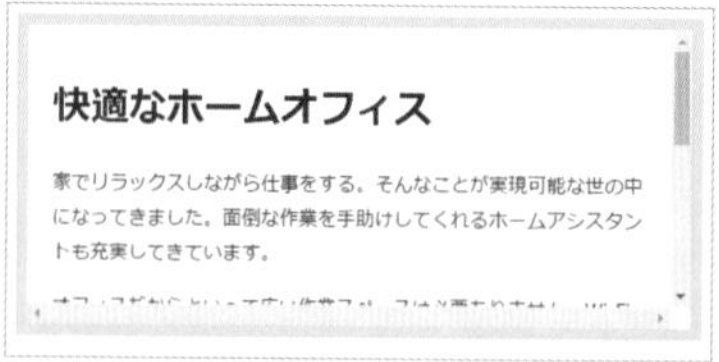
快適なホームオフィス

```
div {overflow: scroll;}
```

隠したコンテンツをスクロールで閲覧できます。縦横のスクロールバーが常に表示されます。

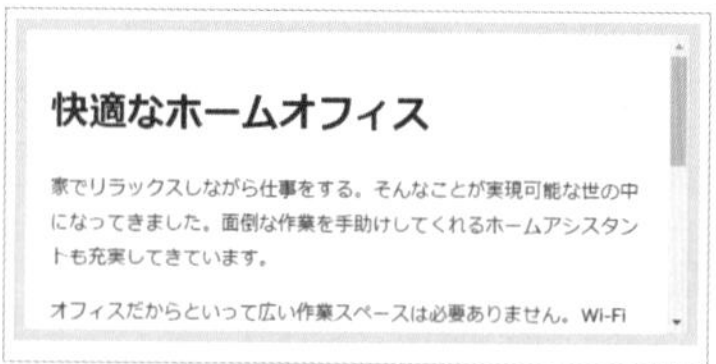
快適なホームオフィス

```
div {overflow: auto;}
```

隠したコンテンツをスクロールで閲覧できます。スクロールバーは必要に応じて表示されます。ここでは縦のスクロールバーが表示されます。

ボックスのリサイズ　resize

overflowでオーバーフローを隠したボックスは、resizeプロパティでリサイズを許可することができます。

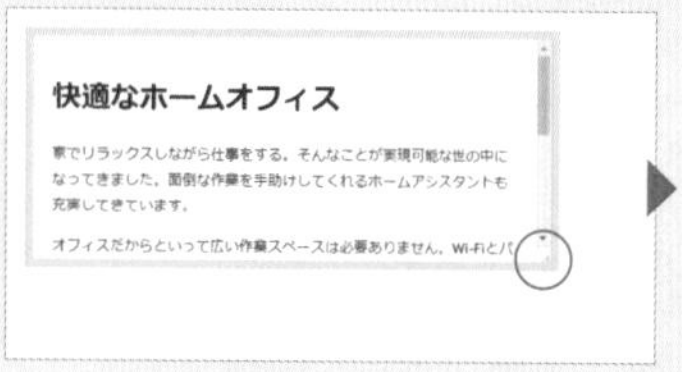
快適なホームオフィス

```
div {overflow: auto;
     resize: both;}
```

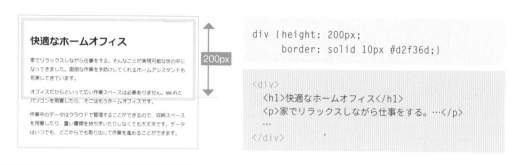

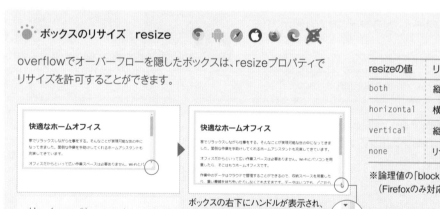

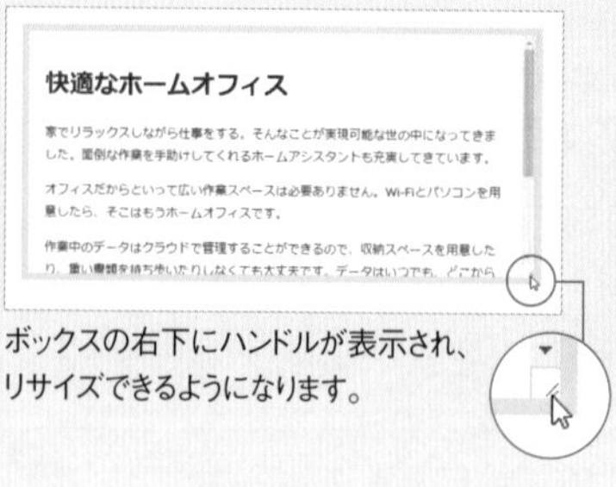
快適なホームオフィス

ボックスの右下にハンドルが表示され、リサイズできるようになります。

resizeの値	リサイズの許可
both	縦横方向のリサイズを許可
horizontal	横方向のリサイズを許可
vertical	縦方向のリサイズを許可
none	リサイズを許可しない

※論理値の「block」、「inline」（Firefoxのみ対応）も提案されています。

スクロールスナップ

scroll-snap-type: スナップの方向 スナップの厳格さ
scroll-snap-align: スナップ位置

初期値	none
継承	なし
適用先	全要素

スナップの方向	x / y / both / inline / block	スナップの厳格さ	none / mandatory / proximity
スナップ位置	none / start / center / end		

スクロールスナップの機能を利用すると、スクロールに合わせて特定の位置にコンテンツをピタッと揃えて表示することができます。
利用するためには、P.186 のスクロールコンテナ（スクロール可能なボックス）を用意し、scroll-snap-type を適用してスナップコンテナに設定します。ここでは <div class="container"> をスナップコンテナとするため、scroll-snap-type で「y（縦）」方向のスクロールに対して「mandatory（厳格）」にスナップ処理を行うように指定しています。

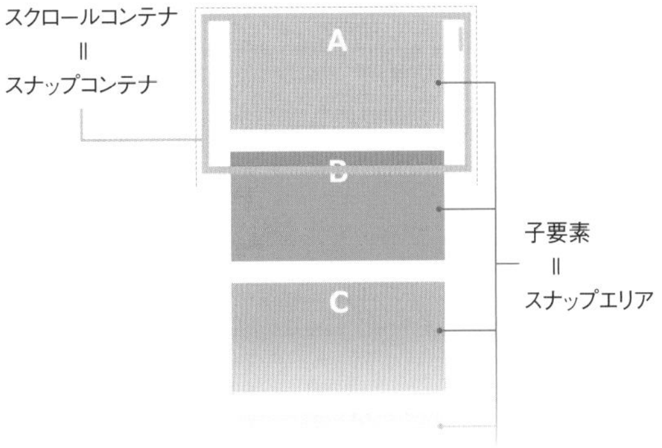

これで、コンテナ内の子要素が個々に「スナップエリア」として扱われ、scroll-snap-align でスナップ位置を指定するとコンテナに対してスナップするようになります。たとえば、スナップ位置を「start」と指定した場合、スクロールに合わせてスナップエリアの上部がスナップコンテナの上部にスナップして表示されます。

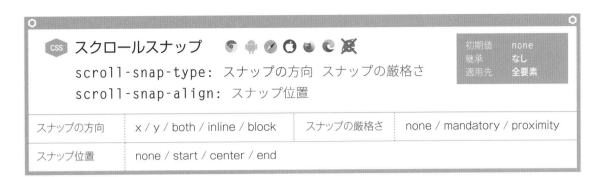

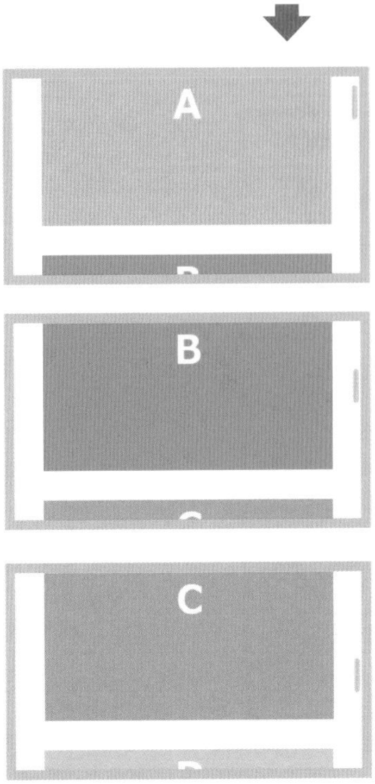

スクロールすると、スクロール位置に近いスナップエリアがスナップコンテナの上部にスナップして表示されます。

なお、子要素のボーダーエッジまでが「スナップエリア」を構成します。

```
.container {
    scroll-snap-type: y mandatory;
    overflow: auto;
    height: 200px;
    border: solid 10px #abcf3e;
}

.container section {
    scroll-snap-align: start;
    height: 150px;
    margin: 30px;
}
```

```
<div class="container">
  <section class="boxA">A</section>
  <section class="boxB">B</section>
  …
</div>
```

scroll-snap-align でスナップ位置を変えると右のようにスナップするようになります。また、scroll-snap-type で指定できる値は以下のようになっています。

scroll-snap-typeの値（スナップの方向）

x	横方向
y	縦方向
both	両方向
inline	インラインボックスが並ぶ方向
block	ブロックボックスが並ぶ方向

scroll-snap-typeの値（スナップの厳格さ）

none	スナップなし
mandatory	必ずスナップする
proximity	スナップ位置に近くなったらスナップする

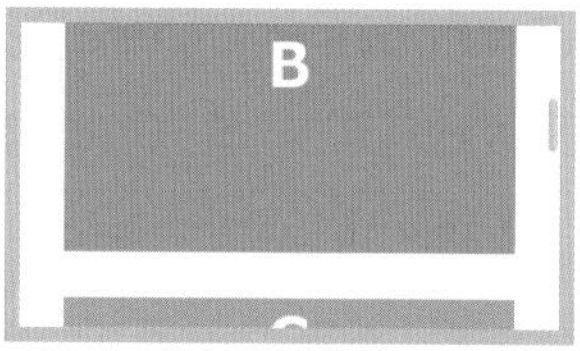


```
scroll-snap-align:
start;
```

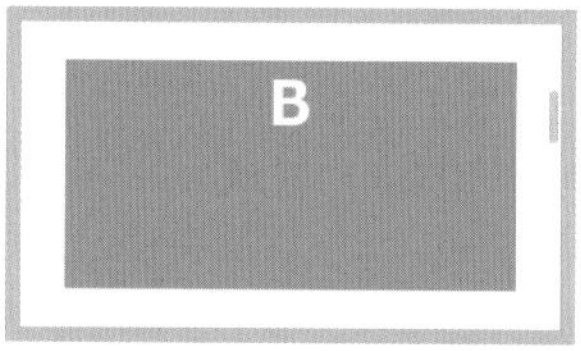


```
scroll-snap-align:
center;
```

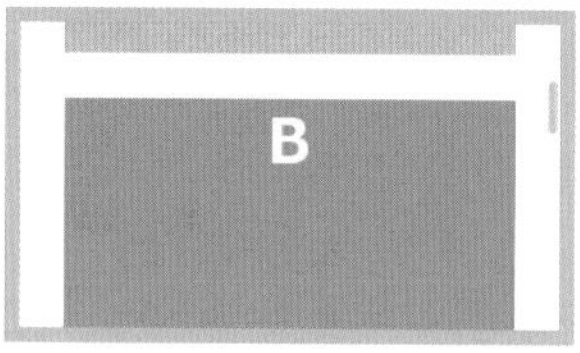


```
scroll-snap-align:
end;
```

スナップコンテナとエリアの調整　scroll-padding / scroll-margin

scroll-paddingではスナップコンテナの縮小、scroll-marginではスナップエリアの拡張を行います。

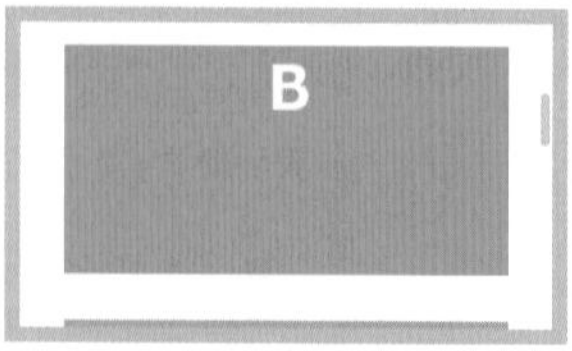

scroll-paddingまたはscroll-marginを15pxに指定したときのスナップの表示。

```
.container {
 scroll-padding: 15px;
}
```

スナップコンテナが内側に15px縮小されます。

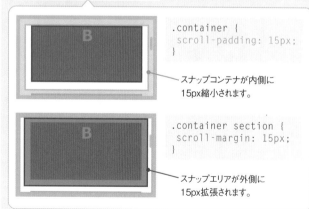

```
.container section {
 scroll-margin: 15px;
}
```

スナップエリアが外側に15px拡張されます。

scroll-paddingの値を個別に指定するプロパティ

scroll-padding-top / scroll-padding-right / scroll-padding-bottom / scroll-padding-left / scroll-padding-block-start / scroll-padding-block-end / scroll-padding-inline-start / scroll-padding-inline-end / scroll-padding-block / scroll-padding-inline

scroll-marginの値を個別に指定するプロパティ

scroll-margin-top / scroll-margin-right / scroll-margin-bottom / scroll-margin-left / scroll-margin-block-start / scroll-margin-block-end / scroll-margin-inline-start / scroll-margin-inline-end / scroll-margin-block / scroll-margin-inline

※Safariはscroll-marginではなく、非標準のscroll-snap-marginで対応しています。さらに、scroll-marginとscroll-paddingの論理プロパティには未対応です。

CSS 仮想的なボックスのコンテンツ

content: コンテンツ

初期値	normal
継承	なし
適用先	::before/::after疑似要素

コンテンツ	文字列 / 画像 / 属性値 / 引用符 / カウンター / normal / none

content プロパティを利用すると、::before / ::after 疑似要素（P.128）で構成した仮想的なボックスに挿入するコンテンツを指定することができます。

contentの値を「normal」または「none」と指定した場合、コンテンツは挿入されず、仮想的なボックスも構成されなくなります。

文字列 / 画像

文字列を挿入する場合は「"」または「'」で囲んで指定します。画像は URL を指定して挿入します。

contentで挿入した画像は、P.118のようなレスポンシブなSVG画像を除き、width、heightプロパティで表示サイズを変更することはできません。

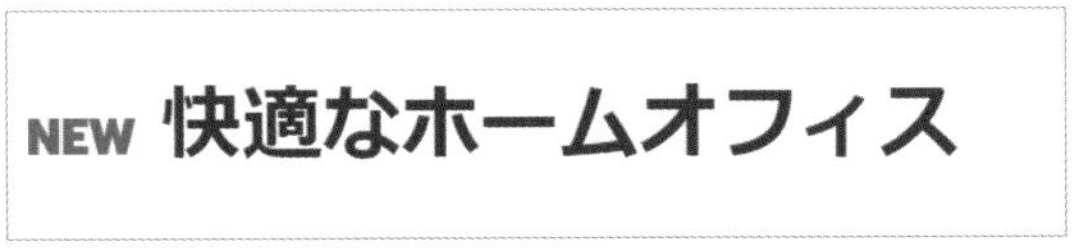


```
h1::before {content: "NEW";
            margin-right: 10px;
            color: #f00;
            font-size: 20px;}
```

```
<h1>快適なホームオフィス</h1>
```

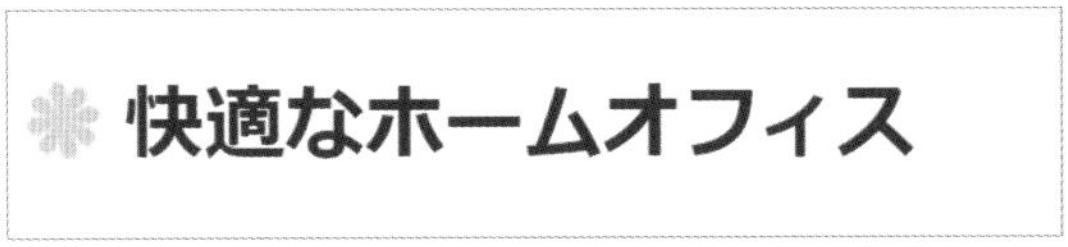


```
h1::before {content: url(flower.png);
            margin-right: 10px;
            vertical-align: middle;}
```

```
<h1>快適なホームオフィス</h1>
```

属性値

::before / ::after を適用した要素の属性値を取得して挿入する場合、attr() で属性名を指定します。たとえば、<a> の href 属性の値を取得して挿入すると右のようになります。

```
<a href="help.pdf" download>ダウンロード</a>
```

```
a::before {
      content: attr(href);
      padding: 2px 5px;
      border: solid 1px #fff;
}
```

引用符

引用符を挿入する場合、「open-quote」または「close-quote」と指定します。日本語のコンテンツの場合、引用符として挿入される記号は１階層目は「 」、２階層目は『 』になります。
たとえば、右のサンプルでは <strong> と <span> でマークアップした語句の前後に引用符を挿入しています。

contentの値	機能
open-quote	開始記号を挿入
close-quote	終了記号を挿入

家で**「『リラックス』しながら仕事をする」**。そんなことが実現可能な世の中になってきました。

```
strong::before  {content: open-quote;
                 color: red;}
strong::after   {content: close-quote;
                 color: red;}
span::before    {content: open-quote;
                 color: blue;}
span::after     {content: close-quote;
                 color: blue;}
```

```
<p>家で<strong><span>リラックス</span>しながら
仕事をする</strong>。そんなことが実現可能な世の中に
なってきました。</p>
```

content の値を「no-open-quote」、「no-close-quote」と指定すると、階層構造を維持したまま引用符を非表示にすることができます。たとえば、<strong> の引用符を非表示にしても階層構造は維持され、<span> の前後には２階層目の引用符『 』が挿入されます。

contentの値	機能
no-open-quote	階層構造を維持したまま開始記号を非表示
no-close-quote	階層構造を維持したまま終了記号を非表示

家で**『リラックス』しながら仕事をする**。そんなことが実現可能な世の中になってきました。

```
strong::before  {content: no-open-quote;
                 color: red;}
strong::after   {content: no-close-quote;
                 color: red;}
span::before    {content: open-quote;
                 color: blue;}
span::after     {content: close-quote;
                 color: blue;}
```

引用符の記号を変更する場合、quotes プロパティで開始記号と終了記号を指定します。
たとえば、右のように指定すると、１階層目を【 】で、２階層目を ≪ ≫ で囲むことができます。

家で**【«リラックス»しながら仕事をする】**。そんなことが実現可能な世の中になってきました。

```
strong {quotes: "【" "】" "≪" "≫";}

strong::before  {content: open-quote; …}
strong::after   {content: close-quote; …}
span::before    {content: open-quote; …}
span::after     {content: close-quote; …}
```

カウンター

カウンター（連番）を挿入する場合、任意の名前を付けたカウンターを作成し、counter() で指定します。カウンターの作成には右のプロパティを使用します。

プロパティ	機能
counter-reset	カウンターを作成・リセットする
counter-incremnet	カウンターのカウントを増やす

たとえば、右のサンプルは３つの <h2> を <div> でグループ化したものです。<h2> にカウンターを付ける場合、<h2> よりも先に記述した要素または親要素に counter-reset を適用し、任意のカウンター名を指定してカウンターを作成します。
ここでは親要素の <div> に counter-reset を適用し、「komidashi」というカウンターを作成しています。この段階で、カウンターのカウントは「0」になっています。
次に、<h2> の ::before 疑似要素でカウンターを挿入するため、content を「counter(komidashi)」と指定します。このとき、カウンターのカウントを１つ増やしてから挿入するため、「counter-increment: komidashi」の指定も記述しています。

1 ネットワーク
2 クラウド
3 アシスタント

```
div {counter-reset: komidashi;}

h2::before {content: counter(komidashi);
            counter-increment: komidashi;
            color: red;}
```

```
<div>
<h2>ネットワーク</h2>
<h2>クラウド</h2>
<h2>アシスタント</h2>
</div>
```

<div> のグループを増やした場合、<div> ごとに counter-reset によってカウンターにリセットがかかります。

1 ネットワーク
2 クラウド
3 アシスタント

1 読書
2 料理
3 睡眠

```
<div>
<h2>ネットワーク</h2>…
</div>

<div>
<h2>読書</h2><h2>料理</h2><h2>睡眠</h2>
</div>
```

カウンターのリセット

counter-resetでリセットしたカウンターは「0」になります。この値を変更する場合は次のように指定します。ここでは「3」にリセットしています。

4 ネットワーク
5 クラウド
6 アシスタント

```
div {counter-reset: komidashi 3;}
```

カウンターの増減値

counter-incrementはカウンターを「1」増やします。この値を変更する場合は右のように指定します。ここでは「3」増やすように指定しています。

3 ネットワーク
6 クラウド
9 アシスタント

```
h2::before {
    content: counter(komidashi);
    counter-increment: komidashi 3;
    …
```

カウンターの種類

counter()では表示に使用するカウンターの種類をP.172のlist-style-typeプロパティの値で指定することができます。値はカウンター名の後にカンマ区切りで指定します。
たとえば、右のように「lower-alpha」と指定すると、小文字のアルファベットで表示することができます。

a ネットワーク
b クラウド
c アシスタント

```
h2::before {
    content: counter(komidashi, lower-alpha);
    counter-increment: komidashi;
    …
```

複数のコンテンツ

content プロパティでは複数のコンテンツを組み合わせて挿入することもできます。各コンテンツは半角スペース区切りで指定します。
たとえば、右のサンプルではカウンターの前後に文字を追加し、「第 ○ 章」という形で挿入するようにしています。

第 1 章 ネットワーク
第 2 章 クラウド
第 3 章 アシスタント

```
h2::before {
    content: "第 " counter(komidashi) " 章";
    counter-increment: komidashi;
    color: red;
}
```

テキストコンテンツを画像に置き換える

CSS3ではcontentプロパティの機能として、テキストコンテンツを画像に置き換える際に利用することも提案されています。
たとえば、次のサンプルでは<h1>でマークアップしたテキストを画像（home.jpg）に置き換えています。

```
h1 {content: url(img/home.jpg);
    width: 100%;
    border: solid 5px #d2f36d;
    box-sizing: border-box;
    text-align: center;}
```

```
<h1>快適なホームオフィス</h1>
```

快適なホームオフィス

CSS ボックスのビジビリティ

visibility: 表示

初期値	visible
継承	あり
適用先	全要素

表示	visible / hidden / collapse

visibilityを利用すると、ボックスを構成した上で画面に表示するかどうかを指定することができます。
たとえば、P.191の<h2>にカウンターをつけたサンプルで、2つ目の<h2>のvisibilityを「hidden」と指定すると、右のように非表示にすることができます。このとき、元の表示スペースはそのまま残り、カウンターの表示にも影響を与えません。

1 ネットワーク
2 クラウド
3 アシスタント

1　ネットワーク

3　アシスタント

```
div {counter-reset: komidashi;}

h2::before { content: counter(komidashi);
             counter-increment: komidashi;
             color: red;}

h2:nth-child(2) {visibility: hidden;}
```

```
<div>
<h2>ネットワーク</h2>
<h2>クラウド</h2>
<h2>アシスタント</h2>
</div>
```

display:noneを適用した場合

2つ目の<h2>にP.174の「display: none」を適用した場合、ボックスが構成されなくなるため、右のような表示になります。

1　ネットワーク
2　アシスタント

```
h2:nth-child(2) {display: none;}
```

元の表示スペースを削除する

visibilityで元の表示スペースを削除したい場合、「hidden」ではなく「collapse」を利用します。ただし、この値はテーブルの行や列、フレキシブルボックスレイアウトのフレックスアイテムを非表示にする場合に機能します。「collapse」に未対応なブラウザでは「hidden」と同じ処理になります。

たとえば、3行×4列のテーブルで、2行目を構成する<tr>にvisibilityを適用し、値を「collapse」、「hidden」と指定すると右のようになります。
フレックスアイテムに適用した場合についてはP.216を参照してください。

```
<table>
<tr>
  <th>プラン</th>
  <th>A</th><th>B</th><th>C</th>
</tr>

<tr>
  <th>利用料金</th>
  <td>100円/月</td><td>500円/月</td><td>800円/月</td>
</tr>

<tr>
  <th>容量</th>
  <td>10GB</td><td>100GB</td><td>500GB</td>
</tr>
</table>
```

プラン	A	B	C
利用料金	100円/月	500円/月	800円/月
容量	10GB	100GB	500GB

プラン	A	B	C
容量	10GB	100GB	500GB

```
tr:nth-child(2) {visibility: collapse;}
```

プラン	A	B	C
容量	10GB	100GB	500GB

```
tr:nth-child(2) {visibility: hidden;}
```

CSS ボックスの不透明度

`opacity: 不透明度`

初期値	1
継承	なし
適用先	全要素

不透明度	0～1

opacityプロパティを利用すると、ボックスの不透明度を指定することができます。「1」で不透明、「0」で透明になります。
たとえば、右のサンプルはボックスBの表示位置をずらし、ボックスAの後ろに挿入したものです。このとき、ボックスAにopacityを適用し、不透明度を「0.7」と指定すると右のようになります。

```
.boxA {opacity: 0.7;
       width: 150px;
       padding: 30px 0;}

.boxB {position: relative;
       top: -60px; left: 20px; z-index: -1;
       width: 500px;}
```

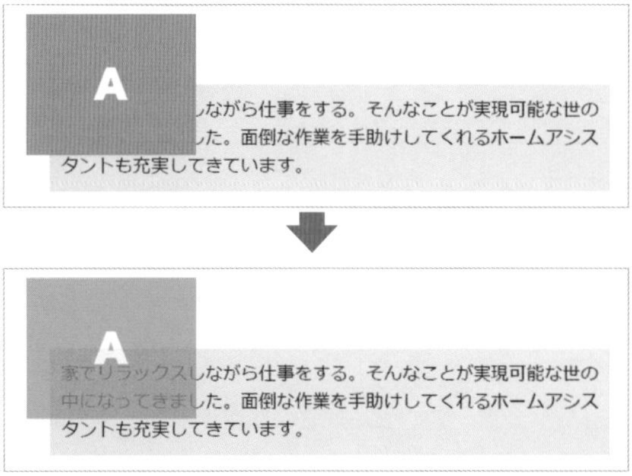
A
しながら仕事をする。そんなことが実現可能な世の
した。面倒な作業を手助けしてくれるホームアシス
タントも充実してきています。
A
家でリラックスしながら仕事をする。そんなことが実現可能な世の
中になってきました。面倒な作業を手助けしてくれるホームアシス
タントも充実してきています。

```
<div class="boxA">A</div>
<div class="boxB">家でリラックスしながら…</div>
```

CSS カーソル

`cursor: 形状`

初期値	auto
継承	あり
適用先	全要素

形状	auto / 画像 / 形状の値

cursorプロパティを利用すると、ボックスに重ねたときのカーソルの形状を指定することができます。

初期値は「auto」となっており、カーソルはボックスごとに最適な形状で表示されます。たとえば、<h1>のボックスにカーソルを重ねると、テキストカーソルの形状になります。
これを別のカーソルに変更したい場合には、cursorを指定します。右のように「pointer」と指定すると、ポインターカーソルに変更できます。

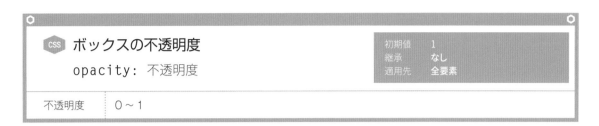

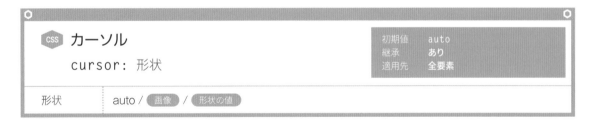

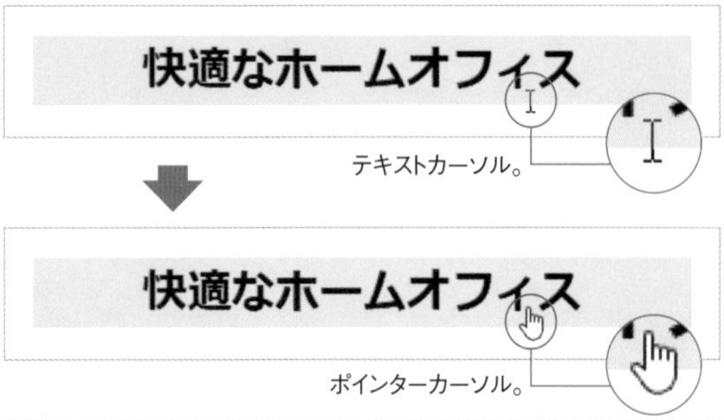
快適なホームオフィス
テキストカーソル。
快適なホームオフィス
ポインターカーソル。

```
h1 {cursor: pointer;}
```

cursor で指定できる形状の値は次のように用意されています。

値	表示	値	表示	値	表示	値	表示
default	⇗	text	I	ne-resize	⤢	nwse-resize	⤡
none		vertical-text	⊢	nw-resize	⤡	col-resize	↔
context-menu ※		alias	⇖	s-resize	↕	row-resize	↕
help		copy	⇖	se-resize	⤡	all-scroll	✛
pointer	👆	move	✥	sw-resize	⤢	zoom-in ※	🔍
progress		no-drop	⊘	w-resize	↔	zoom-out ※	🔍
wait	○	not-allowed	⊘	ew-resize	↔	grab ※	
cell	✛	e-resize	↔	ns-resize	↕	grabbing ※	○
crosshair	＋	n-resize	↕	nesw-resize	⤢		

※ … 🔺🔺🌐🌐🔺🔺 e　　※ … 🌐🌐🌐🌐🌐🌐
△はWindows環境未対応。

🐾 カーソルを画像で表示する

カーソルを画像で表示する場合、cursorで画像のURLを指定します。画像は複数の候補を「,(カンマ)」で区切って指定することが可能です。

たとえば、右のサンプルではPNG形式の画像(cursor.png)と、cur形式の画像(cursor.cur)を指定しています。これにより、cur形式の画像のみをカーソルとして表示できるIEにも対応することが可能です。

快適なホームオフィス

```
h1 {
    cursor: url(cursor.png), url(cursor.cur), pointer;
}
```

CSS アウトライン

outline: スタイル 太さ 色

初期値	none medium invert
継承	なし
適用先	全要素

スタイル	none / hidden / dotted / dashed / solid / double / groove / ridge / inset / outset
太さ	数値 / thin / medium / thick
色	色の値 / invert

アウトラインはボックスのボーダーエッジ（P.142）の外側に表示されるラインです。アクティブな要素を目立たせるために用意されたもので、ボックスの大きさやレイアウトには影響を与えません。
たとえば、Tab キーでリンクを選択（フォーカス）すると、ブラウザによってリンクのまわりにアウトラインが表示され、選択中であることが示されます。アウトラインの表示はブラウザによって異なり、Chrome の場合は右のように青色のラインで表示されます。

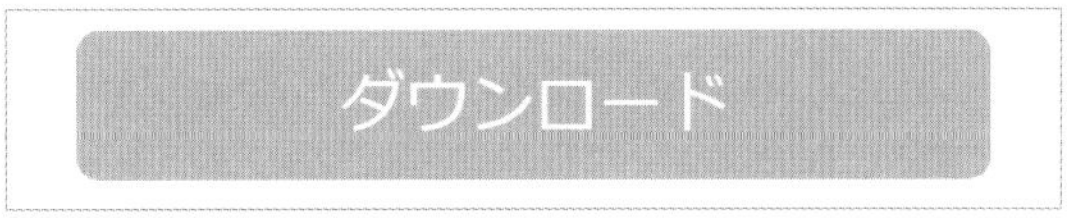

Tabキーでリンクを選択（フォーカス）。

```
<a href="help.pdf" download>ダウンロード</a>
```

outline プロパティを利用すると、アウトラインの表示を調整することができます。指定できる値は P.147 の border プロパティと同じです。
たとえば、右のサンプルではフォーカスしたときのアウトラインを太さ５ピクセルの黄緑色の点線で表示するように指定しています。

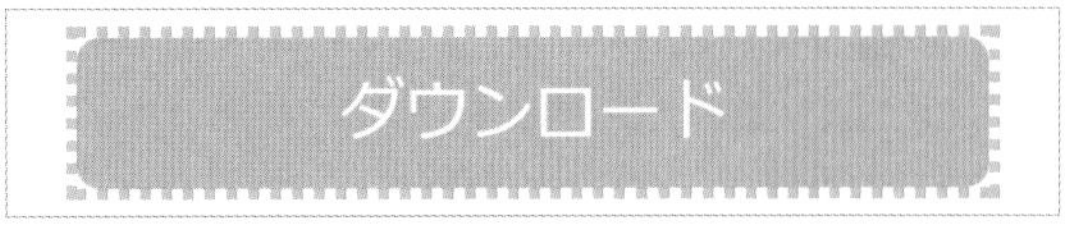


```
a:focus {outline: dotted 5px greenyellow;}
```

アウトラインの値を個別に指定するプロパティ

outlineの値は、次のプロパティで個別に指定することもできます。

プロパティ	値
outline-style	スタイル
outline-width	太さ
outline-color	色

アウトラインのオフセット

outline-offsetプロパティではボーダーエッジからのオフセットを指定することができます。たとえば、オフセットを15ピクセルに指定すると右のようになります。

```
a:focus {outline: dotted 5px greenyellow;
         outline-offset: 15px;}
```

ボックスの角丸

border-radius: 角丸の半径

初期値	auto
継承	なし
適用先	全要素 ※border-collapseを適用したテーブルを除く

角丸の半径	数値 / %	NOTES ※%はボーダーボックスの横幅・高さに対する割合で指定。

border-radius プロパティを利用すると、ボックスのボーダーエッジ（P.142）の角を丸くすることができます。たとえば、<h1> のボックスを角丸にするため、border-radius で角丸の半径を 20 ピクセルに指定すると右のようになります。

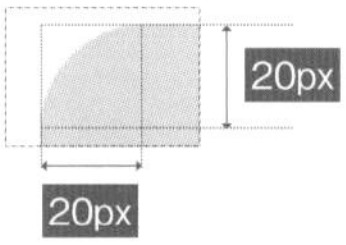

```
h1 {border-radius: 20px;
    background: #c2e84c;
    padding: 25px;}
```

角丸の半径を角ごとに指定する

次の記述形式やプロパティを利用すると、角丸の半径を角ごとに指定することができます。たとえば、上のサンプルは右のように指定することができます。

```
h1 {border-radius: 20px 20px 20px 20px;
    …}
```

```
h1 {border-top-left-radius: 20px;
    border-top-right-radius: 20px;
    border-bottom-right-radius: 20px;
    border-bottom-left-radius: 20px;
    …}
```

border-radiusの値の記述形式	
左上 右上 右下 左下	左上、右上、右下、左下の値を指定
左上 右上と左下 右下	左上、右上と左下、右下の値を指定
左上と右下 右上と左下	左上と右下、右上と左下の値を指定
すべて	すべての値を指定。

プロパティ	調整対象
border-top-left-radius	左上の角丸の半径
border-top-right-radius	右上の角丸の半径
border-bottom-right-radius	右下の角丸の半径
border-bottom-left-radius	左下の角丸の半径

論理プロパティ	調整対象（左横書きの場合）
border-start-start-radius	左上の角丸の半径
border-start-end-radius	右上の角丸の半径
border-end-end-radius	右下の角丸の半径
border-end-start-radius	左下の角丸の半径

※論理プロパティにはFirefoxのみが対応。

角丸の半径の値を「横 / 縦」という形式で指定すると、楕円形にすることもできます。たとえば、「60px / 30px」と指定すると右のようになります。

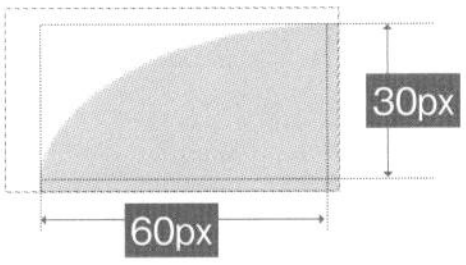

```
h1 {border-radius: 60px / 30px;
    background: #c2e84c;
    padding: 25px;}
```

楕円形の角丸の半径を角ごとに指定する

角ごとに値を指定する記述形式やプロパティでも、楕円形の値を指定することができます。このとき、border-radiusでは「横 / 縦」、border-top-left-radiusなどでは「横 縦」という形式で値を指定します。
たとえば、上のサンプルは右のように指定することができます。

```
h1 {border-radius:
    60px 60px 60px 60px / 30px 30px 30px 30px;
    …}
```

```
h1 {border-top-left-radius: 60px 30px;
    border-top-right-radius: 60px 30px;
    border-bottom-right-radius: 60px 30px;
    border-bottom-left-radius: 60px 30px;
    …}
```

CSS ボックスのドロップシャドウ

box-shadow: 横オフセット　縦オフセット　ブラー　スプレッド

初期値	none
継承	なし
適用先	全要素

横オフセット・縦オフセット・ブラー・スプレッド	数値	色	色の値

box-shadow プロパティを利用すると、ボックスのボーダーエッジ（P.142）にドロップシャドウ（影）をつけることができます。
影の輪郭（シャドウエッジ）をぼかさずに表示する場合、box-shadow でオフセットと影の色を指定します。たとえば、右のサンプルではボックスから横に 30 ピクセル、縦に 20 ピクセルの位置にグレーの影を表示するように指定しています。

```
h1 {box-shadow: 30px 20px gray;
    border-radius: 5px;
    background: #c2e84c;
    padding: 25px;}
```

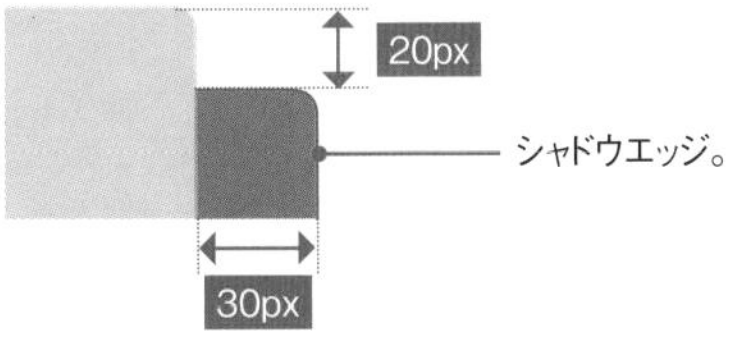

border-radiusでボックスの角を丸くしている場合、影の角も丸くなります。上のサンプルでは角丸の半径を5ピクセルに指定し、角を丸くしています。

影の輪郭をぼかす場合、3つ目のブラーの値を指定します。たとえば、右のようにブラーを「20px」と指定すると、シャドウエッジを中心に20ピクセルのぼかしがかかります。

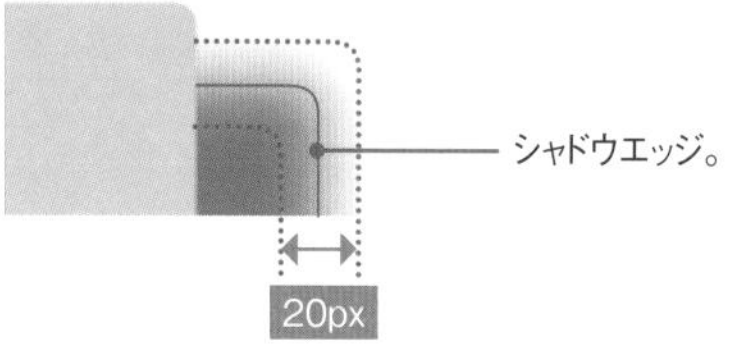

```
h1 {box-shadow: 30px 20px 20px gray;
    border-radius: 5px;
    background: #c2e84c;
    padding: 25px;}
```

4つ目のスプレッドの値を指定すると、影を大きくすることができます。たとえば、右のようにスプレッドを「15px」と指定すると、シャドウエッジが上下左右に15ピクセル広がります。マイナスの値を指定して影を小さくすることも可能です。

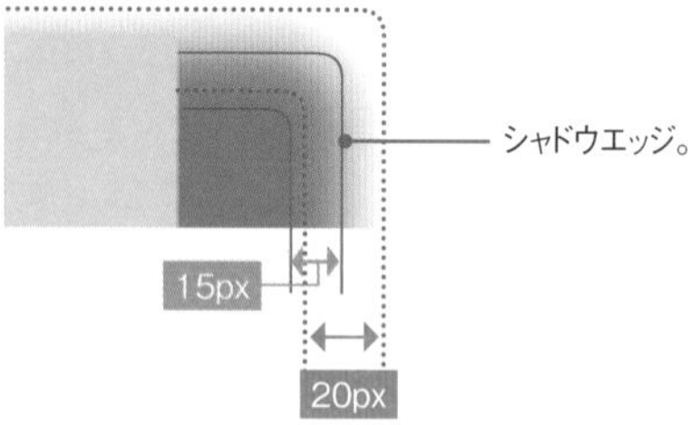

```
h1 {box-shadow: 30px 20px 20px 15px gray;
    border-radius: 5px;
    background: #c2e84c;
    padding: 25px;}
```

ボックスの内側に影をつける

ボックスの内側に影をつける場合、box-shadowの設定の末尾に「inset」をつけて指定します。

```
h1 {
 box-shadow: 10px 10px 20px black inset;
 …
}
```

ボックスに複数の影をつける

ボックスに複数の影をつける場合、影の設定を「,(カンマ)」で区切って指定します。このとき、先に指定した影が上に重なって表示されます。ここでは赤色と黄色の影を表示しています。

```
h1 {
 box-shadow:10px 10px 20px red,
            30px 20px 20px yellow;
 …
}
```

Chapter 6

フレキシブル ボックスレイアウト

6-1 フレキシブルボックスレイアウト

「フレキシブルボックスレイアウト」を利用すると、ボックスを横に並べ、横幅・高さをフレキシブルにコントロールすることができます。
レイアウトモードをフレキシブルボックスレイアウトに切り替えるには、display プロパティを「flex」と指定し、フレックスコンテナを構成します。

たとえば、次のサンプルでは <div> の display を「flex」と指定しています。これにより、<div> が「フレックスコンテナ」を構成し、<div> でグループ化した A ～ C のボックスが「フレックスアイテム」として処理され、横に並べて表示されます。

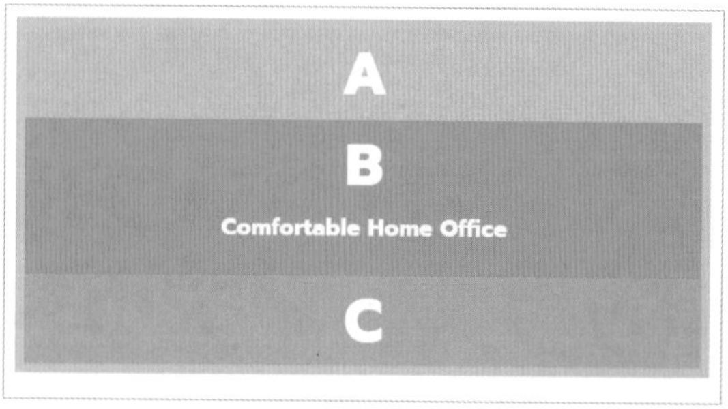

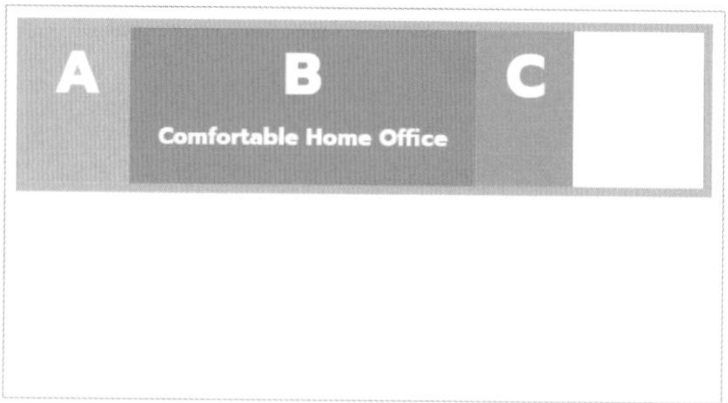


```
<div class="container">
  <div class="boxA">A</div>
  <div class="boxB">B
   <span>Comfortable Home Office</span>
  </div>
  <div class="boxC">C</div>
</div>
```

```
.container {
  display: flex;
  border: solid 6px #abcf3e;
}
```

フレキシブルボックスレイアウトの調整

フレキシブルボックスレイアウトでは、次のプロパティを利用してレイアウトを調整していきます。

プロパティ	機能
flex / gap	フレックスアイテムの横幅と間隔を指定する
order / flex-direction / flex-wrap	フレックスアイテムの並び順・並べる方向を指定する
justify-content / align-items / align-self / align-content / margin	フレックスアイテムの位置揃えを指定する

6-2 フレックスアイテムの横幅と間隔

フレキシブルボックスレイアウトでは、フレックスアイテムの横幅をflexプロパティで、間隔をgapで調整します。

プロパティ	機能
flex	フレックスアイテムの横幅をフレキシブルにする
gap	フレックスアイテムの間隔を指定する

CSS フレキシビリティ

flex: 伸長比 縮小比 ベースサイズ

初期値	0 1 auto
継承	なし
適用先	フレックスアイテム

伸長比・縮小比	比	ベースサイズ	数値 / % / auto	NOTES	%はフレックスコンテナに対する割合で指定。

flexプロパティでは、伸長比、縮小比、ベースサイズの指定に応じてフレックスアイテムの横幅を決定します。横幅の決定は次の手順で行われます。

❶ フレックスアイテムをベースサイズで指定した横幅にして横に並べます。

❷ ❶の横幅の合計よりもフレックスコンテナが大きい場合は伸長比、小さい場合は縮小比の処理を適用します。その結果が最終的なフレックスアイテムの横幅となります。

❶の状態は、伸長比と縮小比の値を「0」にすることで確認することができます。たとえば、右のサンプルはフレックスアイテムA、B、Cのベースサイズを100、200、300ピクセルに指定したものです。伸長比と縮小比の値が「0」の場合、ベースサイズで指定した値がフレックスアイテムの横幅となります。

伸長比と縮小比の処理は、この❶の状態を基準に適用されます。

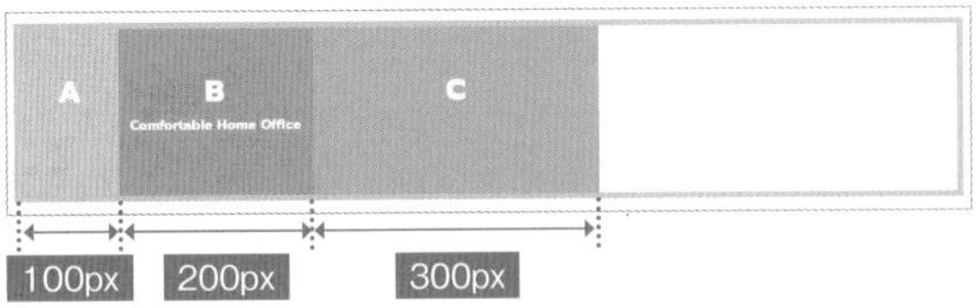

```
.container {display: flex;}
.boxA {flex: 0 0 100px;}
.boxB {flex: 0 0 200px;}
.boxC {flex: 0 0 300px;}
```

```
<div class="container">
  <div class="boxA">A</div>
  <div class="boxB">B
   <span>Comfortable Home Office</span>
  </div>
  <div class="boxC">C</div>
</div>
```

IEではflexの処理で問題が発生する場合があります。詳しくはP.207の赤字の注釈を参照してください。

flex の伸長比

伸長比の処理は、フレックスアイテムをベースサイズで並べたときの横幅よりもフレックスコンテナが大きく、ポジティブフリースペースがある場合に適用されます。
たとえば、先程のサンプルでフレックスコンテナの横幅を 900 ピクセルに指定した場合、300 ピクセルのポジティブフリースペースができます。

このとき、A ～ C の伸長率を「1」にすると、フリースペースが 1:1:1 の比率で分割され、各アイテムに 100 ピクセルずつ配分されます。その結果、A ～ C の横幅は 200、300、400 ピクセルになります。

さらに、A ～ C の伸長率を「0」、「4」、「1」にした場合、フリースペースは 0:4:1 の比率で分割され、B に 240 ピクセル、C に 60 ピクセル配分されます。その結果、A ～ C の横幅は 100、440、360 ピクセルになります。

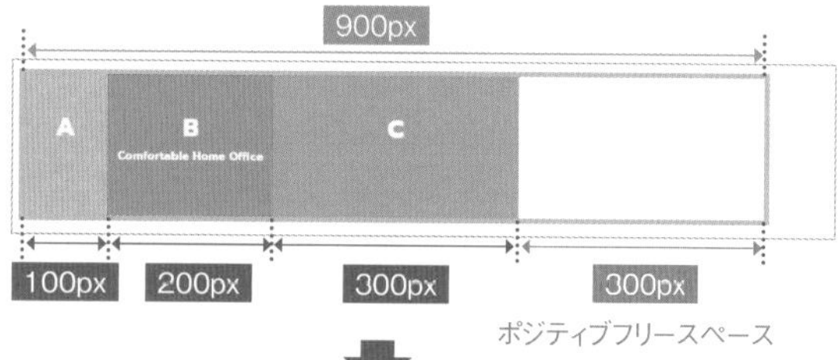

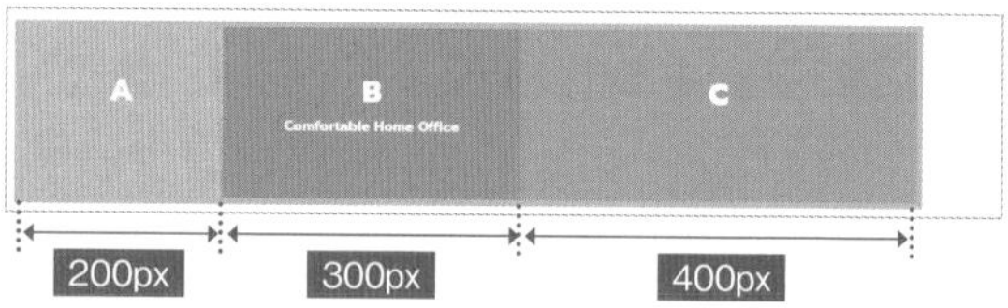


```
.container {display: flex;
            width: 900px;}
.boxA {flex: 1 0 100px;}
.boxB {flex: 1 0 200px;}
.boxC {flex: 1 0 300px;}
```

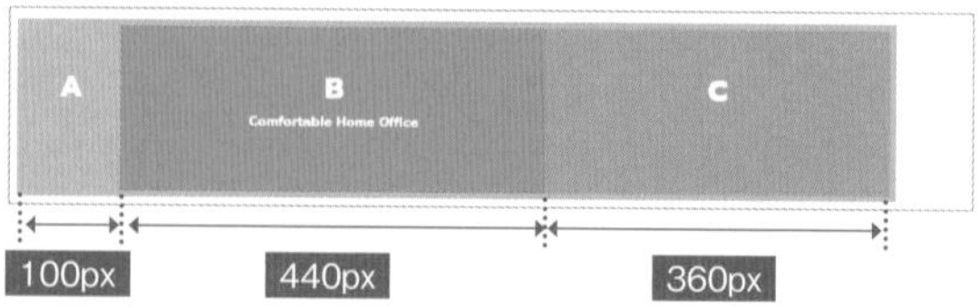


```
.container {display: flex;
            width: 900px;}
.boxA {flex: 0 0 100px;}
.boxB {flex: 4 0 200px;}
.boxC {flex: 1 0 300px;}
```

マージンを入れた場合

フレックスアイテムのマージン、パディング、ボーダーは標準ではベースサイズに含まれません。そのため、AとBの右側に24ピクセルのマージンを入れた場合、フリースペースが252ピクセルになり、各アイテムに84ピクセルずつ配分されることになります。

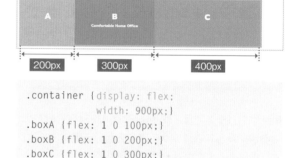

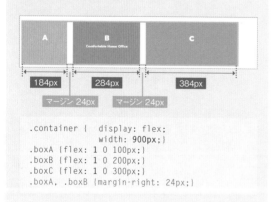

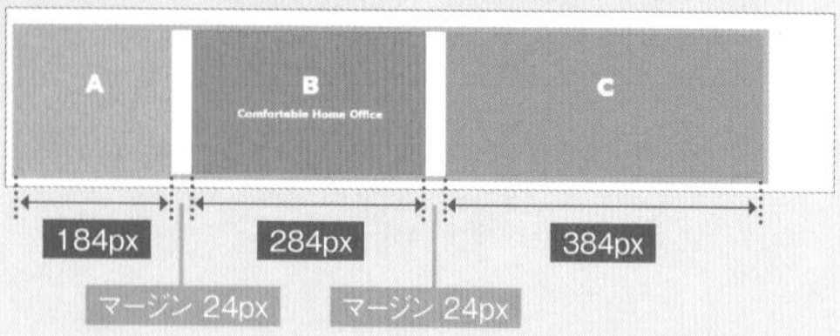


```
.container {  display: flex;
              width: 900px;}
.boxA {flex: 1 0 100px;}
.boxB {flex: 1 0 200px;}
.boxC {flex: 1 0 300px;}
.boxA, .boxB {margin-right: 24px;}
```

flexの縮小比

縮小比の処理は、フレックスアイテムをベースサイズで並べたときの横幅よりもフレックスコンテナが小さく、ネガティブフリースペースがある場合に適用されます。
たとえば、フレックスコンテナの横幅を480ピクセルに指定した場合、120ピクセルのネガティブフリースペースができます。

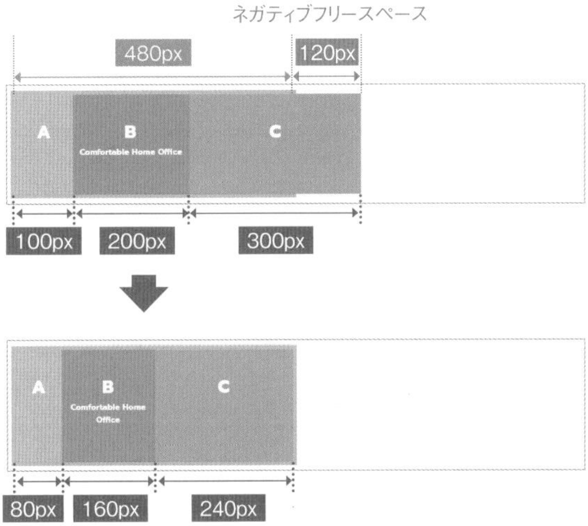

このとき、ネガティブフリースペースも分割・配分されるわけですが、ベースサイズに縮小率を掛け合わせた比率で分割されます。
たとえば、A～Cの縮小率を「1」にした場合、ベースサイズに縮小率を掛け合わせた100:200:300（1:2:3）の比率で分割され、Aに-20、Bに-40、Cに-60ピクセル配分されます。その結果、A～Cの横幅は80、160、240ピクセルになります。

```
.container {display: flex;
            width: 480px;}
.boxA {flex: 0 1 100px;}
.boxB {flex: 0 1 200px;}
.boxC {flex: 0 1 300px;}
```

さらに、A～Cの縮小率を「0」、「3」、「1」にした場合、ベースサイズに縮小率を掛け合わせた0:600:300（0:2:1）の比率で分割され、Bに-80、Cに-40ピクセル配分されます。その結果、A～Cの横幅は100、120、260ピクセルになります。

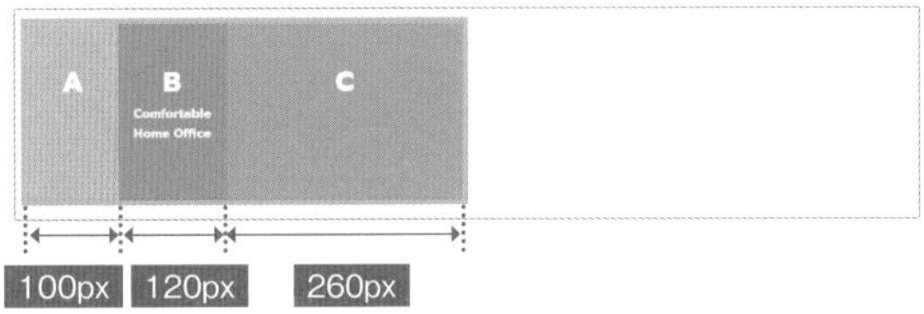


```
.container {display: flex;
            width: 480px;}
.boxA {flex: 0 0 100px;}
.boxB {flex: 0 3 200px;}
.boxC {flex: 0 1 300px;}
```

flexの値を個別に指定するプロパティ

伸長比、縮小比、ベースサイズの値は下のプロパティで個別に指定することもできます。

プロパティ	値
flex-grow	伸長比
flex-shrink	縮小比
flex-basis	ベースサイズ

フレックスアイテムの間隔

gap: 間隔

初期値	0
継承	なし
適用先	フレックスコンテナ

間隔	数値 / %	NOTES　%はフレックスコンテナに対する割合で指定。

gap プロパティを利用すると、フレックスアイテムの間に余白を挿入し、間隔を調整できます。たとえば、「gap: 24px」と指定すると、右のように 24 ピクセルの余白が入ります。

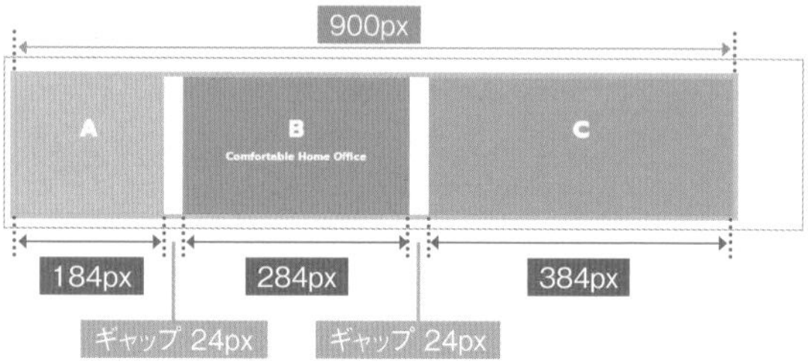

※P.204のようにmargin-rightで24ピクセルの余白を入れたときと同じ表示結果になります。

```
.container {display: flex;
            gap: 24px;
            width: 900px;}
.boxA {flex: 1 0 100px;}
.boxB {flex: 1 0 200px;}
.boxC {flex: 1 0 300px;}
```

gapで指定した余白は行列の両方に入ります。列の間隔はcolumn-gapで、行の間隔はrow-gapで個別に指定することも可能です。

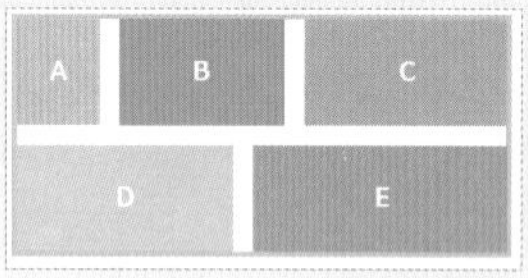

P.210のフレックスアイテムを複数行で表示したサンプルに「gap: 24px」を適用したときの表示。

ベースサイズを「auto」に指定した場合

ベースサイズの値を「auto」に指定した場合、フレックスアイテムの中身（コンテンツ）に合わせた横幅で処理されます。たとえば、伸長比と縮小比を「0」に、ベースサイズを「auto」に指定すると右のようになります。
また、ベースサイズを「auto」にした場合、次のように短縮して記述することもできます。

flexの記述	flexの記述（短縮形）
flex: 0 1 auto	flex: initial
flex: 1 1 auto	flex: auto
flex: 0 0 auto	flex: none

```
.container {display: flex;}
.boxA {flex: 0 0 auto;}
.boxB {flex: 0 0 auto;}
.boxC {flex: 0 0 auto;}
```

ベースサイズをwidthプロパティで指定する

flexプロパティでベースサイズを「auto」に指定した場合、widthプロパティでベースサイズを指定することができるようになります。min-width、max-widthプロパティで指定することも可能です。
たとえば、右のサンプルはP.203のようにA～Cのベースサイズを100、200、300ピクセルに指定したものです。

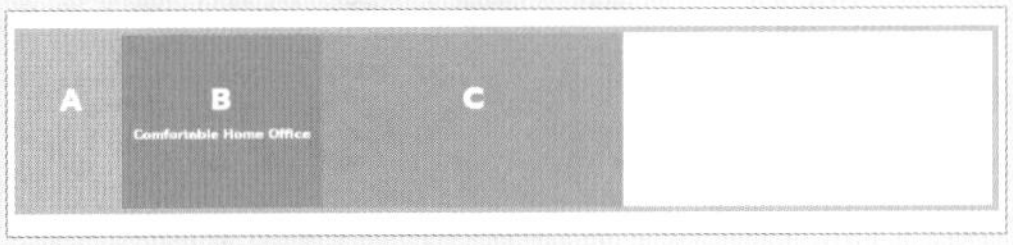


```
.container {display: flex;}
.boxA {flex: 0 0 100px;}
.boxB {flex: 0 0 200px;}
.boxC {flex: 0 0 300px;}
```

このベースサイズをwidthを使って指定すると右のようになります。flexの「0 0 auto」を短縮し、「none」と記述することも可能です。

```
.container {display: flex;}
.boxA {flex: 0 0 auto;
       width: 100px;}
.boxB {flex: 0 0 auto;
       width: 200px;}
.boxC {flex: 0 0 auto;
       width: 300px;}
```

```
.container {display: flex;}
.boxA {flex: none;
       width: 100px;}
.boxB {flex: none;
       width: 200px;}
.boxC {flex: none;
       width: 300px;}
```

※ フレックスアイテムにパディングやボーダーが含まれていると、IEではflexで指定したベースサイズが正しく処理されない場合があります。その場合、widthプロパティで指定すると正しく処理される傾向があります。

フレックスアイテムでフレックスコンテナを均等割にする

フレックスアイテムでフレックスコンテナを均等割にする場合、伸長率と縮小率を「1」に、ベースサイズを「0」に指定します。
この場合、フレックスコンテナの横幅を900ピクセルに指定すると、ポジティブフリースペースも900ピクセルになります。これを「1:1:1」の比率で分割・配分することになるため、均等割を実現することができます。

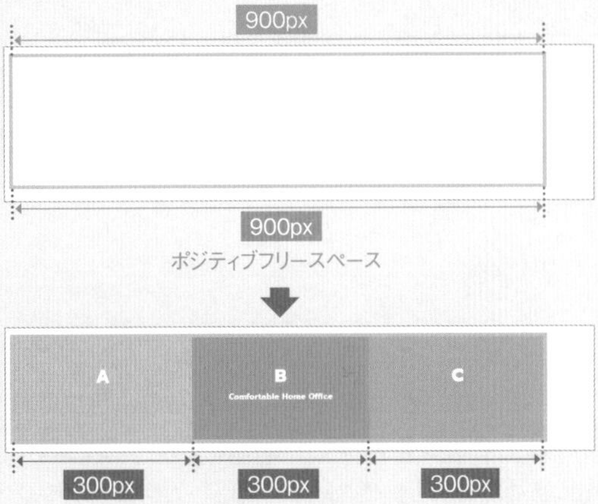


```
.container {display: flex;
            width: 900px;}
.boxA, .boxB, .boxC {flex: 1 1 0;}
```

なお、「flex: 1 1 0」の指定は伸長率の値のみで次のように記述することもできます。

flexの記述	flexの記述（短縮形）
flex: 1 1 0	flex: 1

※IEに対応する場合、「flex: 1 1 0px」または「flex: 1」と指定します。

6
フレキシブルボックスレイアウト

6-3 フレックスアイテムの並び順と並べる方向

フレキシブルボックスレイアウトでは、フレックスアイテムの並び順や並べる方向を調整することができます。また、マルチラインで表示するように指定することも可能です。

プロパティ	機能
order	フレックスアイテムの並び順を指定
flex-direction	フレックスアイテムを並べる方向を指定
flex-flow	マルチラインでの表示を指定

CSS フレックスアイテムの並び順

order: 並び順

初期値	0
継承	なし
適用先	フレックスアイテム

並び順	整数

orderプロパティを利用すると、フレックスアイテムの並び順を指定することができます。初期値では「0」となり、大きな数を指定するほど並び順が後になります。値が同じ場合、記述した順に並びます。

たとえば、右のサンプルはA～Fのフレックスアイテムを並べたものです。この段階では記述した順に並んでいます。

```
.container {display: flex;}
.container > div {flex: 1 1 0;}
```

```
<div class="container">
  <div class="boxA">A</div>
  <div class="boxB">B</div>
  <div class="boxC">C</div>
  <div class="boxD">D</div>
  <div class="boxE">E</div>
  <div class="boxF">F</div>
</div>
```

orderを指定し、並び順を変更すると右のようになります。ここではCを先頭にするため「-1」、BとDを末尾にするため「1」と「2」に指定しています。

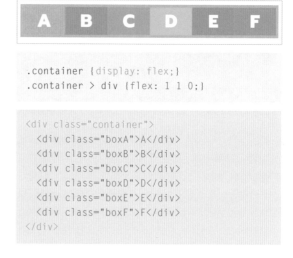

```
.container {display: flex;}
.container > div {flex: 1 1 0;}
.boxC {order: -1;}
.boxB {order: 1;}
.boxD {order: 2;}
```

フレックスアイテムを並べる方向

CSS

flex-direction: 方向

初期値	row
継承	なし
適用先	フレックスコンテナ

方向	row / row-reverse / column / column-reverse

flex-direction プロパティを利用すると、フレックスアイテムを並べる方向を指定することができます。初期値では「row」となり、左から右に並べられます。

ベースサイズの異なるフレックスアイテム A ~ C を並べたサンプルの場合、次のような表示になります。指定した方向に合わせてフレックスアイテム関連の処理の方向も変わるため、上下方向に並べたときのベースサイズは高さを処理するようになります。

```
<div class="container">
  <div class="boxA">A</div>
  <div class="boxB">B</div>
  <div class="boxC">C</div>
</div>
```

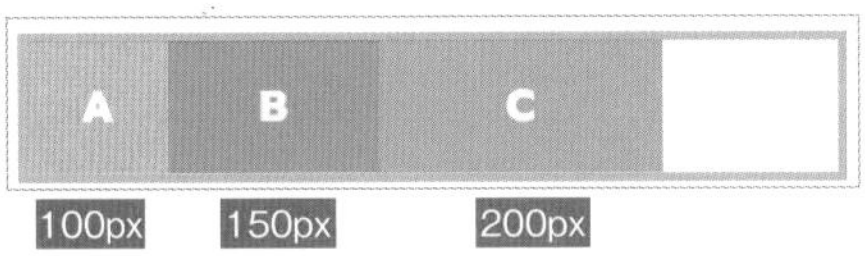

```
.container {display: flex;
            flex-direction: row;}
.boxA {flex: 0 0 100px;}
.boxB {flex: 0 0 150px;}
.boxC {flex: 0 0 200px;}
```

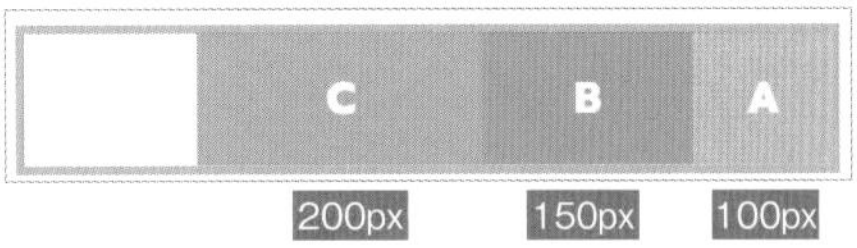


```
.container {display: flex;
            flex-direction: row-reverse;}
.boxA {flex: 0 0 100px;}
.boxB {flex: 0 0 150px;}
.boxC {flex: 0 0 200px;}
```

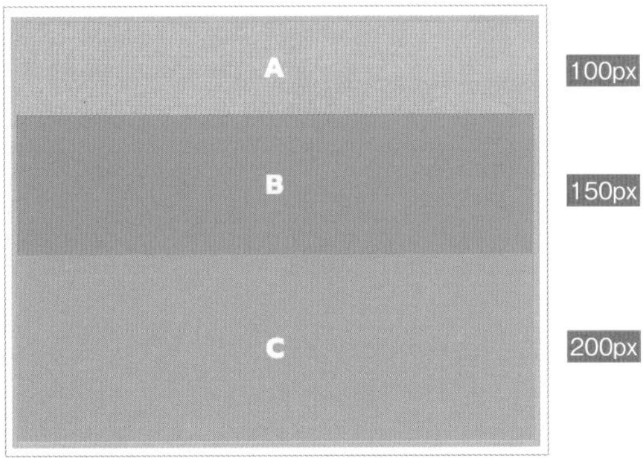


```
.container {display: flex;
            flex-direction: column;}
.boxA {flex: 0 0 100px;}
.boxB {flex: 0 0 150px;}
.boxC {flex: 0 0 200px;}
```

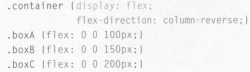

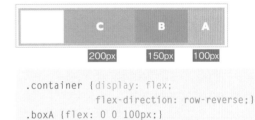

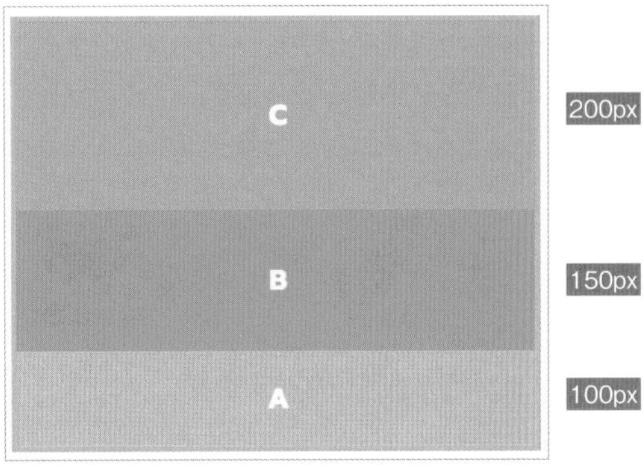


```
.container {display: flex;
            flex-direction: column-reverse;}
.boxA {flex: 0 0 100px;}
.boxB {flex: 0 0 150px;}
.boxC {flex: 0 0 200px;}
```

CSS フレックスアイテムのマルチライン表示

flex-wrap: マルチライン

初期値	nowrap
継承	なし
適用先	フレックスコンテナ

マルチライン	nowrap / wrap / wrap-reverse

flex-wrap プロパティを利用すると、フレックスアイテムをマルチライン（複数行）で表示するかどうかを指定することができます。初期値では「nowrap」となるため、シングルライン（1行）で表示されます。

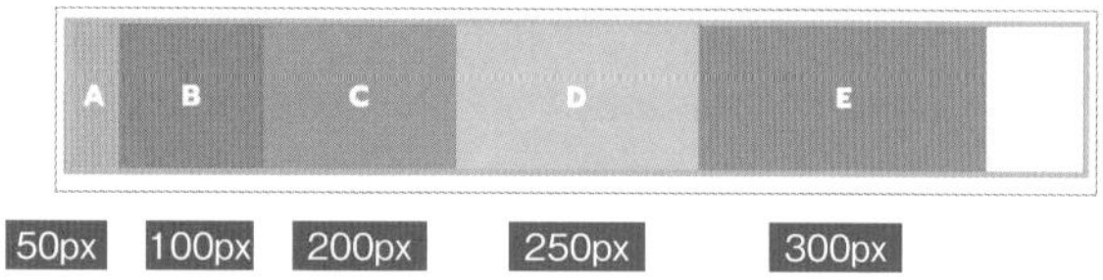

flex-wrap を「wrap」と指定すると、マルチラインでの表示が行われます。このとき、新しいラインの作成や、伸長比・縮小比の処理は次の手順で実行されます。

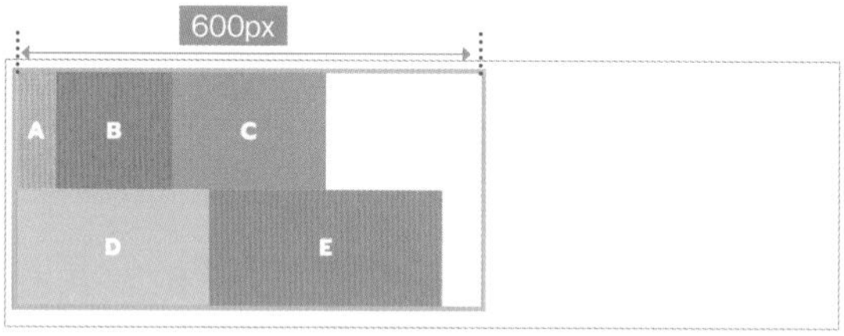


```
.container {display: flex;
            flex-wrap: wrap;
            width: 600px;}
.boxA {flex: 0 0 50px;}
.boxB {flex: 0 0 150px;}
.boxC {flex: 0 0 200px;}
.boxD {flex: 0 0 250px;}
.boxE {flex: 0 0 300px;}
```

❶ フレックスアイテムをベースサイズで指定した横幅にして横に並べます。

❷ ❶の状態でフレックスコンテナの横幅に収まらないアイテムで新しいラインを作成します。新しいラインは下の方向に追加されます。

❸ ラインごとにフリースペースを算出し、伸長比・縮小比の処理を実行します。

たとえば、右のサンプルではフレックスコンテナの横幅を600ピクセルに指定しています。ベースサイズの異なるフレックスアイテムA～Eを並べると、DとEが横幅に収まらず、新しいラインで表示されます。

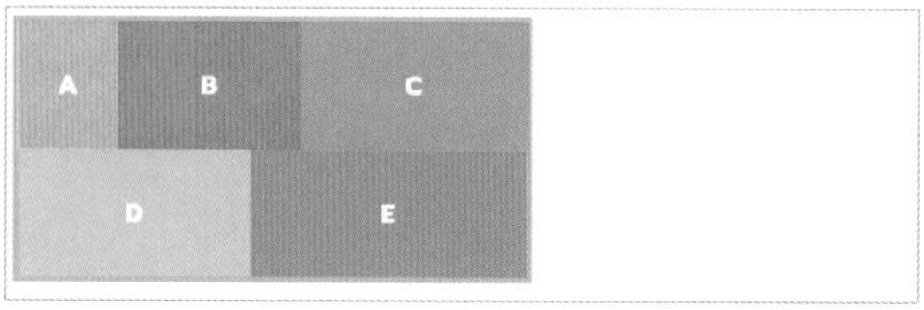


```
.container {display: flex;
            flex-wrap: wrap;
            width: 600px;}
.boxA {flex: 1 0 50px;}
.boxB {flex: 1 0 150px;}
.boxC {flex: 1 0 200px;}
.boxD {flex: 1 0 250px;}
.boxE {flex: 1 0 300px;}
```

さらに、この状態でA～Eの伸長比を「1」と指定すると、ラインごとにポジティブフリースペースが分割・配分され、右のような表示になります。

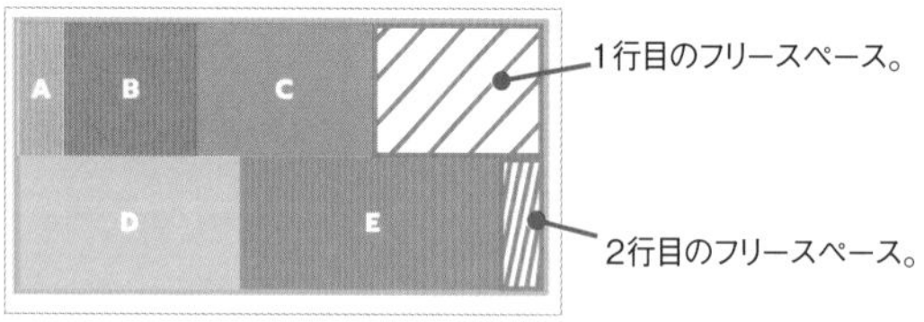

新しいラインを追加する方向

flex-wrapを「wrap-reverse」と指定すると、新しいラインを上の方向に追加することができます。

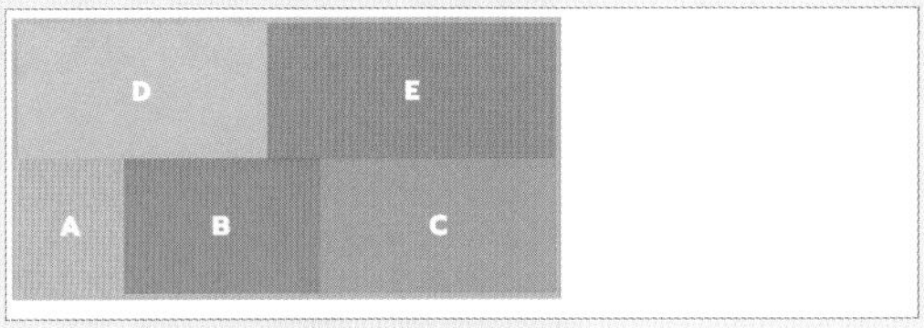


```
.container {display: flex;
            flex-wrap: wrap-reverse;
            width: 600px;}
```

フレックスアイテムを並べる方向と新しいラインを追加する方向

flex-direction（P.209）を「column」または「column-reverse」と指定し、フレックスアイテムを上下方向に並べた場合、新しいラインは左右方向に追加されるようになります。flex-wrapを「wrap」と指定した場合は右に、「wrap-reverse」と指定した場合は左に追加されます。

たとえば、右のサンプルはflex-directionを「column」、flex-wrapを「wrap」と指定し、高さを600ピクセルに指定してマルチラインにしたものです。フレックスアイテムは上から下の方向に並べられ、新しいラインは右の方向に追加されていきます。

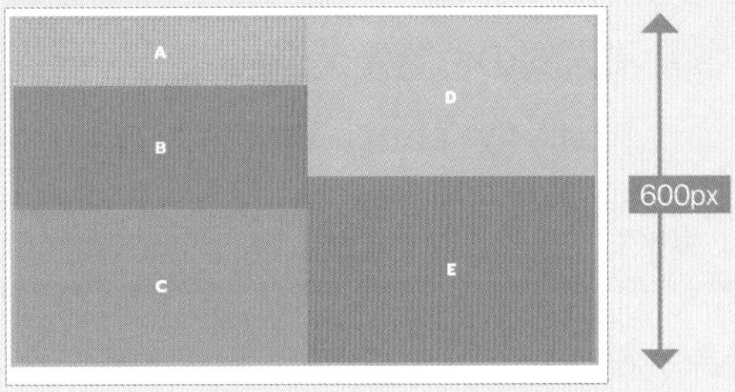


```
.container {display: flex;
            flex-direction: column;
            flex-wrap: wrap;
            height: 600px;}
```

なお、flex-directionとflex-wrapの設定は、flex-flowプロパティでまとめて指定することもできます。

```
.container {display: flex;
            flex-flow: column wrap;
            height: 600px;}
```

6-4 フレックスアイテムの位置揃え

フレックスコンテナ内にできる余白は、フレックスアイテムの位置揃えの調整に活用することができます。

横方向の場合はポジティブフリースペースを利用し、縦方向の場合はフレックスコンテナとフレックスアイテムのサイズの違いで生じるスペースを利用します。

プロパティ	機能
justify-content	横方向の位置揃え
align-items	縦方向の位置揃え
align-self	縦方向のフレックスアイテムごとの位置揃え
align-content	マルチラインの位置揃え

CSS 横方向の位置揃え

justify-content: 位置揃え

初期値	flex-start
継承	なし
適用先	フレックスコンテナ

位置揃え	flex-start / flex-end / center / space-between / space-around

横方向の位置揃えでは、ポジティブフリースペースを活用します。調整には justify-content または margin を利用します。
たとえば、右のサンプルはベースサイズを 30% に指定した A ～ C のフレックスアイテムを並べたもので、10% のポジティブフリースペースができます。
初期値では右のように justify-content を「flex-start」と指定したものとして処理されるため、左揃えの表示になります。

justify-content の値を変更すると、次のページのように表示されます。

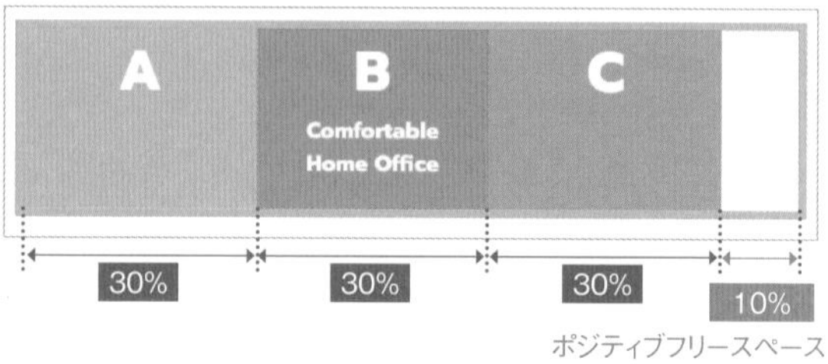


```
.container {display: flex;
            justify-content: flex-start;}
.container > div {flex: 0 0 30%;}
```

```
<div class="container">
  <div class="boxA">A</div>
  <div class="boxB">B …</div>
  <div class="boxC">C</div>
</div>
```

justify-content: center;

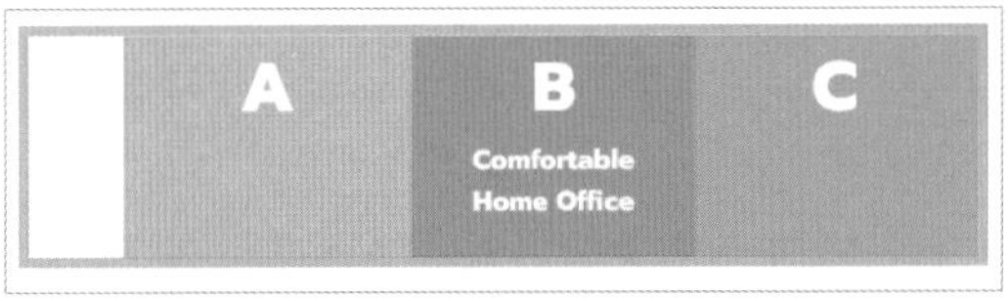

justify-content: flex-end;

justify-content: space-between;

justify-content: space-around;

※余白が均等割になり、両サイドのみ余白が半分のサイズになります。

margin による調整

margin ではポジティブフリースペースをフレックスアイテムの左または右マージンとして配分し、位置揃えを調整します。このとき、値を「auto」と指定します。

たとえば、右のサンプルではフレックスアイテム A と B の右側に「margin-right: auto」でマージンを挿入しています。これにより、ポジティブフリースペースを2分割した5%のサイズのマージンが挿入され、「justify-content: space-between」と指定したときと同じ位置揃えを実現しています。

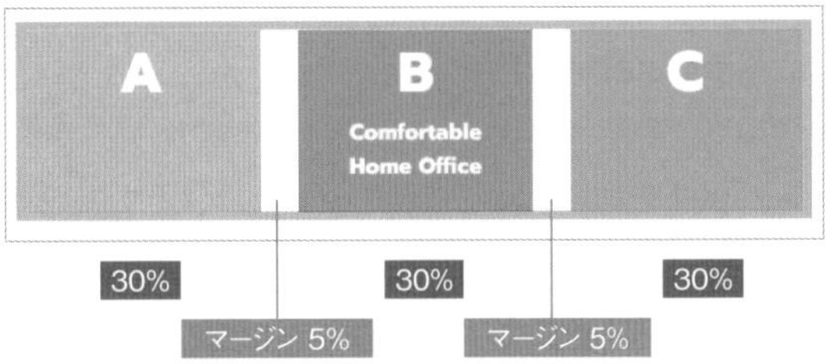


```
.container {display: flex;}
.container > div {flex: 0 0 30%;}
.boxA, .boxB {margin-right: auto;}
```


CSS 縦方向の位置揃え

align-items: 位置揃え

初期値	stretch
継承	なし
適用先	フレックスコンテナ

位置揃え	flex-start / flex-end / center / baseline / stretch

縦方向の位置揃えは、フレックスアイテムの高さの違いで生じるスペースを活用し、align-items、align-self、margin で調整します。
たとえば、右のサンプルではフレックスアイテムごとに中身のフォントサイズなどを変更し、高さに違いができるようにしています。ただし、初期値では align-items を「stretch」と指定したものとして処理され、高さを揃えた表示になります。

```
.container {display: flex;
            align-items: stretch;}
.container > div {flex: 0 0 30%;}
```

align-itemsの値を変更すると、次のような表示になります。

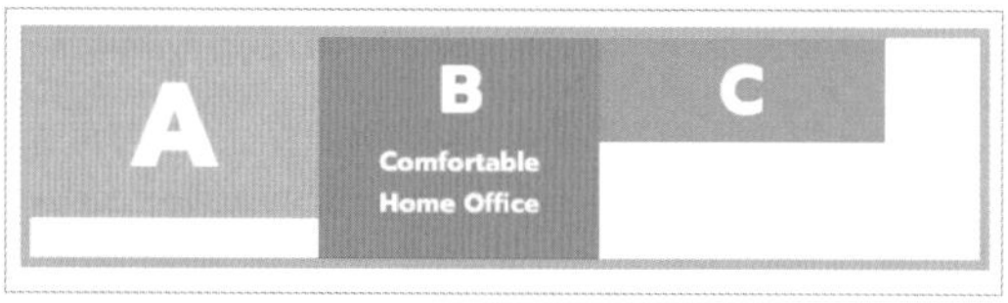

align-items: flex-start;

align-items: flex-end;

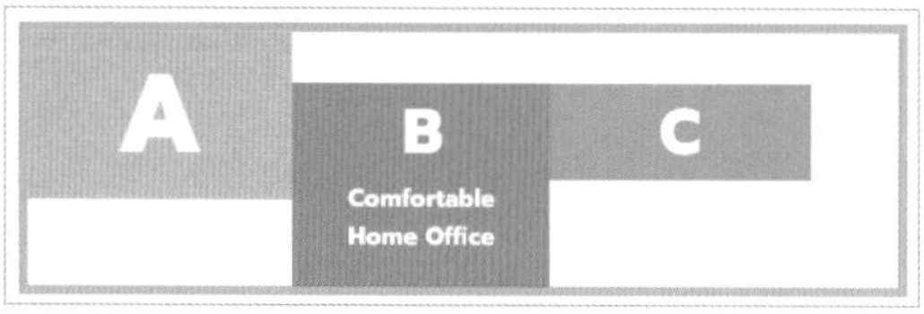

align-items: baseline;

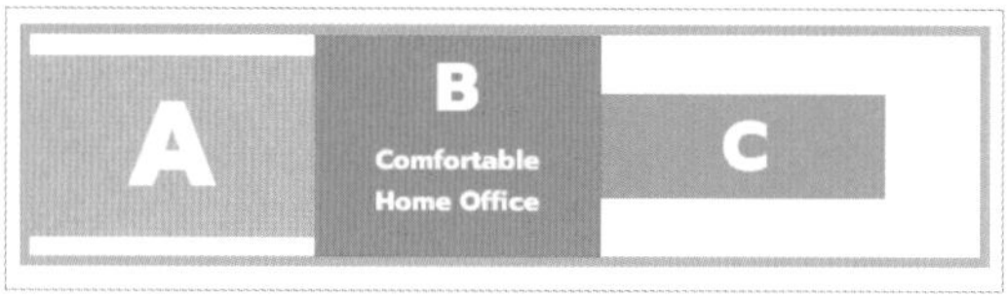

align-items: center;

align-selfによる調整

align-selfを利用すると、フレックスコンテナに適用したalign-itemsの指定を上書きし、フレックスアイテムごとに縦方向の位置揃えを指定することができます。初期値は「auto」で処理され、align-itemsの指定に従った表示になります。「auto」以外はalign-itemsと同じ値を指定することが可能です。

たとえば、右のサンプルではフレックスアイテムAのalign-selfを「flex-end」と指定し、下寄せの位置揃えにしています。

```
.container {display: flex;
            align-items: stretch;}
.container > div {flex: 0 0 30%;}

.boxA {align-self: flex-end;}
```

marginによる調整

フレックスアイテムごとの縦方向の位置揃えはmarginで調整することもできます。そのためには、上または下マージンを「auto」と指定します。

たとえば、フレックスアイテムAを下寄せの位置揃えにする場合、margin-topを「auto」と指定します。

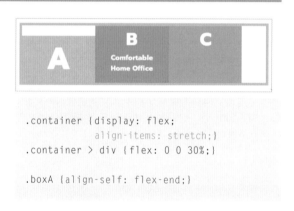

```
.container {display: flex;
            align-items: stretch;}
.container > div {flex: 0 0 30%;}

.boxA {margin-top: auto;}
```

CSS マルチラインの位置揃え

align-content: 位置揃え

初期値	stretch
継承	なし
適用先	マルチラインのフレックスコンテナ

位置揃え	flex-start / flex-end / center / space-between / space-around / stretch

マルチラインの位置揃えは、フレックスコンテナの縦方向にできるスペースを活用し、align-content で調整します。

たとえば、右のサンプルは A ～ E のフレックスアイテムをマルチラインで表示したものです。A ～ E には height を指定していないため、中身に合わせた高さで表示されます。また、フレックスコンテナも中身の A ～ E に合わせた高さになるため、そのままでは縦方向にスペースはできません。

そこで、フレックスコンテナの高さを 200 ピクセルに指定し、スペースができるようにします。すると、初期値は align-content を「stretch」と指定したものとして処理され、フレックスコンテナの高さに合わせた表示になります。align-content の値を変更すると、次のような表示になります。

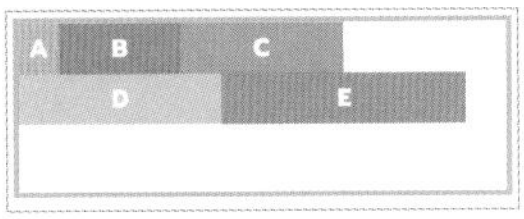


```
align-content:
flex-start;
```

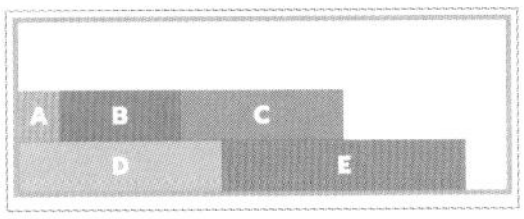


```
align-content:
flex-end;
```

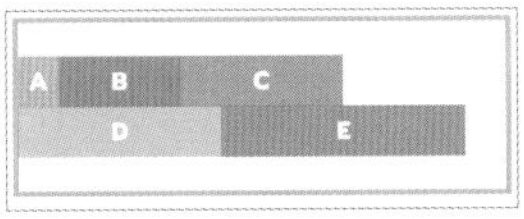


```
align-content:
center;
```

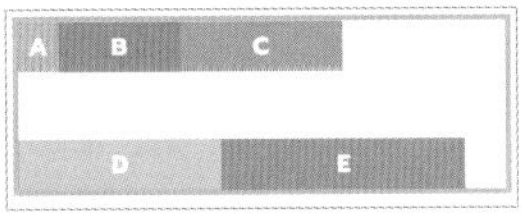


```
align-content:
space-between;
```

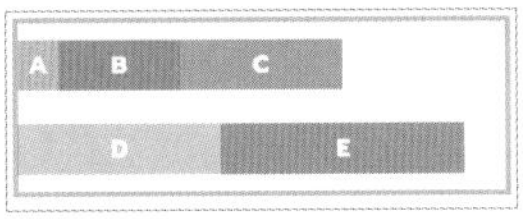


```
align-content:
space-around;
```

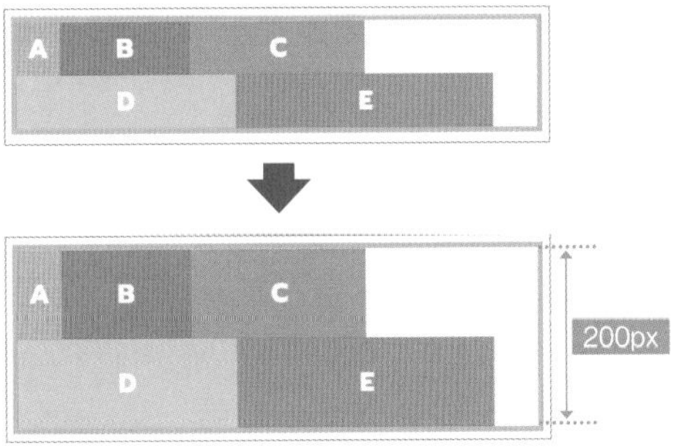


```
.container {display: flex;
            flex-wrap: wrap;
            align-content: stretch;
            height: 200px;}
.boxA {flex: 0 0 50px;}
.boxB {flex: 0 0 150px;}
.boxC {flex: 0 0 200px;}
.boxD {flex: 0 0 250px;}
.boxE {flex: 0 0 300px;}
```

```
<div class="container">
  <div class="boxA">A</div>
  <div class="boxB">B</div>
  <div class="boxC">C</div>
  <div class="boxD">D</div>
  <div class="boxE">E</div>
</div>
```

フレックスアイテムA~Eにheightで高さを指定している場合、align-contentを「stretch」と指定してもコンテナに合わせた高さにはならず、heightで指定した高さで表示されます。

6 フレキシブルボックスレイアウト

フレックスアイテムを非表示にする

フレックスアイテムはdisplay（P.174）またはvisibility（P.193）プロパティで非表示にすることができます。このとき、指定するプロパティと値によって処理結果が変わります。

たとえば、右のサンプルはA～Cのフレックスアイテムを均等割で並べたものです。高さについては中身が多いBに揃えた表示になっています。
ボックスBを非表示にすると以下のようになります。

```
.container {display: flex;}
.container > div {flex: 1;}
```

```
<div class="container">
  <div class="boxA">A</div>
  <div class="boxB">B …</div>
  <div class="boxC">C</div>
</div>
```

display: none;

displayを「none」と指定した場合、ボックスBが構成されなくなります。

```
.boxB {display: none;}
```

visibility: hidden;

visibilityを「hidden」と指定すると、ボックスBは構成されますが、画面には表示されなくなります。このとき、元の表示スペースは残ります。

```
.boxB {visibility: hidden;}
```

visibility: collapse;

visibilityを「collapse」と指定すると、「hidden」と同じように処理されますが、元の表示スペースは残りません。

```
.boxB {visibility: collapse;}
```

Chapter 7

グリッドレイアウト

7-1 グリッドレイアウト

古い規格

グリッドレイアウトは格子状のグリッドにボックスを配置していくレイアウトです。レイアウトモードをグリッドレイアウトに切り替えるには、display プロパティを「grid」と指定します。
たとえば、右のサンプルでは <div> のdisplayを「grid」と指定し、「グリッドコンテナ」を構成しています。これにより、<div> でグループ化したA～Fのボックスが「グリッドアイテム」として扱われ、グリッドに並べることができるようになります。

ただし、並べるためにはグリッドの作成が必要です。グリッドを作成していない状態では、右のように上から下に並べた表示になります。

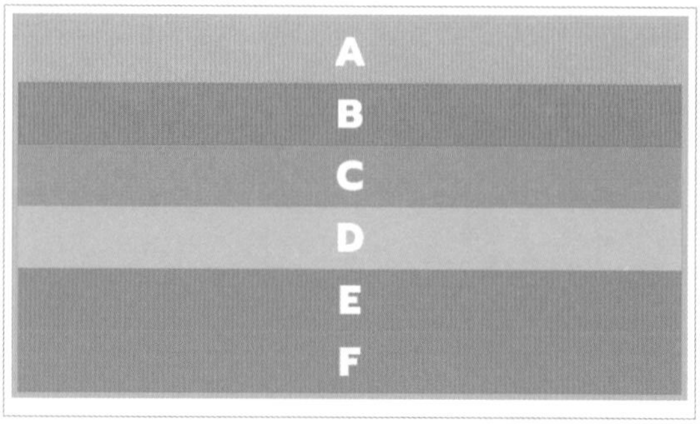


```
.container {display:grid;}
```

```
<div class="container">
  <div class="boxA">A</div>
  <div class="boxB">B</div>
  <div class="boxC">C</div>
  <div class="boxD">D</div>
  <div class="boxE">E</div>
  <div class="boxF">F</div>
</div>
```

グリッドを作成すると、グリッドアイテムがグリッドに合わせて自動的に配置されます。グリッドの作成については Chapter 7-2 を参照してください。

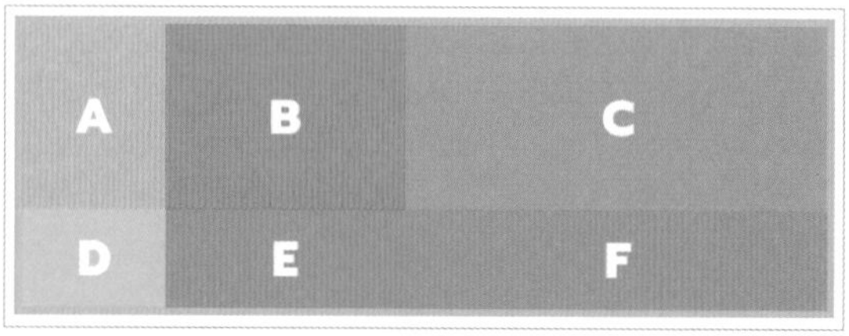

グリッドアイテムをグリッドのどこに配置するかは細かくコントロールすることができます。グリッドアイテムの配置については Chapter 7-3 および Chapter 7-4 を参照してください。

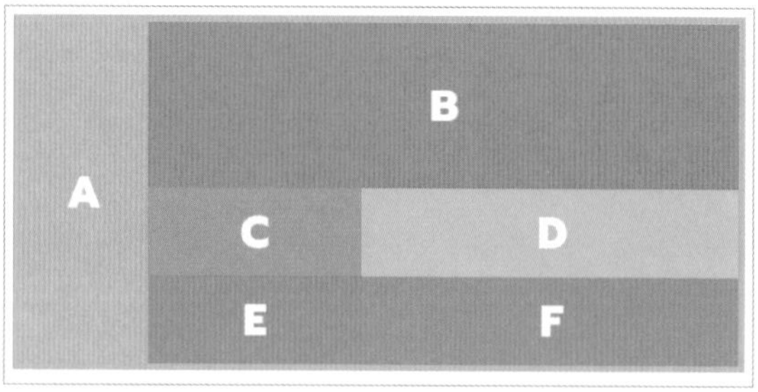

IEはグリッドレイアウトの古い規格に対応しています。詳しくはP.244を参照してください。

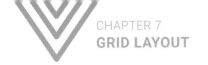

7-2 グリッドの作成

グリッドを作成するためには、グリッドを構成する行列（トラック）のサイズを指定します。

プロパティ	調整対象
grid-template-rows / grid-template-columns	トラックサイズ
grid-auto-flow	自動配置の方向
grid-auto-rows / grid-auto-columns	暗黙トラックサイズ

CSS トラックサイズの指定

grid-template-rows: 行のトラックリスト
grid-template-columns: 列のトラックリスト

初期値	none
継承	なし
適用先	グリッドコンテナ

grid-template-rows と grid-template-columns を利用すると、グリッドを構成する行列（トラック）のサイズを指定し、グリッドを作成することができます。グリッドを作成すると、行列が構成するセルにグリッドアイテムが自動配置されます。セルの数よりもグリッドアイテムの数の方が多い場合、グリッドが自動拡張され、配置が行われます。

たとえば、右のサンプルでは2行×3列のグリッドを作成するため、grid-template-rows で各行の高さを150、80 ピクセルに、grid-template-columns で各列の横幅を 120、200、300 ピクセルに指定しています。これで6つのセルが作成され、A～Fのグリッドアイテムが配置されます。

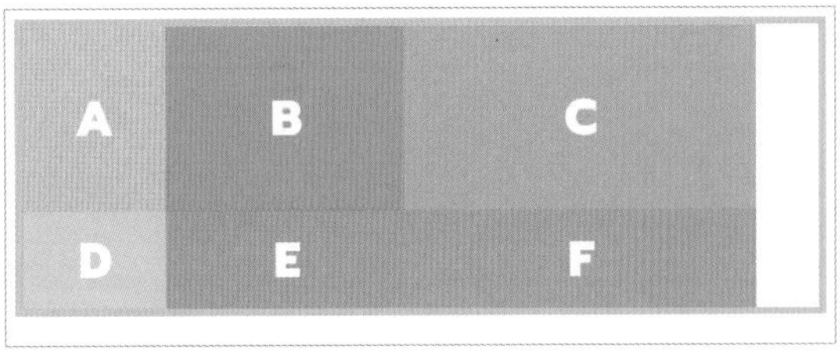


```
.container {
  display:grid;
  grid-template-rows: 150px 80px;
  grid-template-columns: 120px 200px 300px;
}
```

```
<div class="container">
  <div class="boxA">A</div>
  <div class="boxB">B</div>
  <div class="boxC">C</div>
  <div class="boxD">D</div>
  <div class="boxE">E</div>
  <div class="boxF">F</div>
</div>
```

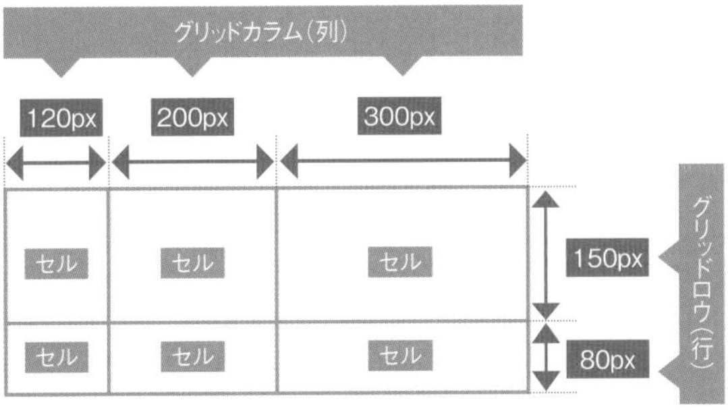

トラックサイズの指定では、次のような単位や値も利用することができます。

フレキシブルにする単位　fr

グリッドレイアウトのために用意された「fr」という単位を利用すると、トラックサイズをフレキシブルにすることができます。

たとえば、1列目のサイズが120ピクセルに決まっていて、残りのスペースを2列目と3列目で1:3の比率で分けたい場合、右のようにgrid-template-columnsを「120px 1fr 3fr」と指定します。グリッドコンテナの横幅を800ピクセルにした場合、2列目は170ピクセル、3列目は510ピクセルになります。

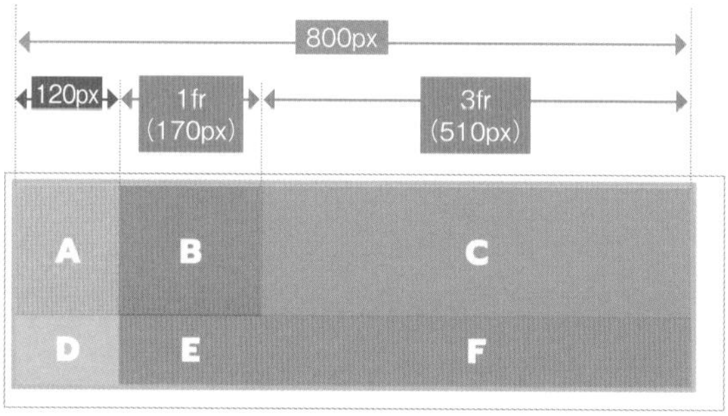


```
.container {
  display:grid;
  grid-template-rows: 150px 80px;
  grid-template-columns: 120px 1fr 3fr;
  width: 800px;
}
```

最小値・最大値の指定　minmax()

minmax()を利用すると、トラックサイズの最小値・最大値を指定することができます。

たとえば、2列目と3列目を1:3のフレキシブルなサイズにしたサンプルで、2列目が100ピクセル以下にならないようにする場合、2列目のトラックサイズを「minmax(100px, 1fr)」と指定します。

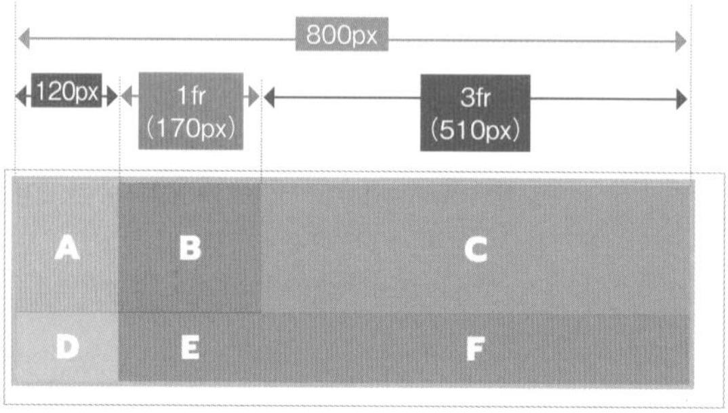


```
.container {
  display:grid;
  grid-template-rows: 150px 80px;
  grid-template-columns:
   120px minmax(100px, 1fr) 3fr;
}
```

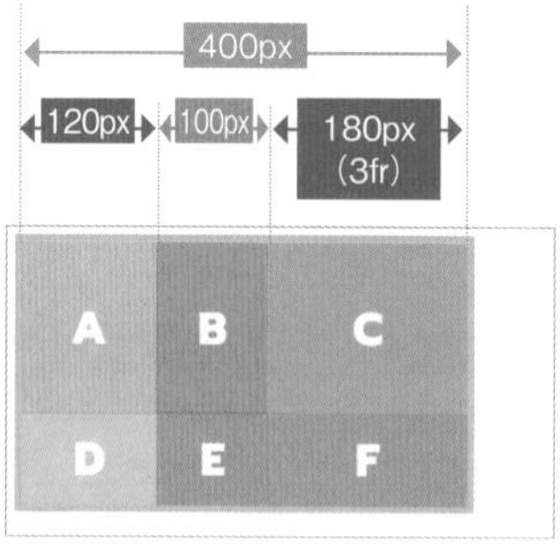

2列目のトラックサイズは100px以下になりません。

コンテンツに合わせたサイズにする

トラックサイズをグリッドアイテム内のコンテンツに合わせたサイズにする場合、次の値を利用します。

min-content / max-content

コンテンツの最小サイズにする場合は「min-content」、コンテンツの最大サイズにする場合は「max-content」と指定します。
これらのサイズはグリッドアイテムごとに算出され、同じトラック内で１番大きいサイズが採用されます。

たとえば、右のサンプルは2列目のトラックサイズを「min-content」および「max-content」と指定したものです。グリッドアイテムＢとＥにはテキストを追加し、それぞれのコンテンツの最小サイズ・最大サイズに違いが出るようにしています。

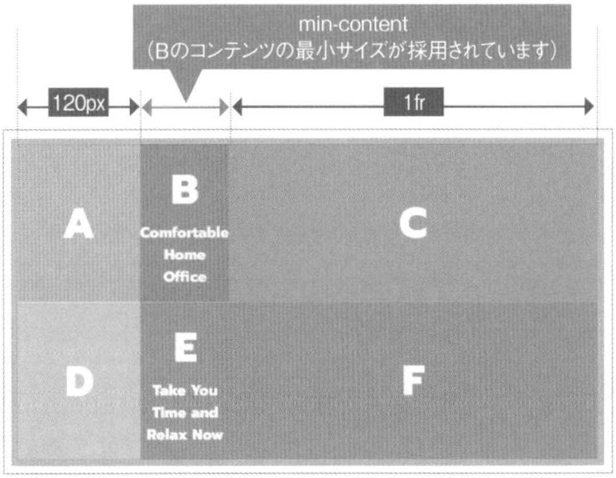


```
.container {
  display:grid;
  grid-template-rows: 150px 150px;
  grid-template-columns: 120px min-content 1fr;
}
```

auto

値を「auto」と指定すると、「minmax(min-content, max-content)」と指定したときと同じように、トラックサイズの最小値をmin-contentに、最大値をmax-contentにすることができます。
ただし、グリッドアイテムにmin-width/min-heightプロパティ（P.152）が適用されている場合、コンテンツの最小サイズ（min-content）はこれらの値で処理されます。

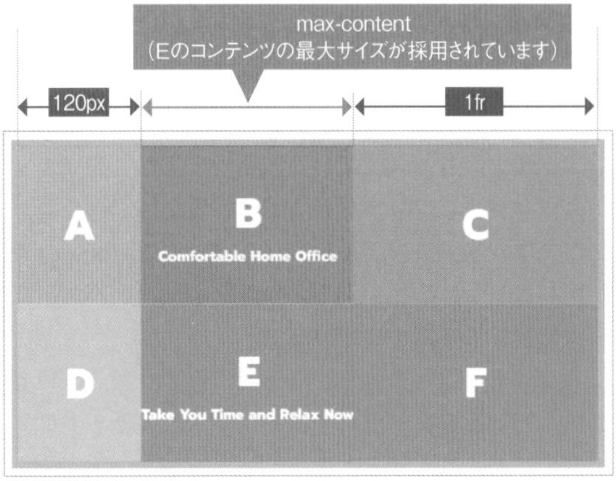


```
.container {
  display:grid;
  grid-template-rows: 150px 150px;
  grid-template-columns: 120px max-content 1fr;
}
```

fit-content(～)

「auto」を利用したいものの、コンテンツの最大サイズ（max-content）が大きすぎる場合、fit-content()で制限をかけることができます。
たとえば、値を「fit-content(300px)」と指定すると、コンテンツの最大サイズが300ピクセル以上のときは「minmax(auto, 300px)」で、それ以外のときは「auto」で処理されます。

パターンが連続する設定を指定する　repeat()

パターンが連続する設定を指定する場合、repeat()を利用することができます。
たとえば、右のサンプルでは80、120、160ピクセルのパターンを2回連続で指定し、6列のトラックを作成しています。

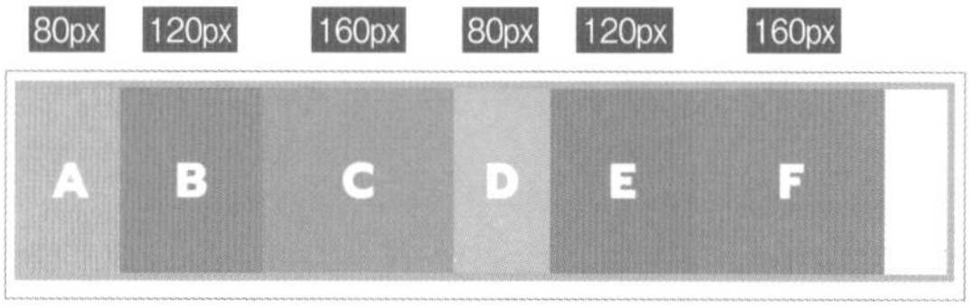


```
.container {
  display:grid;
  grid-template-rows: 150px;
  grid-template-columns:
    80px 120px 160px 80px 120px 160px;}
```

このような場合、repeat()を利用すると、「repeat(2, 80px 120px 160px)」と指定することができます。

```
.container {
  display:grid;
  grid-template-rows: 150px;
  grid-template-columns:
    repeat(2, 80px 120px 160px);}
```

レスポンシブなグリッドを作成する　repeat()

メディアクエリを利用しなくても、repeat()の「auto-fill」または「auto-fit」を利用すると、グリッドコンテナのサイズに応じてトラックの数が変化するレスポンシブなグリッドを作成することができます。
たとえば、次のサンプルではrepeat(auto-fill, ～)を利用し、トラックサイズの最小値を150ピクセルに、最大値を1frに指定しています。
これにより、300、450、600、750…と150ピクセルおきにブレークポイントができ、トラックの数が変化するようになります。

```
.container {
  display:grid;
  grid-template-rows: 150px 80px;
  grid-template-columns:
    repeat(auto-fill, minmax(150px, 1fr));
}
```

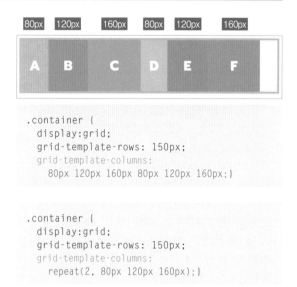

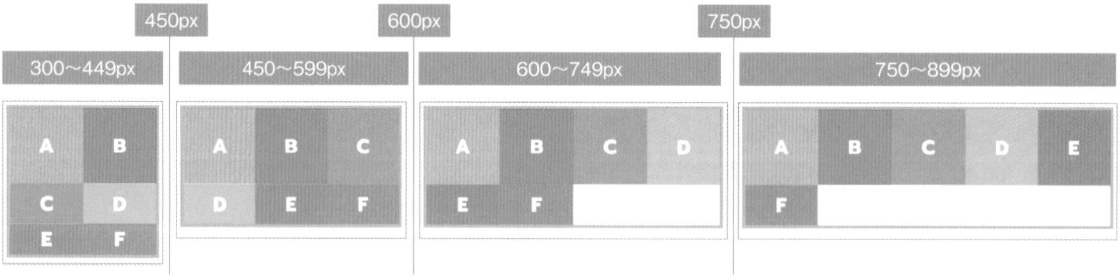

なお、グリッドコンテナの横幅を広げていくと、やがてすべてのグリッドアイテムが１列で表示されます。そして、repeat()の「auto-fill」を利用した設定では、何も表示されない空のトラックが広がっていくことになります。

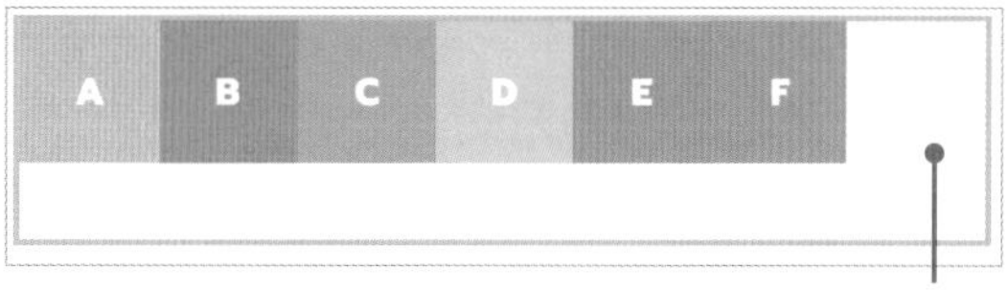

空のトラック（7列目）。

空のトラックを作りたくない場合、右のように「auto-fill」ではなく「auto-fit」を利用して設定を記述します。

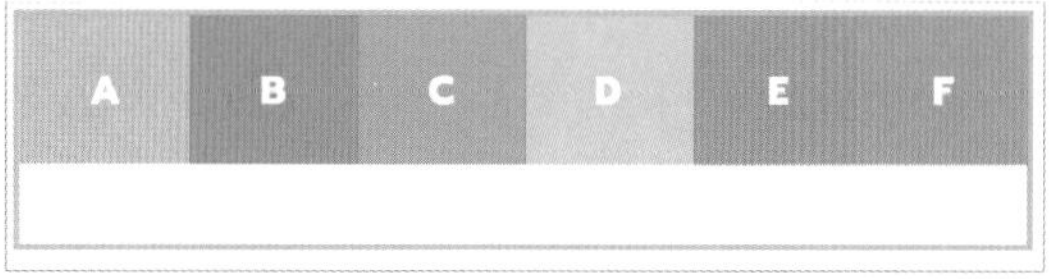


```
.container {…
  grid-template-columns:
     repeat(auto-fit, minmax(150px, 1fr));
}
```

グリッドアイテムのマージン／パディング／ボーダー

グリッドアイテムのマージン、パディング、ボーダーはグリッドのセル内で処理されます。たとえば、グリッドアイテムBの上下左右に20ピクセルのマージンを挿入すると右のような表示になります。

```
.container {…
  grid-template-columns: 120px 1fr 1fr;
}
.boxB {margin: 20px;}
```

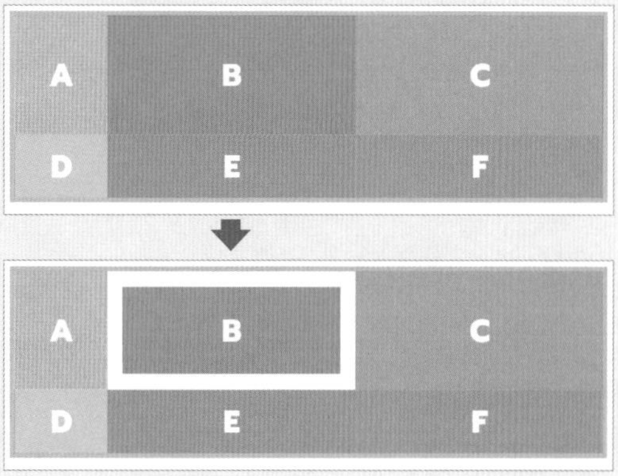

グリッドアイテムの並び順

P.208のorderプロパティを利用すると、グリッドアイテムの並び順を指定することができます。初期値では「0」となり、大きな数を指定するほど並び順が後になります。値が同じ場合、記述した順に並びます。たとえば、Cが先頭に、BとDが末尾にくるように指定すると右のようになります。

```
.container {…
  grid-template-columns: 120px 1fr 1fr;
}
.boxC {order: -1;}
.boxB {order: 1;}
.boxD {order: 2;}
```

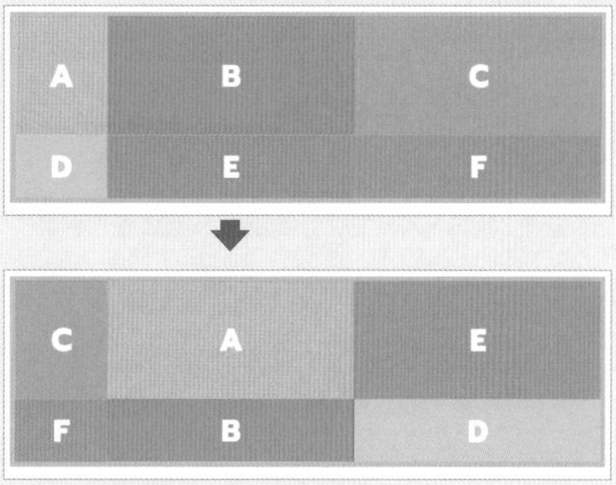

自動配置の方向

grid-auto-flow: 方向

初期値	row
継承	なし
適用先	グリッドコンテナ

方向	row / column / dense

grid-auto-flowを利用すると、グリッドアイテムを自動配置する方向を指定することができます。初期値は「row」で処理されるため、グリッドアイテムは左から右、上から下の順に配置されます。
また、grid-auto-flowを「column」と指定すると、上から下、左から右の順に配置することができます。

```
.container {
  display:grid;
  grid-template-rows: 150px 80px;
  grid-template-columns: 120px 1fr 1fr;
  grid-auto-flow: column;
}
```

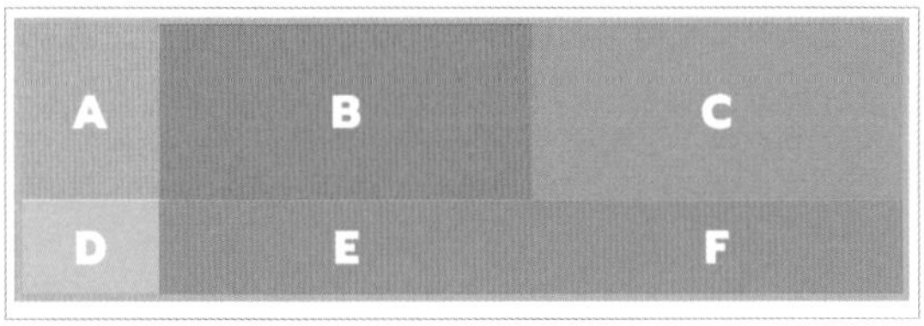

grid-auto-flow: row

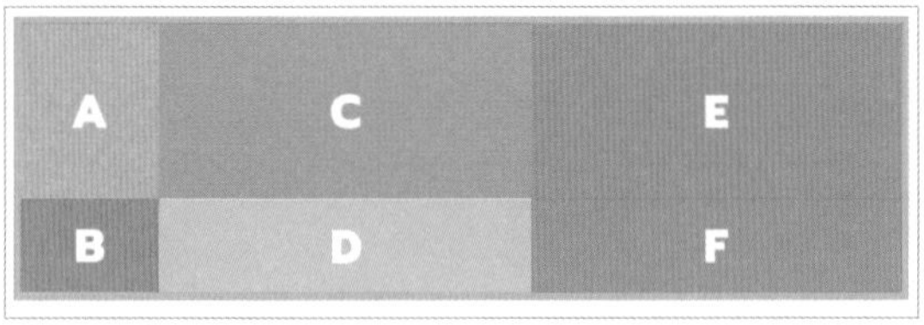

grid-auto-flow: column

空セルができないように自動配置する

Bを2列分、Cを3列分で表示するように指定して通常の自動配置で並べると、初期設定のsparseアルゴリズムが適用されるため、次のような表示になります。

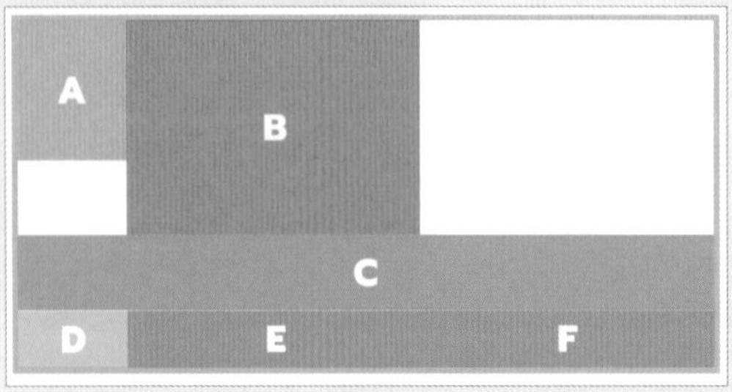


```
.container {
  display:grid;
  grid-template-rows: 150px 80px 80px;
  grid-template-columns: 120px 1fr 1fr;
}
.boxB {grid-row-start: span 2;}
.boxC {grid-column-start: span 3;}
```

そこで、grid-auto-flowに「dense」のオプションを追加し、配置のアルゴリズムを切り替えると、空白を埋める形で自動配置することができます。

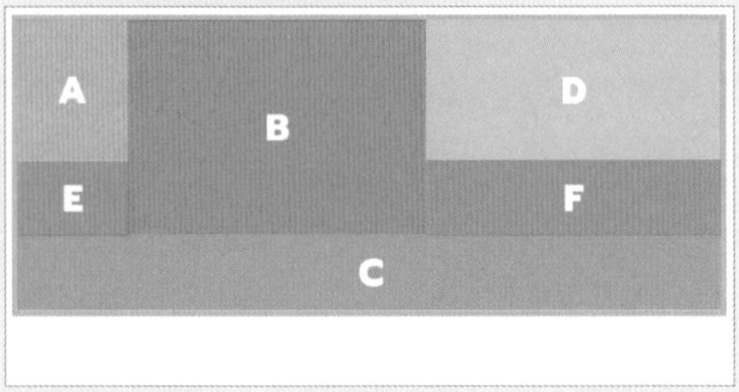


```
.container {
  display:grid;
  grid-template-rows: 150px 80px 80px;
  grid-template-columns: 120px 1fr 1fr;
  grid-auto-flow: row dense;
}
.boxB {grid-row-start: span 2;}
.boxC {grid-column-start: span 3;}
```

トラックの拡張（暗黙のトラック）

作成したグリッドのセルの数よりもグリッドアイテムの数の方が多い場合、自動的にトラックが拡張され、配置が行われます。このトラックは「暗黙のトラック（implicit track）」と呼ばれ、grid-auto-flowが「row」の場合は下方向に、「column」の場合は右方向に拡張されていきます。
拡張されたトラックのサイズは「auto」で処理されますが、grid-auto-rows、grid-auto-columnsでサイズを指定することも可能です。指定したサイズは繰り返し適用されます。

たとえば、右のサンプルは2行×3列で作成したグリッドにA~Fの6つのグリッドアイテムを自動配置したものです。ここにG~Kの5つのグリッドアイテムを追加すると、下方向にトラックが拡張され、右のような表示になります。各トラックの高さは「auto」で処理されています。

```
<div class="container">
  <div class="boxA">A</div>
    …
  <div class="boxF">F</div>
  <div class="boxG">G</div>
    …
  <div class="boxK">K</div>
</div>
```

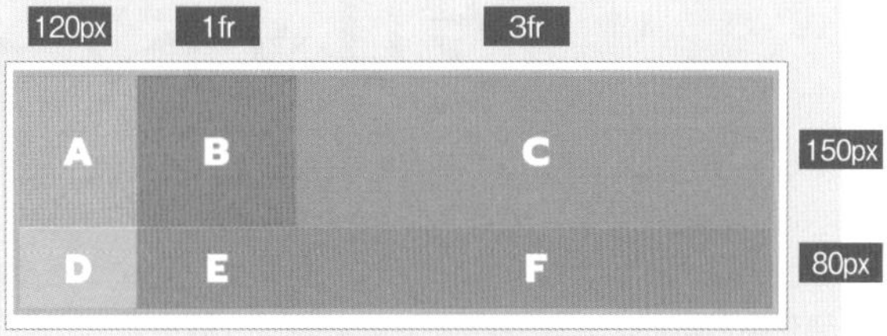


```
.container {
  display:grid;
  grid-template-rows: 150px 80px;
  grid-template-columns: 120px 1fr 3fr;
}
```

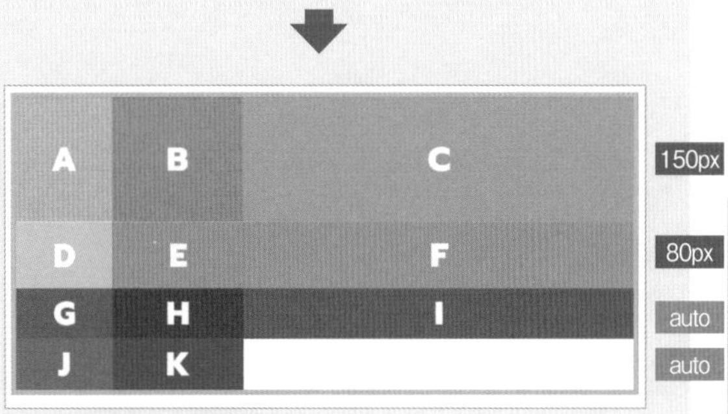

拡張されたトラックの高さはgrid-auto-rowsで指定することができます。右のように指定した場合、拡張されたトラックの1行目は100ピクセル、2行目は150ピクセルの高さになります。

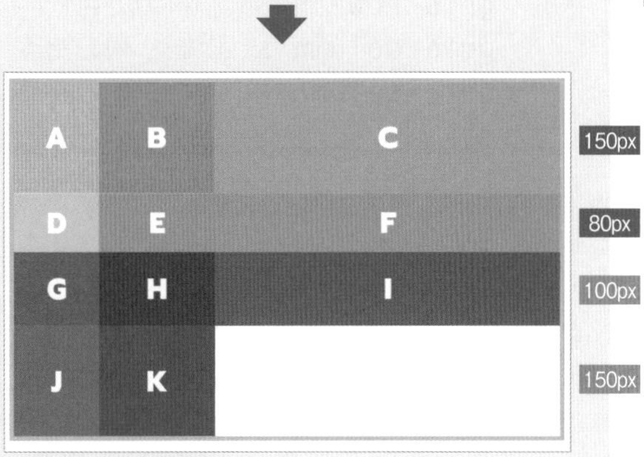


```
.container {
  display:grid;
  grid-template-rows: 150px 80px;
  grid-auto-rows: 100px 150px;
  grid-template-columns: 120px 1fr 3fr;
}
```

7-3 ラインの指定によるグリッドアイテムの配置

グリッドアイテムの配置はグリッドラインを使って指定することができます。グリッドラインはトラックを区切るラインのことで、グリッドを作成すると自動的に番号が割り振られます。
たとえば、右のように3行×3列のグリッドを作成すると、❶～❹の行ライン、❶～❹の列ラインが構成されますので、これらを使って配置を指定していきます。

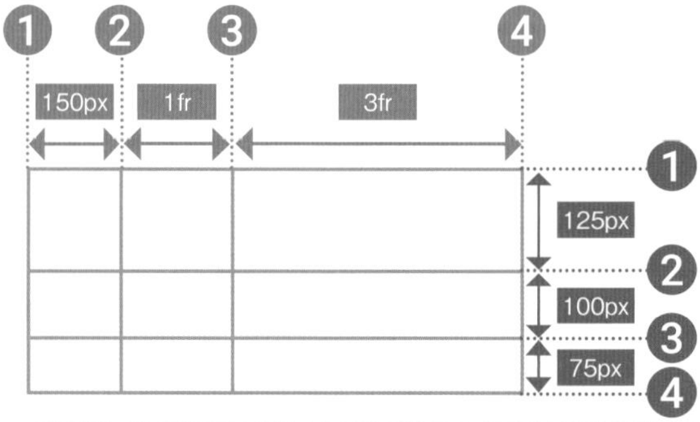

グリッドアイテムの配置はグリッドエリアを使って指定することもできます。詳しくはChapter 7-4を参照してください。

```
.container {
  display:grid;
  grid-template-rows: 125px 100px 75px;
  grid-template-columns: 150px 1fr 3fr;
}
```

グリッドアイテムを配置するラインの指定

grid-row-start: 行の始点
grid-row-end: 行の終点
grid-column-start: 列の始点
grid-column-end: 列の終点

初期値	auto
継承	なし
適用先	グリッドアイテム

グリッドアイテムは行列の始点または終点のライン番号を指定して配置することができます。
たとえば、グリッドアイテムAを右のように配置したい場合、行の始点を❷または終点を❸、列の始点を❶または終点を❷とし、これらを組み合わせて指定します。

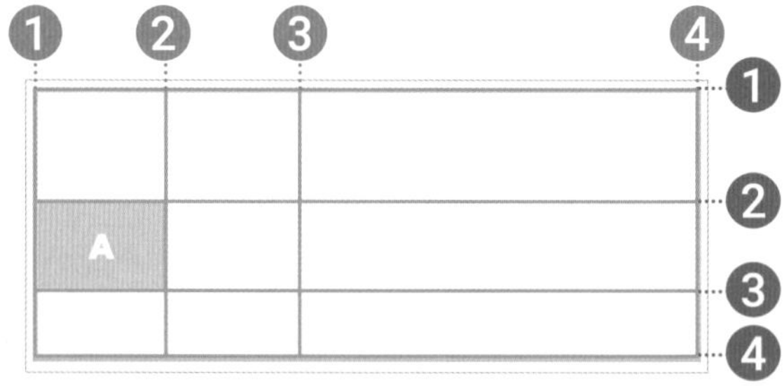


```
<div class="container">
  <div class="boxA">A</div>
</div>
```

```
.boxA {
grid-row-start: 2;
grid-column-start: 1;
}
```

```
.boxA {
grid-row-start: 2;
grid-column-end: 2;
}
```

連続した複数のセルに配置したい場合、「span」という値を利用し、指定したラインから何セル分使用するかを指定します。

たとえば、配置を始点で指定しているときに、行を「span 2」、列を「span 3」と指定すると右のようになります。

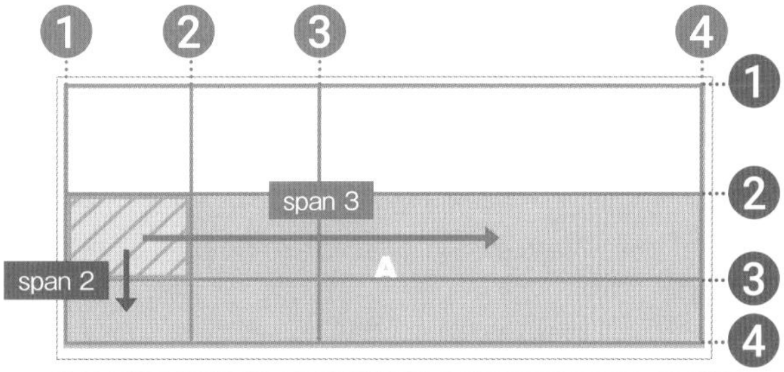


```
.boxA {
  grid-row-start: 2;
  grid-row-end: span 2;
  grid-column-start: 1;
  grid-column-end: span 3;
}
```

また、配置を終点で指定しているときに、行を「span 3」、列を「span 3」と指定すると以下のようになります。セルが存在しない場合、暗黙のトラック(P.225)が作成されます。
そのため、Aに続いてBを追加すると、Aを配置したセルの隣（行の始点❶、列の始点❷）ではなく、拡張された部分に配置されます。

```
.boxA {
  grid-row-start: span 3;
  grid-row-end: 3;
  grid-column-start: span 3;
  grid-column-end: 2;
}
```

```
<div class="container">
  <div class="boxA">A</div>
  <div class="boxB">B</div>
</div>
```

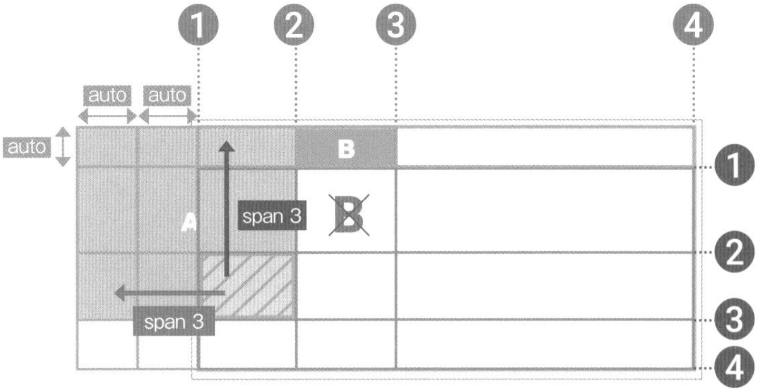

始点と終点のライン番号を指定して連続した複数のセルに配置する場合

連続した複数のセルへの配置は、始点と終点のライン番号で指定することもできます。たとえば、右のように配置する場合、行は❷から❹、列は❶から❹を使用するように指定します。

```
.boxA {
  grid-row-start: 2;
  grid-row-end: 4;
  grid-column-start: 1;
  grid-column-end: 4;
}
```

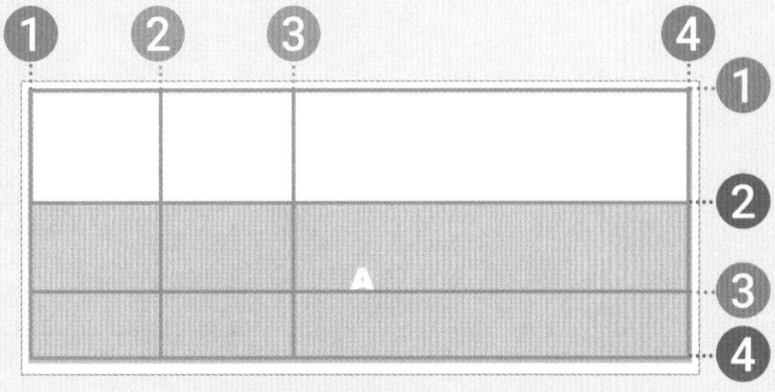

ライン名を利用した配置

グリッドラインに名前をつけて、始点や終点をライン名で指定することもできます。ライン名はグリッドを作成するgrid-template-rows、grid-template-columnsで指定します。

たとえば、右のサンプルではライン❷を「main」、❹を「bottom」、❶～❹を「wide」という名前にしています。その上で、グリッドアイテムAを「main」から「bottom」、1つ目の「wide」から4つ目の「wide」を使用して配置するように指定しています。
1つ目の「wide」から3つ先の「wide」までという形で指定したい場合、gird-column-endは「span wide 3」と指定することもできます。

なお、1つのラインに複数の名前をつけることも可能です。その場合、半角スペース区切りでライン名を指定します。たとえば、「main」と「middle」というライン名を付ける場合、[main middle] と指定します。

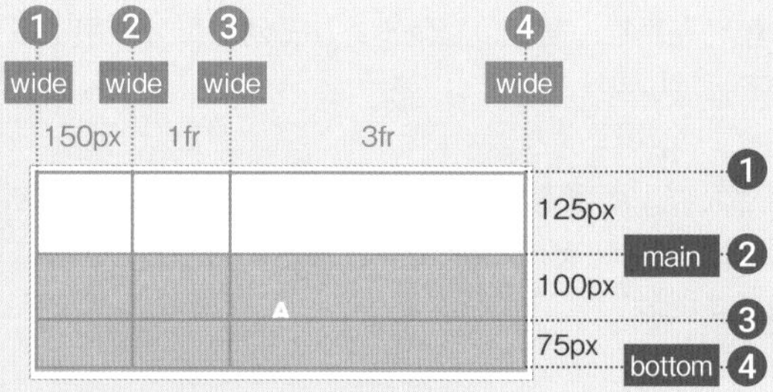


```
.container {
  display:grid;
  grid-template-rows:
    125px [main] 100px 75px [bottom];
  grid-template-columns:
    [wide] 150px [wide] 1fr [wide] 3fr [wide];
}

.boxA {
  grid-row-start: main;
  grid-row-end: bottom;
  grid-column-start: wide 1;
  grid-column-end: wide 4;
}
```

ネガティブ（負）なライン番号

グリッドラインにはネガティブな番号も割り振られています。ネガティブな番号はグリッドの右と下からカウントされ、前ページのサンプルのように拡張された部分にも次のように番号が割り振られます。

始点や終点をこれらの番号を使って指定することも可能です。

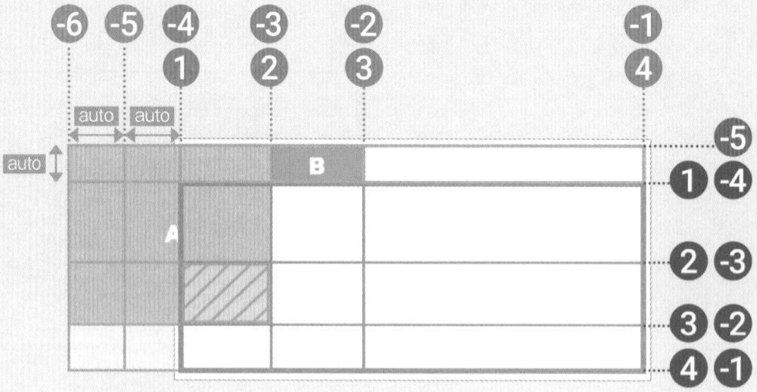

grid-row、grid-columnプロパティ

grid-row、grid-columnプロパティを利用すると、「始点 / 終点」という形式で、始点と終点の値をまとめて指定することができます。
たとえば、P.227の一番上の設定は右のように記述することができます。

```
.boxA {
  grid-row-start: 2;
  grid-row-end: span 2;
  grid-column-start: 1;
  grid-column-end: span 3;
}
```

↓

```
.boxA {
  grid-row: 2 / span 2;
  grid-column: 1 / span 3;
}
```

グリッドアイテムの重なり順

グリッドアイテムを重ねて配置した場合、z-indexプロパティ（P.183）で重なり順をコントロールすることができます。重なり順は初期値では「0」となり、大きな数を指定するほど上になります。マイナスの値を指定することも可能です。値が同じ場合、後から記述したものが上になります。
また、z-indexの適用により、重なり順がpositionプロパティを適用したボックスと同じレイヤーでコントロールされるようになります。

たとえば、右のサンプルはグリッドアイテムAとBが重なるように配置したものです。この段階ではそれぞれの重なり順は同じ「0」となり、記述した順に重なります。

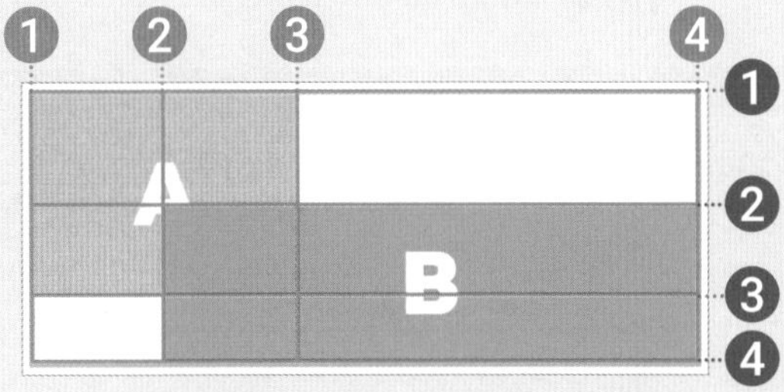


```
.boxA {
  grid-row: 1 / span 2;
  grid-column: 1 / span 2;
}

.boxB {
  grid-row: 2 / span 2;
  grid-column: 2 / span 2;
}
```

↓

Aを上にするためにz-indexを「1」と指定すると、右のような表示になります。

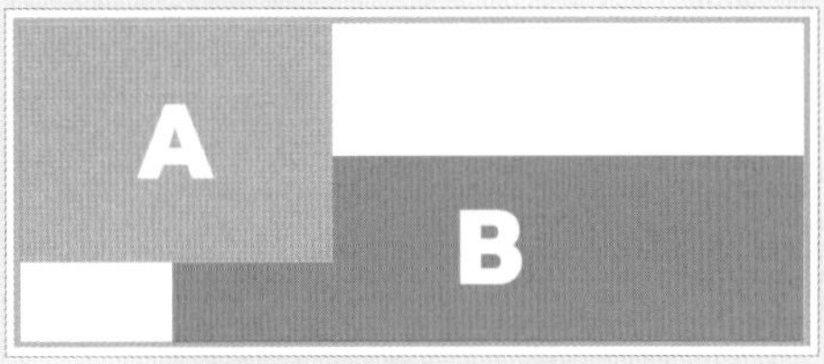


```
.boxA {
  grid-row: 1 / span 2;
  grid-column: 1 / span 2;
  z-index: 1;
}
…
```

7 グリッドレイアウト

7-4 エリアの指定による グリッドアイテムの配置

グリッドアイテムの配置はグリッドラインだけでなく、
グリッドエリアを使って指定することもできます。

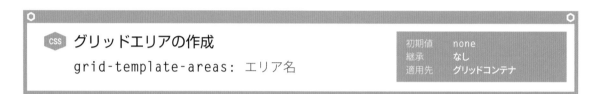

グリッドエリアの作成

`grid-template-areas: エリア名`

初期値	none
継承	なし
適用先	グリッドコンテナ

grid-template-areas プロパティを利用すると、各セルのエリア名を指定し、グリッドエリアを作成することができます。四角形になる連続した複数のセルに同じエリア名を指定すると、1つのエリアとして処理されます。

たとえば、右のサンプルでは3行×3列のグリッドのセルにエリア名を指定しています。エリア名は行ごとに"~"で囲み、各列のエリア名を半角スペースで区切って指定します。これにより、ここでは次のように5つのエリアが作成されます。

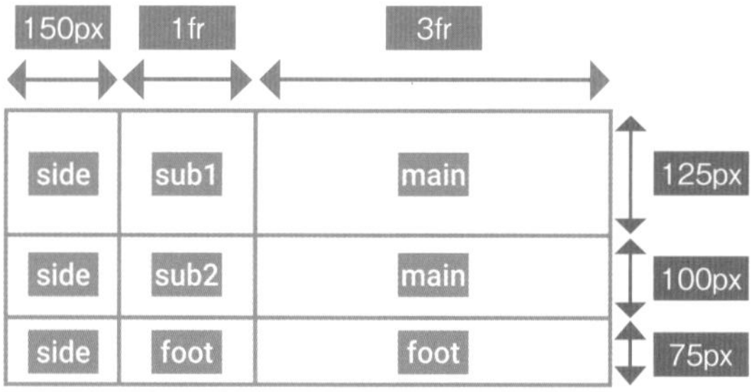


```
.container {
  display:grid;
  grid-template-areas:
    "side sub1 main"
    "side sub2 main"
    "side foot foot";
  grid-template-rows: 125px 100px 75px;
  grid-template-columns: 150px 1fr 3fr;
}
```

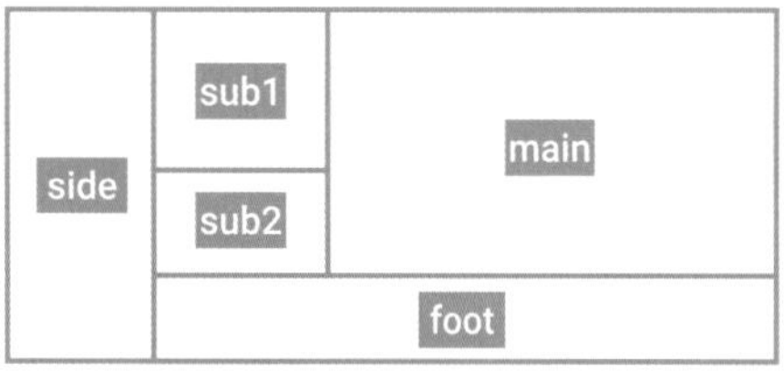

エリア名を付けたくないセルがある場合、エリア名の代わりに「.(ピリオド)」を指定します。

grid-template-areasはグリッドを作成する機能も併せ持っています。そのため、グリッドエリアを指定すると、トラックサイズの指定がなくてもグリッドが作成されます。その場合、トラックサイズは「auto」で処理されます。

グリッドアイテムを配置するエリアの指定

`grid-area: エリア名`

初期値	auto
継承	なし
適用先	グリッドアイテム

グリッドアイテムの配置先をエリア名で指定する場合、grid-area プロパティを利用します。
たとえば、前ページで作成したグリッドエリアにＡ～Ｅの５つのグリッドアイテムを配置すると右のようになります。ここではＡを「side」、Ｂを「main」、Ｃを「sub1」、Ｄを「sub2」、Ｅを「foot」に配置しています。

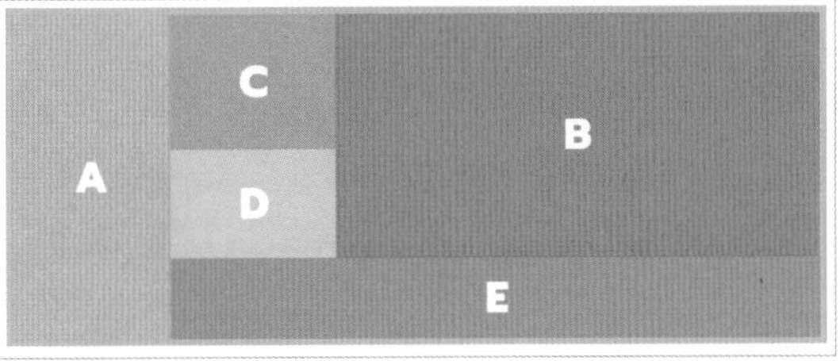

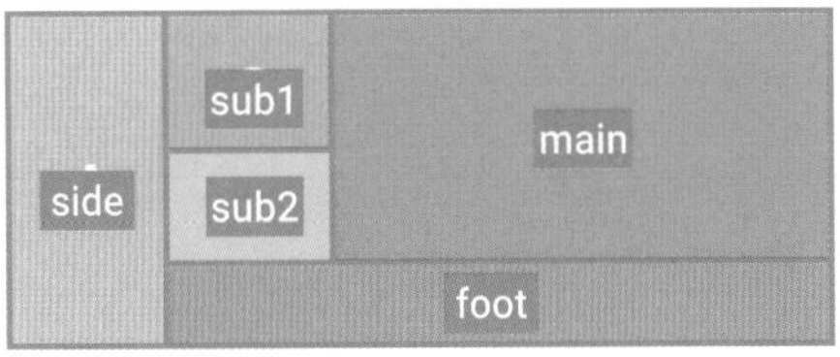


```
<div class="container">
  <div class="boxA">A</div>
  <div class="boxB">B</div>
  <div class="boxC">C</div>
  <div class="boxD">D</div>
  <div class="boxE">E</div>
</div>
```

```
.container {
  display:grid;
  grid-template-areas:
    "side sub1 main"
    "side sub2 main"
    "side foot foot";
  grid-template-rows: 125px 100px 75px;
  grid-template-columns: 150px 1fr 3fr;
}

.boxA  {grid-area: side;}
.boxB  {grid-area: main;}
.boxC  {grid-area: sub1;}
.boxD  {grid-area: sub2;}
.boxE  {grid-area: foot;}
```

グリッドエリアに合わせて割り振られるライン名

グリッドエリアを作成すると、グリッドエリアの始点·終点を構成するラインに「エリア名-start」、「エリア名-end」というライン名が割り振られ、サンプルでは次のようになります。これらのライン名はグリッドアイテムの配置に利用できます。

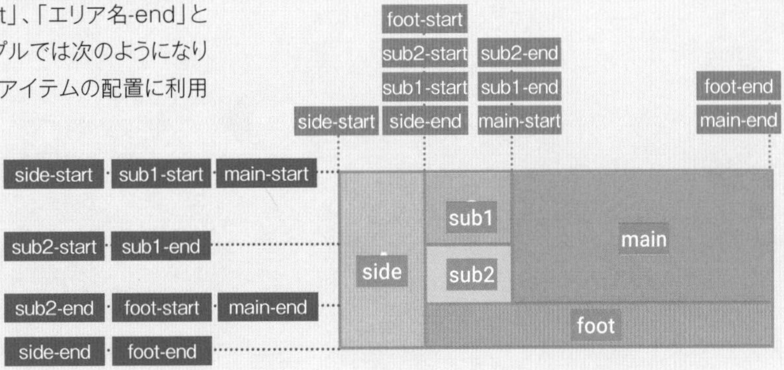

グリッドエリアで作成したグリッドにラインの指定でグリッドアイテムを配置した場合

グリッドエリアを設定すると、前ページのようにラインができます。このラインを使って、グリッドエリアにかかわらず、グリッドアイテムを配置することもできます。

たとえば、グリッドアイテムAを行・列の「main-start」から「foot-end」に配置するように指定すると、右のようになります。このとき、ライン名の「-start」と「-end」を省略し、エリア名で指定することも可能です。

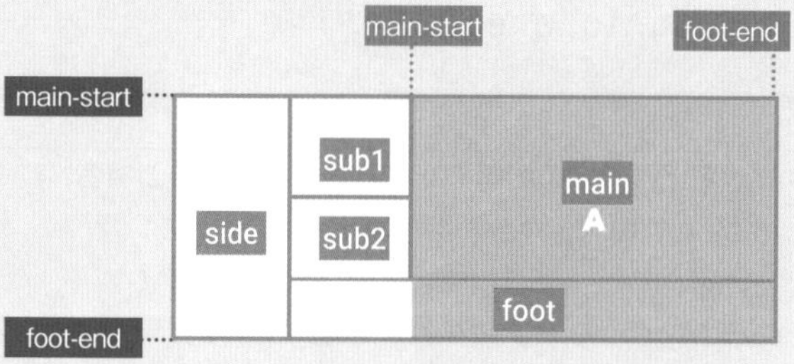


```
.boxA {
        grid-row-start: main;
        grid-row-end: foot;
        grid-column-start: main;
        grid-column-end: foot;
}
```

```
.boxA {
        grid-row-start: main-start;
        grid-row-end: foot-end;
        grid-column-start: main-start;
        grid-column-end: foot-end;
}
```

grid-areaでラインによるグリッドアイテムの配置の指定をまとめる

grid-areaプロパティでは、P.226のgrid-row-start / grid-column-start / grid-row-end / grid-column-endの指定を次のような形でまとめて記述することができます。

```
grid-area: grid-row-start / grid-column-start / grid-row-end / grid-column-end;
```

たとえば、P.227の設定は次のようにまとめて記述することができます。

```
.boxA {
  grid-row-start: 2;
  grid-row-end: span 2;
  grid-column-start: 1;
  grid-column-end: span 3;
}
```

➡

```
.boxA {
  grid-area: 2 / 1 / span 2 / span 3;
}
```

グリッド全体を画面サイズに合わせて表示する

Webアプリケーションを作成する場合などには、グリッド全体をブラウザ画面（ビューポート）のサイズに合わせて表示することも可能です。そのためには、グリッドコンテナの横幅を「100vw」、高さを「100vh」と指定し、「fr」でサイズを指定したフレキシブルなトラックを含めてグリッドを構成します。
また、画画のまわりに余計な余白を入れないようにするため、<body>のmarginを「0」と指定します。

たとえば、P.231でA~Eのグリッドアイテムを配置したグリッドを用意し、右のようにサイズを指定した場合、次のように表示されます。

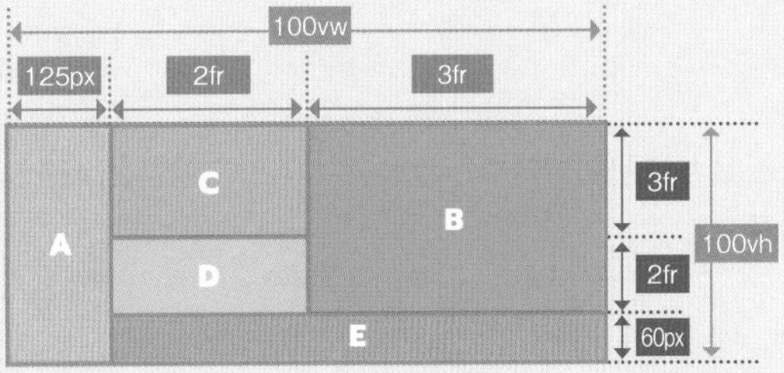


```
body {margin: 0;}

.container {
  width: 100vw;
  height: 100vh;
  display:grid;
  grid-template-areas:
    "side sub1 main"
    "side sub2 main"
    "side foot foot";
  grid-template-rows: 3fr 2fr 60px;
  grid-template-columns: 125px 2fr 3fr;
}

.boxA  {grid-area: side;}
.boxB  {grid-area: main;}
.boxC  {grid-area: sub1;}
.boxD  {grid-area: sub2;}
.boxE  {grid-area: foot;}
```

```
<body>
<div class="container">
  <div class="boxA">A</div>
  <div class="boxB">B</div>
  <div class="boxC">C</div>
  <div class="boxD">D</div>
  <div class="boxE">E</div>
</div>
</body>
```

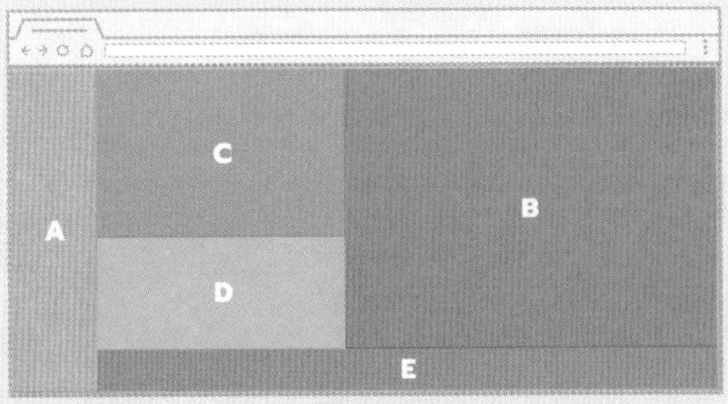

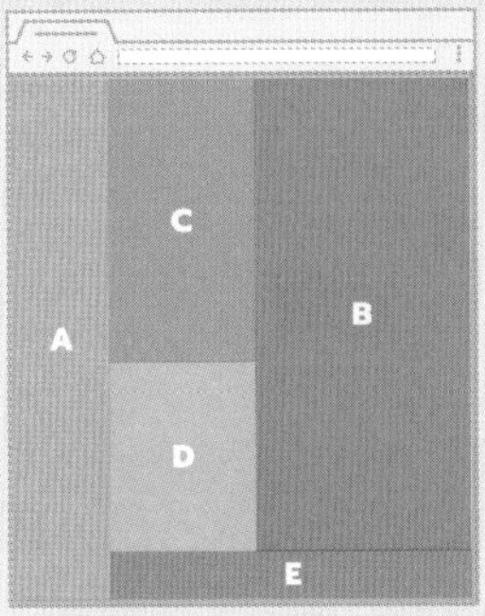

グリッド全体がブラウザの画面サイズに合わせて表示されます。

7-5 グリッドアイテムの間隔

グリッドに配置したグリッドアイテムの間隔を調整します。

CSS **グリッドアイテムの間隔**

`gap: 間隔`

初期値	0
継承	なし
適用先	グリッドコンテナ

間隔	数値 / %	NOTES %はグリッドコンテナに対する割合で指定。

gapプロパティを利用すると、グリッドアイテムの間に余白を挿入し、間隔を調整することができます。余白サイズはトラックサイズには含まれず、グリッド全体のサイズが拡張されます。ただし、「fr」や「minmax()」で指定されたトラックサイズは可能な範囲で調整されます。

たとえば、P.231のサンプルでグリッドコンテナの横幅を750ピクセルに、gapを「20px」と指定すると、右のように20ピクセルの余白が挿入されます。

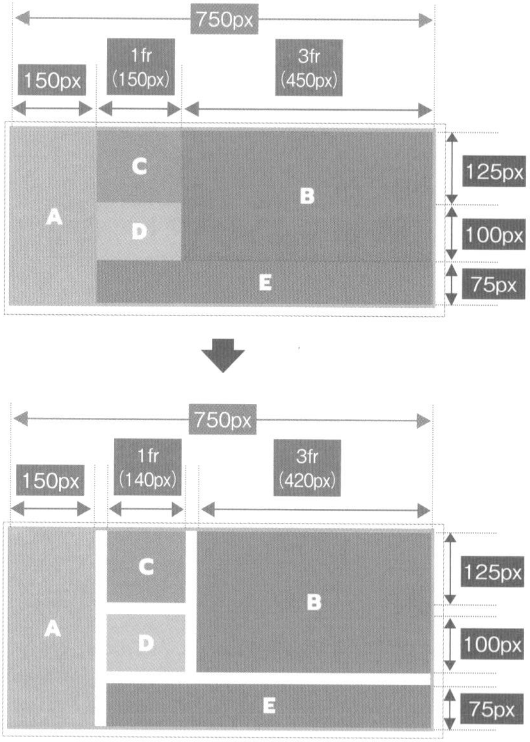


```
.container {
  display:grid;
  grid-template-areas:
    "side sub1 main"
    "side sub2 main"
    "side foot foot";
  grid-template-rows: 125px 100px 75px;
  grid-template-columns: 150px 1fr 3fr;
  width: 750px;
  gap: 20px;
}
.boxA  {grid-area: side;}
.boxB  {grid-area: main;}
.boxC  {grid-area: sub1;}
.boxD  {grid-area: sub2;}
.boxE  {grid-area: foot;}
```

このサンプルの場合、余白の挿入により、トラックサイズを「1fr」、「3fr」と指定した列の横幅が小さくなっています。

行と列の間隔を個別に指定する

gapでは行と列の間隔を個別に指定することもできます。その場合、値を半角スペースで区切り、「行の間隔 列の間隔」と指定します。

たとえば、行の間隔を40ピクセル、列の間隔を10ピクセルに指定すると、右のようになります。

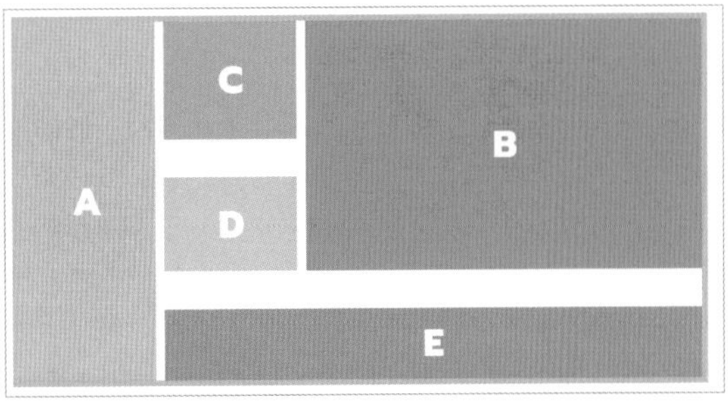


```
.container {…
  gap: 40px 10px;
}
```

row-gap / column-gapプロパティ

行と列の間隔はrow-gapとcolumn-gapで指定することもできます。たとえば、上の設定は右のように記述することが可能です。

```
.container {…
  row-gap: 40px;
  column-gap: 10px;
}
```

Safari 11.x以前に対応する必要がある場合、次の古いプロパティの記述も併記します。

仕様に準拠したプロパティ	古いプロパティ
gap	grid-gap
row-gap	grid-row-gap
column-gap	grid-column-gap

```
.container {…
  grid-gap: 40px 10px;
  gap: 40px 10px;
}
```

7-6 グリッドの位置揃え

グリッドコンテナ内に余白がある場合、グリッドの位置揃えを指定することができます。ただし、フレキシブルな単位「fr」でサイズを指定したトラックがある場合、余白ができないため位置揃えを調整することはできません。

たとえば、右のサンプルはグリッドコンテナとトラックのサイズをピクセルで指定し、余白ができるようにしたものです。justify-content と align-content で位置揃えを指定すると次のようになります。

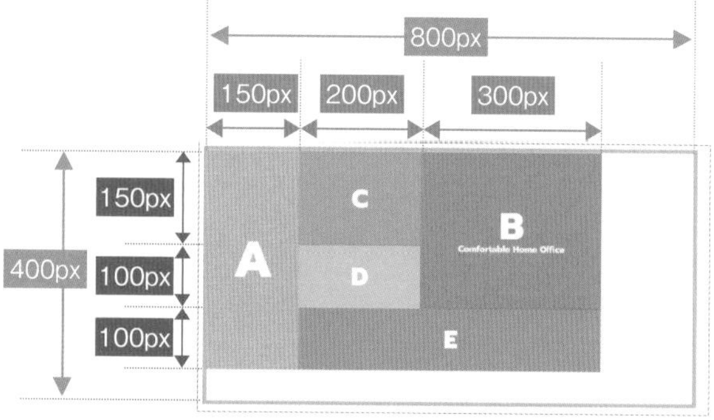

位置揃えの値を「stretch」にしたときの処理については次のページを参照してください。

位置揃えの値を「space-around」、「space-evenly」にした場合は余白が均等割りになりますが、「space-around」では両端の余白が半分のサイズになります。

```
.container {
  display:grid;
  grid-template-rows: 150px 100px 100px;
  grid-template-columns: 150px 200px 300px;
  width: 800px;
  height: 400px;
  justify-content: start;
  align-content: start;
}
```

CSS 横方向のグリッドの位置揃え

justify-content: 位置揃え

初期値	normal (stretch)
継承	なし
適用先	グリッドコンテナ

位置揃え	start / end / center / space-between / space-around / space-evenly / stretch

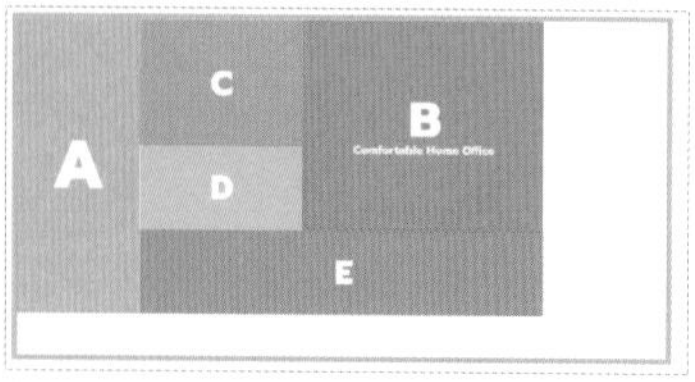

justify-content: start;

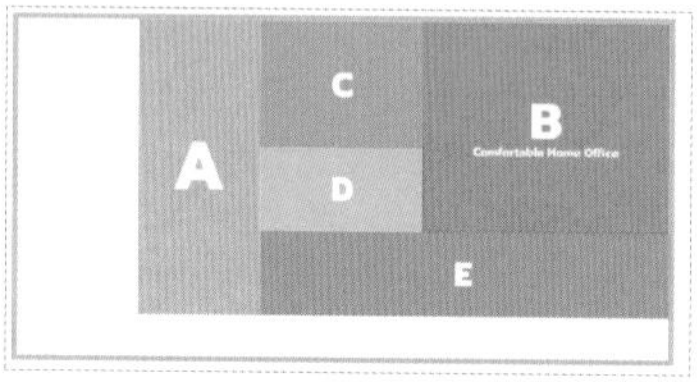

justify-content: end;

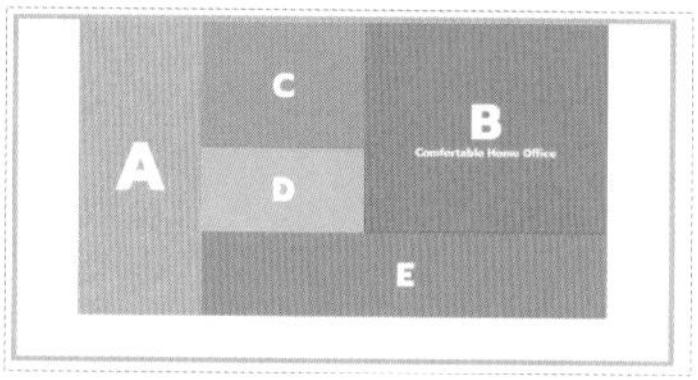

justify-content: center;

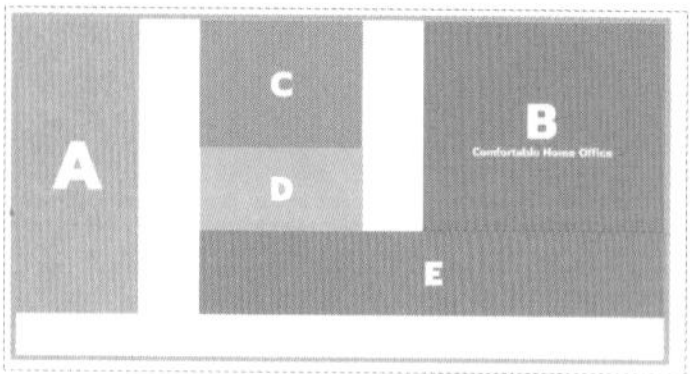

justify-content: space-between;

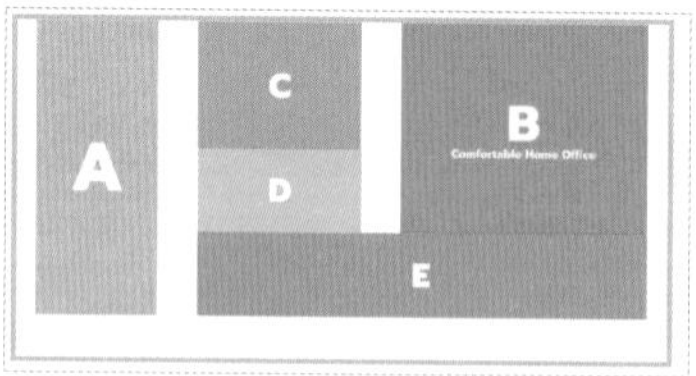

justify-content: space-around;

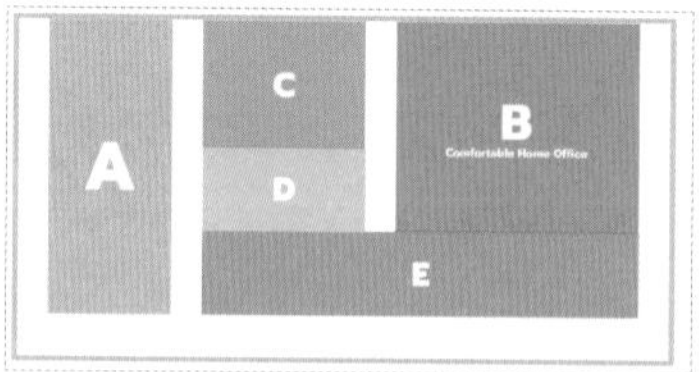

justify-content: space-evenly;

縦方向のグリッドの位置揃え

CSS

`align-content: 位置揃え`

初期値	normal (stretch)
継承	なし
適用先	グリッドコンテナ

位置揃え	start / end / center / space-between / space-around / space-evenly / stretch

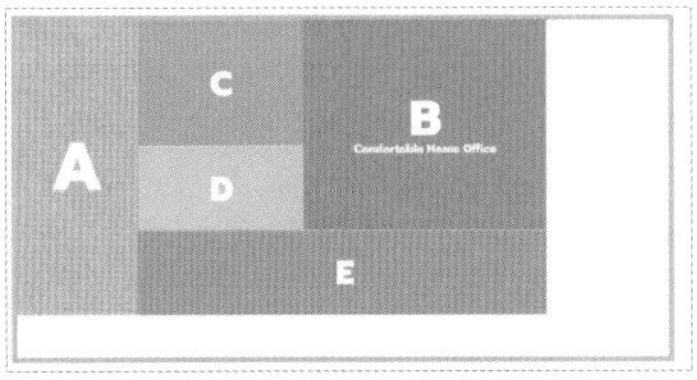

align-content: start;

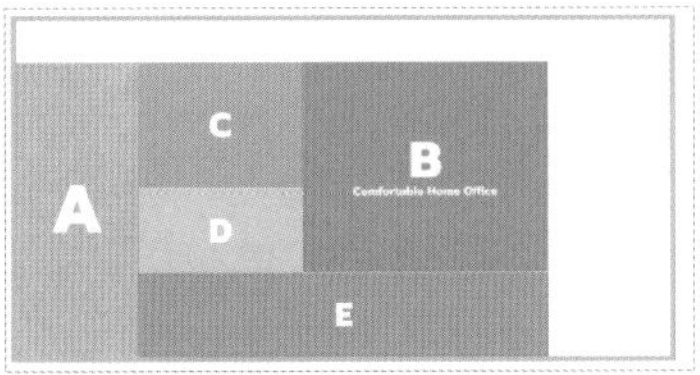

align-content: end;

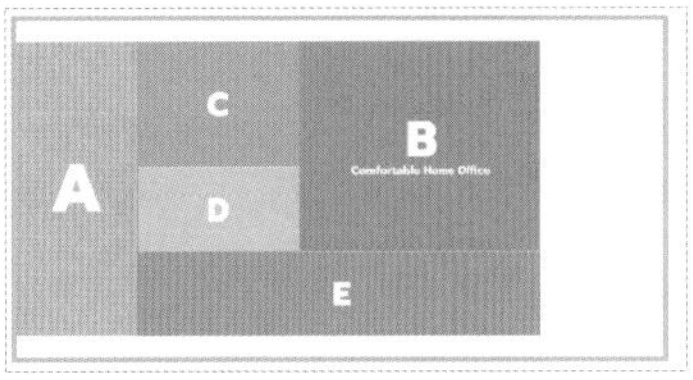

align-content: center;

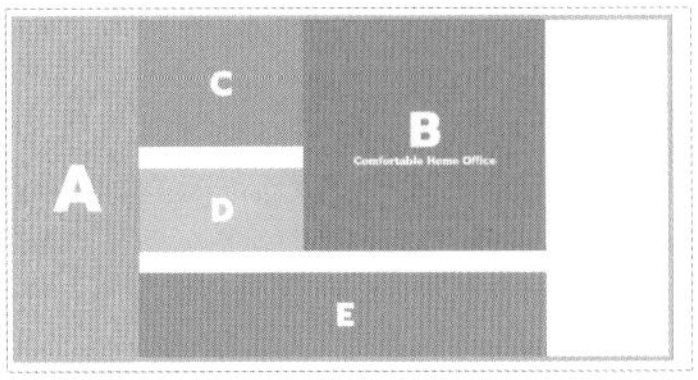

align-content: space-between;

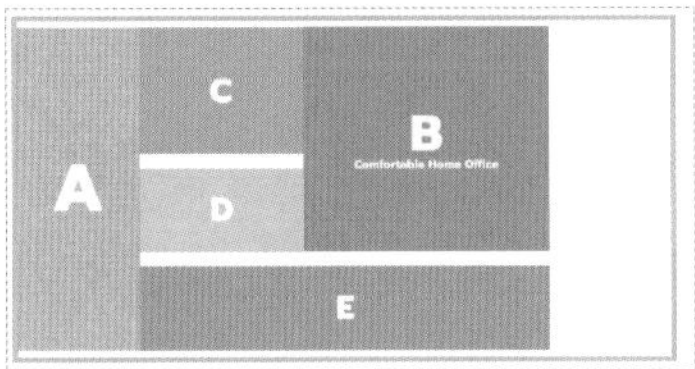

align-content: space-around;

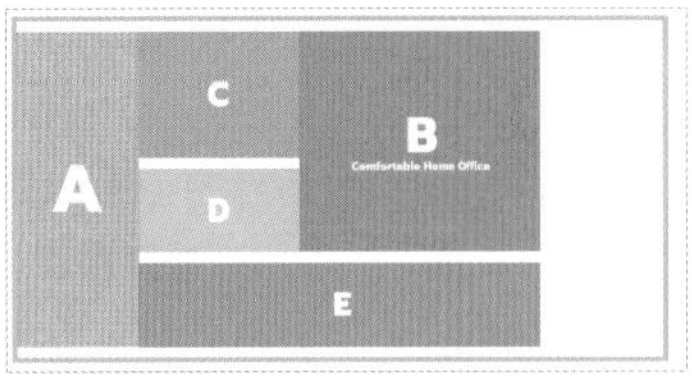

align-content: space-evenly;

「stretch」の処理

位置揃えの値を「stretch」と指定し、グリッドコンテナ内に余白がある場合、トラックサイズを「auto」と指定した行列が引き延ばされ、余白が埋められます。「auto」はP.221のようにトラックサイズの最大値を「max-content」で処理するように定義された値ですが、この場合には「max-content」の処理は無視されます。

たとえば、サンプルの1行目と2列目のトラックサイズを「auto」に変更し、justify-contentとalign-contentを「stretch」と指定すると右のようになります。

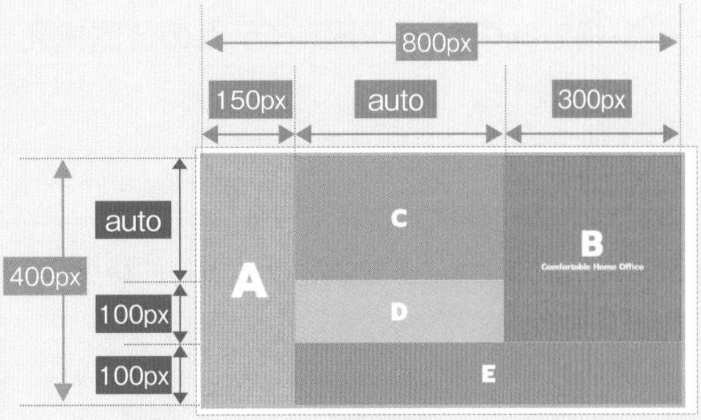


```
.container {
  display:grid;
  grid-template-rows: auto 100px 100px;
  grid-template-columns: 150px auto 300px;
  width: 800px;
  height: 400px;
  justify-contet: stretch;
  align-content: stretch;
}
```

7-7 グリッドアイテムの位置揃え

グリッドアイテムの位置揃えはトラックサイズとの違いで生じるスペースを活用して調整します。すべてのグリッドアイテムの位置揃えをまとめて指定する場合は justify-items と align-items を、グリッドアイテムごとに指定する場合は justify-self、align-self、margin を利用します。

たとえば、右のサンプルはグリッドアイテムよりもトラックサイズが大きくなるように指定したものです。ただし、初期値では justify-items と align-items を「stretch」と指定したものとして処理され、トラックサイズに揃えた表示になります。
なお、「stretch」以外の値を指定すると、グリッドアイテムは中身に合わせたサイズで表示されます。

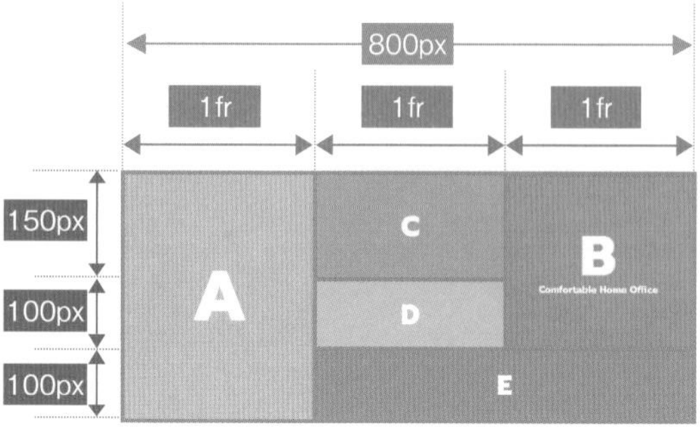


```
.container {
  display:grid;
  grid-template-rows: 150px 100px 100px;
  grid-template-columns: 1fr 1fr 1fr;
  width: 800px;
  justify-items: stretch;
  align-items: stretch;
}
```

CSS 横方向のグリッドアイテムの位置揃え

`justify-items: 位置揃え`

初期値	normal (stretch)
継承	なし
適用先	グリッドコンテナ

位置揃え	start / end / center / stretch

justify-items で横方向の位置揃えを指定すると次のようになります。

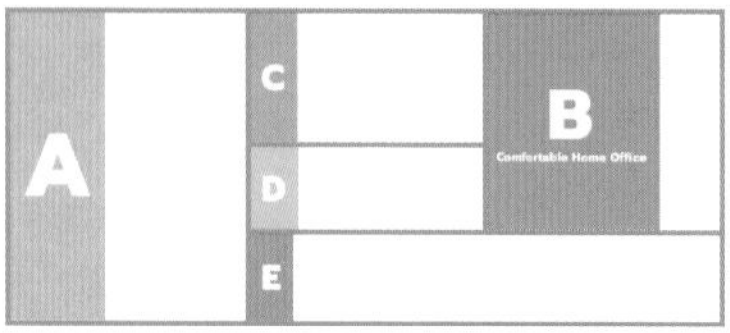

justify-items: start;

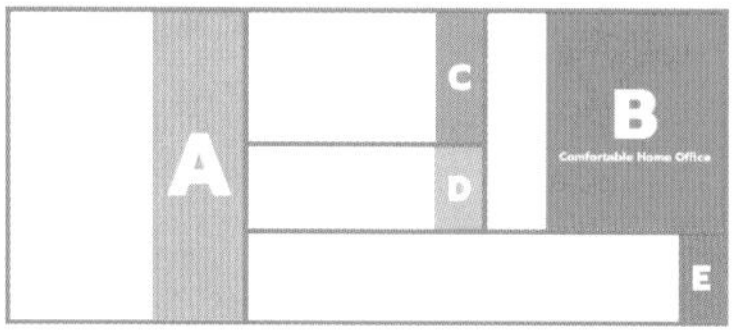

justify-items: end;

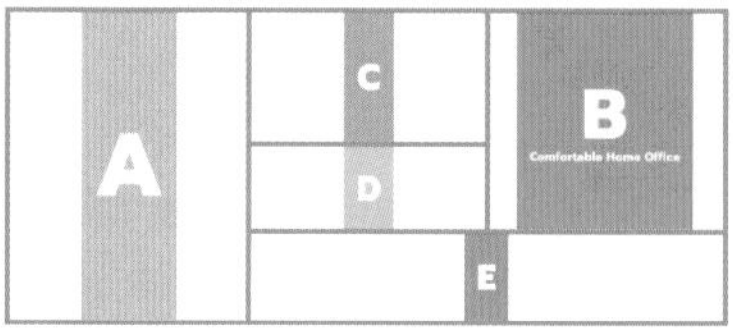

justify-items: center;

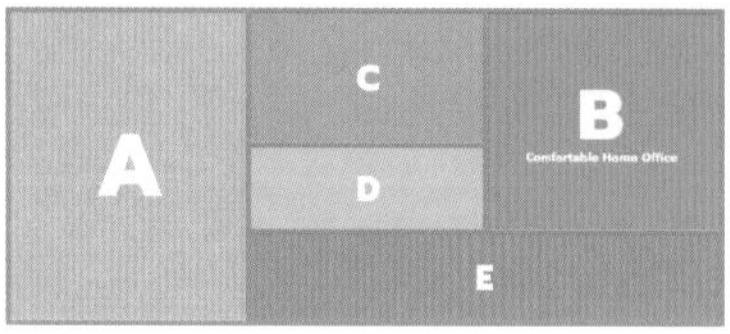

justify-items: stretch;

縦方向のグリッドアイテムの位置揃え

`align-items: 位置揃え`

初期値	normal (stretch)
継承	なし
適用先	グリッドコンテナ

位置揃え	start / end / center / baseline / stretch

align-items で縦方向の位置揃えを指定すると次のようになります。

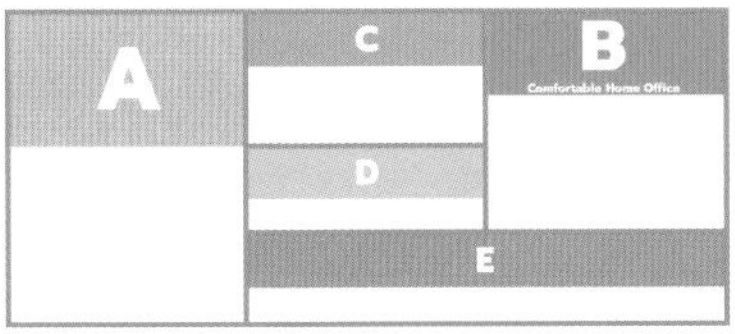

align-items: start;

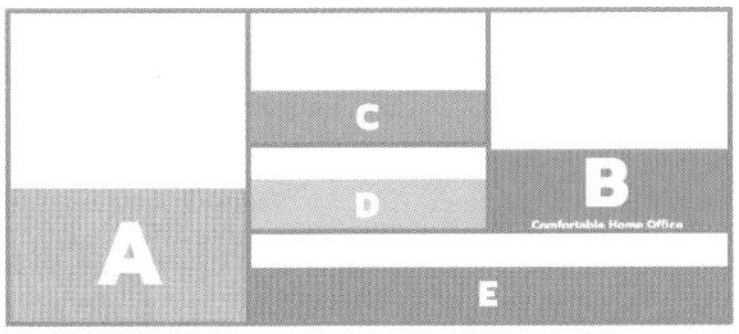

align-items: end;

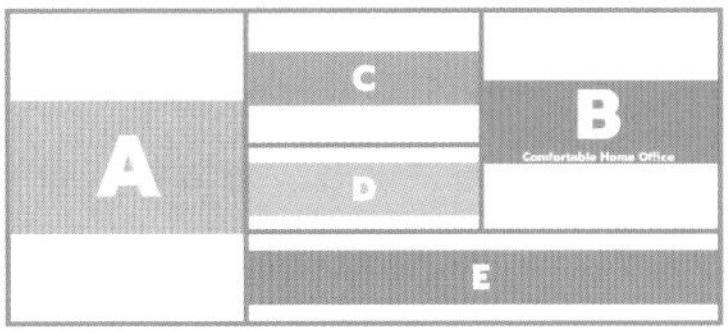

align-items: center;

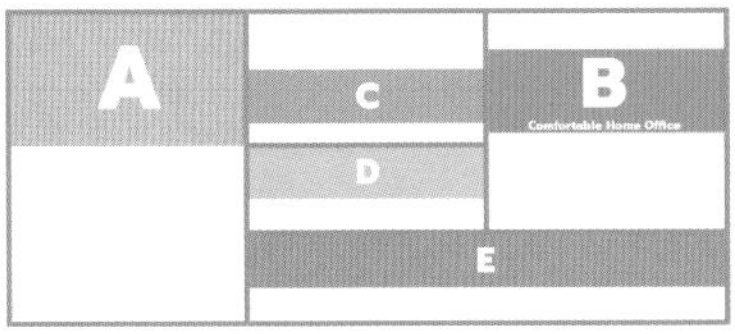

align-items: baseline;

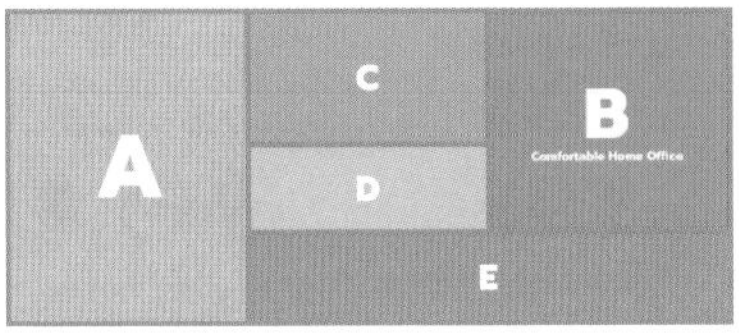

align-items: stretch;

Safari / iOS Safariでは「baseline」が「start」と同じ処理になります。

justify-self と align-self による調整

justify-self と align-self を指定していない場合、これらの値は「auto」に設定されるため、justify-items と align-items で位置揃えを調整できます。
justify-self と align-self を「auto」以外の値に設定した場合、個別に位置揃えを調整することができます。

たとえば、右のサンプルではグリッドアイテム A の justify-self と align-self を「center」と指定し、中央揃えにしています。

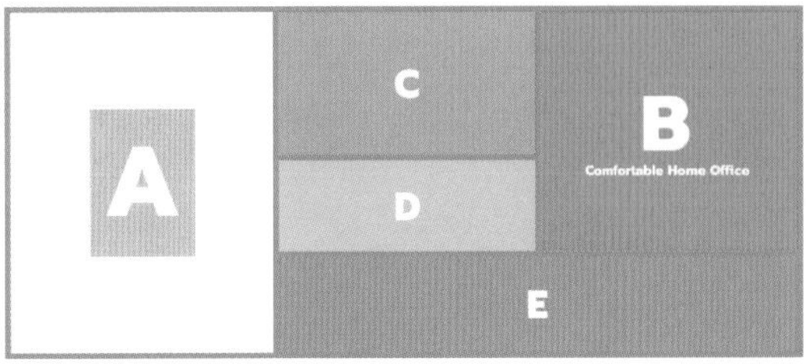


```
.container {
  display:grid;
  grid-template-rows: 150px 100px 100px;
  grid-template-columns: 1fr 1fr 1fr;
  width: 800px;
  justify-items: stretch;
  align-items: stretch;
}
.boxA {justify-self: center;
       align-self: center;}
```

marginを使って同じように中央揃えにする場合、上下左右のマージンを「auto」と指定します。

```
.boxA {margin: auto;}
```

7-8 入れ子のグリッドとサブグリッド

グリッドで配置をコントロールできるのはグリッドコンテナの直近の子要素のみです。
孫要素をコントロールするためには、子要素でもグリッドを作成する必要があります。

入れ子のグリッド

グリッドコンテナは入れ子で作成することができます。たとえば、右のサンプルは親要素 <div class="container"> で4行×5列のグリッドを作成し、6つの子要素（A～Eと<div class="child">）を配置したものです。<div class="child"> は行❷～❹、列❷～❺に配置しています。

さらに、<div class="child"> には「display: grid」を適用してグリッドを作成し、孫要素（AA～CC）の配置をコントロールしています。このグリッドは親グリッドの中にあるため、「入れ子のグリッド」や「子グリッド」と呼ばれます。
ただし、子グリッドは親グリッドとは別に処理されるため、グリッドの構成を grid-template-rows と grid-template-columns で指定する必要があります。ここでは1行×3列のグリッドを構成するように指定しています。

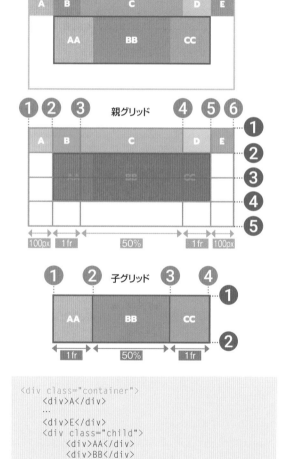

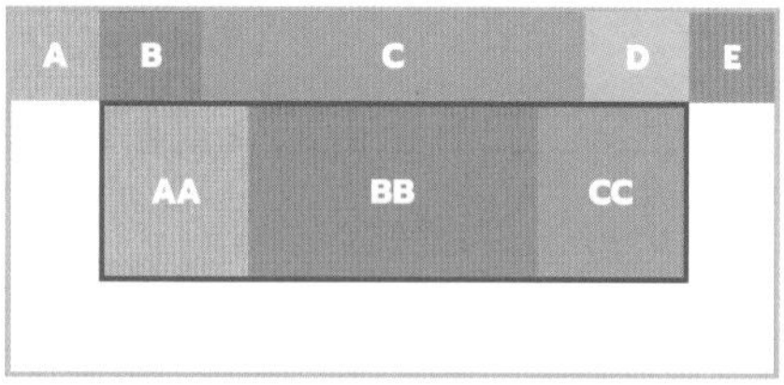

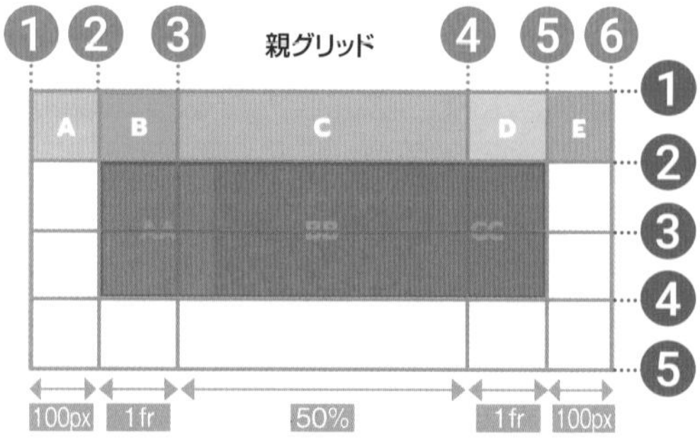

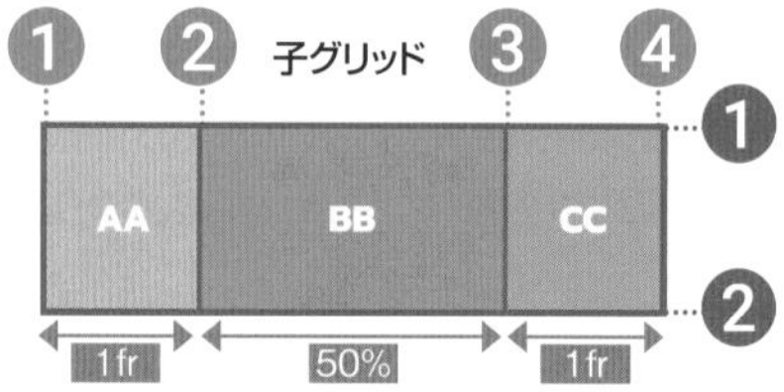


```
.container {
   display:grid;
   grid-template-rows: repeat(4, 100px);
   grid-template-columns: 100px 1fr 50% 1fr 100px;
}

.child {
   grid-row: 2 / 4;
   grid-column: 2 / 5;
   display: grid;
   grid-template-rows: auto;
   grid-template-columns: 1fr 50% 1fr;
}
```

```
<div class="container">
    <div>A</div>
    …
    <div>E</div>
    <div class="child">
        <div>AA</div>
        <div>BB</div>
        <div>CC</div>
    </div>
</div>
```

サブグリッド

子グリッドを親の行列を利用した構成にしたい場合、「サブグリッド」に設定します。
たとえば、子グリッド <div class="child"> の grid-template-rows と grid-template-columns を「subgrid」と指定すると、親グリッドの行列を利用して2行×3列のグリッドが作成されます。

```
.container {
  display:grid;
  grid-template-rows: repeat(4, 100px);
  grid-template-columns: 100px 1fr 50% 1fr 100px;
}

.child {
  grid-row: 2 / 4;
  grid-column: 2 / 5;
  display: grid;
  grid-template-rows: subgrid;
  grid-template-columns: subgrid;
}
```

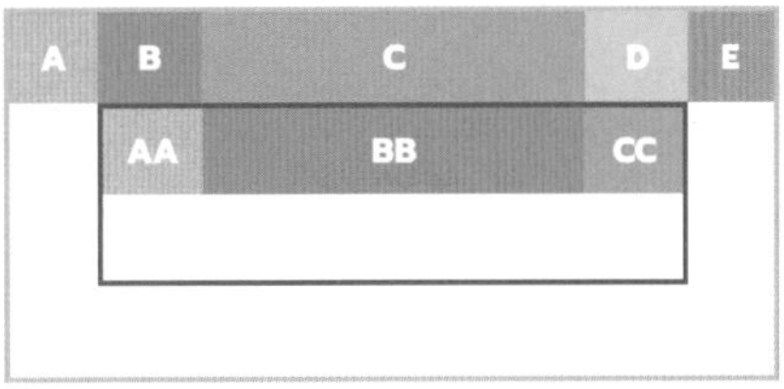

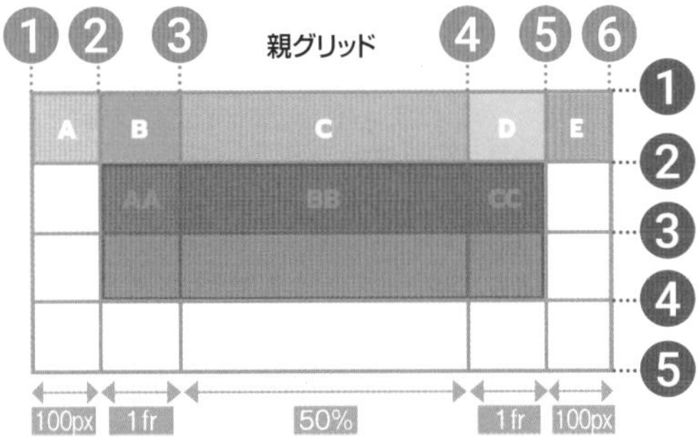

※3つの孫要素は1行目に自動配置されています。

サブグリッドのライン番号

サブグリッドには親グリッドのライン番号は継承されず、1から割り振られます。サブグリッド内のアイテムの配置を指定する場合は注意が必要です。

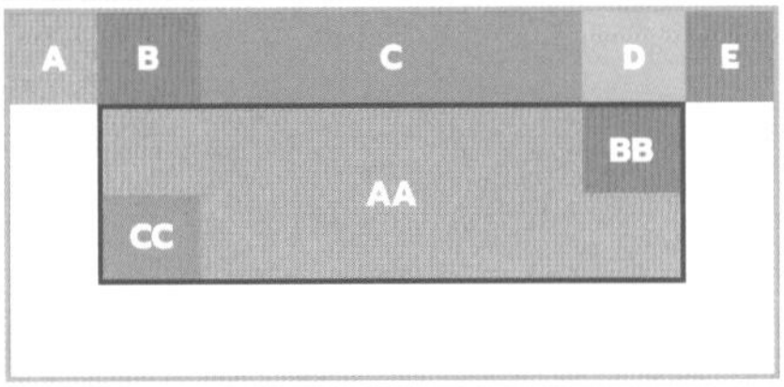

サブグリッド内のAA〜CCの配置を指定したもの。

```
.boxAA {grid-row: 1 / 3;
        grid-column: 1 / 4;}

.boxBB {grid-row: 1;
        grid-column: 3;}

.boxCC {grid-row: 2;
        grid-column: 1;}
```

サブグリッドのギャップ

サブグリッド側でgapを指定しなかった場合、サブグリッドには親グリッドのギャップが継承されます。

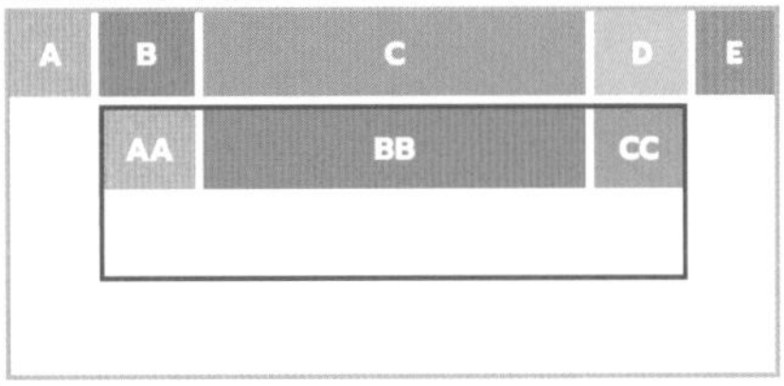

親グリッドに10pxのギャップを入れたもの。

```
.container {gap: 10px;}
```

グリッドの設定をまとめて記述する

grid または grid-template プロパティを利用すると、グリッドの作成に関する設定をまとめて記述することができます。
記述形式は一見複雑に思えますが、作成したいグリッドの構造を見たままの形で記述できるようになっています。ここでは右の構造のグリッドを作成する設定を記述していきます。

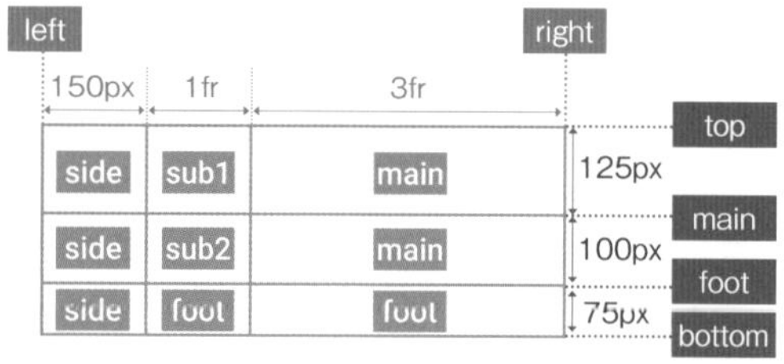

… エリア名。
… 行のライン名。　←→ … 行のトラックサイズ。
… 列のライン名。　←→ … 列のトラックサイズ。

… gridまたはgrid-templateで記述したもの。
… 個別のプロパティで記述したもの。

グリッドエリア＋トラックサイズ＋ライン名

grid　grid-template

```
grid:
  [top] "side sub1 main" 125px [main]
        "side sub2 main" 100px [foot]
        "side foot foot" 75px [bottom]
  / [left] 150px 1fr 3fr [right];
```

```
grid-template-areas:
  "side sub1 main"
  "side sub2 main"
  "side foot foot";
grid-template-rows:
  [top] 125px [main] 100px [foot] 75px [bottom];
grid-template-columns:
  [left] 150px 1fr 3fr [right];
```

グリッドエリア＋トラックサイズ

grid　grid-template

```
grid:
  "side sub1 main" 125px
  "side sub2 main" 100px
  "side foot foot" 75px
  / 150px 1fr 3fr;
```

```
grid-template-areas:
  "side sub1 main"
  "side sub2 main"
  "side foot foot";
grid-template-rows: 125px 100px 75px;
grid-template-columns: 150px 1fr 3fr;
```

トラックサイズ

grid　grid-template

```
grid:
  125px 100px 75px / 150px 1fr 3fr;
```

```
grid-template-rows: 125px 100px 75px;
grid-template-columns: 150px 1fr 3fr;
```

自動配置の方向 row ＋トラックサイズ（行を暗黙のトラックとして作成）

grid

```
grid:
  auto-flow 125px 100px 75px / 150px 1fr 3fr;
```

```
grid-auto-flow: row;
grid-auto-rows: 125px 100px 75px;
grid-template-columns: 150px 1fr 3fr;
```

※denseオプションを付加する場合は
「auto-flow dense」と記述します。

自動配置の方向 column ＋トラックサイズ（列を暗黙のトラックとして作成）

grid

```
grid:
  125px 100px 75px / auto-flow 150px 1fr 3fr;
```

```
grid-auto-flow: column;
grid-template-rows: 125px 100px 75px;
grid-auto-columns: 150px 1fr 3fr;
```

※denseオプションを付加する場合は
「auto-flow dense」と記述します。

gridとgrid-templateがリセットする設定

gridとgrid-templateプロパティは、あらかじめ次の設定を適用し、事前に記述されたプロパティの設定をリセットしてからグリッドの作成を行います。

gridプロパティが適用するリセットの設定

```
grid-template-areas: none;
grid-template-rows: none;
grid-template-columns: none;
grid-auto-flow: row;
grid-auto-rows: auto;
grid-auto-columns: auto;
gap: 0;
```

grid-templateプロパティが適用するリセットの設定

```
grid-template-areas: none;
grid-template-rows: none;
grid-template-columns: none;
```

7 グリッドレイアウト

IE におけるグリッドレイアウト

IE はグリッドレイアウトの古い規格に対応しており、P.219の「トラックサイズの指定によるグリッドの作成」と、P.226 の「ラインの指定によるグリッドアイテムの配置」を行うことができます。たとえば、P.226 のサンプルと同じ3行×3列のグリッドを作成し、グリッドアイテム A と B を右のように配置する場合、標準規格に従った設定と IE 用の設定は次のように記述します。

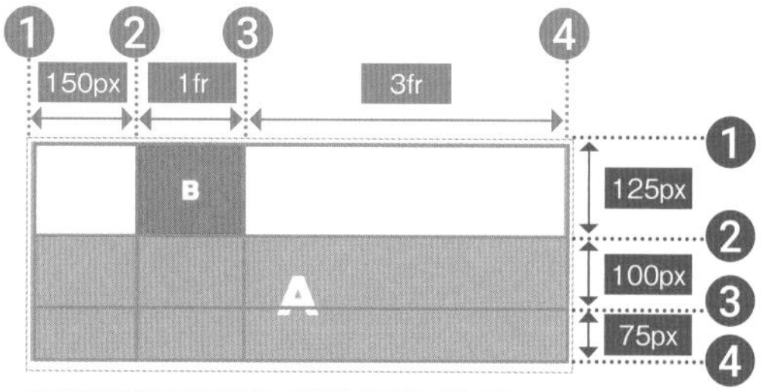


```
<div class="container">
  <div class="boxA">A</div>
  <div class="boxB">B</div>
</div>
```

```
/* 標準規格に従った設定 */
.container {
  display:grid;
  grid-template-rows: 125px 100px 75px;
  grid-template-columns: 150px 1fr 3fr;
}
.boxA {
  grid-row-start: 2;
  grid-row-end: span 2;
  grid-column-start: 1;
  grid-column-end: span 3;
}
.boxB {
  grid-row-start: 1;
  grid-column-start: 2;
}
```

```
/* IE用の設定 */
.container {
  display: -ms-grid;
  -ms-grid-rows: 125px 100px 75px;
  -ms-grid-columns: 150px 1fr 3fr;
}
.boxA {
  -ms-grid-row: 2;
  -ms-grid-row-span: 2;
  -ms-grid-column: 1;
  -ms-grid-column-span: 3;
}
.boxB {
  -ms-grid-row: 1;
  -ms-grid-column: 2;
}
```

IEはP.239のjustify-selfとalign-selfに相当するプロパティにも対応しており、グリッドアイテムの位置揃えを指定することができます。値も同じものを指定することが可能ですが、「baseline」には未対応です。

たとえば、上のサンプルでグリッドアイテムAを中央揃えにする場合、右の設定を追加で適用します。

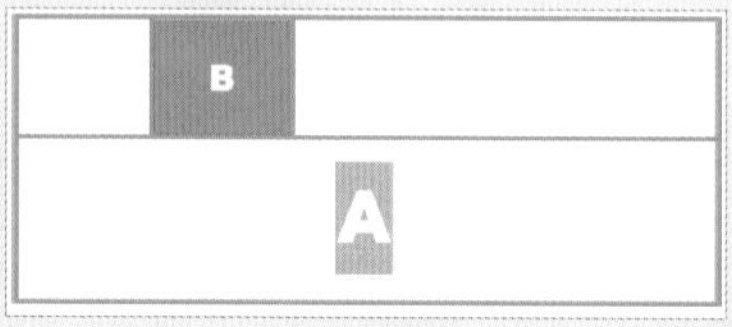


```
/* 標準規格に従った設定 */
.boxA { justify-self: center;
        align-self: center;}

/* IE用の設定 */
.boxA { -ms-grid-column-align: center;
        -ms-grid-row-align: center;}
```

Chapter 8

テーブル

8-1 テーブルレイアウト

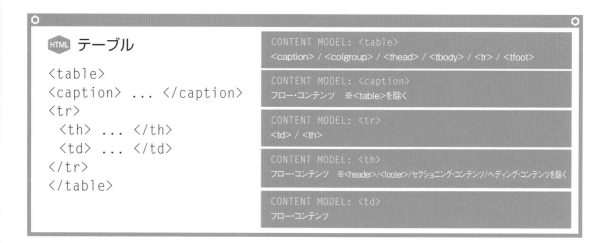

表形式のデータのマークアップには <table> を利用します。<table> の構成するボックスは display プロパティの値が「table」となり、テーブルレイアウトが行われます。

テーブルを構成するタグに適用されるdisplayプロパティの値についてはP.166を参照してください。

HTML テーブル

```
<table>
<caption> ... </caption>
<tr>
  <th> ... </th>
  <td> ... </td>
</tr>
</table>
```

CONTENT MODEL: <table>
<caption> / <colgroup> / <thead> / <tbody> / <tr> / <tfoot>

CONTENT MODEL: <caption>
フロー・コンテンツ　※<table>を除く

CONTENT MODEL: <tr>
<td> / <th>

CONTENT MODEL: <th>
フロー・コンテンツ　※<header>/<footer>/セクショニング・コンテンツ/ヘディング・コンテンツを除く

CONTENT MODEL: <td>
フロー・コンテンツ

<table> では <tr> で行を、<th> で見出しセルを、<td> でデータセルを構成します。このとき、<tr> の数で行数が、<tr> 内のセルの数で列数が決まります。セルの横幅と高さは中身のコンテンツに合わせたサイズになります。
また、<caption> を利用するとテーブルにキャプションをつけることができます。<caption> は <table> 内の１つ目の子要素として１つのみ記述することが可能です。
たとえば、３行×４列の表形式のデータをマークアップし、キャプションをつけて表示すると右のようになります。

プランの比較

プラン	A	B	C
利用料金（月額）	100円/月	500円/月	800円/月
容量	10GB	100GB	500GB

構成されるテーブルの構造

プランの比較

プラン	A	B	C
利用料金（月額）	100円/月	500円/月	800円/月
容量	10GB	100GB	500GB

```
<table>
<caption>プランの比較</caption>
<tr>
  <th>プラン</th>
  <th>A</th><th>B</th><th>C</th>
</tr>
<tr>
  <th>利用料金（月額）</th>
  <td>100円/月</td><td>500円/月</td><td>800円/月</td>
</tr>
<tr>
  <th>容量</th>
  <td>10GB</td><td>100GB</td><td>500GB</td>
</tr>
</table>
```

テーブルのボックスモデル

<table> は以下の図のようにラッパーボックスとインターナルボックスを構成し、マージンはラッパーボックスに、ボーダーとパディングはインターナルボックスに適用されます。
キャプション <caption> はラッパーボックス内に挿入されますが、マージンの重ね合わせ（P.144）は行われません。
キャプション以外のボックスはインターナルボックス内に配置されます。このとき、<tr> のマージン・パディング・ボーダー、および <th> と <td> のマージンは無効化されます。

テーブルやセルのまわりにボーダーを表示し、テーブルの構造をわかりやすく表示するためには、右のように <table>、<th>、<td> に border（P.147）を適用します。

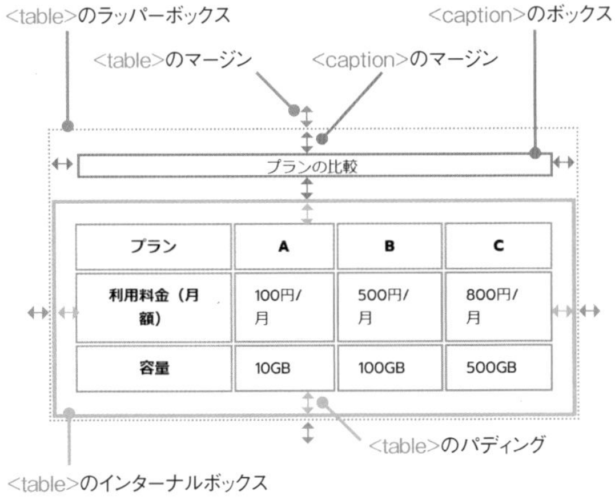

プランの比較

プラン	A	B	C
利用料金（月額）	100円/月	500円/月	800円/月
容量	10GB	100GB	500GB

```
table {
  border: solid 2px #abcf3e;
}

caption {margin-bottom: 10px;}

th {
  padding: 10px 20px;
  border: solid 2px #5ca8ee;
}

td {
  padding: 10px 20px;
  border: solid 2px #ff8e52;
}
```

<tr>のボーダーは、P.254のborder-collapseプロパティを「collapse」に指定すると有効化され、表示に反映されるようになります。

W3Cの仕様ではCSSを使わずにボーダーを表示する<table>のborder属性の利用が認められていましたが、HTML Living Standardでは認められていません。
P.022の文法チェックツールでもエラーとなり、CSSを使用してボーダーを表示することが求められます。

プラン	A	B	C
利用料金（月額）	100円/月	500円/月	800円/月
容量	10GB	100GB	500GB

×
```
<table border>
…
</table>
```

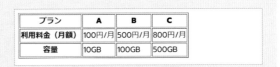

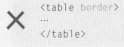

複数の行・列にまたがるセルの作成

複数の行や列にまたがるセルを作成する場合、<th>、<td> の rowspan 属性で使用する行数を、colspan 属性で使用する列数を指定します。

たとえば、右のサンプルでは「プラン」のセルを colspan="2"、「サーバー」のセルを rowspan="2" で表示し、3行×5列のテーブルを作成しています。

> CSSにはrowspan、colspan属性に相当する処理を行うプロパティは用意されていません。

「プラン」のセル。

<table>
<tr><th colspan="2">プラン</th><th>A</th><th>B</th><th>C</th></tr>
<tr><th rowspan="2">サーバー</th><th>利用料金</th><td>100円/月</td><td>500円/月</td><td>800円/月</td></tr>
<tr><th>容量</th><td>10GB</td><td>100GB</td><td>500GB</td></tr>
</table>

「サーバー」のセル。

```
<table>
<tr>
  <th colspan="2">プラン</th>
  <th>A</th><th>B</th><th>C</th>
</tr>
<tr>
  <th rowspan="2">サーバー</th>
  <th>利用料金</th>
  <td>100円/月</td><td>500円/月</td><td>800円/月</td>
</tr>
<tr>
  <th>容量</th>
  <td>10GB</td><td>100GB</td><td>500GB</td>
</tr>
</table>
```

代替の見出し

<th>のabbr属性を利用すると代替の見出しを用意することができ、本来の見出しとは異なる形式のものが要求されたときに使用されます。一般的に見出しを短く省略したものを指定しますが、異なる言い回しなどを指定することも可能です。
たとえば、一部の音声ブラウザではデータセルの内容に合わせて見出しを読み上げる際に、abbr属性で指定された省略形の見出しを使用するものがあります。

```
<table>
<tr>
  <th>プラン</th>
  <th abbr="ライト">A ライトプラン</th>
  <th abbr="スタンダード">B スタンダードプラン</th>
  <th abbr="プロ">C  ハイグレードプラン</th>
</tr>
…
```

見出しとデータの関係

テーブルの構造が複雑な場合などには、scope属性やheaders属性を利用して見出しとデータの関係を示すことができます。

見出し側で示す場合

見出し側で関係を示す場合、<th>のscope 属性を利用します。たとえば、テーブルの構造上、「プラン」は行と列のどちらの見出しとも判別することができてしまいます。しかし、scope属性を「row」と指定することにより、行の見出しであることを示すことができます。
なお、scope 属性で指定できる値は次のようになっています。

scope属性の値	行や列に対する見出しの位置づけ
row	行に対する見出し
col	列に対する見出し
rowgroup	行のグループに対する見出し
colgroup	列のグループに対する見出し
auto	自動判別

プラン	A	B	C
利用料金（月額）	100円/月	500円/月	800円/月
容量	10GB	100GB	500GB

行の見出しであることを示したもの。

```
<table>
<tr>
  <th scope="row">プラン</th>
  <th>A</th><th>B</th><th>C</th>
</tr>
…
```

データ側で示す場合

データ側で関係を示す場合、まずは見出し側の<th>にIDを指定し、参照できるようにします。
次に、<th>や<td>のheaders属性でデータが属する見出しのIDを指定します。半角スペースで区切ることにより、複数のID を指定することもできます。

たとえば、右のサンプルでは「A」が「プラン」に、「100円/月」が「A」と「利用料金（月額）」に属する項目であることを示しています。

「プラン」に属する項目であることを示したもの。

プラン	A	B	C
利用料金（月額）	100円/月	500円/月	800円/月
容量	10GB	100GB	500GB

「A」と「利用料金」に属する項目であることを示したもの。

```
<table>
<tr>
  <th id="plan">プラン</th>
  <th id="a-plan" headers="plan">A</th>
  <th>B</th><th>C</th>
</tr>
<tr>
  <th id="price">利用料金（月額）</th>
  <td headers="a-plan price">100円/月</td>
  <td>500円/月</td>
…
```

8-2 テーブルのグループ

テーブルでは行と列のグループを示すことができます。

HTML 列のグループ

```
<colgroup><col span="～"></colgroup>
<colgroup span="～"></colgroup>
```

CONTENT MODEL: <colgroup>
・span属性を持つ場合: 空
・span属性を持たない場合:
　ゼロまたは1つ以上の<col>

CONTENT MODEL: <col>
空

<colgroup>はテーブルの列のグループを示すタグで、<caption> の後に記述します。グループに属する列の数は次のいずれかの形式で指定します。

Ⓐ <colgroup> 内の <col> の数で示します。

Ⓑ <colgroup> 内の <col> の span 属性の値で示します。

Ⓒ <colgroup> の span 属性の値で示します。この場合、<colgroup> 内に <col> は記述できません。

たとえば、右のサンプルでは1列と3列で構成される2つのグループを示し、1つ目のグループを黄色、2つ目のグループを黄緑色の背景で表示するように指定しています。

<colgroup>と<col>に適用できるプロパティはborder、background、width、visibilityの4 種類と定義されています。

すべての列がグループに属している必要はありません。ただし、グループは1列目から順に指定する仕組みになっているため、1列目を飛ばして2列目以降をグループにすることはできません。

プランの比較

プラン	A	B	C
利用料金（月額）	100円/月	500円/月	800円/月
容量	10GB	100GB	500GB

1つ目のグループ。　2つ目のグループ。

```
colgroup:nth-of-type(1) {background: #f3c90b;}
colgroup:nth-of-type(2) {background: #e1f89b;}
```

Ⓐ

```
<table>
<caption>プランの比較</caption>
<colgroup><col></colgroup>
<colgroup><col><col><col></colgroup>
<tr>
…
```

Ⓑ

```
<table>
<caption>プランの比較</caption>
<colgroup><col></colgroup>
<colgroup><col span="3"></colgroup>
<tr>
…
```

Ⓒ

```
<table>
<caption>プランの比較</caption>
<colgroup></colgroup>
<colgroup span="3"></colgroup>
<tr>
…
```

行のグループ

<thead> ... </thead>
<tbody> ... </tbody>
<tfoot> ... </tfoot>

CONTENT MODEL
ゼロまたはそれ以上の<tr>

<thead>、<tbody>、<tfoot> は行のグループを示すタグです。それぞれが構成するグループはテーブルのヘッダー、メインデータ、フッターとして扱われます。記述ルールは次のようになっています。

- <caption> または <colgroup> に続けて、<thead>、<tbody>、<tfoot> の順に記述します。
- <thead>、<tfoot>、<tbody> の順に記述することも可能ですが、画面表示はヘッダー、メインデータ、フッターの順になります。
- <tbody> は複数記述することも可能です。
- グループ化していないすべての行は <tbody> でグループ化したものとして処理され、<tbody> に適用した CSS の設定も反映されます。

たとえば、右のサンプルでは 1 行目を <thead>、2～3行目を <tbody>、4行目を <tfoot> でグループ化し、それぞれの背景を黄色、黄緑色、赤色に指定しています。

プランの比較

プラン	A	B	C	thead
利用料金（月額）	100円/月	500円/月	800円/月	tbody
容量	10GB	100GB	500GB	
総合評価	★★	★★★★★	★★★★	tfoot

```
thead {background: #f3c90b;}
tbody {background: #e1f89b;}
tfoot {background: #f8a379;}
```

```
<table>
<caption>プランの比較</caption>
<thead>
  <tr>
  <th>プラン</th> …
  </tr>
</thead>

<tbody>
  <tr>
  <th>利用料金（月額）</th> …
  </tr>

  <tr>
  <th>容量</th> …
  </tr>
</tbody>

<tfoot>
  <tr>
  <th>総合評価</th> …
  </tr>
</tfoot>
</table>
```

8-3 テーブルに関する付帯事項

次のプロパティを利用することで、テーブルの表示に関する調整を行うことができます。

プロパティ	調整対象
table-layout	テーブルの列の横幅の決定方法
border-spacing	ボーダーの間隔
empty-cells	空セルの表示
border-collapse	ボーダーの重ね合わせ
caption-side	キャプションの表示位置

CSS テーブルの列の横幅の決定方法

`table-layout: 決定方法`

初期値	0
継承	あり
適用先	displayが「table」または「inline-table」な要素

決定方法	auto / fixed

table-layout プロパティを利用すると、テーブルの列の横幅の決定方法を指定することができます。すべてのデータを読み込んでから決定する場合は「auto」、1行目のデータを読み込んだ段階で決定する場合は「fixed」と指定します。

「fixed」はテーブルの表示を速くする効果がありますが、<table> の横幅を width で指定している場合にのみ機能します。

たとえば、右のサンプルは <table> の横幅を600ピクセルに、1行・1列目の「プラン」のセル <th class="plan"> の横幅を80ピクセルに指定したものです。

初期値では table-layout を「auto」と指定したものとして処理されるため、列の横幅はすべてのデータを読み込んでから、同じ列に含まれる最も大きなセルの横幅に設定されます。そのため、1列目の横幅は、<th class="plan"> で指定した80ピクセルではなく、2行目ののセルの横幅で表示されています。

```
table {table-layout: auto;
       width: 600px;}
.plan {width: 80px;}
```

```
<table>
<tr>
  <th class="plan">プラン</th>
  <th>A</th><th>B</th><th>C</th>
</tr>
<tr>
  <th>利用料金 SPECIALIZATION</th>
  <td>100円/月</td><td>500円/月</td><td>800円/月</td>
</tr>
...
```

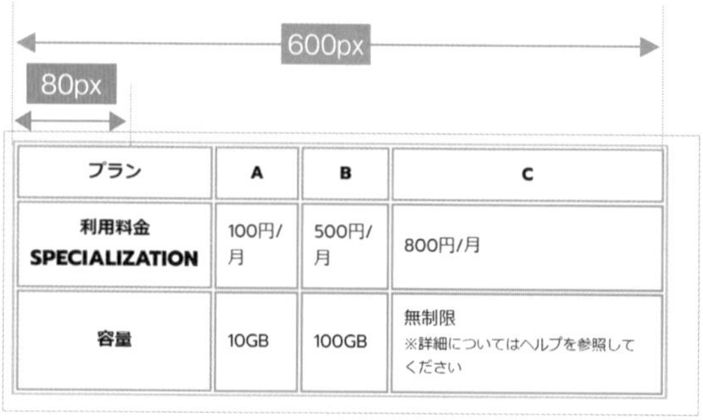

table-layout を「fixed」と指定すると、列の横幅は1行目のデータを読み込んだ段階で決定されます。そのため、1列目の横幅は <th class="plan"> で指定した 80 ピクセルの横幅になります。
横幅を指定していない残りの列の横幅は、1:1:1 の均等割りになります。

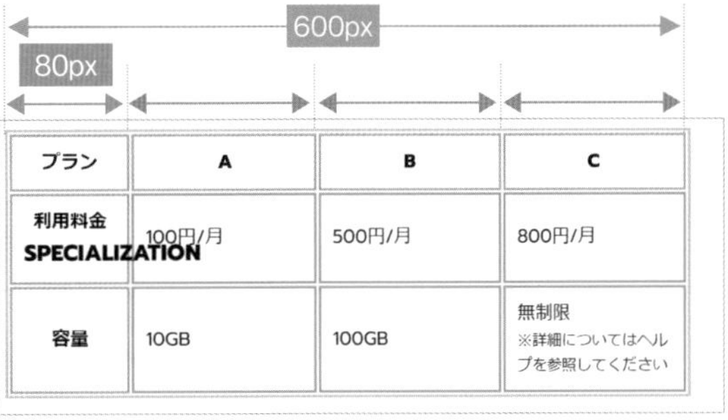


```
table {table-layout: fixed;
       width: 600px;}
.plan {width: 80px;}
```

ボーダーの間隔

border-spacing: 間隔

初期値	0
継承	あり
適用先	displayが「table」または「inline-table」でdisplay-collapseが「separate」な要素

間隔	数値

border-spacing プロパティを利用すると、テーブルのボーダーの間隔を調節することができます。たとえば、右のサンプルは <table>、<th>、<td> に border を適用し、テーブルとセルのまわりにボーダーを表示したものです。border-spacing を指定していない場合、ボーダーの間にはブラウザによって数ピクセルの余白が挿入された状態になります。
この余白サイズを調整するには border-spacing を利用します。たとえば、「20px」と指定すると以下のようになります。また、値を2つ指定すると、行と列で間隔を変えることもできます。

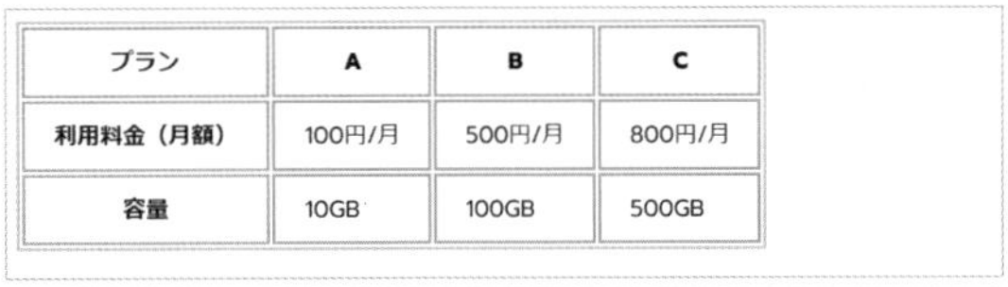


```
table {border: solid 2px #abcf3e;}
th {border: solid 2px #5ca8ee;}
td {border: solid 2px #ff8e52;}
```

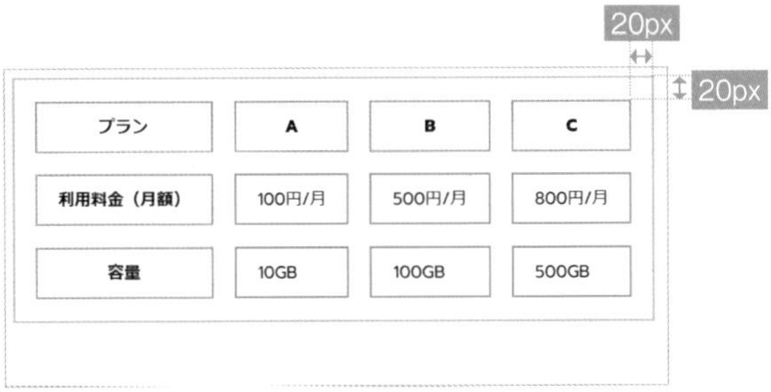


```
table {border-spacing: 20px;}
```

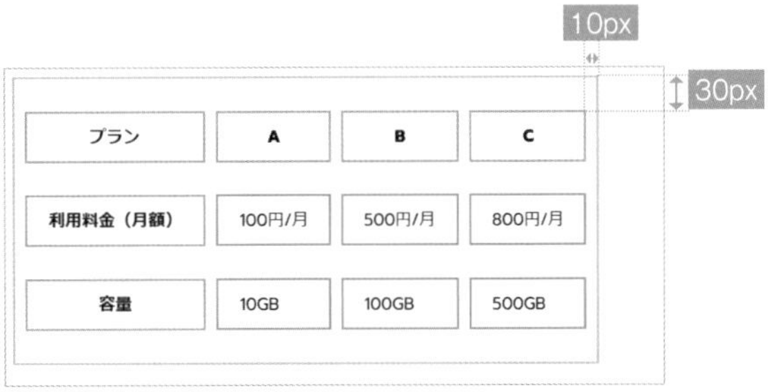


```
table {border-spacing: 10px 30px;}
```

8
テーブル

空セルの表示

CSS

empty-cells: 表示

初期値	show
継承	あり
適用先	displayが「table-cell」で display-collapseが「separate」な要素

表示	show / hide

empty-cells プロパティを利用すると、中身のない空セルのボーダーと背景を表示するかどうかを指定することができます。
たとえば、右のサンプルはボーダーで囲んだ <th> の背景を水色にして、1行・1列目の <th> を空セルにしたものです。empty-cells を指定しなかった場合、初期値の「show」で処理されるため、空セルのボーダーと背景は表示されます。

empty-cells を「hide」に指定すると、空セルのボーダーと背景を非表示にすることができます。

空セル。

	A	B	C
利用料金（月額）	100円/月	500円/月	800円/月
容量	10GB	100GB	500GB

↓

	A	B	C
利用料金（月額）	100円/月	500円/月	800円/月
容量	10GB	100GB	500GB

```
<table>
<tr>
  <th></th>
  <th>A</th><th>B</th><th>C</th>
</tr>
…
```

```
table {empty-cells: hide;
       border: solid 2px #abcf3e;}
th {border: solid 2px #5ca8ee;
    background: #95c9f9;}
td {border: solid 2px #ff8e52;}
```

ボーダーの重ね合わせ

CSS

border-collapse: 処理

初期値	separate
継承	あり
適用先	displayが「table」または「inline-table」な要素

処理	separate / collapse

border-collapse プロパティを利用すると、テーブルのボーダーを重ね合わせることができます。
たとえば、右のサンプルは <table> に緑色、<th> に水色、<td> に赤色のボーダーを表示したものです。border-collapse を指定しなかった場合、初期値の「separate」で処理されるため、ボーダーは個別に表示されます。

プラン	A	B	C
利用料金（月額）	100円/月	500円/月	800円/月
容量	10GB	100GB	500GB

```
table {border: solid 2px #abcf3e;}
th {border: solid 2px #5ca8ee;}
td {border: solid 2px #ff8e52;}
```

border-collapseを「collapse」と指定すると、隣り合うボーダーが重ね合わせて表示されます。このとき、重なる順番は次の❶～❸の条件で決まります。サンプルの場合、❶の太さは2px、❷のスタイルはsolidで同じなため、❸の条件により、<th>と<td>のボーダーが<table>のボーダーの上になっています。

❶ ボーダーの太さの違いで決定。太い方が上になります。

❷ ボーダーのスタイルの違いで、double、solid、dashed、dotted、ridge、outset、groove、insetの順に決定。doubleが一番上になります。

❸ <table> **<** <tr> **<** <th> **=** <td>となり、<th>と<td>では隣接する左と上のセルが上になります。

プラン	A	B	C
利用料金（月額）	100円/月	500円/月	800円/月
容量	10GB	100GB	500GB

```
table {border-collapse: collapse;
       border: solid 2px #abcf3e;}
th {border: solid 2px #5ca8ee;}
td {border: solid 2px #ff8e52;}
```

```
<table>
<tr>
  <th>プラン</th>
  <th>A</th><th>B</th><th>C</th>
</tr>
…
</table>
```

borderの「none」と「hidden」

borderプロパティの「none」と「hidden」はどちらもボーダーを非表示する値です。ボーダーを重ね合わせたテーブルに適用すると、その処理が変わります。
たとえば、上のサンプルで<th>のborderを「none」と指定すると、<th>の水色のボーダーが非表示になり、<table>や<td>のボーダーが見えるようになります。

プラン	A	B	C
利用料金（月額）	100円/月	500円/月	800円/月
容量	10GB	100GB	500GB

```
table {border-collapse: border-collapse;
       border: solid 2px #abcf3e;}
th {border: none;}
td {border: solid 2px #ff8e52;}
```

<th>のborderを「hidden」と指定した場合、<th>のボーダーだけでなく、重なっているすべてのボーダーが非表示になります。

プラン	A	B	C
利用料金（月額）	100円/月	500円/月	800円/月
容量	10GB	100GB	500GB

```
table {border-collapse: border-collapse;
       border: solid 2px #abcf3e;}
th {border: hidden;}
td {border: solid 2px #ff8e52;}
```

CSS キャプションの表示位置

caption-side: 位置

初期値	top
継承	あり
適用先	displayが「table-caption」の要素

位置	top / bottom

caption-side プロパティを利用すると、キャプションの表示位置をテーブルの上または下に指定することができます。
たとえば、右のサンプルはテーブルにキャプションをつけて表示したものです。caption-side を指定していない場合、初期値の「top」で処理され、テーブルの上に表示されます。

プランの比較

プラン	A	B	C
利用料金（月額）	100円/月	500円/月	800円/月
容量	10GB	100GB	500GB

```
<table>
<caption>プランの比較</caption>
...
```

caption-side を「bottom」と指定すると、右のようにテーブルの下に表示されます。

プラン	A	B	C
利用料金（月額）	100円/月	500円/月	800円/月
容量	10GB	100GB	500GB

プランの比較

```
caption {caption-side: bottom;}
```

caption-sideの論理値

caption-sideプロパティでは、論理値の「block-start」「block-end」「inline-start」「inline-end」でキャプションの表示位置を指定できるようにすることが提案されていますが、現在のところ対応ブラウザはありません。論理値についてはP.153を参照してください。

Chapter 9

テキスト

9-1 書式設定

書式に関する設定は次のプロパティを利用して調整することができます。

プロパティ	書式設定
font-size	フォントサイズ
font-family	フォント
font-weight	フォントの太さ
font-style	斜体

プロパティ	書式設定
font-stretch	フォントの幅
font-variant	字形
line-height	行の高さ
font	フォントの設定をまとめて指定

CSS フォントサイズ

font-size: サイズ

初期値	medium
継承	あり
適用先	全要素

サイズ　数値 / % / 絶対サイズ / 相対サイズ

NOTES ※%は親要素のフォントサイズに対する割合で指定。

フォントサイズの調整は font-size プロパティで行います。font-size を指定しなかった場合、フォントサイズは初期値の「medium」で処理され、主要ブラウザでは 16 ピクセルのサイズになります。右のサンプルでは <div> のフォントサイズを 32 ピクセルに指定しています。

絶対サイズの値	主要ブラウザの表示サイズ	表示例
xx-large	32px	ホームオフィス
x-large	24px	ホームオフィス
large	18px	ホームオフィス
medium	16px	ホームオフィス
small	13px	ホームオフィス
x-small	10px	ホームオフィス
xx-small	9px	ホームオフィス

相対サイズの値	フォントサイズ
larger	親要素のフォントサイズよりひとまわり大きくする
smaller	親要素のフォントサイズよりひとまわり小さくする

快適なホームオフィス

↓

快適なホームオフィス

```
div {font-size: 32px;}
```

```
<div>快適なホームオフィス</div>
```

可読性を保つため、Chromeは10ピクセル以下のfont-sizeの指定を無視し、10ピクセルのフォントサイズで表示を行います。

CSS フォント

`font-family: フォント`

初期値	ブラウザで設定されたフォント
継承	あり
適用先	全要素

フォント　フォント名 / 系統名

font-familyプロパティではフォント名(フォントファミリー名)または系統名(総称フォントファミリー名)で表示に使用するフォントを指定します。フォント名にスペースや日本語が含まれる場合は「'」や「"」で囲んで記述します。
ただし、指定したフォントで表示するためには、フォントが閲覧環境にインストールされているか、Webフォント(P.269)としてフォントデータを読み込んでいる必要があります。

複数のフォントの候補の指定

カンマ区切りで複数のフォント名を指定しておくと、ブラウザは指定されたフォントの中から利用できるものを使って表示を行います。この場合、先に記述したフォントほど優先順位が高くなります。
「欧文フォント, 日本語フォント」の順に指定した場合、半角英数字は欧文フォントで、日本語の文字は日本語フォントで表示することが可能です。

系統名の指定

系統名は「セリフ」や「サンセリフ」といったフォントの系統を示すもので、閲覧環境で利用できるフォントの中からブラウザが最適なものを選んで表示を行います。複数の候補を指定する場合、最後に系統名を指定しておくことにより、指定したフォントがすべて利用できない環境でも同系統のフォントで表示することができます。

たとえば、右のサンプルでは欧文を「Impact」で、日本語をmacOS / iOS環境の「Hiragino Kaku Gothic Pro(ヒラギノ角ゴ)」またはWindows環境の「メイリオ」で表示するように指定し、系統を「sans-serif」と指定しています。

font-familyを指定せず、Edgeで表示したもの。ブラウザで設定されたフォントで表示されます。

font-familyを指定したときの表示。

```
div { font-family: Impact,
      'Hiragino Kaku Gothic Pro', 'メイリオ',
      sans-serif;}
```

```
<div>快適なホームオフィス
<span>Comfortable Home Office</span></div>
```

系統名	フォントの系統
serif	セリフ
sans-serif	サンセリフ
monospace	等幅
cursive	筆記体
fantasy	装飾
system-ui ※	閲覧環境のOSのUIフォント

※ CSS4で提案されている値。Firefoxは未対応。

主要なOSに標準でインストールされているフォントは下記のサイトで確認することができます。

Font-familyメーカー
https://saruwakakun.com/font-family

代替フォントのフォントサイズの自動調整　font-size-adjust

font-familyプロパティで指定したフォントが閲覧環境になかった場合、ブラウザは代替フォントで表示を行います。しかし、同じフォントサイズでもフォントが変わると見た目の大きさがが変わってしまい、レイアウトのバランスが崩れるといった問題が発生します。これはフォントごとのデザインに違いがあるためです。

たとえば、右のサンプルは「Gill Sans」フォントでテキストを表示し、フォントサイズを32ピクセルにして画像と横幅を揃えてレイアウトしたものです。しかし、Gill SansはmacOS環境には標準でインストールされていますが、Windows環境にはインストールされていません。そのため、Windows環境で表示するとブラウザが代替フォントで表示を行い、レイアウトのバランスが変わってしまいます。サンプルの場合、font-familyプロパティで指定した「Verdana」フォントで表示され、テキストの横幅が画像よりも大きくなってしまいます。

「Gill Sans」フォントで画像と横幅を揃えてレイアウト。

font-size-adjustプロパティを指定していないときの表示。
「Verdana」フォントで表示され、横幅が大きくなっています。

代替フォントで表示してもレイアウトのバランスが変わらないようにするためには、font-size-adjustプロパティを利用します。たとえば、font-size-adjustプロパティの値を「0.5」に指定すると、Verdanaフォントで表示した場合にも見出しと画像の横幅が揃った表示になります。

「0.5」はGill Sansフォントのアスペクト比として算出した値です。アスペクト比は小文字xの高さ（x-height）をフォントサイズで割ったもので、フォントごとにその値は異なります。ここではフォントサイズを100 ピクセルにしたときのx-heightから算出した値を使用しています。
font-size-adjustはこの値を元に代替フォントのフォントサイズを調整し、x-heightの高さを揃えて同じバランスにして表示を行います。

font-size-adjustプロパティを指定したときの表示。
「Verdana」フォントで表示されますが、レイアウトのバランスが変わらないように文字サイズが調節されます。

```
h1 {
  font-size: 32px;
  font-family: 'Gill Sans', Verdana, sans-serif;
  font-size-adjust: 0.5;
}
```

```
<h1>Comfortable Office</h1>
```

小さいフォントサイズの自動調整　text-size-adjust

-webkit-

小さいフォントサイズのテキストは、画面の小さいデバイスでは読みづらくなります。そのため、iOS SafariやAndroidのChromeでは、必要に応じてフォントサイズの自動調整が行われます。

たとえば、右のサンプルは<h1>を32ピクセル、<p>を16ピクセルのフォントサイズに設定したものです。iPhoneで表示を確認すると、縦向きのときは指定したフォントサイズで表示されますが、横向きにすると<p>のフォントサイズが拡大して表示されます。
これは、横向きの画面では1行の文字数が増え、16ピクセルのフォントサイズでは読みづらくなると判別されているためです。

自動調整が行われる条件は明確に規定されておらず、フォントサイズ、文章量、ビューポートの設定（P.031）などに応じて変わります。

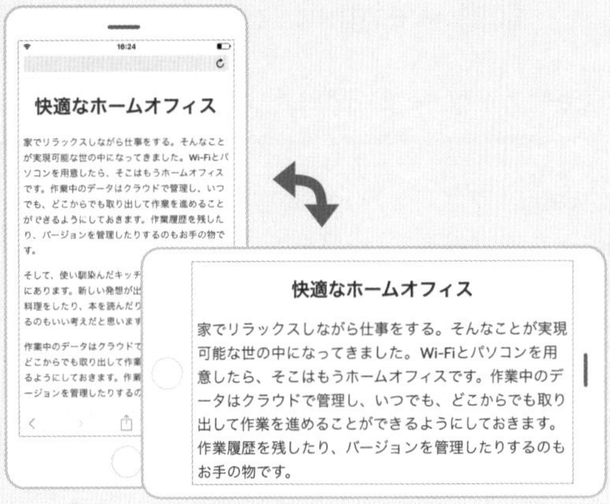
16:24
快適なホームオフィス
家でリラックスしながら仕事をする。そんなことが実現可能な世の中になってきました。Wi-Fiとパソコンを用意したら、そこはもうホームオフィスです。作業中のデータはクラウドで管理し、いつでも、どこからでも取り出して作業を進めることができるようにしておきます。作業履歴を残したり、バージョンを管理したりするのもお手の物です。
快適なホームオフィス
家でリラックスしながら仕事をする。そんなことが実現可能な世の中になってきました。Wi-Fiとパソコンを用意したら、そこはもうホームオフィスです。作業中のデータはクラウドで管理し、いつでも、どこからでも取り出して作業を進めることができるようにしておきます。作業履歴を残したり、バージョンを管理したりするのもお手の物です。

```
h1  {font-size: 32px;}
p   {font-size: 16px;}
```

```
<h1>快適なホームオフィス</h1>
<p>家でリラックスしながら仕事をする。そんなことが実現可能な世の中になってきました。Wi-Fiとパソコンを用意したら、そこはもうホームオフィスです。…</p>
```

こうしたフォントサイズの自動調整機能をオフにしたい場合には、text-size-adjustプロパティを「none」と指定します。これで、iPhoneを横向きにした場合でも、<p>は16ピクセルのフォントサイズで表示されるようになります。

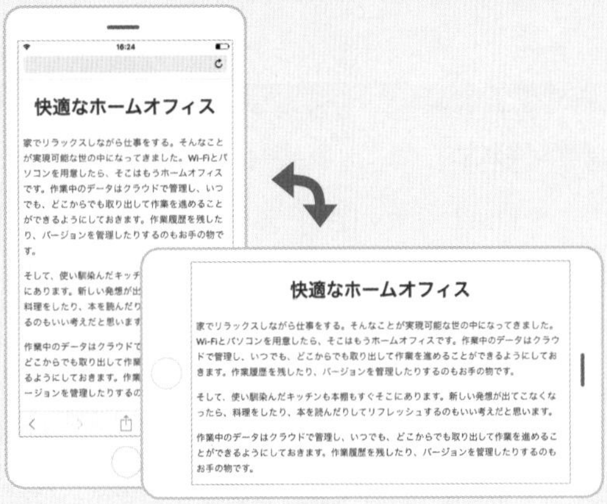
16:24
快適なホームオフィス
快適なホームオフィス
家でリラックスしながら仕事をする。そんなことが実現可能な世の中になってきました。Wi-Fiとパソコンを用意したら、そこはもうホームオフィスです。作業中のデータはクラウドで管理し、いつでも、どこからでも取り出して作業を進めることができるようにしておきます。作業履歴を残したり、バージョンを管理したりするのもお手の物です。
そして、使い馴染んだキッチンも本棚もすぐそこにあります。新しい発想が出てこなくなったら、料理をしたり、本を読んだりしてリフレッシュするのもいい考えだと思います。
作業中のデータはクラウドで管理し、いつでも、どこからでも取り出して作業を進めることができるようにしておきます。作業履歴を残したり、バージョンを管理したりするのもお手の物です。

```
h1  {font-size: 32px;}
p   {-webkit-text-size-adjust: none;
     text-size-adjust: none;
     font-size: 16px;}
```

フォントの太さ

CSS

`font-weight: 太さ`

初期値	normal
継承	あり
適用先	全要素

太さ	normal / bold / 100 / 200 / 300 / 400 / 500 / 600 / 700 / 800 / 900 / bolder / lighter

font-weightではフォントの太さを指定します。font-weightを指定しなかった場合、初期値の「normal」で処理され、標準の太さで表示されます。太字で表示するためには、右のサンプルのようにfont-weightを「bold」と指定します。

太さは100～900の9段階で指定することも可能です。100が最も細く、400が「normal」、700が「bold」と同じ太さになります。
ただし、フォントが太さの異なるデータを持っていない場合、9段階で太さを変えることはできません。主要な閲覧環境に標準でインストールされているフォントの多くは2段階の太さのデータしか持っていないため、100～500が「normal」、600～900が「bold」と同じ太さで処理されます。

※CSS4では1～1000の数値で指定できるようになっています。

快適なホームオフィス

↓

快適なホームオフィス

```
div {font-weight: bold;}
```

```
<div>快適なホームオフィス</div>
```

太さの値	太さ
normal	標準の太さ(400と同じ)
bold	太字(700と同じ)
bolder	親要素の太さよりひとまわり太くする
lighter	親要素の太さよりひとまわり細くする

斜体

CSS

`font-style: スタイル`

初期値	normal
継承	あり
適用先	全要素

スタイル	normal / italic / oblique

font-styleでは文字を斜体にすることができます。font-styleを指定しなかった場合、初期値の「normal」で処理されるため、文字は傾かず、正体で表示されます。斜体で表示するときは「italic」または「oblique」と指定します。

Comfortable Office

↓

Comfortable Office

```
<div>Comfortable Office</div>
```

```
div {font-style: italic;
     font-family: Verdana, sans-serif;}
```

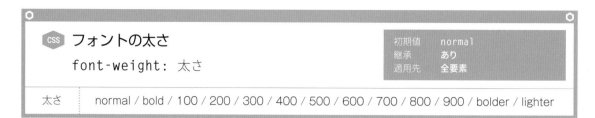

italicとobliqueの違い

「italic」と「oblique」は欧文フォントのイタリック体とオブリーク体を指定する値です。前者はきれいに見えるようにデザインされた斜体を、後者は正体を斜めにして作成された斜体を指します。
欧文フォントの多くはこうした斜体のフォントデータを持っていますが、イタリック体がない場合はオブリーク体で、それもない場合はブラウザが正体のフォントを斜めにして表示を行うことになっています。

メイリオの斜体

日本語フォントのメイリオは斜体のフォントデータを持っているため、それを使用して表示が行われます。ただし、斜体となっているのはアルファベットのみで、日本語は正体でデザインされています。そのため、font-styleで斜体の設定を適用しても、メイリオで表示した日本語の文字は斜体となりません。

フォントの幅

font-stretch: 幅

初期値	normal
継承	あり
適用先	全要素

幅	ultra-condensed / extra-condensed / condensed / semi-condensed / normal / semi-expanded / expanded / extra-expanded / ultra-expanded

font-stretchではフォントの幅を指定します。指定できる値は上のようになっており、最も幅狭になるのが「ultra-condensed」、最も幅広になるのが「ultra-expanded」です。
フォントが幅狭や幅広のデータを持っていない場合や、font-stretchを指定しなかった場合には初期値の「normal」で処理され、標準の幅で表示されます。

たとえば、右のサンプルは表示に使用するフォントをmacOS環境の「Helvetica Neue」またはWindows 10環境の「Arial Nova」に指定したものです。これらは幅狭のデータを持っており、font-stretchを「condensed」と指定すると、フォントの幅を狭くすることができます。

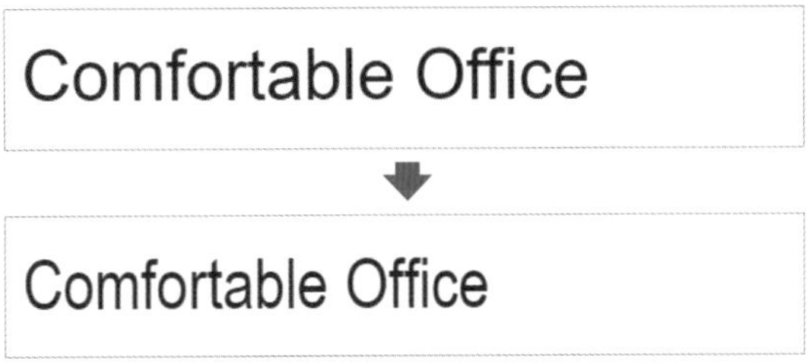


```
div {font-stretch: condensed;
     font-family: 'Helvetica Neue',
                  'Arial Nova', sans-serif;}
```

```
<div>Comfortable Office</div>
```

Windows 10の「Arial Nova」はMicrosoft Storeから無料でダウンロード&インストールできます。

Arial Novaを入手
https://www.microsoft.com/ja-jp/p/arial-nova/9ns5ct1mz7m8

字形

font-variant: 字形

初期値	normal
継承	あり
適用先	全要素

字形	normal / small-caps

font-variantでは欧文フォントの字形を指定します。font-variantを指定しなかった場合、初期値の「normal」で処理され、字形は変化しません。
右のように「small-caps」と指定すると、スモールキャップス（スモールキャピタル）の字形で表示することができます。スモールキャップスは小文字の高さに合わせて大文字をデザインした字形です。
フォントがスモールキャップスのデータを持たない場合、大文字フォントを小文字フォントのバランスで表示することによって再現されます。

Comfortable Office

↓

Comfortable Office

```
div {font-variant: small-caps;
    font-family: Verdana, sans-serif;}
```

OpenType機能を利用した字形の指定

font-variant

font-feature-settings

フォントにはさまざまな字形のデータがタグ付けして収録されており、タグを有効化することでその字形を利用できるようになります。この機能は「OpenType機能（opentype features）」と呼ばれ、CSS3ではfont-variantまたはfont-feature-settingsプロパティで有効化できるようになっています。
たとえば、右のサンプルは分数と合字の字形を有効化したものです。font-variantではわかりやすいキーワードで、font-feature-settingsでは4文字の機能タグで有効化したい字形を指定することができます。

字形	font-variantの値	font-feature-settingsの値
分数	diagonal-fractions	"frac"
合字	discretionary-ligatures	"dlig"

1/2 cup special

↓

½ cup special

```
div {
  font-variant:
   diagonal-fractions discretionary-ligatures;
  font-feature-settings: "frac", "dlig";
  font-family: "warnock-pro";
}
```

```
<div>1/2 cup special</div>
```

※ 指定した字形で表示するためにはフォントが字形のデータを持っている必要があります。

※ ここではAdobe Fonts（P.271）で利用できるWebフォント「Warnock Pro」で表示しています。

font-variantの値は字形の種類ごとに個別のプロパティで指定することもできます。たとえば、分数の値はfont-variant-numericプロパティで、合字の値はfont-variant-ligaturesプロパティで指定します。

利用できる字形やOpenType機能について詳しくは下記のサイトを参照してください。

CSS での OpenType 機能の構文
`https://helpx.adobe.com/jp/typekit/using/open-type-syntax.html`

```
div {
  font-variant-numeric: diagonal-fractions;
  font-variant-ligatures:
          discretionary-ligatures;
  font-feature-settings: "frac", "dlig";
  font-family: "warnock-pro";
}
```

複数言語の字形の切り替え

複数言語の字形が収録されたフォントの場合、font-language-overrideプロパティで言語システムタグを指定することにより、字形を切り替えることができます。

たとえば、右のサンプルは「Arial Unicode MS」というフォントで漢字を表示したものです。font-language-overrideを指定せず、日本語環境で表示している場合、見慣れた日本語フォントでの表示になります。
これを中国語の簡体字での表示に切り替えるには、font-language-overrideで言語システムタグを「ZHS」と指定します。

言語システムタグの値については下記のページを参照してください。

Language system tags
`https://www.microsoft.com/typography/otspec/languagetags.htm`

骨 所 海

↓

骨 所 海

```
div {
  font-language-override: 'ZHS';
  font-family: 'Arial Unicode MS'
}
```

```
<div>骨 所 海</div>
```

※ Arial Unicode MSはMicrosoft Officeに添付されているフォントです。詳しくは下記のサイトを参照してください。

`https://docs.microsoft.com/ja-jp/typography/font-list/arial-unicode-ms`

CSS 行の高さ

`line-height: 高さ`

初期値	normal
継承	あり
適用先	全要素

高さ	数値 / 倍率 / % / normal	NOTES ※倍率と%は要素のフォントサイズに対して処理されます。

line-height プロパティを利用すると、行の高さを指定することができます。高さの値はピクセルなどの数値、もしくはフォントサイズに対する倍率や割合（%）で指定します。

たとえば、右のサンプルは <p> のフォントをヒラギノ角ゴまたはメイリオに、フォントサイズを 16 ピクセルに指定したものです。
line-height を指定しなかった場合、初期値の「normal」で処理され、使用しているフォントに応じてブラウザが最適な高さで表示を行います。ヒラギノ角ゴまたはメイリオの場合、line-height の値は「1.5」の倍率で処理されるため、<p> の行の高さは 16px × 1.5 = 24 ピクセルになります。

line-height を「2」倍と指定し、行の高さを 32 ピクセルにすると、右のように行の間隔を広げることができます。

家でリラックスしながら仕事をする。そんなことが実現可能な世の中になってきました。Wi-Fiとパソコンを用意したら、そこはもうホームオフィスです。

↓

家でリラックスしながら仕事をする。そんなことが実現可能な世の中になってきました。Wi-Fiとパソコンを用意したら、そこはもうホームオフィスです。

```
p {line-height: 2;
    font-family: 'Hiragino Kaku Gothic Pro',
      'メイリオ', sans-serif;
    font-size: 16px;}
```

```
<p>家でリラックスしながら仕事をする。そんなことが実現
可能な世の中になってきました。Wi-Fiとパソコンを用意し
たら、そこはもうホームオフィスです。</p>
```

行の高さが調整される仕組み

行の高さは line-height と font-size のサイズの差分を文字の上下に余白として挿入することで調整されます。上のサンプルのようにフォントサイズが 16 ピクセル、行の高さが 32 ピクセルになる場合、文字の上下に8ピクセルの余白が挿入された形になります。
なお、文字の上下に挿入される余白はレディング（leading）と呼ばれます。

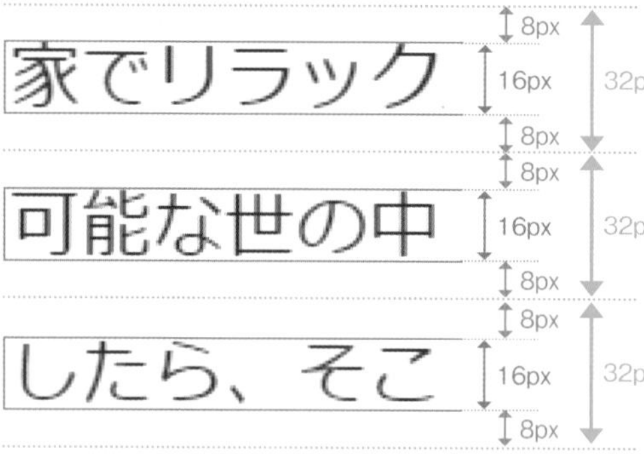

↕ … 行の高さ。
↕ … フォントサイズ。
↕ … レディング（文字の上下に挿入される余白）。

中身に合わせたボックスの高さ

ボックスが中身（コンテンツ）に合わせたサイズになるとき、その高さは行の高さになります。これは、インラインボックスも、高さを指定していないブロックボックスも同じです。

たとえば、右のサンプルはブロックボックス <div> の中にインラインボックス <span> を入れ、フォントサイズを 40 ピクセルに指定したものです。表示に使用するフォントはヒラギノ角ゴまたはメイリオに指定していますので、ブラウザによって line-height の値は「1.5」の倍率で処理され、行の高さは 40 × 1.5 = 60 ピクセルとなります。
そのため、<div> も <span> も、ボックスの高さは 60 ピクセルとなります。

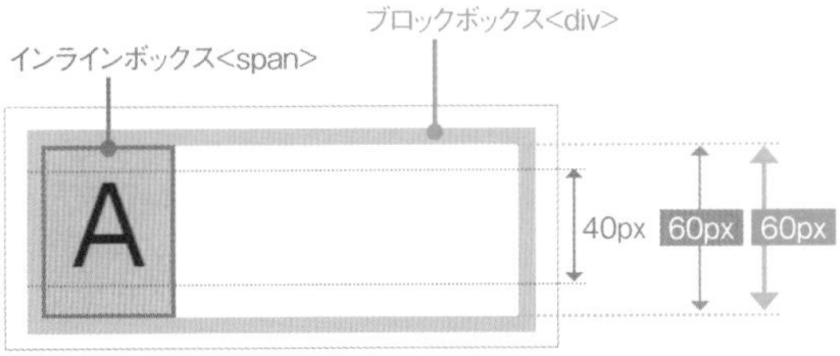


```
div   {display: block;
       border: solid 6px #abcf3e;
       font-family: 'Hiragino Kaku Gothic Pro',
                    'メイリオ', sans-serif;
       font-size: 40px;}

span  {display: inline;
       background: #f3c90b;}
```

```
<div><span>A</span></div>
```

line-height で行の高さを変化させてみると、右のようになります。ここでは line-height を「3」と指定していますので、行の高さは 40 × 3 = 120 ピクセルとなります。
このとき、インラインボックス <span> の高さは 60 ピクセルのまま変化しませんが、ブロックボックス <div> の高さは行の高さと同じ 120 ピクセルになります。

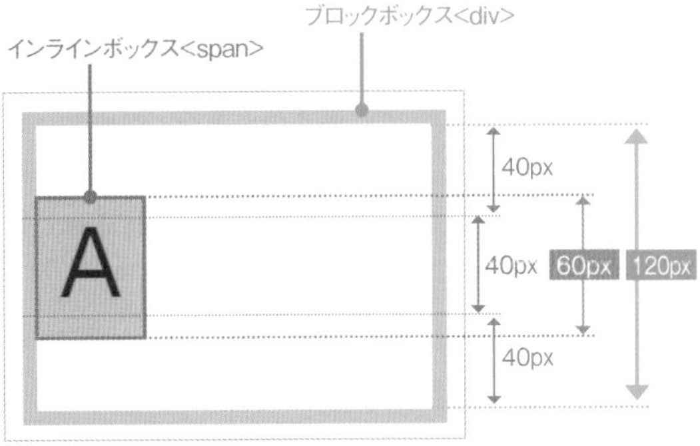


```
div   {display: block;
       border: solid 6px #abcf3e;
       font-family: 'Hiragino Kaku Gothic Pro',
                    'メイリオ', sans-serif;
       font-size: 40px;
       line-height: 3;}

span  {display: inline;
       background: #f3c90b;}
```

Safari / iOS Safariでは、インラインボックスの高さがフォントサイズで処理されます。そのため、サンプルの場合は<span>の高さが40ピクセルとなります。

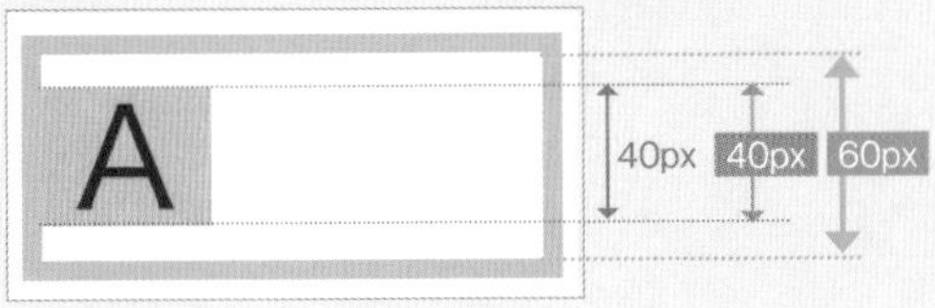

書式設定をまとめて記述する

font: 書式設定

初期値	各プロパティの初期値
継承	あり
適用先	全要素

fontプロパティを利用すると、ここまでに見てきた書式関連のプロパティの設定を以下の形式でまとめて記述することができます。
ただし、font-variantの字形の値として指定できるのは「small-caps」のみで、OpenType機能（P.264）の値を指定することはできません。

```
font: 太さ 斜体 幅 字形 サイズ / 行の高さ フォント
```

- 太さ：font-weight
- 斜体：font-style
- 幅：font-stretch
- 字形：font-variant

（順不同・省略可。）

- サイズ：font-size
- / 行の高さ：/ line-height（省略可。）
- フォント：font-family

たとえば、右のサンプルでは書式を太字、イタリック体、幅狭にして、フォントサイズを32ピクセル、行の高さを1.2に指定し、欧文フォントと日本語フォントの選択肢を列挙しています。

font-stretchの指定を含めた場合、IEではfontの設定が認識されなくなるという問題が見られます。

快適なホームオフィス
Comfortable Office

↓

快適なホームオフィス
Comfortable Office

fontで記述したもの

```
font:
  bold
  italic
  condensed
  32px / 1.2
  'Helvetica Neue', Arial,
  'Hiragino Kaku Gothic Pro',
  'メイリオ', sans-serif;
```

個別のプロパティで記述したもの

```
font-weight: bold;
font-style: italic;
font-stretch: condensed;
font-size: 32px;
line-height: 1.2;
font-family: 'Helvetica Neue', Arial,
    'Hiragino Kaku Gothic Pro',
    'メイリオ', sans-serif;
```

システムフォントの利用

fontプロパティでは、閲覧環境で使用されているシステムフォントを利用することもできます。

```
font: icon;
```

fontの値	システムフォント
caption	ボタンなどのフォント
icon	アイコンなどのフォント
menu	メニューのフォント
message-box	ダイアログボックスのフォント
small-caption	小さなボタンなどのフォント
status-bar	ステータスバーのフォント

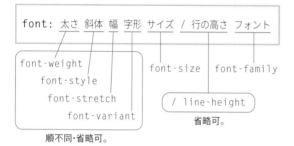

フォントリソースの指定

```
@font-face {
    font-family: フォント名 ;
    src: フォントリソース ;
    font-style: 斜体 ;
    font-weight: 太さ ;
    font-stretch: 幅 ;
    unicode-range: ユニコードレンジ ;
}
```

初期値	-
継承	-
適用先	-

@font-face を利用すると、フォントリソースにオリジナルのフォント名を付けて、font-family プロパティで利用できるようにすることが可能です。
ローカル環境にインストールされたローカルフォントと、サーバー上で公開された外部フォントのどちらでもフォントリソースとして指定することができます。

たとえば、右のサンプルは src ディスクリプタでローカルフォント local() と外部フォント url() をカンマ区切りで指定したものです。font-family ディスクリプタではフォント名を「CD」と指定しています。
これで、<div> の font-family プロパティを「CD」と指定すると、ローカルフォントがある場合はそれを使用し、ない場合は外部フォントが読み込まれ、表示に使用されます。

なお、外部フォントを利用する場合、Google Fonts などのフォントサービス（P.271）を利用するのが一般的です。こうしたフォントサービスでは、利用したいフォントを選択すると、必要になる @font-face の設定が自動生成されます。生成された設定は CSS や JavaScript でページに埋め込むだけで、外部フォントを利用することができるようになります。

Comfortable Office

↓

Comfortable Office

```
@font-face {
  font-family: 'CD';
  src: local('Caviar Dreams'),
       url(CaviarDreams.woff) format('woff');
}

div {font-family: CD;
     font-size: 32px;}
```

```
<div>Comfortable Office</div>
```

外部フォントは@font-faceでの利用が許可されている必要があり、WOFFまたはWOFF2形式で用意します。フォントサービスを利用した場合、こうした問題はサービス側でクリアされます。

サンプルで使用した「Caviar Dreams」フォントは下記のサイトからダウンロードすることができます。

CAVIAR DREAMS
https://www.fontsquirrel.com/fonts/Caviar-Dreams

フォントファミリーを作成する

@font-face でフォントのスタイル（斜体、太さ、幅）を指定するディスクリプタを利用すると、スタイルの異なる複数のフォントリソースを1つのフォントファミリーとして定義することができます。
たとえば、右のサンプルはフォント名を「CD」と指定した設定をⒶとⒷの2つ用意したものです。Ⓑでは太字の外部リソースを指定し、「font-weight: bold」という情報を付加しています。これにより、「CD」フォントを利用し、font-weight プロパティを「bold」と指定すると、Ⓑのリソースを使って表示が行われます。

ディスクリプタ	スタイル	指定できる値
font-style	斜体	font-styleプロパティの値（P.262）
font-weight	太さ	font-weightプロパティの値（P.262）
font-stretch	幅	font-stretchプロパティの値（P.263）

```
@font-face {                                          Ⓐ
  font-family: 'CD';
  src: url(CaviarDreams.woff) format('woff');
}

@font-face {                                          Ⓑ
  font-family: 'CD';
  src: url(CaviarDreams_bold.woff) format('woff');
  font-weight: bold;
}

div {font-family: CD;
     font-weight: bold;
     font-size: 32px;}
```

フォントセットを作成する

複数のフォントから必要な文字を抽出し、組み合わせてオリジナルのフォントとして定義することもできます。こうしたフォントはフォントセットと呼ばれ、@font-face では抽出する文字の指定に unicode-range ディスクリプタを利用することができます。
たとえば、右のサンプルではアルファベットの大文字と小文字を別々のフォントから抽出し、「mix」というフォントを作成しています。

サンプルで大文字の表示に使用した「Capture IT」フォントは下記のサイトからダウンロードすることができます。

Capture IT
https://www.fontsquirrel.com/fonts/Capture-it

```
@font-face {
  font-family: 'mix';
  src: url(Capture_it.woff) format('woff');
  unicode-range: U+0041-005A;
}

@font-face {
  font-family: 'mix';
  src: url(CaviarDreams.woff) format('woff');
  unicode-range: U+0061-007A;
}

div {font-family: mix;
     font-size: 32px;}
```

日本語のローカルフォントの選択肢をまとめる

@font-faceを利用すると、P.259のように指定した日本語のローカルフォントの選択肢を1つにまとめ、簡単なフォント名で指定できるようにすることが可能です。
たとえば、右のサンプルでは「JP」というフォント名で指定できるようにしています。
なお、@font-faceではフォントリソースを日本語で記述するとIEで認識されなくなってしまうため、「メイリオ」は「Meiryo」と記述しています。

```
body {font-family: 'Hiragino Kaku Gothic Pro', 'メイリオ', sans-serif;}
```

↓

```
@font-face {
  font-family: 'JP';
  src: local('Hiragino Kaku Gothic Pro'),
       local('Meiryo'),
       local('sans-serif');
}
body {font-family: JP;}
```

外部フォントの読み込みに関する処理の指定

CSS4として提案中の@font-faceのfont-displayディスクリプタを利用すると、外部フォントの読み込みに関する処理を指定することができます。処理は右のようにブロック、スワップ、フェイラーの3段階のピリオドに分かれており、ブロックとスワップの間に読み込みが完了すると、外部フォントの表示に切り替わります。

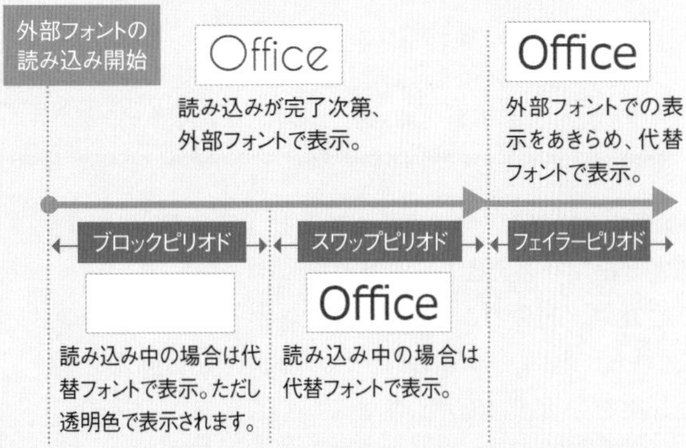

font-displayでは次の値でブロックとスワップの時間を指定することができます。上の3つは外部フォントの読み込みが完了することを前提とし、フェイラーピリオドを考慮しない設定です。下の2つはネット環境が悪く、外部フォントの読み込みから表示までが完了しないことを前提とした設定となっています。

```
@font-face {font-family: 'CD';
  src: url(CaviarDreams.woff) format('woff');
  font-display: ~;}
```

値	ブロックピリオド	スワップピリオド	備考
auto	自動	自動	主要ブラウザでは「block」または「swap」の処理になります。
block	3sの確保を推奨	無限	最初に透明な代替フォントで表示される時間が入ります。
swap	0s	無限	透明な表示を入れず、最初から代替フォントで表示したい場合に使用します。
fallback	最小限（100msかそれ以下）	3s程度	読み込みが間に合えば、外部フォントで表示する設定。
optional	最小限（100msかそれ以下）	0s	読み込みが間に合わないことを前提に、次の表示の際に使用することを考慮した設定。

主なフォントサービス

フォントサービスを利用すると、多様な外部フォント（Webフォント）を利用できます。フリーのGoogle Fontsをはじめ、日本語フォントの利用が可能な有料サービスもあります。詳しくは各サービスのヘルプなどを参照してください。

Google Fonts	https://fonts.google.com/
Adobe Fonts	https://fonts.adobe.com/
FONTPLUS	https://fontplus.jp/
TypeSquare	http://typesquare.com/

9-2 行内のコンテンツの位置揃え

コンテンツの行揃えや垂直方向の位置揃えを調整するプロパティです。テキストはもちろん、画像などの置換要素、アウターディスプレイタイプがインラインになるボックス（P.156）など、1行の中に含まれるコンテンツの揃え方を調整することができます。

プロパティ	調整対象
text-align	行揃え
vertical-align	垂直方向の位置揃え

CSS 行揃え

text-align: 行揃え

初期値	start (left)
継承	あり
適用先	ブロックコンテナ

行揃え	left / right / center / justify

text-alignプロパティを利用すると、コンテンツの行揃えを指定することができます。
たとえば、右のサンプルは<h1>と<p>を<div>でグループ化し、<div>のtext-alignで行揃えを指定したものです。指定した値に応じて、ボックス内のテキストの行揃えが変わります。

```
div {text-align: ~;}
```

```
<div>
<h1>ホームオフィス</h1>
<p>家でリラックスしながら仕事をする。そんなことが実現可能な世の中になってきました。…</p>
</div>
```

IEで日本語のテキストを両端揃えにするためにはtext-justify (P.273) の指定も追加します。

```
div {text-align: justify;
     text-justify: inter-ideograph;}
```

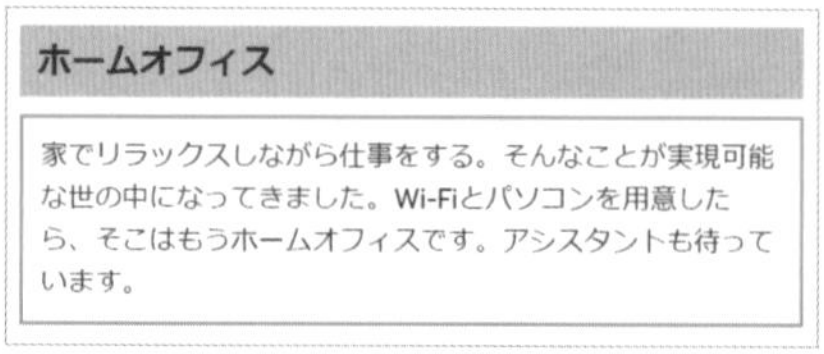
ホームオフィス
家でリラックスしながら仕事をする。そんなことが実現可能な世の中になってきました。Wi-Fiとパソコンを用意したら、そこはもうホームオフィスです。アシスタントも待っています。

左揃え　text-align: left;

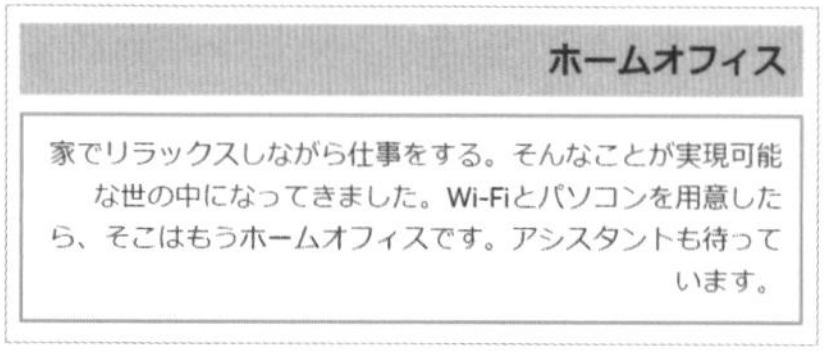
ホームオフィス
家でリラックスしながら仕事をする。そんなことが実現可能な世の中になってきました。Wi-Fiとパソコンを用意したら、そこはもうホームオフィスです。アシスタントも待っています。

右揃え　text-align: right;

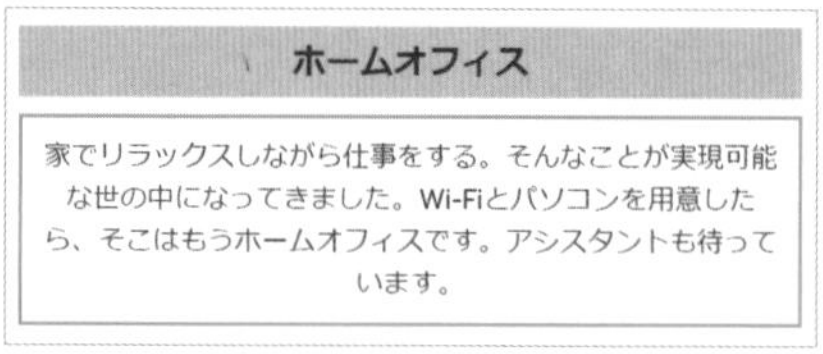
ホームオフィス
家でリラックスしながら仕事をする。そんなことが実現可能な世の中になってきました。Wi-Fiとパソコンを用意したら、そこはもうホームオフィスです。アシスタントも待っています。

中央揃え　text-align: center;

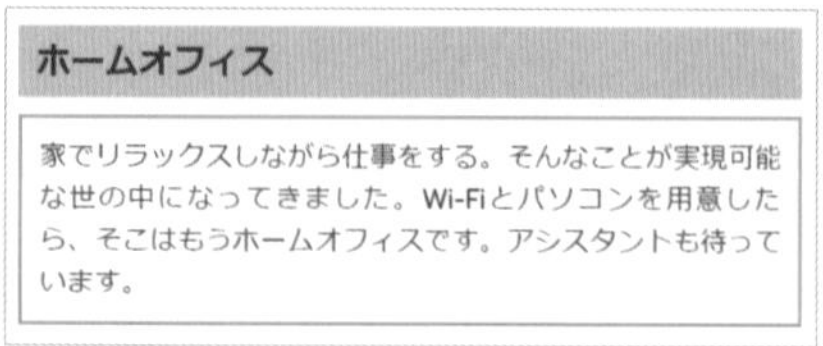
ホームオフィス
家でリラックスしながら仕事をする。そんなことが実現可能な世の中になってきました。Wi-Fiとパソコンを用意したら、そこはもうホームオフィスです。アシスタントも待っています。

両端揃え　text-align: justify;

text-alignの論理値

text-alignプロパティでは、CSS3で提案されている論理値の「start」「end」「match-parent」で行揃えを指定することもできます。

論理値	行揃え
start	書字方向の開始サイドに揃える
end	書字方向の終了サイドに揃える
match-parent	親要素の書字方向に合わせて設定する

※Safariは「match-parent」に未対応。

最終行の行揃え　text-align-last

text-align-lastプロパティを利用すると、text-alignプロパティと同様に最終行の行揃えを指定することができます。たとえば、前ページのサンプルでtext-align-lastを「justify」と指定すると右のようになります。<h1>のように1行のみのテキストは最終行として処理されます。

なお、CSS3ではtext-alignの値として最終行も含めて両端揃えにする「justify-all」が提案されていますが、主要ブラウザは未対応です。

ホ　ー　ム　オ　フ　ィ　ス

家でリラックスしながら仕事をする。そんなことが実現可能な世の中になってきました。Wi-Fiとパソコンを用意したら、そこはもうホームオフィスです。アシスタントも待っています。

```
div {text-align-last: justify;}
```

両端揃えの調整方法　text-justify

text-justifyプロパティを利用すると、両端揃えの調整方法を指定することができます。調整方法に応じて余白の入り方が変わります。

値	調整方法
auto ※	ブラウザが最適な方法で調整
none ※	調整なし（両端揃えを無効化）
inter-word	単語の区切り（スペースなど）を調整
inter-character	字間を調整 （IEは「inter-ideograph」という値で対応）

※ IE未対応。

快　適　な　Home　Office

```
text-justify: auto;
```

快適な Home Office

```
text-justify: none;
```

快適な　Home　Office

```
text-justify: inter-word;
```

快 適 な　H o m e　O f f i c e

```
text-justify: inter-character;
```

9 テキスト

垂直方向の位置揃え

CSS

vertical-align: 位置揃え

初期値	baseline
継承	なし
適用先	インラインレベル要素／テーブルセル

位置揃え	baseline / top / text-top / middle / bottom / text-bottom / super / sub / 数値 / %	※%はline-heightに対する割合

vertical-align プロパティを利用すると、行の中での垂直方向の位置揃えを個別に指定することができます。

たとえば、右のサンプルは <div> の中に画像とテキストを記述し、1行に並べて表示したものです。フォントサイズは 100 ピクセルに、行の高さは 200 ピクセルに指定しています。

画像 <img> のブロック方向の位置揃えは、vertical-align を指定していない場合は初期値の「baseline」で処理され、右のようになります。vertical-align の値を変更すると、次のように位置揃えを調整できます。

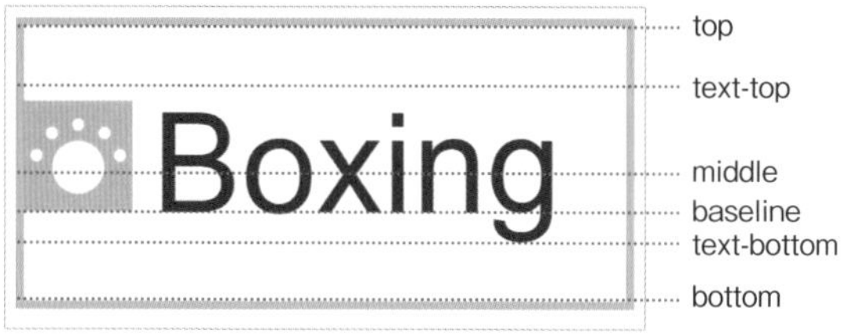


```
div { font-size: 100px;
      line-height: 200px;
      border: solid 6px #abcf3e;}

img { vertical-align: baseline;
      width: 80px;
      height: 80px;}
```

```
<div><img src="mark.png" alt="">Boxing</div>
```

プロパティ名	位置揃え
baseline	ベースライン
top	行の上辺
text-top	フォントの上辺
middle	フォントの小文字xの中央
text-bottom	フォントの下辺
bottom	行の下辺

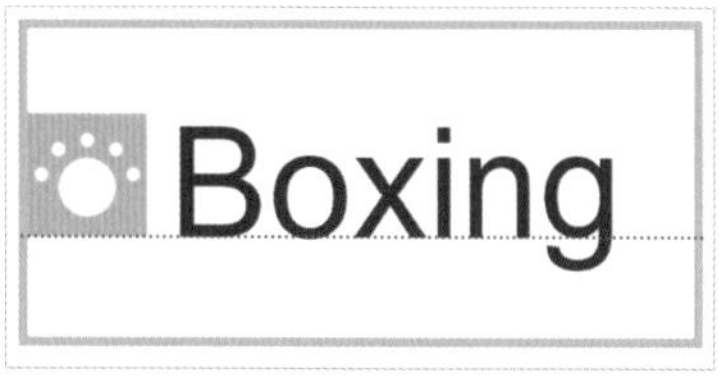

text-align: baseline;

text-align: top;

text-align: text-top;

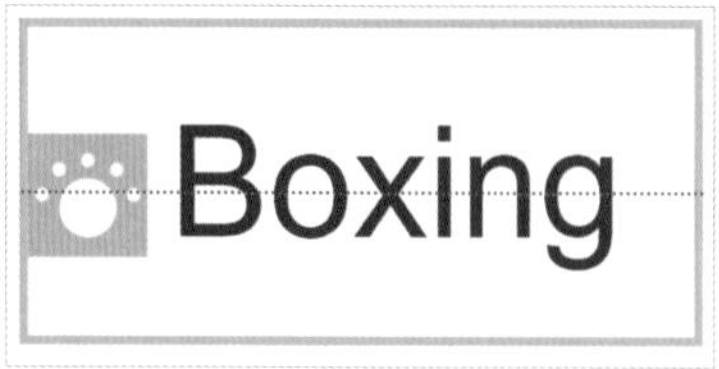

text-align: middle;

text-align: text-bottom;

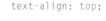

text-align: bottom;

ベースラインからの距離で位置揃えを指定する

vertical-align ではベースラインからの距離で位置揃えを調整することもできます。たとえば、ベースラインから下に 15 ピクセルずらしたい場合、値を「-15px」と指定します。

```
img {vertical-align: -15px;}
```

上付き・下付き文字に最適な位置に揃える

上付き・下付き文字に最適な位置に揃えて表示したい場合、vertical-align を「super」、「sub」と指定します。たとえば、右のサンプルでは <span> でマークアップした「※」を上付き・下付き文字の位置に揃えて表示しています。

> P.089の<sup>、<sub>でマークアップした文字は、vertical-alignで指定したときと同じように上付き・下付き文字に最適な位置に揃えて表示されます。

ホームオフィス ※

```
<div>ホームオフィス <span>※</span></div>
```

ホームオフィス ※

```
span {vertical-align: super;}
```

ホームオフィス ※

```
span {vertical-align: sub;}
```

9-3 改行・タブ・スペースのコントロール

改行、タブ、スペースに関する調整を行うプロパティです。

プロパティ	調整対象
white-space	改行・タブ・スペースの反映と自動改行の有無
word-break	単語の改行ルール
overflow-wrap	長い単語の改行ルール
hyphens	ハイフネーション
line-break	禁則処理

プロパティ	調整対象
tab-size	タブ幅
word-spacing	単語の間隔
letter-spacing	文字の間隔
text-indent	1行目のインデント

CSS 改行・タブ・スペースの反映と自動改行の有無

white-space: 値

初期値	normal
継承	あり
適用先	全要素

値	normal / nowrap / pre / pre-wrap / pre-line

white-spaceプロパティを利用すると、ホワイトスペース（改行、タブ、スペース）を表示に反映するかどうかと、ブラウザによる自動改行を行うかどうかを以下のように指定することができます。
white-spaceを指定していない場合、初期値の「normal」で処理されるため、右のようにホワイトスペースは表示に反映されず、自動改行して表示されます。

値	改行	タブ	スペース	自動改行
normal	×	×	×	あり
nowrap	×	×	×	なし
pre	○	○	○	なし
pre-wrap	○	○	○	あり
pre-line	○	×	×	あり

○ 表示に反映する。
× 表示に反映しない。

```
* * * * * * * * * * ◆日時 毎週月曜日 ◆場所
カフェテラス ◆交通手段 中央線「中央駅」
東口 から 徒歩5分 * * * * * * * * * *
```

```
div {white-space: normal;}
```

```
<div>*   *   *   *   *   *   *   *   *   *
◆日時          毎週月曜日
◆場所          カフェテラス
◆交通手段      中央線「中央駅」東口  から  徒歩5分
*   *   *   *   *   *   *   *   *   *
</div>
```

「pre-wrap」では行末の連続したホワイトスペースに自動改行が入りません。自動改行を入れたい場合、CSS3で提案されている「break-spaces」という値を利用します。ただし、SafariとIEは未対応です。

white-space を指定すると、次のような表示になります。

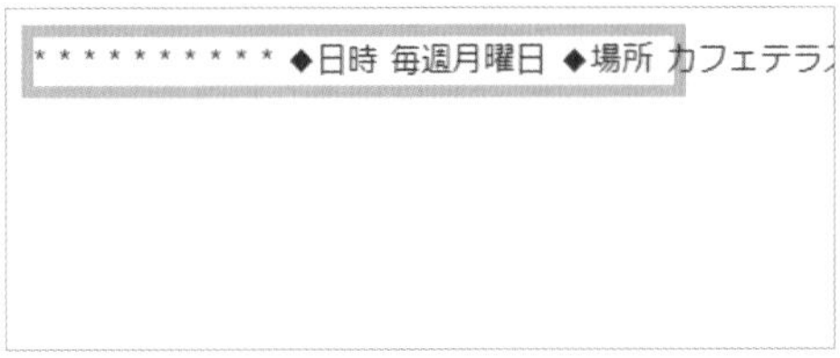
* * * * * * * * * * ◆日時 毎週月曜日 ◆場所 カフェテラス

自動改行なし white-space: nowrap;

* * * * * * * * * *
◆日時 毎週月曜日
◆場所 カフェテラス
◆交通手段 中央線「中央駅」東口 から 徒歩5分
* * * * * * * * * *

自動改行なし＋ホワイトスペースを反映 white-space: pre;

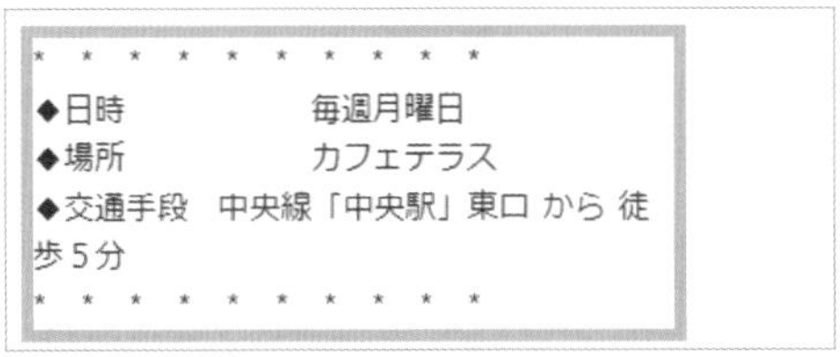
* * * * * * * * * *
◆日時 毎週月曜日
◆場所 カフェテラス
◆交通手段 中央線「中央駅」東口 から 徒
歩5分
* * * * * * * * * *

自動改行あり＋ホワイトスペースを反映 white-space: pre-wrap;

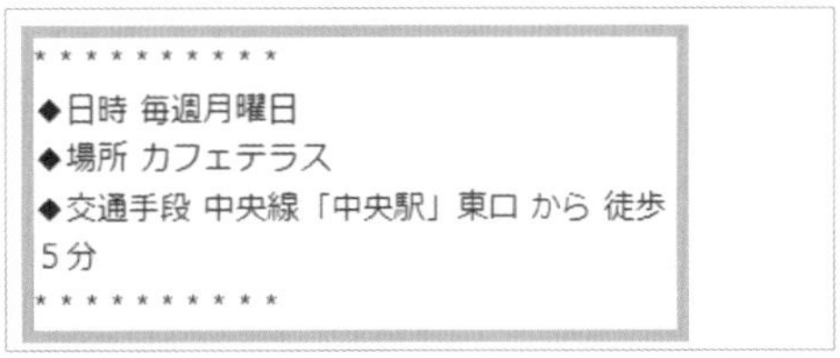
* * * * * * * * * *
◆日時 毎週月曜日
◆場所 カフェテラス
◆交通手段 中央線「中央駅」東口 から 徒歩
5分
* * * * * * * * * *

自動改行あり＋改行を反映 white-space: pre-line;

単語の改行ルール

word-break: 値

初期値	normal
継承	あり
適用先	全要素

値	normal / break-all / keep-all

word-break プロパティを利用すると、単語の途中での改行ルールを指定することができます。初期値の「normal」では改行は言語ごとのルールで行われるため、日本語の文字の間には改行が入りますが、英単語の途中には改行が入らず、スペースの位置で改行されます。

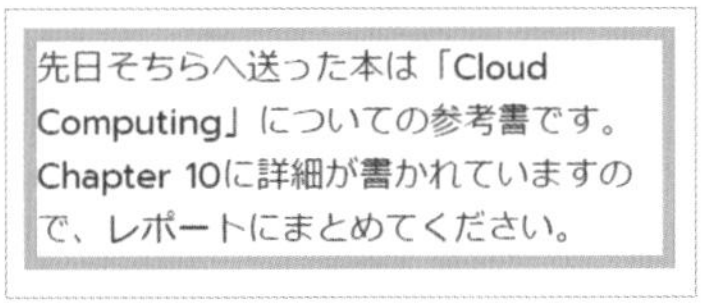
先日そちらへ送った本は「Cloud
Computing」についての参考書です。
Chapter 10に詳細が書かれていますの
で、レポートにまとめてください。

言語ごとのルールで改行 word-break: normal;

英単語の途中にも改行を入れたい場合、word-break プロパティの値を「break-all」と指定します。これにより、すべての文字の間に改行が入るようになります。

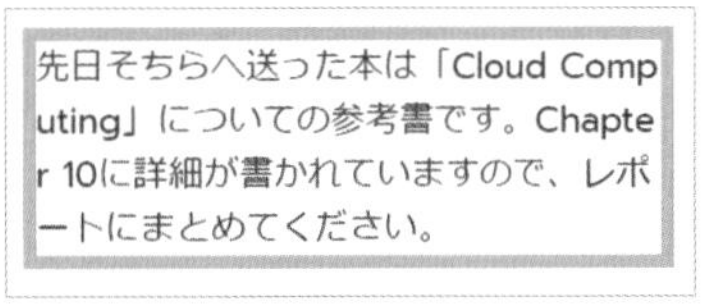
先日そちらへ送った本は「Cloud Comp
uting」についての参考書です。Chapte
r 10に詳細が書かれていますので、レポ
ートにまとめてください。

単語の途中での改行を許可 word-break: break-all;

「keep-all」と指定すると、単語の途中での改行を禁止することができます。この場合、英単語の途中はもちろん、日本語の文字の間にも改行が入らなくなり、スペースや句読点の位置にだけ改行が入るようになります。

先日そちらへ送った本は「Cloud
Computing」についての参考書です。
Chapter
10に詳細が書かれていますので、
レポートにまとめてください。

単語の途中での改行を禁止 word-break: keep-all;

長い単語の改行ルール

overflow-wrap: 値

初期値	normal
継承	あり
適用先	全要素

値	normal / break-word / anywhere

overflow-wrap プロパティを利用すると、スペースの入らない長い英単語の途中に改行を入れることができます。

たとえば、右のサンプルは長いURLを記述したものです。overflow-wrapを指定していない場合、overflow-wrapは初期値の「normal」で処理され、改行は入りません。URLの途中に改行を入れるためには、overflow-wrapを「break-word」と指定します。

なお、「anywhere」は基本的に「break-word」と同じ処理になります。ただし、ボックスの横幅をコンテンツの最小幅min-content（P.151）にすると、「break-word」では長い単語に改行が入りませんが、「anywhere」では改行が入る形で処理されます。

https://example.com/qwertyuiopasdfghjklzx

↓

https://example.com/qwertyuiopasdf
ghjklzx

```
div { overflow-wrap: break-word;}
```

```
<div>
https://example.com/qwertyuiopasdfghjklzx
</div>
```

IEにも対応する場合、word-wrapプロパティを使った記述も追加します。

```
div { overflow-wrap: break-word;
      word-wrap: break-wrod}
```

https://example.com/qwertyuiopasdfghjklzx

```
div { overflow-wrap: break-word;
      width: min-content;}
```

h
tt
p
s:
/
/
e
x
a
m

```
div { overflow-wrap: anywhere;
      width: min-content;}
```

※Safariは「anywhere」に未対応。

オーバーフローしたテキストの省略表示
text-overflow

ボックスからオーバーフローしたテキストは、overflowプロパティ（P.185）を「hidden」と指定することで非表示にすることもできます。ただし、それだけではテキストがオーバーフローしていることがわからなくなります。

このような場合、text-overflowプロパティを「ellipsis」と指定すると、テキストの末尾に「…」を表示し、省略されていることを伝えることができます。

https://example.com/qwertyuiopasdf

```
div { overflow: hidden;}
```

↓

https://example.com/qwertyuiopas...

```
div { overflow: hidden;
      text-overflow: ellipsis;}
```

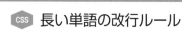

テキストを指定した行数で省略する -webkit-line-clamp

line-clampを利用すると、テキストを指定した行数分だけ表示し、残りは省略した形で非表示にすることができます。もともとはWebkitの独自拡張でしたが、CSS3の仕様に採用され、策定が進められています。
ただし、現状では「-webkit-」付きで記述し、非標準の「display: -webkit-box」と「-webkit-box-orient: vertical」を組み合わせて利用する必要があります。

たとえば、<div>内のテキストを3行分だけ残して非表示にする場合、-webkit-line-clampで行数を「3」と指定し、右のように指定します。最終行の末尾には省略したことを示す「…」が挿入されます。
<div>の横幅を変更しても、3行分のテキストだけが表示されます。

家でリラックスしながら仕事をする。そんなことが実現可能な世の中になってきました。Wi-Fiとパソコンを用意したら、そこはもうホームオフィスです。作業中のデータはクラウドで管理し、いつでも、どこからでも取り出して作業を進めることができるようにしておきます。作業履歴を残したり、バージョンを管理したりするのもお手の物です。

↓

家でリラックスしながら仕事をする。そんなことが実現可能な世の中になってきました。Wi-Fiとパソコンを用意したら、そこはもうホームオフィスです。作業中のデータはクラウドで管理し、…

家でリラックスしながら仕事をする。そんなことが実現可能な世の中になってきました。Wi-Fiとパソコンを用意したら、そこ…

```
div { -webkit-line-clamp: 3;
      display: -webkit-box;
      -webkit-box-orient: vertical;
      overflow: hidden;}
```

```
<div>家でリラックスしながら仕事をする。そんなことが
実現可能な世の中になってきました。Wi-Fiと…</div>
```


ハイフネーション

hyphens: 値

-webkit- -webkit- -ms-

初期値	manual
継承	あり
適用先	全要素

値	none / manual / auto

欧文では、ハイフン（-）でつなぐことで単語の途中に改行を入れることができます。この処理は「ハイフネーション」と呼ばれ、HTMLではハイフネーションが可能な位置を「」で示すことができます。
右のサンプルの場合、「mayonnaise」という単語に挿入した「」の位置でハイフネーションの処理が行われていることがわかります。
「」で示した位置以外ではハイフネーションの処理は行われませんが、これは初期値の「manual」で処理されているためです。

This is my favorite sandwich with fresh tomato, lettuce, cheese and ham. Freshly baked bread may-
onnaise with mustard added are so delicious. Daily special is also available, so I always stop at a shop. If desired, you can enjoy variety choice of fixings.

```
<div>This is my favorite sandwich with fresh
tomato, lettuce, cheese and ham. Freshly baked
bread <span>may&shy;on&shy;naise</span> with
mustard added are so <span>deli&shy;cious</
span>. Daily special … fixings.</div>
```

↓

任意の位置で自動的にハイフネーションの処理を行うためには、hyphens を「auto」と指定します。また、HTML の lang 属性で言語の種類を明示します。ここでは「en（英語）」と指定しています。すると、「」を指定していない「special」や「desired」という単語でもハイフネーションの処理が行われるようになります。なお、これは Firefox での表示結果で、どの単語でハイフネーションの処理が行われるかはブラウザによって変わります。
hyphens プロパティの値を「none」にすると、ハイフネーションの処理を無効にすることができます。

Chromeは「manual」と「none」に対応しています。

IE11ではlang属性で指定した言語の種類とOSの言語が一致した場合にのみ「auto」が機能するようになっており、日本語環境では「manual」と同じ処理になります。

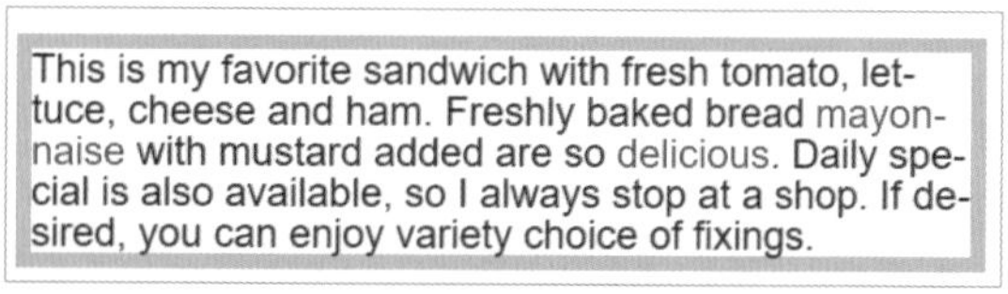
This is my favorite sandwich with fresh tomato, let-
tuce, cheese and ham. Freshly baked bread mayon-
naise with mustard added are so delicious. Daily spe-
cial is also available, so I always stop at a shop. If de-
sired, you can enjoy variety choice of fixings.

```
div { -webkit-hyphens: auto;
      -ms-hyphens: auto;
      hyphens: auto;}
```

```
<div lang="en">This is my favorite sandwich
with fresh tomato, lettuce, cheese…</div>
```

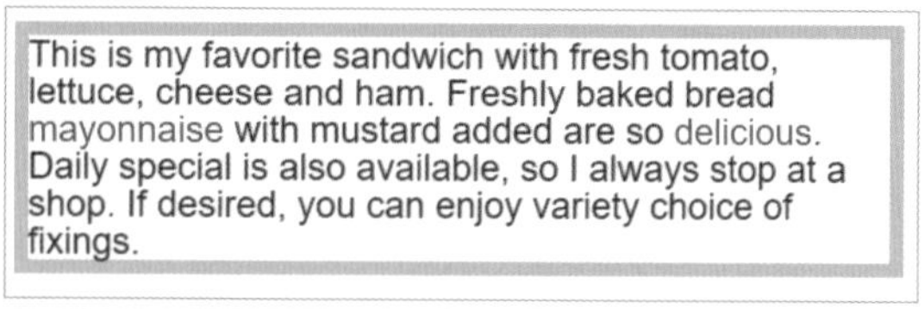
This is my favorite sandwich with fresh tomato,
lettuce, cheese and ham. Freshly baked bread
mayonnaise with mustard added are so delicious.
Daily special is also available, so I always stop at a
shop. If desired, you can enjoy variety choice of
fixings.

```
div { -webkit-hyphens: none;
      -ms-hyphens: none;
      hyphens: none;}
```

CSS 禁則処理

`line-break: 値`

初期値	auto
継承	あり
適用先	全要素

値　loose / normal / strict / anywhere / auto

line-break プロパティを利用すると、禁則処理に関する設定ができるようになります。禁則処理とは、日本語の句読点やカギ括弧、「っ」、「ッ」といった小さいカナなどが行頭・行末の不自然な位置にこないように調整する処理です。
指定する値によって次のように禁則処理が行われ、行頭にくる文字が変わります。「auto」と指定した場合、主要ブラウザでは「strict」と同じ処理結果になります。

値	禁則処理	行頭にこない文字の例
loose	ゆるい禁則処理を行う。	「。」「、」など
normal	一般的な禁則処理を行う。	loose ＋「…」「々」など
strict	厳しい禁則処理を行う。	normal ＋ 小さいカナなど
anywhere	禁則処理なし。	制限なし
auto	ブラウザが自動的に処理。	-

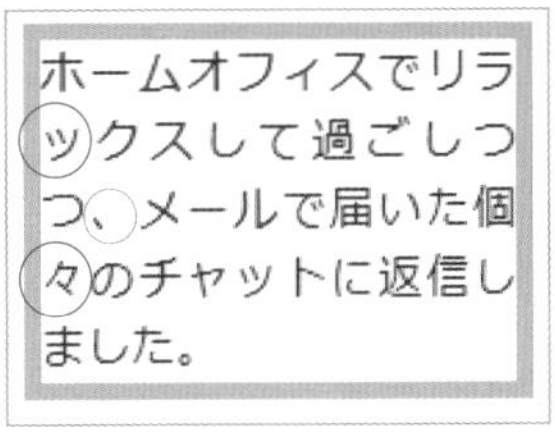

`line-break: loose;`

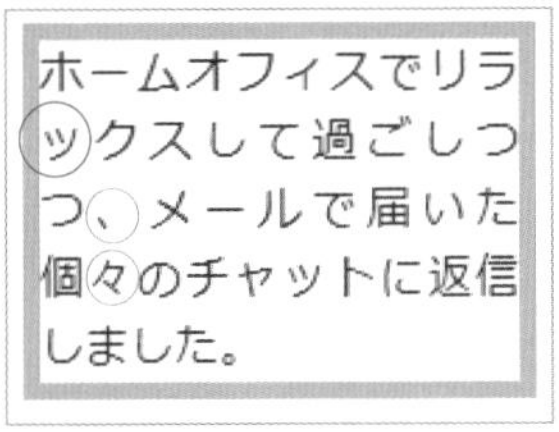

`line-break: normal;`

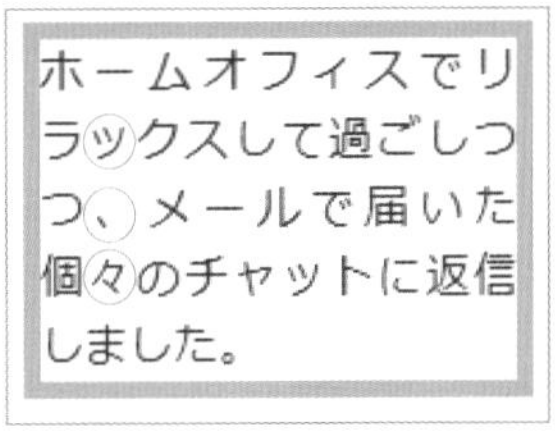

`line-break: strict;`

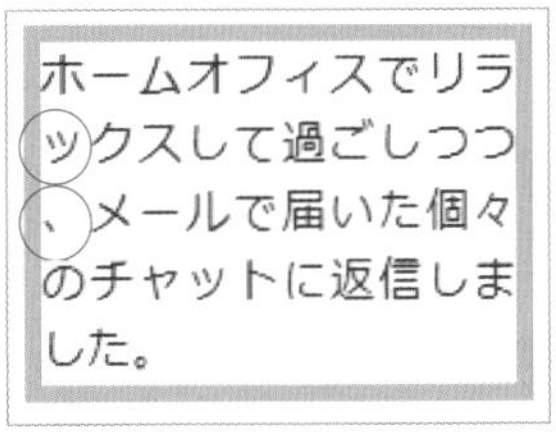

`line-break: anywhere;`

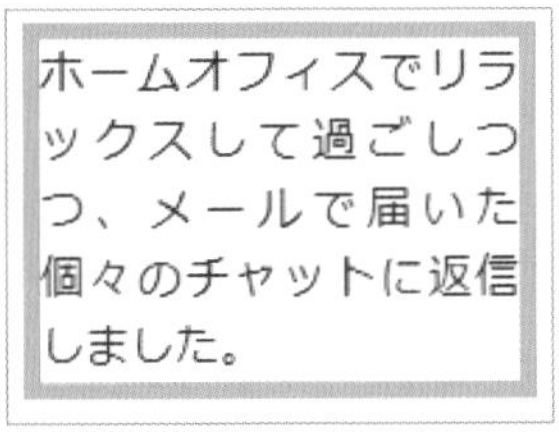

`line-break: auto;`

IEはバージョン10ではline-breakで「normal」と「strict」の処理を切り替えることができましたが、IE11では切り替わらず、常に「strtict」で処理されるようになっています。

ぶら下がり　hanging-punctuation

hanging-punctuationプロパティを利用すると、括弧や句読点のぶら下がりを指定することができます。ぶら下がりとは、句読点を行末にはみ出した形で表示し、行頭に表示されるのを防ぐ手法です。

たとえば、値を「allow-end」と指定すると、右のように句読点が行末からはみ出し、<div>の黄緑色のボーダーに重なる形で表示されます。

値	ぶら下がりの表示になるもの
`first`	1行目の最初の括弧やクォテーション
`last`	最終行の最後の括弧やクォテーション
`force-end`	行末の句読点
`allow-end`	行末の句読点（両端揃えでも調整できない場合）

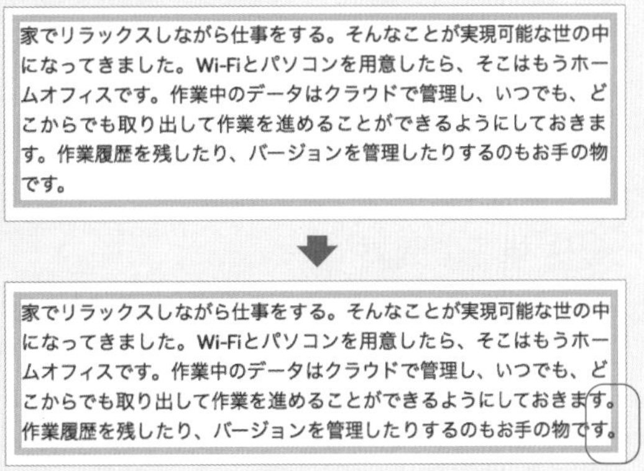

家でリラックスしながら仕事をする。そんなことが実現可能な世の中
になってきました。Wi-Fiとパソコンを用意したら、そこはもうホー
ムオフィスです。作業中のデータはクラウドで管理し、いつでも、ど
こからでも取り出して作業を進めることができるようにしておきま
す。作業履歴を残したり、バージョンを管理したりするのもお手の物
です。
家でリラックスしながら仕事をする。そんなことが実現可能な世の中
になってきました。Wi-Fiとパソコンを用意したら、そこはもうホー
ムオフィスです。作業中のデータはクラウドで管理し、いつでも、ど
こからでも取り出して作業を進めることができるようにしておきます。
作業履歴を残したり、バージョンを管理したりするのもお手の物です。


```
div { text-align: justify;
      hanging-punctuation: allow-end;}
```

```
<div>家でリラックスしながら仕事をする。そんなこと
が実現可能な世の中になってきました。…</div>
```

9 テキスト

CSS タブ幅

tab-size: 値

-moz-

初期値	8
継承	あり
適用先	ブロックコンテナ

値	文字数 / 数値

tab-sizeプロパティを利用するとタブ幅を指定することができます。タブ幅は文字数またはピクセルなどの数値で指定します。

たとえば、右のサンプルではwhite-space（P.276）を「pre」にして、タブを表示に反映するようにしています。tab-sizeを指定していない場合、初期値の「8」で処理されるため、タブ幅は8文字分のサイズになります。
tab-sizeを「4」と指定すると、タブ幅を半分の4文字分のサイズに変更することができます。

```
function menuclose() {
        var temp = document.querySelector(".menu");
        temp.style.display = "none";
}
```

↓

```
function menuclose() {
    var temp = document.querySelector(".menu");
    temp.style.display = "none";
}
```

```
div {tab-size: 4;
     font-family: monospace;
     white-space: pre;}
```

```
<div>
function menuclose() {
	var temp = document.querySelector(".menu");
	temp.style.display = "none";
}
</div>
```

CSS 単語の間隔

word-spacing: 値

初期値	normal
継承	あり
適用先	全要素

値	normal / 数値 / %	NOTES ※%は半角スペース(U+0020)の横幅に対する割合で指定。

word-spacingプロパティを利用すると、半角スペースで区切った単語の間隔を調節することができます。たとえば、右のサンプルは英単語を<span>でマークアップしたもので、背景を黄色にしています。word-spacingを「2em」と指定すると、単語の間に2文字分の余白が挿入され、右のような表示になります。

Best Home Office

↓

Best　　Home　　Office

```
span {word-spacing: 2em;
      background: #f3c90b;}
```

```
<span>Best Home Office</span>
```

Chrome / Edge / IEは%の指定に未対応です。

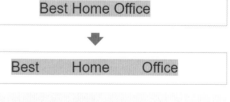

CSS 文字の間隔

`letter-spacing: 値`

初期値	normal
継承	あり
適用先	全要素

値	normal / 数値

letter-spacing プロパティを利用すると文字の間隔を調節することができます。
たとえば、letter-spacing を「15px」と指定すると、各文字の右側に 15 ピクセルの余白が挿入されます。

Best Home Office

↓

B e s t　H o m e　O f f i c e

```
span {letter-spacing: 15px;
    background: #f3c90b;}
```

```
<span>Best Home Office</span>
```

CSS 1行目のインデント

`text-indent: 値`

初期値	0
継承	あり
適用先	ブロックコンテナ

値	数値 / %	NOTES ※%はブロックコンテナの横幅に対する割合。

text-indent プロパティを利用すると、1行目のインデント（字下げ）を指定することができます。
たとえば、段落の1行目を1文字分だけ字下げする場合、右のように <p> の text-indent を「1em」と指定します。

家でリラックスしながら仕事をする。そんなことが実現可能な世の中になってきました。Wi-Fiとパソコンを用意したら、そこはもうホームオフィスです。アシスタント

↓

　家でリラックスしながら仕事をする。そんなことが実現可能な世の中になってきました。Wi-Fiとパソコンを用意したら、そこはもうホームオフィスです。アシスタン

```
p {text-indent: 1em;}
```

```
<p>家でリラックスしながら仕事をする。そんなことが実現可能な世の中になってきました。…</p>
```

CSS3では次のようなオプションの指定も提案されていますが、主要ブラウザは未対応です。

オプション	機能
each-line	 で強制改行した行もインデントする
hanging	1行目以外をインデントする

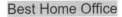

9-4 テキストの装飾

テキストの装飾を行うプロパティです。テキストの色や下線の表示などを調整します。

プロパティ	装飾
color	テキストの色
text-transform	テキストトランスフォーム
text-decoration	下線・上線・取り消し線

プロパティ	装飾
text-emphasis	圏点
text-shadow	テキストシャドウ

テキストの色

```
color: 色
```

初期値	閲覧環境の設定（主要ブラウザでは黒色）
継承	あり
適用先	全要素

色	色の値

colorプロパティを利用すると、テキストの色を指定できます。テキストの色はP.321の背景色（background color）に対して前景色（foreground color）とも呼ばれます。テキストの色を黄緑色（#abcf3e）に指定すると、右のようになります。

指定できる色の値についてはAPPENDIX（P.358）を参照してください。

快適なホームオフィス

```
h1 {color: #abcf3e;}
```

```
<h1>快適なホームオフィス</h1>
```

テキストトランスフォーム

```
text-transform: 値
```

初期値	none
継承	あり
適用先	全要素

値	none / capitalize / uppercase / lowercase

text-transformプロパティはアルファベットの表示を大文字や小文字に変換します。たとえば、右のサンプルは1文字目の「C」のみを大文字で記述したものです。

Comfortable home office

```
<div>Comfortable home office</div>
```

text-transform を適用すると、右のように大文字・小文字に変換されます。

CSS3では「full-width」と「full-size-kana」という値も提案されており、Firefoxが対応しています。

値	変換	例
full-width	半角文字を全角文字に変換	ｱ → ア
full-size-kana	小書き文字をフルサイズに変換	ぁ → あ

Comfortable Home Office

単語の１文字目を大文字に変換
text-transform: capitalize;

COMFORTABLE HOME OFFICE

すべての文字を大文字に変換
text-transform: uppercase;

comfortable home office

すべての文字を小文字に変換
text-transform: lowercase;

CSS 下線・上線・取り消し線

text-decoration: ラインの種類　スタイル　色

初期値	none solid currentColor
継承	なし
適用先	全要素

ラインの種類	none / underline / overline / line-through / blink
スタイル	solid / double / dotted / dashed / wavy
色	色の値

text-decoration プロパティを利用すると、テキストにライン（下線・上線・取り消し線）をつけることができます。たとえば、下線をつける場合、右のようにラインの種類を「underline」と指定します。

値	ラインの種類	表示例
none	なし	**快適なホームオフィス**
underline	下線	**快適なホームオフィス**
overline	上線	**快適なホームオフィス**
line-through	取り消し線	~~**快適なホームオフィス**~~
blink	文字を点滅	-

快適なホームオフィス

```
h1 {text-decoration: underline;}
```

```
<h1>快適なホームオフィス</h1>
```

文字を点滅させる「blink」という値はアクセシビリティの観点から非推奨となっており、主要ブラウザも点滅表示は行いません。

スタイルと色を指定する

-webkit- -webkit-

text-decoration ではラインの種類の他に、スタイルと色を指定することもできます。たとえば、スタイルを「wavy（波線）」に、色を赤色に指定すると右のようになります。

線のスタイルの値	線のスタイル	表示例
solid	実線	快適なホームオフィス
double	二重線	快適なホームオフィス
dotted	点線	快適なホームオフィス
dashed	破線	快適なホームオフィス
wavy	波線	快適なホームオフィス

快適なホームオフィス

```
h1 {-webkit-text-decoration: underline wavy red;
    text-decoration: underline wavy red;}
```

ラインの種類　スタイル　色

線の種類、スタイル、色の値はそれぞれ個別のプロパティで指定することもできます。

プロパティ	機能
text-decoration-line	ラインの種類
text-decoration-style	スタイル
text-decoration-color	色

下線の表示位置　text-underline-position

CSS3で提案されているtext-underline-positionプロパティを「under」と指定すると、右のようにテキストの下に下線の表示位置をずらすことができます。

「left」と「right」は縦書き時の下線の表示位置を指定するもので、Safariは未対応です。IEは独自の値で対応しています。

値	表示位置	IEが対応した値
auto	ブラウザが最適な位置に表示	-
under	テキストの下	-
left	縦書きテキストの左	below
right	縦書きテキストの右	above

Happy Holidays

Happy Holidays

```
h1 {-webkit-text-decoration: underline solid red;
    text-decoration: underline solid red;
    text-underline-position: under;}
```

ラインのスキップ　text-decoration-skip
text-decoration-skip-ink

CSS4で提案されているtext-decoration-skipやtext-decoration-skip-inkプロパティを利用すると、テキストと重なるときのラインの引き方を指定することができます。

Happy Holidays

```
h1 {text-decoration-skip: skip;
    text-decoration-skip-ink: auto;}
```

Happy Holidays

```
h1 {text-decoration-skip: none;
    text-decoration-skip-ink: none;}
```

CSS 圏点

text-emphasis: スタイル 色

-webkit- -webkit- -webkit-

初期値	none currentColor
継承	なし
適用先	全要素

スタイル	none / dot / circle / double-circle / triangle / sesame / 文字列	オプション	filled / open
色	色の値		

text-emphasis プロパティを利用すると、テキストに圏点（傍点）をつけることができます。圏点は文字を強調するためにつける印のことです。印の種類はスタイルの値で指定します。このとき、オプションを「filled」と指定すると黒塗り、「open」と指定すると白抜きの表示になります。オプションを省略した場合は「filled」で処理されます。

たとえば、圏点のスタイルを「sesame（ゴマ）」、色を「red（赤色）」に指定すると、オプションの指定に応じて右のような表示になります。

値	スタイル	スタイルのオプション	
		filled	open
dot	ドット	•	◦
circle	丸	●	○
double-circle	二重丸	◉	◎
triangle	三角	▲	△
sesame	ゴマ	﹅	﹆

快適なホームオフィス

```
h1 {-webkit-text-emphasis: sesame filled red;
    text-emphasis: sesame filled red;}
```

快適なホームオフィス

```
h1 {-webkit-text-emphasis: sesame open red;
    text-emphasis: sesame open red;}
```

```
<h1>快適なホームオフィス</h1>
```

スタイルと色の値はそれぞれ個別のプロパティで指定することもできます。

プロパティ	機能
text-emphasis-style	スタイル
text-emphasis-color	色

スタイルの値は文字列で指定することもできます。たとえば、「★」を指定すると次のようになります。

```
h1 {-webkit-text-emphasis: '★' red;
    text-emphasis: '★' red;}
```

圏点の表示位置　text-emphasis-position

-webkit-　-webkit-　　-webkit-

text-emphasis-positionプロパティを利用すると、圏点の望ましい表示位置を指定できます。

望ましい表示位置		値
横書き	テキストの上	over
	テキストの下	under
縦書き	テキストの左	left
	テキストの右	right

```
h1 {-webkit-text-emphasis: sesame red;
    text-emphasis: sesame red;
    -webkit-text-emphasis-position: under right;
    text-emphasis-position: under right;}
```

表示位置を横書きは「下」、縦書きは「右」に指定したもの。

テキストのドロップシャドウ

CSS

text-shadow: 横オフセット 縦オフセット ブラー 色

初期値	none
継承	あり
適用先	全要素

横オフセット・縦オフセット・ブラー	数値	色	色の値

text-shadow プロパティを利用すると、テキストにドロップシャドウ（影）をつけることができます。指定できる値は box-shadow プロパティ（P.199）と同じです。ただし、スプレッドの値と「inset」キーワードを指定することはできません。各値について詳しくは P.199 を参照してください。
たとえば、横と縦のオフセットを 10 ピクセル、ブラーを5ピクセル、色を薄いグレー（#aaa）と指定すると、右のようにテキストに影がつきます。

```
h1 {text-shadow: 10px 10px 5px #aaa;
    font-size: 40px;}
```

```
<h1>快適なホームオフィス</h1>
```

テキストのアウトライン　-webkit-text-stroke

拡張

-webkit-text-strokeプロパティを利用すると、テキストのアウトラインを表示することができます。そのためには、アウトラインの太さと色の値を半角スペース区切りで指定します。
たとえば、右のサンプルはcolorでテキストを黄緑色（#abcf3e）にしたものです。ここではこのテキストに-webkit-text-strokeを適用し、太さ2ピクセルの緑色（#728f1b）のアウトラインを表示するように指定しています。

なお、-webkit-text-strokeはCSSの標準規格には採用されていませんが、IE以外の主要ブラウザが-webkit-つきのプロパティ名で対応しています。

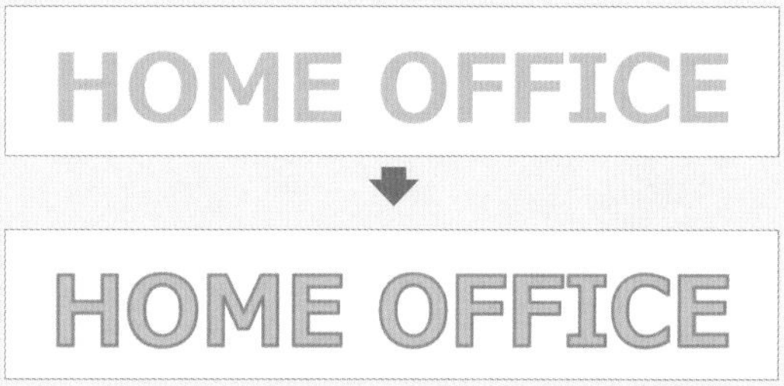


```
h1 {-webkit-text-stroke: 2px #728f1b;
    color: #abcf3e;
    font-size: 60px;}
```

```
<h1>快適なホームオフィス</h1>
```

テキストの色を透明にする場合　-webkit-text-fill-color

拡張

テキストの背景に画像を表示した場合などに、アウトラインのみを残し、テキストの色を透明にしたいケースがあります。このとき、colorプロパティの値を「transparent（透明）」にすると、アウトラインに未対応のブラウザではテキストが見えなくなってしまいます。そこで、-webkit-text-fill-colorでテキストの色を指定します。

たとえば、右のサンプルでは-webkit-text-strokeで太さ4ピクセルの白色のアウトラインを表示し、-webkit-text-fill-colorでテキストの色を「transparent（透明）」にしています。
colorは「#fff」と指定していますので、アウトラインに未対応なブラウザではテキストが白色で表示されます。

アウトラインに対応したブラウザでの表示。

アウトラインに未対応なブラウザでの表示。

```
h1 {-webkit-text-stroke: 4px #fff;
    -webkit-text-fill-color: transparent;
    color: #fff;
    font-size: 60px;
    letter-spacing: 5px;
    background: url(img/home.jpg);}
```

9-5 テキストのレイアウト

テキストを段組みや縦書きの形にレイアウトするプロパティです。

プロパティ	テキストのレイアウト
columns	マルチカラムレイアウト
writing-mode	縦書き

CSS マルチカラムレイアウト

columns: 段の横幅　段の数

初期値	auto
継承	なし
適用先	ブロックコンテナ　※テーブルを除く

段の横幅	auto / 数値	段の数	auto / 整数

columns プロパティを利用すると、ボックス内のコンテンツを段組みの形でレイアウトすることができます。何段組みでレイアウトするかは、段の数または横幅で指定します。段の数で指定した場合、段数は常に固定となります。横幅で指定した場合、親要素やブラウザ画面の横幅に応じて段数が変化します。
たとえば、右のサンプルは <div> でコンテンツをグループ化し、横幅を 800 ピクセルに設定したものです。このコンテンツを2段組みにしていきます。

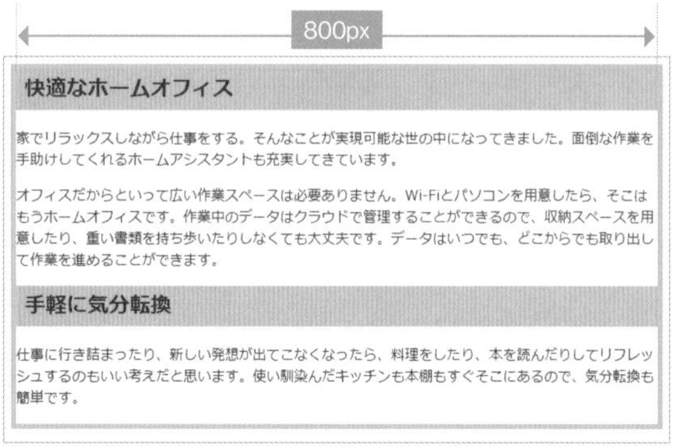
800px
快適なホームオフィス
家でリラックスしながら仕事をする。そんなことが実現可能な世の中になってきました。面倒な作業を手助けしてくれるホームアシスタントも充実してきています。
オフィスだからといって広い作業スペースは必要ありません。Wi-Fiとパソコンを用意したら、そこはもうホームオフィスです。作業中のデータはクラウドで管理することができるので、収納スペースを用意したり、重い書類を持ち歩いたりしなくても大丈夫です。データはいつでも、どこからでも取り出して作業を進めることができます。
手軽に気分転換
仕事に行き詰まったり、新しい発想が出てこなくなったら、料理をしたり、本を読んだりしてリフレッシュするのもいい考えだと思います。使い馴染んだキッチンも本棚もすぐそこにあるので、気分転換も簡単です。

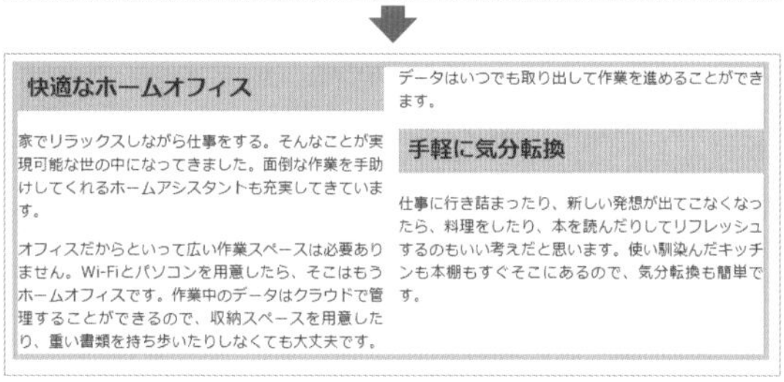
快適なホームオフィス
家でリラックスしながら仕事をする。そんなことが実現可能な世の中になってきました。面倒な作業を手助けしてくれるホームアシスタントも充実してきています。
オフィスだからといって広い作業スペースは必要ありません。Wi-Fiとパソコンを用意したら、そこはもうホームオフィスです。作業中のデータはクラウドで管理することができるので、収納スペースを用意したり、重い書類を持ち歩いたりしなくても大丈夫です。
データはいつでも取り出して作業を進めることができます。
手軽に気分転換
仕事に行き詰まったり、新しい発想が出てこなくなったら、料理をしたり、本を読んだりしてリフレッシュするのもいい考えだと思います。使い馴染んだキッチンも本棚もすぐそこにあるので、気分転換も簡単です。

段の数を指定して2段組みにする

<div> の columns を「2」と指定すると、右のようにコンテンツが2段組みになります。このとき、<div> はマルチカラム要素として扱われ、要素内には段を構成するカラムボックスが作成された構造になります。カラムボックスの間には1文字分（1em）の余白が挿入されます。

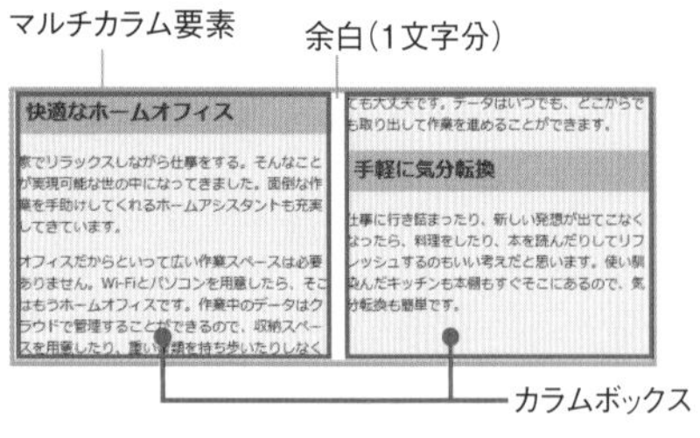
マルチカラム要素
余白（1文字分）
快適なホームオフィス
手軽に気分転換
カラムボックス

```
div {columns: 2;
     width: 800px;
     border: solid 6px #abcf3e;}
```

```
<div>
<h2>快適なホームオフィス</h2>
<p>家でリラックスしながら仕事をする。そんなことが…
</div>
```

段の横幅を指定して2段組みにする

段（カラムボックス）の横幅を指定して2段組みにする場合、間に挿入される余白（標準では1文字分の16px）を含めて <div> の横幅に2つ分収まるサイズを指定します。たとえば、<div> の横幅が 800px のときに段の横幅を「300px」と指定すると、右のような2段組みになります。
<div> の横幅を変化させると、以下のように段数が変わります。<div> の横幅が 300×2＋16＝616px 以上の場合は2段組み、300×3＋16×2＝932px 以上の場合は3段組みになります。

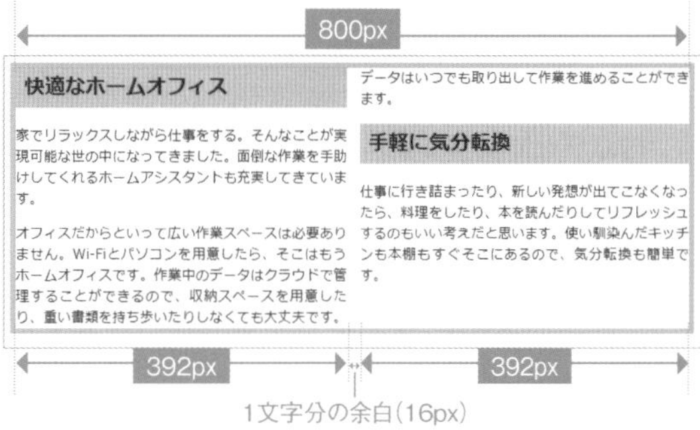
800px
快適なホームオフィス
家でリラックスしながら仕事をする。そんなことが実現可能な世の中になってきました。面倒な作業を手助けしてくれるホームアシスタントも充実してきています。
オフィスだからといって広い作業スペースは必要ありません。Wi-Fiとパソコンを用意したら、そこはもうホームオフィスです。作業中のデータはクラウドで管理することができるので、収納スペースを用意したり、重い書類を持ち歩いたりしなくても大丈夫です。
データはいつでも取り出して作業を進めることができます。
手軽に気分転換
仕事に行き詰まったり、新しい発想が出てこなくなったら、料理をしたり、本を読んだりしてリフレッシュするのもいい考えだと思います。使い馴染んだキッチンも本棚もすぐそこにあるので、気分転換も簡単です。
392px
392px
1文字分の余白(16px)

```
div {columns: 300px;
     width: 800px;
     border: solid 6px #abcf3e;}
```

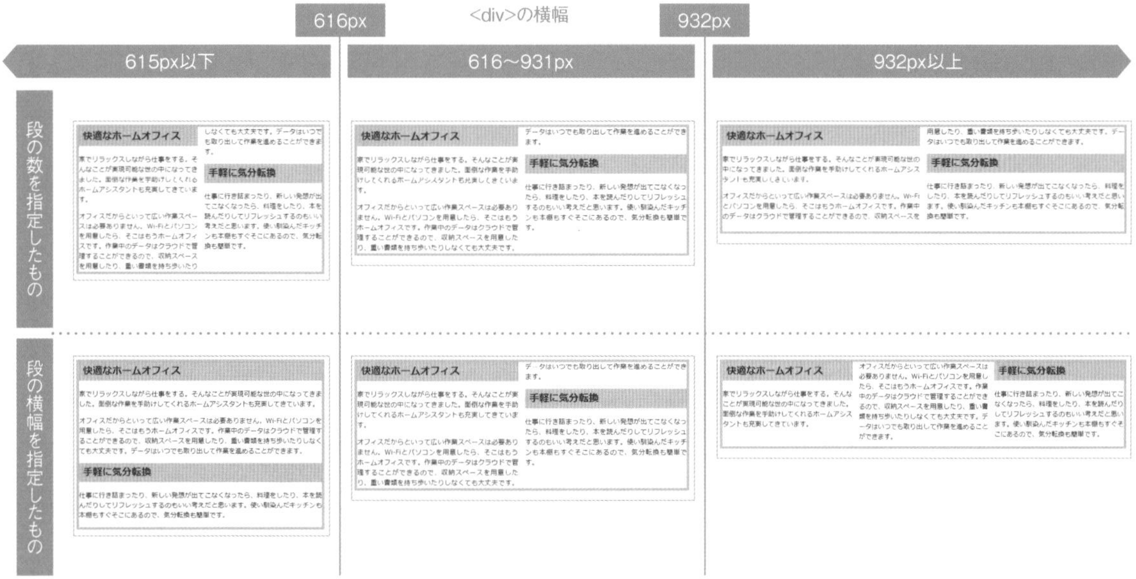
616px
<div>の横幅
932px
615px以下
616〜931px
932px以上
段の数を指定したもの
段の横幅を指定したもの

段数の最大値を指定する

段の横幅を指定して作成した段組みは、<div>の横幅が大きくなるほど段の数も増えていきます。必要以上に段数を増やしたくない場合には、columnsに段数の指定を追加します。次のように指定した場合、段数が3段以上に増えなくなります。

```
div {columns: 300px 3;
     width: 800px;
     border: solid 6px #abcf3e;}
```

個別のプロパティで指定する

columnsプロパティで指定する段の数と横幅の値は、次のプロパティで個別に指定することもできます。

プロパティ	組み段の設定
column-count	段の数
column-width	段の横幅

段組みの調整

マルチカラム要素で構成した段組みのレイアウトは次のプロパティで調整することができます。

プロパティ	調整対象
column-gap	段の間隔（カラムボックスの間の余白サイズ）
column-rule	区切り線（カラムボックスの間の区切り線）
column-span	複数段にまたがる表示
column-fill	段組みの高さの処理

段の間隔　column-gap

column-gap プロパティを利用すると、カラムボックスの間の余白サイズを指定し、段の間隔を調整することができます。たとえば、column-gap を「30px」と指定すると、余白サイズが 30 ピクセルになります。なお、余白サイズを大きくすると、その分だけカラムボックスの横幅が短くなります。

IE以外の主要ブラウザでは、フレキシブルボックスやグリッドと同じgapプロパティでも間隔を調整できます。

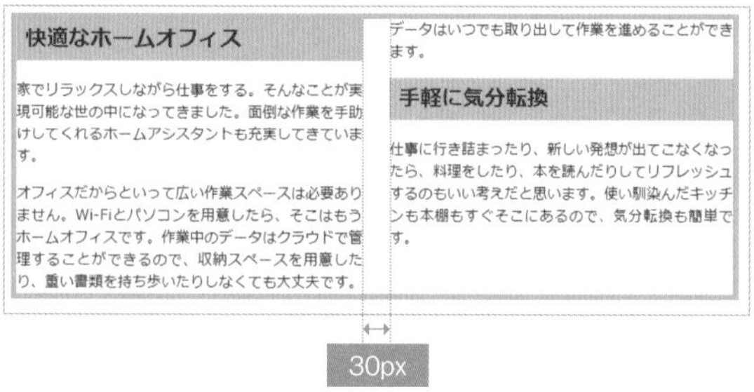
快適なホームオフィス
家でリラックスしながら仕事をする。そんなことが実現可能な世の中になってきました。面倒な作業を手助けしてくれるホームアシスタントも充実してきています。
オフィスだからといって広い作業スペースは必要ありません。Wi-Fiとパソコンを用意したら、そこはもうホームオフィスです。作業中のデータはクラウドで管理することができるので、収納スペースを用意したり、重い書類を持ち歩いたりしなくても大丈夫です。
データはいつでも取り出して作業を進めることができます。
手軽に気分転換
仕事に行き詰まったり、新しい発想が出てこなくなったら、料理をしたり、本を読んだりしてリフレッシュするのもいい考えだと思います。使い馴染んだキッチンも本棚もすぐそこにあるので、気分転換も簡単です。
30px

```
div {columns: 300px;
     column-gap:30px;
     width: 800px;
     border: solid 6px #abcf3e;}
```

区切り線　column-rule

column-rule プロパティを利用すると、カラムボックスの間に区切り線を挿入することができます。指定できる値は border プロパティ（P.147）と同じです。たとえば、太さ２ピクセルの黄色の点線を挿入すると右のようになります。
なお、区切り線を挿入しても、余白サイズやカラムボックスの横幅には影響しません。

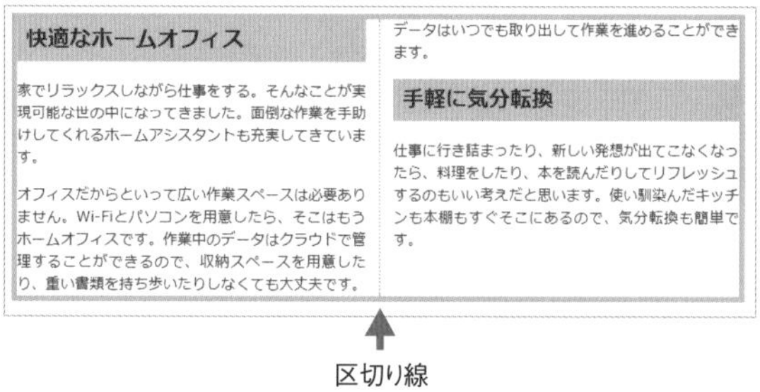
快適なホームオフィス
家でリラックスしながら仕事をする。そんなことが実現可能な世の中になってきました。面倒な作業を手助けしてくれるホームアシスタントも充実してきています。
オフィスだからといって広い作業スペースは必要ありません。Wi-Fiとパソコンを用意したら、そこはもうホームオフィスです。作業中のデータはクラウドで管理することができるので、収納スペースを用意したり、重い書類を持ち歩いたりしなくても大丈夫です。
データはいつでも取り出して作業を進めることができます。
手軽に気分転換
仕事に行き詰まったり、新しい発想が出てこなくなったら、料理をしたり、本を読んだりしてリフレッシュするのもいい考えだと思います。使い馴染んだキッチンも本棚もすぐそこにあるので、気分転換も簡単です。
区切り線

```
div {columns: 300px;
     column-gap:30px;
     column-rule: dotted 2px #f3c90b;
     width: 800px;
     border: solid 6px #abcf3e;}
```

column-ruleの値は次のプロパティで個別に指定することもできます。

タグ	値
column-rule-style	スタイル
column-rule-width	太さ
column-rule-color	色

複数段にまたがる表示　column-span

column-span プロパティを利用すると、カラムボックス内のコンテンツを複数段にまたがる形で表示することができます。指定できる値は「none」または「all」です。column-span を指定していない場合、初期値の「none」で処理され、複数段にまたがる表示にはなりません。
たとえば、<h2> を複数段にまたがる形で表示する場合、右のように column-span を「all」と指定します。

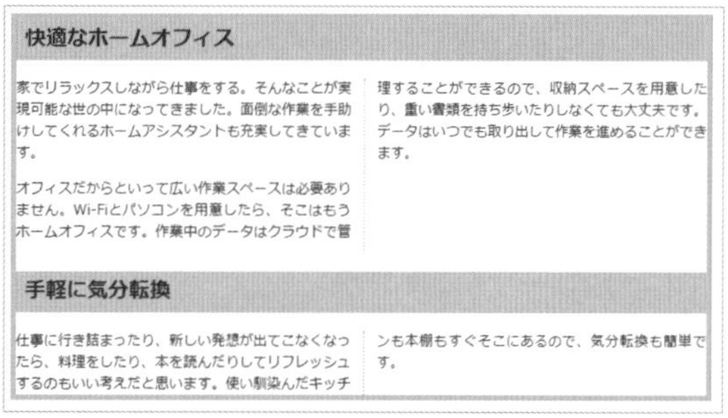
快適なホームオフィス
家でリラックスしながら仕事をする。そんなことが実現可能な世の中になってきました。面倒な作業を手助けしてくれるホームアシスタントも充実してきています。
オフィスだからといって広い作業スペースは必要ありません。Wi-Fiとパソコンを用意したら、そこはもうホームオフィスです。作業中のデータはクラウドで管
理することができるので、収納スペースを用意したり、重い書類を持ち歩いたりしなくても大丈夫です。データはいつでも取り出して作業を進めることができます。
手軽に気分転換
仕事に行き詰まったり、新しい発想が出てこなくなったら、料理をしたり、本を読んだりしてリフレッシュするのもいい考えだと思います。使い馴染んだキッチ
ンも本棚もすぐそこにあるので、気分転換も簡単です。

```
div {columns: 300px;
     column-gap:30px;
     column-rule: dotted 2px #f3c90b;
     width: 800px;
     border: solid 6px #abcf3e;}

h2 {column-span: all;}
```

```
<div>
<h2>快適なホームオフィス</h2>
<p>家でリラックスしながら仕事をする。そんな…</p>
<h2>手軽に気分転換</h2>
<p>仕事に行き詰まったり、新しい発想が出てこ…</p>
</div>
```

これにより、<h2> の後続のコンテンツは次のようにレイアウトされます。

1つ目の<h2>の後続のコンテンツ。

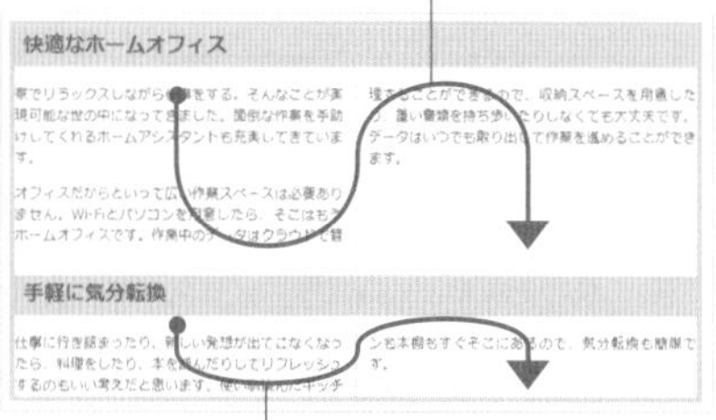

2つ目の<h2>の後続のコンテンツ。

段組みの高さの処理　column-fill

column-fill プロパティを利用すると段組みの高さの処理を変更することができます。初期値は「balance」で、段ごとにコンテンツの分量が均等になる高さに設定されます。そのため、height を適用しても段組みの高さを変更することはできません。
height で指定した高さを反映したい場合には、右のように column-fill を「auto」と指定します。ここでは高さを 400 ピクセルに指定しています。

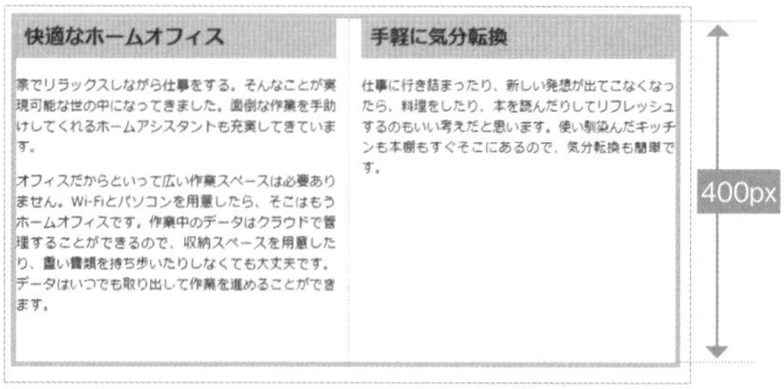
快適なホームオフィス
家でリラックスしながら仕事をする。そんなことが実現可能な世の中になってきました。面倒な作業を手助けしてくれるホームアシスタントも充実してきています。
オフィスだからといって広い作業スペースは必要ありません。Wi-Fiとパソコンを用意したら、そこはもうホームオフィスです。作業中のデータはクラウドで管理することができるので、収納スペースを用意したり、重い書類を持ち歩いたりしなくても大丈夫です。データはいつでも取り出して作業を進めることができます。
手軽に気分転換
仕事に行き詰まったり、新しい発想が出てこなくなったら、料理をしたり、本を読んだりしてリフレッシュするのもいい考えだと思います。使い馴染んだキッチンも本棚もすぐそこにあるので、気分転換も簡単です。
400px

```
div {columns: 300px;
     column-gap:30px;
     column-rule: dotted 2px #f3c90b;
     column-fill: auto;
     height: 400px;
     width: 800px;
     border: solid 6px #abcf3e;}
```

9
テキスト

改段の調整　break-before / break-after / break-inside

次のプロパティを利用すると、コンテンツの前後または中における改段を調整することができます。
たとえば、段落<p>の中に改段を入れるのを禁止する場合、<p>のbreak-insideを「avoid」と指定します。

プロパティ	改段の位置
break-before	要素の前
break-after	要素の後
break-inside	要素の中

値	処理
auto	自動
avoid	改段（区切り）の挿入を禁止

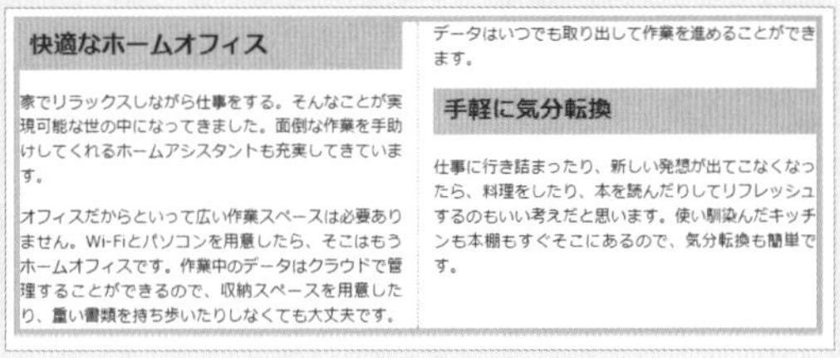
快適なホームオフィス
家でリラックスしながら仕事をする。そんなことが実現可能な世の中になってきました。面倒な作業を手助けしてくれるホームアシスタントも充実してきています。
オフィスだからといって広い作業スペースは必要ありません。Wi-Fiとパソコンを用意したら、そこはもうホームオフィスです。作業中のデータはクラウドで管理することができるので、収納スペースを用意したり、重い書類を持ち歩いたりしなくても大丈夫です。
データはいつでも取り出して作業を進めることができます。
手軽に気分転換
仕事に行き詰まったり、新しい発想が出てこなくなったら、料理をしたり、本を読んだりしてリフレッシュするのもいい考えだと思います。使い馴染んだキッチンも本棚もすぐそこにあるので、気分転換も簡単です。

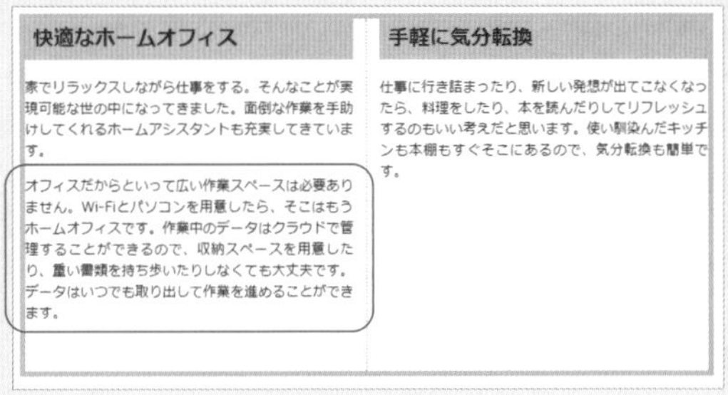
快適なホームオフィス
家でリラックスしながら仕事をする。そんなことが実現可能な世の中になってきました。面倒な作業を手助けしてくれるホームアシスタントも充実してきています。
オフィスだからといって広い作業スペースは必要ありません。Wi-Fiとパソコンを用意したら、そこはもうホームオフィスです。作業中のデータはクラウドで管理することができるので、収納スペースを用意したり、重い書類を持ち歩いたりしなくても大丈夫です。データはいつでも取り出して作業を進めることができます。
手軽に気分転換
仕事に行き詰まったり、新しい発想が出てこなくなったら、料理をしたり、本を読んだりしてリフレッシュするのもいい考えだと思います。使い馴染んだキッチンも本棚もすぐそこにあるので、気分転換も簡単です。

```
<div>
<h2>快適なホームオフィス</h2>
<p>家でリラックスしながら仕事をする。…</p>
<p>オフィスだからといって広い作業スペース…</p>
<h2>手軽に気分転換</h2>
<p>仕事に行き詰まったり、新しい発想が出て…</p>
</div>
```

```
div {columns: 300px;
     column-gap:30px;
     column-rule: dotted 2px #f3c90b;
     width: 800px;
     border: solid 6px #abcf3e;}

p {break-inside: avoid;}
```

CSS 横書き・縦書き

writing-mode: 値

初期値	horizontal-tb
継承	あり
適用先	全要素 ※テーブルの行列関連の要素、ルビコンテナを除く

値	horizontal-tb / vertical-rl / vertical-lr

writing-mode を利用すると、ボックス内のテキストの横書き・縦書きを指定することができます。また、横書き・縦書きの指定に合わせてブロックボックスが並ぶ方向も変わります。

たとえば、次のサンプルは <div> でコンテンツをグループ化したものです。writing-mode を指定していない場合、初期値の「horizontal-tb」で処理されるため、横書きになります。このとき、<div> 内の <h1> や <p> が構成するブロックボックスは上から下に並べて表示されます。

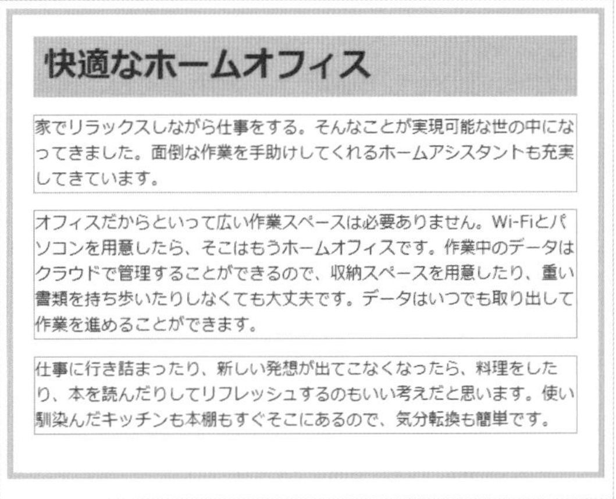
快適なホームオフィス
家でリラックスしながら仕事をする。そんなことが実現可能な世の中になってきました。面倒な作業を手助けしてくれるホームアシスタントも充実してきています。
オフィスだからといって広い作業スペースは必要ありません。Wi-Fiとパソコンを用意したら、そこはもうホームオフィスです。作業中のデータはクラウドで管理することができるので、収納スペースを用意したり、重い書類を持ち歩いたりしなくても大丈夫です。データはいつでも取り出して作業を進めることができます。
仕事に行き詰まったり、新しい発想が出てこなくなったら、料理をしたり、本を読んだりしてリフレッシュするのもいい考えだと思います。使い馴染んだキッチンも本棚もすぐそこにあるので、気分転換も簡単です。

```
div {writing-mode: horizontal-tb;
     padding: 20px;
     border: solid 6px #abcf3e;}
```

writing-mode を「vertical-rl」と指定すると縦書きになり、ブロックボックスは右から左に並べて表示されます。

writing-modeの値	横書き・縦書き	ブロックボックス	IEの対応値
horizontal-tb	横書き	上から下	lr-tb
vertical-rl	縦書き	右から左	tb-rl
vertical-lr	縦書き	左から右	tb-lr

IEに対応する場合は「-ms-writing-mode: tb-rl」の指定も追加します。

```
<div>
<h1>快適なホームオフィス</h1>
<p>家でリラックスしながら仕事をする。…</P> …
</div>
```

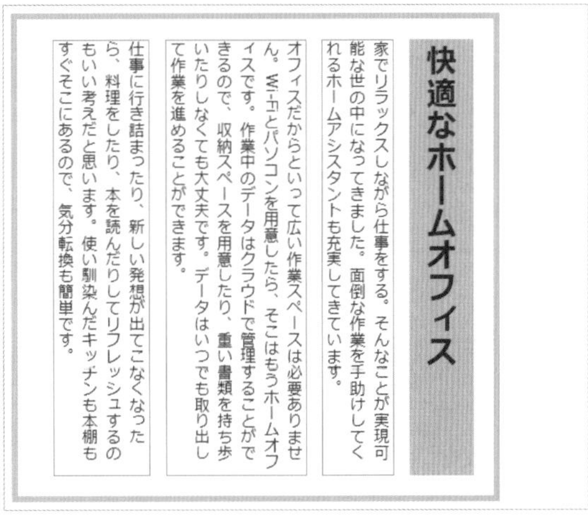
快適なホームオフィス
家でリラックスしながら仕事をする。そんなことが実現可能な世の中になってきました。面倒な作業を手助けしてくれるホームアシスタントも充実してきています。
オフィスだからといって広い作業スペースは必要ありません。Wi-Fiとパソコンを用意したら、そこはもうホームオフィスです。作業中のデータはクラウドで管理することができるので、収納スペースを用意したり、重い書類を持ち歩いたりしなくても大丈夫です。データはいつでも取り出して作業を進めることができます。
仕事に行き詰まったり、新しい発想が出てこなくなったら、料理をしたり、本を読んだりしてリフレッシュするのもいい考えだと思います。使い馴染んだキッチンも本棚もすぐそこにあるので、気分転換も簡単です。

```
div {-ms-writing-mode: tb-rl;
     writing-mode: vertical-rl;
     padding: 20px;
     border: solid 6px #abcf3e;}
```

縦書きの調整

縦書きのレイアウトは右のプロパティで調整することができます。

プロパティ	機能
text-orientation	縦書きの中の文字の向き
text-combine-upright	縦中横

縦書きの中の文字の向き　text-orientation

text-orientation プロパティを利用すると、縦書きの中の文字の向きを指定することができます。指定できる値は右のようになっています。
たとえば、<h1> の中に「HOME OFFICE」という英単語を挿入し、text-orientation を指定すると次のようになります。なお、text-orientation を指定しなかった場合、初期値の「mix」で処理されます。

値	文字の向き
mix	英数字を時計回りに90度回転して表示
upright	英数字の各文字を縦向きにして表示
sideways	すべての文字を時計回りに90度回転して表示

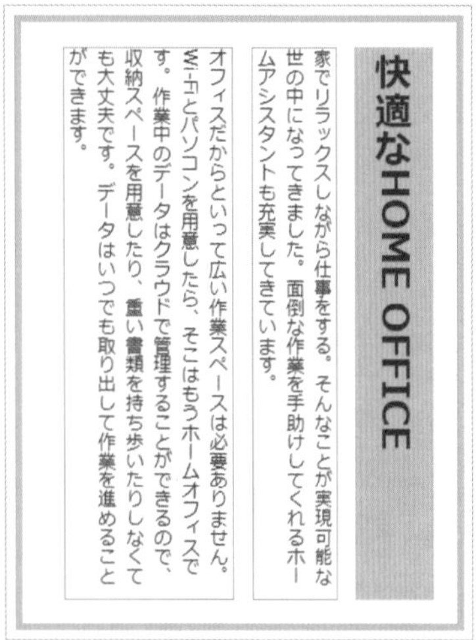
快適なHOME OFFICE
家でリラックスしながら仕事をする。そんなことが実現可能な世の中になってきました。面倒な作業を手助けしてくれるホームアシスタントも充実してきています。
オフィスだからといって広い作業スペースは必要ありません。Wi-Fiとパソコンを用意したら、そこはもうホームオフィスです。作業中のデータはクラウドで管理することができるので、収納スペースを用意したり、重い書類を持ち歩いたりしなくても大丈夫です。データはいつでも取り出して作業を進めることができます。

```
div {
  -ms-writing-mode: tb-rl;
  writing-mode: vertical-rl;
  -webkit-text-orientation: mix;
  text-orientation: mix;
  …}
```

快適なHOME OFFICE
家でリラックスしながら仕事をする。そんなことが実現可能な世の中になってきました。面倒な作業を手助けしてくれるホームアシスタントも充実してきています。
オフィスだからといって広い作業スペースは必要ありません。Wi-Fiとパソコンを用意したら、そこはもうホームオフィスです。作業中のデータはクラウドで管理することができるので、収納スペースを用意したり、重い書類を持ち歩いたりしなくても大丈夫です。データはいつでも取り出して作業を進めることができます。

```
div {
  -ms-writing-mode: tb-rl;
  writing-mode: vertical-rl;
  -webkit-text-orientation: upright;
  text-orientation: upright;
  …}
```

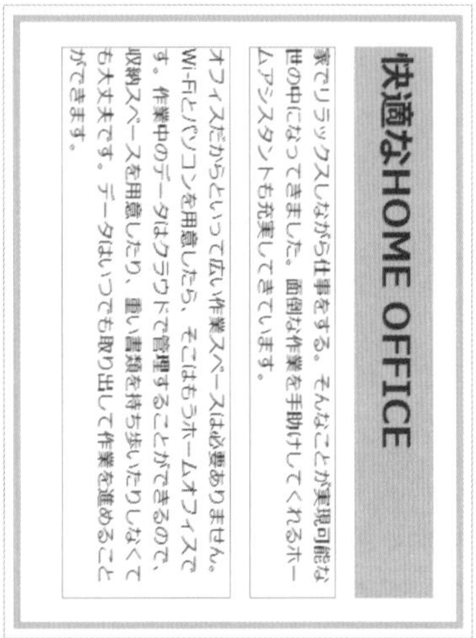
快適なHOME OFFICE
家でリラックスしながら仕事をする。そんなことが実現可能な世の中になってきました。面倒な作業を手助けしてくれるホームアシスタントも充実してきています。
オフィスだからといって広い作業スペースは必要ありません。Wi-Fiとパソコンを用意したら、そこはもうホームオフィスです。作業中のデータはクラウドで管理することができるので、収納スペースを用意したり、重い書類を持ち歩いたりしなくても大丈夫です。データはいつでも取り出して作業を進めることができます。

```
div {
  -ms-writing-mode: tb-rl;
  writing-mode: vertical-rl;
  -webkit-text-orientation: sideways;
  text-orientation: sideways;
  …}
```

縦中横　text-combine-upright

-webkit- -webkit- -ms-

text-combine-upright プロパティを利用すると、複数の文字を1つの文字として扱い、横書きにして1文字分の横幅で表示します。これは「縦中横」と呼ばれ、縦書きの中に横書きのテキストを埋め込むことが可能になります。
たとえば、右のサンプルは「01」という数字を縦書きの中に記述し、<span> でマークアップしたものです。これを縦中横で表示するためには、text-combine-upright を「all」と指定します。

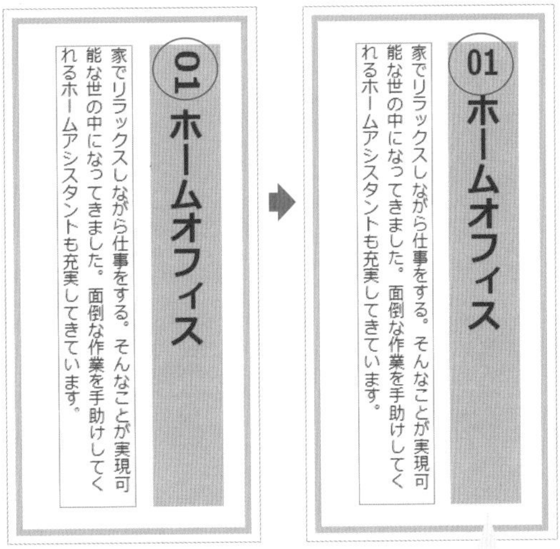
01 ホームオフィス
家でリラックスしながら仕事をする。そんなことが実現可能な世の中になってきました。面倒な作業を手助けしてくれるホームアシスタントも充実してきています。
01 ホームオフィス
家でリラックスしながら仕事をする。そんなことが実現可能な世の中になってきました。面倒な作業を手助けしてくれるホームアシスタントも充実してきています。

text-combine-uprightの値	処理
none	なし
all	縦中横で表示

```
div {-ms-writing-mode: tb-rl;
     writing-mode: vertical-rl;
     padding: 20px;
     border: solid 6px #abcf3e;}

span {-webkit-text-combine: horizontal;
      -ms-text-combine-horizontal: all;
      text-combine-upright: all;}
```

```
<div>
<h1><span>01</span> ホームオフィス</h1>
…
</div>
```

Safari / iOS Safariに対応する場合は-webkit-text-combineを「horizontal」、IEに対応する場合は-ms-text-combine-horizontalを「all」と指定した設定も追加します。

横書きの書字方向と双方向アルゴリズムに関する設定　direction / unicode-bidi

横書きの書字方向や、Unicodeの双方向アルゴリズムに関する設定は、directionおよびunicode-bidiプロパティで指定することができます。
ただし、これらのプロパティの処理はブラウザでCSSがオフにされると機能しなくなってしまいます。そのため、CSSは使用せず、HTMLのdir属性（P.103）や<bdo>/<bdi>（P.091）を使用することが推奨されています。

プロパティ	機能
direction	横書きの書字方向を指定
unicode-bidi	双方向アルゴリズムに関する設定を指定

テキストのレンダリング処理　text-rendering

SVG

text-renderingプロパティを利用すると、テキストをレンダリングするときに何を優先するかを指定することができます。指定できる値は次のようになっています。

なお、text-renderingはSVGで定義されたもので、CSSでは定義されていません。

値	処理
auto	ブラウザが自動判断。
optimizeSpeed	スピードを優先。カーニング（文字詰め）やリガチャ（合字）の処理は行いません。
optimizeLegibility	読みやすさを優先。カーニング（文字詰め）やリガチャ（合字）の処理を行います。
geometricPrecision	幾何学的精密さを優先。現在のところoptimizeLegibilityと同じ処理になります。

macOS環境のフォントのアンチエイリアス処理　-webkit-font-smoothing

拡張

-webkit-font-smoothingプロパティを利用すると、フォントの輪郭を滑らかにするアンチエイリアス処理について指定することができます。
ただし、この指定はmacOS環境でページを表示したときにのみ機能します。-webkit-font-smoothingを指定しなかった場合、初期値では「subpixel-antialiased」で処理されます。

CSS3に採用されたこともありましたが、現在は削除されています。また、Firefoxは-moz-osx-font-smoothingというプロパティで対応しています。

家でリラックスしながら仕事をする。そんなことが実現可能な世の中になってきました。Wi-Fiとパソコンを用意したら、そこはもうホームオフィスです。

```
-webkit-font-smoothing: none;
```

家でリラックスしながら仕事をする。そんなことが実現可能な世の中になってきました。Wi-Fiとパソコンを用意したら、そこはもうホームオフィスです。

```
-webkit-font-smoothing: subpixel-antialiased;
```

家でリラックスしながら仕事をする。そんなことが実現可能な世の中になってきました。Wi-Fiとパソコンを用意したら、そこはもうホームオフィスです。

```
-webkit-font-smoothing: antialiased;
```

-webkit-font-smoothingの値	処理	-moz-osx-font-smoothingの値
none	アンチエイリアス処理を行わない。	-
subpixel-antialiased	サブピクセルレンダリングを用いたアンチエイリアス処理を行う。	unset
antialiased	サブピクセルレンダリングをオフにしたアンチエイリアス処理を行う。	grayscale

Chapter 10

エンベディッド・コンテンツ

10-1 エンベディッド・コンテンツ

画像やビデオなどの外部リソースを読み込み、表示するHTMLタグです。

これらはCSSでは「置換要素」と呼ばれ、インラインブロックボックスと同様の特徴を持つボックスを構成します。詳しくはP.169を参照してください。

タグ	機能
<img>	画像
<picture>	画像
<iframe>	インラインフレーム
<object>	オブジェクト
<video> / <audio>	ビデオ / オーディオ
<canvas>	Canvas
<svg>	SVG

HTML 画像

```
<img src="～" alt="～" width="～" height="～">
```

CONTENT MODEL
なし

<img>は画像を表示するタグです。src属性で画像ファイルのURLを指定し、alt属性で代替テキストを記述します。ただし、装飾的な目的で表示する画像の場合、alt属性の値は空にします。
さらに、レイアウトシフト（P.301）を防ぐため、widthとheight属性ではオリジナルの画像サイズを指定します。

たとえば、右のサンプルはhome.jpgという画像を表示したものです。widthとheight属性ではhome.jpgのオリジナルの画像サイズ（1500×1000ピクセル）を指定しています。
ただし、それだけでは画像の表示サイズが1500×1000ピクセルに固定されてしまいます。表示サイズは親要素や画面幅に合わて変化させるため、CSSのwidthプロパティで横幅を「100%」、heightプロパティで高さを「auto」と指定しています。画面幅を変えてみると、次のように縦横比を維持した形で表示サイズが変化します。

Home Office

```
<img src="home.jpg" alt=""
width="1500" height="1000">
<h1>Home Office</h1>
```

```
img {width: 100%;
     height: auto;}
```

表示サイズがオリジナルサイズより大きくなるのを防ぎたい場合には、widthではなくmax-widthプロパティを「100%」と指定します。

なお、<img> で指定できる属性は次のようになっています。

属性	機能
alt	代替テキスト
decoding	デコードの処理
loading	遅延読み込み
src	画像のURL
srcset / sizes	画像の選択肢と選択に使用する情報

属性	機能
width / height	画像の横幅 / 高さ（レイアウトシフトの防止）
crossorigin	クロスオリジンの設定（P.105を参照）
ismap	サーバーサイドイメージマップの設定（P.305を参照）
usemap	イメージマップの設定（P.305を参照）
referrerpolicy	リファラの送信（P.032を参照）

代替テキスト　alt 属性

代替テキストは画像の内容を語句や文章で表したもので、画像から直接内容を抽出することのできないソフトウェアや、画像表示をオフにした閲覧環境などで使用されます。そのため、画像を代替テキストに置き換えても伝わる内容が変わらないように記述することが求められています。

```
<img src="home.jpg" alt="テーブルの上に食材を用
意して料理の準備をしています。"
width="1500" height="1000">
```

装飾的な目的で表示した画像や、前後に関連した内容を記述している場合には、alt 属性を空の値で記述します。

```
<img src="home.jpg" alt=""
width="1500" height="1000">
```

レイアウトシフトの防止　width / height 属性

14以降　14以降

ブラウザでは読み込みに時間のかかる画像が後から表示され、先に表示されたコンテンツの位置がずれるという問題が発生します。これは「レイアウトシフト」と呼ばれ、Google の指標「Web Vitals」ではできるだけレイアウトシフトが発生しないようにすることが求められています。

レイアウトシフトを防ぐためには、<img> の width と height 属性で画像の横幅と高さを指定します。ブラウザはこの情報を元に画像の表示エリアを確保するため、次のようにコンテンツの表示位置がずれなくなります。

widthとheight属性の指定がない場合
（レイアウトシフトの発生あり）

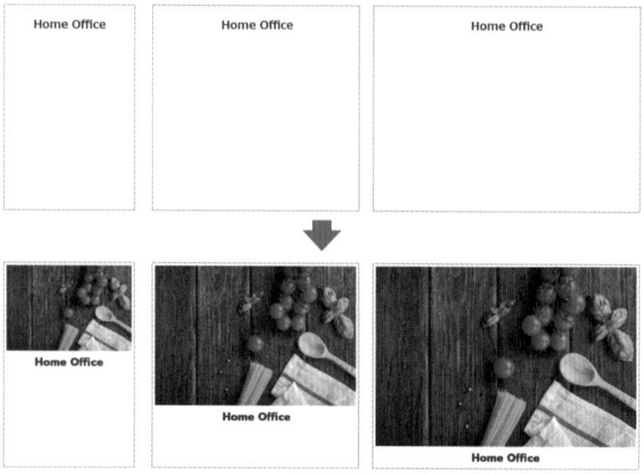


```
<img src="home.jpg" alt="">
<h1>Home Office</h1>
```

widthとheight属性の指定がある場合
（レイアウトシフトの発生なし）

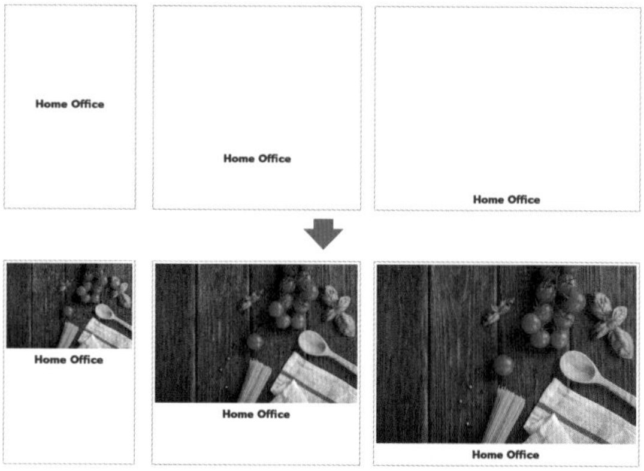


```
<img src="home.jpg" alt=""
width="1500" height="1000">
<h1>Home Office</h1>
```

Web Vitals

「Web Vitals（ウェブバイタル）」はサイトの健全性を示す指標としてGoogleが導入したもので、ランキング要因になることも発表されています。レイアウトシフトの発生頻度は「CLS（Cumulative Layout Shift）」として計測されます。詳しくは下記のドキュメントを参照してください。

Web Vitals
https://web.dev/vitals/

縦横比の指定　aspect-ratio

CSS4で提案されているaspect-ratioを利用するとボックスの縦横比を指定できます。Chrome、Firefox、Edgeはこのプロパティを内部的にサポートし、次のようにwidthとheight属性の値をマッピングすることで表示エリアの確保を行っています。

```
img, input[type="image"], video, embed,
iframe, marquee, object, table {
  aspect-ratio: attr(width) / attr(height);
}
```

デコードの処理　decoding 属性

decoding 属性を利用すると、画像を表示するデコードの処理方法をブラウザに提案することができます。他のコンテンツと非同期に処理したい場合は「async」と指定します。

decoding属性の値	処理方法
sync	同期処理
async	非同期処理
auto	自動（処理に関する提案をしない）

遅延読み込みの設定　loading 属性

画像の遅延読み込み（Lazy Load）を行う場合、loading 属性を「lazy」と指定します。これにより、ブラウザが表示に必要と判断した段階で読み込みが行われるようになります。

```
<img src="home.jpg" alt="" loading="lazy"
width="1500" height="1000">
```

loading属性の値	処理方法
eager	遅延読み込みを行わない
lazy	遅延読み込みを行う

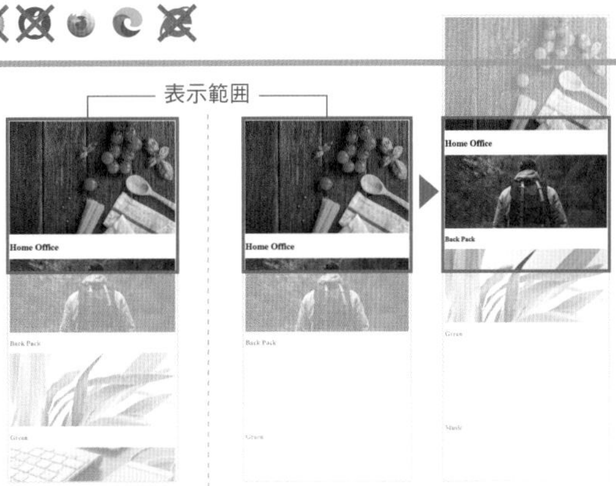

loading="eager"
遅延読み込みは
行われません。

loading="lazy"
スクロールに応じて必要な
画像が読み込まれます。

画像の選択肢と選択に使用する情報　srcset / sizes 属性

srcset と sizes 属性を利用すると、複数の画像の選択肢を用意し、閲覧環境に合わせて最適な画像を表示するように設定することができます。最適な画像の選択は、閲覧環境の解像度（DPR＝Device Pixel Ratio）、またはブラウザ画面の横幅と DPR に応じて、ブラウザが自動で行います。
たとえば、右のように3つの異なるサイズで画像を用意し、閲覧環境に応じて最適な画像で表示するように設定していきます。

home-1000.jpg
（1000×667ピクセル）

home-1500.jpg
（1500×1000ピクセル）

home-500.jpg
（500×333ピクセル）

DPR に応じて最適な画像を表示する

閲覧環境の DPR に応じて最適な画像を表示する場合、画像の URL に利用に適した DPR の情報を「～ x」という形で付加し、srcset 属性で右のように指定します。複数の画像の候補はカンマ区切りで指定します。また、src 属性では srcset 属性に未対応なブラウザ用の画像を指定しておきます。
なお、DPR に応じて表示する方法では、画面の横幅の変化に応じて使用する画像を変えることはできません。そのため、右のサンプルのように画像の横幅を固定しているケースでの利用に適しています。ここでは横幅を 500 ピクセルに固定しています。

PC（DPR: 1）での表示。
home-500.jpgが使用されます。

iPad（DPR: 2）での表示。
home-1000.jpgが使用されます。

```
<img srcset="home-500.jpg 1x,
             home-1000.jpg 2x,
             home-1500.jpg 3x"
 src="home.jpg" alt="">
<h1>Home Office</h1>
```

```
img {width: 500px;}
```

ブラウザ画面の横幅とDPRに応じて最適な画像を表示する

閲覧環境のブラウザ画面の横幅とDPRに応じて最適な画像を表示する場合、画像の横幅の情報を「〜w」という形で付加し、srcset属性で右のように指定します。
ここではCSSのmax-widthでブラウザ画面の横幅が500ピクセル以上のときには、画像の横幅を500ピクセルに固定するように指定しています。

これで、DPRが1のPC環境と、DPRが2のiPhone 7、iPadでの表示結果を比べてみると、右のようになります。max-widthを適用せず、画面に合わせて表示する分には最適なサイズの画像が読み込まれていることが確認できます。
しかし、サンプルのように固定サイズで表示する場合は無駄に大きい画像を読み込むことになってしまいます。

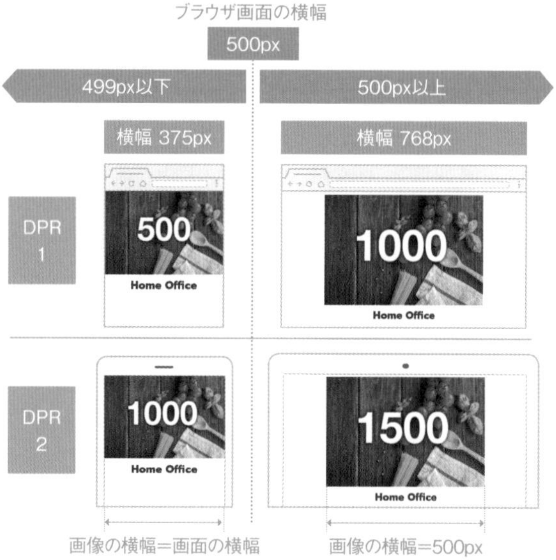


```
<img srcset="home-500.jpg 500w,
             home-1000.jpg 1000w,
             home-1500.jpg 1500w"
 src="home.jpg" alt="">
<h1>Home Office</h1>
```

```
img {width: 100%;
     max-width: 500px;}
```

固定サイズでも最適な画像を読み込むように設定するためには、右のようにsizes属性を指定し、ブラウザが判別に使用する横幅を変更します。
ここでは、画面の横幅が499px以下のときには「100vw」、500px以上のときには「500px」を判別に使うように指定しています。vwは画面の横幅＝100vwとなる単位です。

PC環境のChromeでは、一度大きいサイズの画像を読み込むとキャッシュされ、属性の設定や画面の横幅などを変更しても、常に大きいサイズの画像で表示されるようになります。

```
<img srcset="home-500.jpg 500w,
             home-1000.jpg 1000w,
             home-1500.jpg 1500w"
 sizes="(max-width: 499px) 100vw,
             (min-width: 500px) 500px"
 src="home.jpg" alt="">
<h1>Home Office</h1>
```

イメージマップ　<map> / <area>

イメージマップの機能を利用すると、画像の上に複数のエリアを構成し、各エリアにリンクを設定することができます。
エリアの構成やリンクの設定は<map>と<area>で行います。<map>ではname属性でマップ名を指定し、<img>のusemap属性で参照して設定を適用します。右のサンプルではマップ名を「mymap」と指定しています。

<area>ではshape属性で形状を、coords属性で座標を指定してエリアを構成します。座標は画像の左上を「0,0」とし、「x,y」の形で記述します。
右のサンプルでは四角形、円形、多角形の3つのエリアを作成し、href属性でリンク先を、alt属性で代替テキストを指定しています。この他にも、<area>にはP.075の<a>と同じ属性を指定することが可能です。

なお、エリアが重なっている部分では、先に記述したエリアの設定が使用されます。

形状	shape属性の値	coords属性の値
四角形	rect	左上の座標,右下の座標
円形	circle	中心の座標,半径
多角形	poly	各角の座標をカンマ区切りで指定

```
<img src="home.jpg" alt=""
 width="500" height="333"
 usemap="#mymap">

<map name="mymap">
<area href="tomato.html" alt="トマト"
 shape="rect" coords="262,0,411,194">

<area href="basil.html" alt="バジル"
shape="circle" coords="443,116,63">

<area href="pasta.html" alt="パスタ"
shape="poly" coords="179,333,225,213,
307,247,255,333">
</map>
```

サーバーサイドイメージマップ

イメージマップの処理をサーバー側で行う場合、サーバーサイドイメージマップの機能を利用します。その場合、<img>にismap属性を指定し、<a>でリンクを設定します。リンク先には処理を行うプログラムを指定します。
これで画像をクリックすると、クリックした位置の座標がリンク先に「http://～/?x座標,y座標」という形で送信されます。

```
<a href="～">
<img src="home.jpg" alt="" ismap>
</a>
```

HTML 画像

```
<picture>
  <source media="~" srcset="~" sizes="~">
  <source media="~" srcset="~" sizes="~">
  …
  <img src="~" alt="~">
</picture>
```

CONTENT MODEL: <picture>
ゼロまたは1つ以上の<source>とそれに続く<img>

CONTENT MODEL: <source>
なし

<picture> を利用すると、<img> にメディアクエリの機能を内蔵したようなことができます。利用するためには、<source> の srcset / sizes 属性で <img> のときと同じように画像の選択肢を用意し、media 属性でメディアクエリの記述形式（P.131）を使用して適用条件を指定します。
<picture> に未対応なブラウザ用の画像は <img> で指定します。また、<picture> で表示する画像には CSS の「img」セレクタで指定した設定が適用されます。
たとえば、右のサンプルは <source> の media 属性を利用し、ブラウザ画面の横幅が 499px 以下の場合には music-*.jpg を、500px 以上の場合には home-*.jpg を表示するように指定したものです。それぞれ、srcset / sizes 属性の指定により、DPR に応じて最適なサイズの画像を読み込むように指定しています。

music-500.jpg
（500×670ピクセル）

music-1000.jpg
（1000×1340ピクセル）

home-1000.jpg
（1000×667ピクセル）

home-500.jpg
（500×333ピクセル）

<source>ではtype属性で画像のMIME TYPEを示すこともできます。

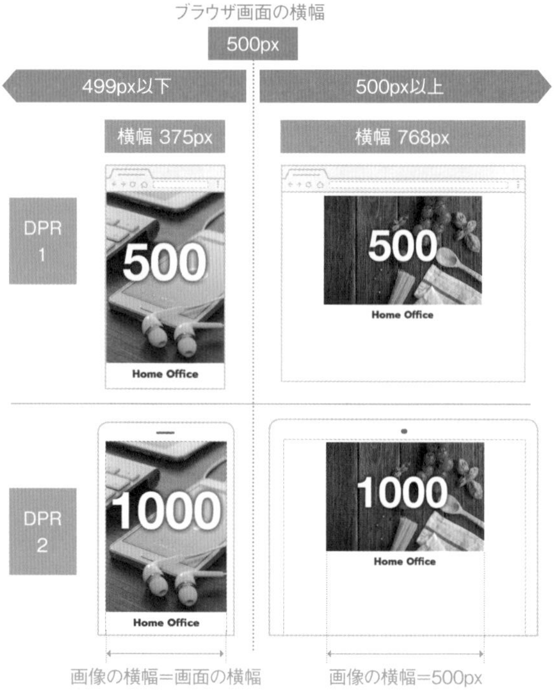


```
<picture>
  <source  media="(max-width: 499px)"
           srcset="music-500.jpg 500w,
                   music-1000.jpg 1000w">
  <source  media="(min-width: 500px)"
           srcset="home-500.jpg 500w,
                   home-1000.jpg 1000w"
           sizes="(min-width: 500px) 500px">
  <img src="home.jpg" alt="">
</picture>
```

```
img {width: 100%;
     max-width: 500px;}
```

インラインフレーム

<iframe src="～"></iframe>

CONTENT MODEL
なし

<iframe> を利用すると、インラインフレームを作成し、src 属性で指定したコンテンツを表示することができます。YouTube の動画や SNS の投稿、Web アプリケーションなど、さまざまなコンテンツをページ内に埋め込むために利用されています。
なお、インラインフレームは中身のコンテンツに合わせたサイズにはなりませんので、width と height 属性で横幅と高さを指定します。
たとえば、右のサンプルでは「contents.html」という HTML ファイルを読み込み、600 × 300 ピクセルのサイズに指定したインラインフレームに表示しています。
<iframe> で指定できる属性は次の通りです。

属性	機能
src	コンテンツのURL
srcdoc	コンテンツの記述
name	ブラウジングコンテキスト名（P.076を参照）
sandbox	サンドボックス
allow	許可する機能の指定
width / height	横幅/高さ（レイアウトシフトの防止：P.301を参照）
referrerpolicy	リファラの送信（P.032を参照）
loading	遅延読み込み（P.303を参照）

Home Office
This is my favorite sandwich with fresh tomato, lettuce, cheese
and ham. Freshly baked bread mayonnaise with mustard added

```
<h1>Home Office</h1>
<iframe src="contents.html"
 width="600" height="300"></iframe>
```

読み込んだ
コンテンツ
contents.html

<iframe>のwidth、height属性を指定しなかった場合、インラインフレームのサイズは300×150ピクセルとなります。

コンテンツの記述　srcdoc 属性

srcdoc 属性を利用すると、インラインフレームに表示するコンテンツを属性値として記述することができます。
src 属性をいっしょに指定した場合、未対応ブラウザでは src 属性のコンテンツが表示されます。

快適なホームオフィス

```
<iframe srcdoc="<h1>快適なホームオフィス</h1>"
src="contents.html" width="600"
height="150"></iframe>
```

10
エンベディッド・コンテンツ

サンドボックス　sandbox 属性

インラインフレーム内のコンテンツには、標準では何の制限もかけられていません。そのため、スクリプトの実行などが可能で、悪意のあるコンテンツを読み込んだ場合にはセキュリティの問題が出てきます。

sandbox 属性を指定すると、インラインフレームをサンドボックス化し、スクリプトの実行などに制限をかけることができます。

sandbox属性の値	機能
allow-forms	フォームの送信を許可
allow-pointer-lock	Pointer Lock APIを許可
allow-popups	ポップアップを許可
allow-same-origin	同一オリジンとして扱うことを許可
allow-scripts	スクリプトの実行を許可
allow-top-navigation	最上位ウィンドウの操作を許可

右の値を指定すると、部分的に制限を解除することも可能です。たとえば、フォームの送信とポップアップを許可する場合は右のように指定します。

```
<iframe src="contents.html"
 width="600" height="300"
 sandbox="allow-forms allow-popups"></iframe>
```

許可する機能の指定　allow 属性

allow 属性を利用すると、インラインフレーム内のコンテンツに許可する機能を指定することができます。たとえば、「自動再生（autoplay）」と「フルスクリーン表示（fullscreen）」を許可する場合は右のように指定します。

指定できる機能については、右のドキュメントを参照してください。

```
<iframe src="contents.html"
 width="600" height="300"
 allow="autoplay; fullscreen"></iframe>
```

Feature-Policy
https://developer.mozilla.org/ja/docs/Web/HTTP/Headers/Feature-Policy

IEでもフルスクリーン表示を可能にする場合、<iframe>のallowfullscreen属性を利用します。

```
<iframe src="contents.html"
 width="600" height="300"
 allowfullscreen></iframe>
```

HTML オブジェクト

```
<object data="～"></object>
```

CONTENT MODEL
ゼロまたは1つ以上の<param>と
それに続くトランスペアレント

<object> はさまざまな外部リソースの表示に使用できるタグです。主に Flash のようなプラグインを使ったコンテンツの埋め込みに使用されてきましたが、ブラウザによるプラグイン対応の廃止や HTML5 の普及により、コンテンツの埋め込みには <iframe>（P.307）が使用されるようになっています。

なお、data 属性で画像を指定した場合は <img>、HTML ファイルを指定した場合は <iframe> を使用したときと同じように表示が行われます。たとえば、画像を表示すると右のようになります。

Home Office

```
<object data="home.jpg"></object>
<h1>Home Office</h1>
```

属性	機能
data	コンテンツのURL
type	コンテンツのMIME TYPE
name	ブラウジングコンテキスト名（P.076を参照）
form	フォームコントロールを指定（P.341を参照）
usemap	イメージマップの設定（P.305を参照）
width / height	横幅/高さ（レイアウトシフトの防止: P.301を参照）

Flashコンテンツを表示する場合、次のように<object>で読み込み、<param>でプラグインのパラメータを指定していました。

```
<object data="～.swf" type="application/
x-shockwave-flash" width="640" height="360">
  <param name="quality" value="high">
</object>
```

プラグインを使ったコンテンツの埋め込み　<embed>

プラグインを使ったコンテンツは、もともと独自拡張の<embed>を使用して表示されていました。HTML5の策定時には<object>に十分に対応していない古いブラウザも多く残っていたことから、<embed>も正式採用されています。

```
<embed src="～.swf" type="application/
x-shockwaveflash" width="640" height="360">
```

Flashコンテンツを埋め込む設定を<embed>で記述したもの。

HTML ビデオ / オーディオ

```
<video src="～"></video>
<audio src="～"></audio>
```

CONTENT MODEL
ゼロまたは1つ以上の<source>（src属性がない場合）、
ゼロまたは1つ以上の<param>、
それに続くトランスペアレント

<video> と <audio> はメディア要素と呼ばれ、それぞれ、src 属性で指定したビデオコンテンツ、オーディオコンテンツを埋め込むことができます。
たとえば、右のサンプルはビデオコンテンツを埋め込んだものです。属性の指定によってコントローラーを表示し、自動再生、ループ、ミュート、インライン再生を有効にしています。
指定できる属性は次のようになっています。

属性	機能
src	ビデオ / オーディオのURL
poster	ポスターフレーム画像のURL（<video>のみ）
preload	プリロードの方法
controls	コントローラーを有効化
autoplay	自動再生を有効化
loop	ループ再生を有効化
muted	ミュート（消音）を有効化
playsinline	インライン再生を有効化
width / height	横幅 / 高さ
crossorigin	クロスオリジンの設定（P.105を参照）

```
<video src="home.mp4" controls
 autoplay loop muted playsinline
 width="640" height="360"></video>
```

playsinline属性でインライン再生を有効化すると、iOS Safariのようにビデオを別画面でフルスクリーン表示するブラウザでも、インラインで再生されるようになります。

オーディオコンテンツを埋め込んだ場合、次のような形で表示されます。

```
<audio src="audio.mp3" controls></audio>
```

複数の選択肢を用意する　<source>

<source> を利用すると、異なるコーデックで作成したコンテンツの選択肢を用意することができます。先に記述したコンテンツの優先度が高く、ブラウザは対応したコーデックのコンテンツを使用します。なお、<source> を利用した場合、<video> の src 属性は指定できません。

```
<video controls autoplay loop
 width="640" height="360">
  <source src="home.mp4" type="video/mp4">
  <source src="home.webm" type="video/webm">
</video>
```

ポスターフレーム画像　poster 属性

自動再生を設定しなかった場合、ページをロードしてもビデオは再生されず、最初のフレームが表示されます。このとき、poster属性を利用すると、最初のフレームの代わりに表示するポスターフレーム画像を指定することができます。
たとえば、右のサンプルでは poster.jpg をポスターフレーム画像として指定しています。

poster.jpg
（640×360ピクセル）

```
<video src="home.mp4" controls
 poster="poster.jpg"
 width="640" height="360"></video>
```

プリロードの方法を指定　preload 属性

preload 属性を利用すると、コンテンツのプリロード（先読み）の方法を指定することができます。ただし、この属性は制作者がユーザーにとってベストと考える方法をソフトウェアに示すためのもので、ユーザーによる設定や回線速度などに応じて、ソフトウェアには設定を無視することが認められています。

値	機能
none	プリロードを行わない。サーバーの負荷を最小限に抑える。
metadata	コンテンツのメタデータ（大きさ、トラックリスト、再生時間など）や冒頭部分のデータのみをプリロードする。
auto	コンテンツ全体のプリロードを認める。サーバーへの負荷を制限しない。

テキストトラック　<track>

<track>はメディア要素に対してテキストトラックを追加するタグで、字幕などの表示に利用することができます。たとえば、右のサンプルではsrc属性でテキストトラックデータ（home.vtt）を読み込み、default属性の指定により、標準でオンにして画面に表示するようにしています。なお、kind属性で指定できる値は次のようになっています。

kind属性の値	テキストトラックの種類
subtitles	字幕（効果音などの情報は含まない）
captions	クローズドキャプション（効果音などの情報を含む）
descriptions	テキストによるコンテンツの説明
chapters	チャプタータイトル

テキストトラックの表示。

```
<video src="home.mp4" controls
width="640" height="360">
<track kind="captions" src="home.vtt"
srclang="ja" label="日本語キャプション" default>
</video>
```

```
WEBVTT
00:00.000 --> 00:02.000
ホームオフィス
00:02.303 --> 00:04.504
～効果音～
```

テキストトラックデータ
（home.vtt）

Canvas

<canvas> ... </canvas>

CONTENT MODEL
トランスペアレント

Canvas はビットマップ形式の図形を JavaScript でダイナミックに描画するための仕様で、ゲームグラフィックスなどの描画に利用されています。
Canvas を利用するためには <canvas> で描画エリアを用意し、JavaScript で描画の指示を行います。
たとえば、右のサンプルでは <canvas> の width / height 属性で描画エリアのサイズを 600 × 200 ピクセルに設定し、1 秒間隔で赤色の円とオレンジ色の四角形を描くように指定しています。
なお、Canvas で使用できる機能などについては以下の勧告で規定されています。

HTML Canvas 2D Context
https://www.w3.org/TR/2dcontext/

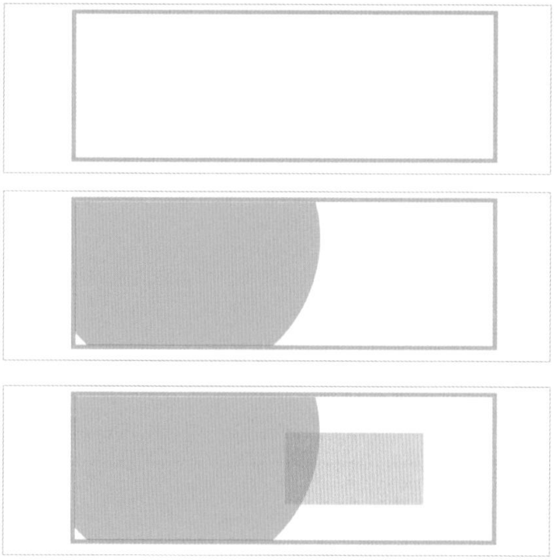

```
<canvas id="myCanvas" width="600" height="200">
</canvas>

<script>
var c = document.getElementById("myCanvas");
var ctx = c.getContext("2d");

setTimeout(mycircle,1000);
setTimeout(myrect,2000);

function mycircle() {
  ctx.beginPath();
  ctx.fillStyle = "rgba(241,130,121,0.5)";
  ctx.arc(150,50,200,0,Math.PI*2,true);
  ctx.fill();
}

function myrect() {
  ctx.beginPath();
  ctx.fillStyle = "rgba(239,177,81,0.5)";
  ctx.fillRect(300, 50, 200, 100);
  ctx.fill();
}
</script>
```

- Canvasの描画エリアを作成。
- Canvasの描画エリアのID（myCanvas）を指定。
- Canvasの描画機能を有効化。
- 1秒後に「mycircle」を実行。
- 2秒後に「myrect」を実行。
- 「mycircle」の処理。半透明な赤色の円を描画するように指定しています。
- 「myrect」の処理。半透明なオレンジ色の四角形を描画するように指定しています。

SVG

<svg> ... </svg>

CONTENT MODEL
-

SVG（Scalable Vector Graphics）はベクタ形式の図形を描画するXMLベースの言語で、文法などについては以下の勧告で規定されています。

Scalable Vector Graphics (SVG)
https://www.w3.org/TR/SVG/

HTML5ではSVGの設定<svg>をHTMLソースの中に記述できるようになっており、「インラインSVG」と呼ばれます。たとえば、右のサンプルでは<svg>のwidth / height属性でSVGのサイズを600 × 200ピクセルに設定し、<circle>で赤色の円を、<rect>でオレンジ色の四角形を描画しています。

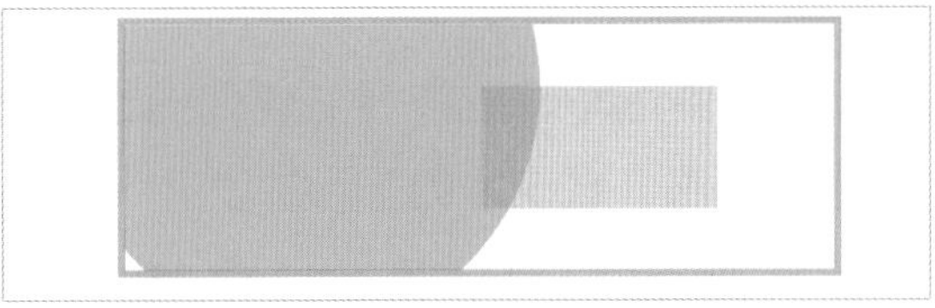

```
<svg width="600" height="200">
 <circle cx="150" cy="50" r="200"
 fill="rgba(241,130,121,0.5)" />
 <rect x="300" y="50" width="200"
 height="100" fill="rgba(239,177,81,0.5)" />
</svg>
```

MathML　<math>

MathML（Mathematical Markup Language）は数式を表すために作成された、XMLをベースとした言語です。文法などについては以下の勧告で規定されています。

Mathematical Markup Language (MathML)
https://www.w3.org/TR/MathML/

HTML5ではMathMLの設定<math>をHTML ソースの中に記述できるようになっています。たとえば、右のサンプルでは2×2のマトリクスを記述しています。

$$\begin{bmatrix} a & c \\ b & d \end{bmatrix}$$

```
<math>
  <mrow>
    <mo> [ </mo>
    <mtable>
      <mtr>
        <mtd><mi>a</mi></mtd>
        <mtd><mi>c</mi></mtd>
      </mtr>
      <mtr>
        <mtd><mi>b</mi></mtd>
        <mtd><mi>d</mi></mtd>
      </mtr>
    </mtable>
    <mo> ] </mo>
  </mrow>
</math>
```

10-2 画像・ビデオの表示エリアへのフィッティング

CSS 画像・ビデオの表示エリアへのフィッティング	初期値 fill 継承 なし 適用先 置換要素
`object-fit: 値`	
値	fill / none / cover / contain / scale-down

object-fit プロパティを利用すると、画像 <img> やビデオ <video> を表示エリアのサイズに合わせてどうフィットさせ、表示するかを選択することができます。たとえば、<img> の表示エリアのサイズを width / height プロパティで指定し、object-fit を適用すると、表示エリアより大きい画像と小さい画像で次のような表示になります。

```
img {object-fit: ～;
     width: 320px;
     height: 100px;}
```

```
<img src="～.jpg" alt="">
```

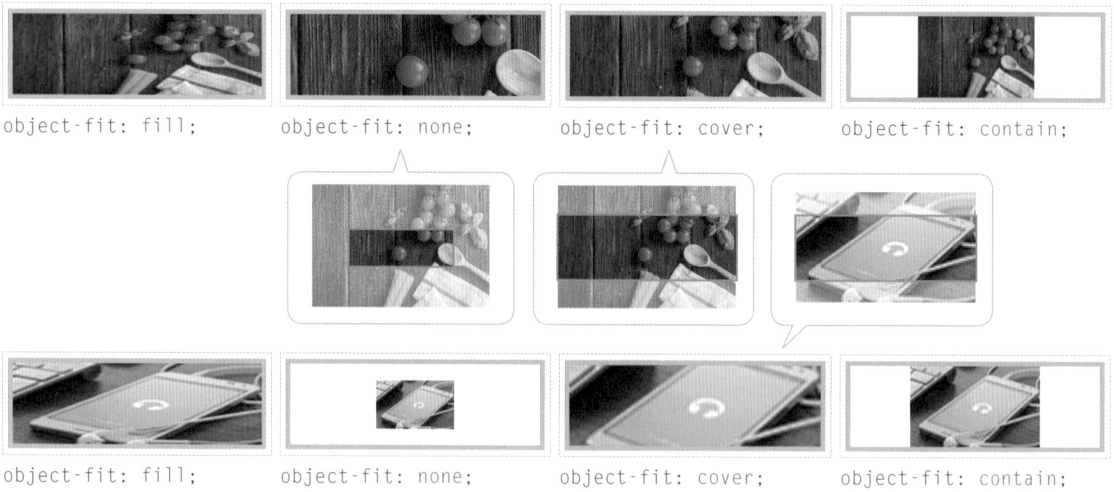

object-fit: scale-down;

object-fit: scale-down;

各値での処理は右のようになっています。なお、「fill」以外の処理では、画像は表示エリアの中央に表示されます。この画像の表示位置は object-position プロパティで変更することが可能です。

object-fitの値	処理
fill	表示エリアに合わせて画像を表示
none	オリジナルサイズで画像を表示
cover	表示エリアの横幅または高さに合わせて画像を表示
contain	表示エリアに画像全体を収めて表示
scale-down	「none」または「contain」の処理結果のうち、画像が小さくなる方の表示

画像の表示位置の調整　object-position

object-position では background-position (P.318) と同じ値で画像の表示位置を指定することができます。たとえば、object-fit が「none」のときに表示位置を指定すると次のようになります。

```
img {object-position: ～;
     object-fit: none;
     width: 320px;
     height: 100px;}
```

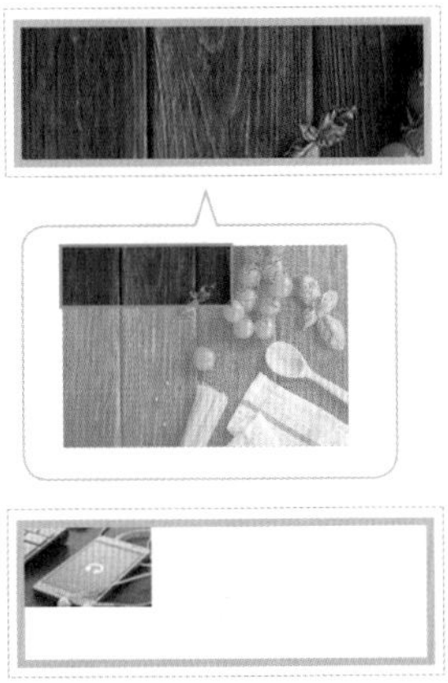

object-position: 0% 0%;
または
object-position: left top;

object-position: 50% 50%;
または
object-position: center center;

object-position: 100% 100%;
または
object-position: right bottom;

EXIFに従った画像の向き　image-orientation

14以降　14以降

image-orientationプロパティを利用すると、画像が持つEXIFデータの向きの情報に従って表示するかどうかを指定できます。標準では「from-image」となり、EXIFに従った表示が行われます。「none」と指定した場合、EXIFの情報は使用されず、オリジナルの向きで表示されます。

```
img {image-orientation: from-image;}
```

画像が持つEXIFに従い、回転して表示されます。

```
img {image-orientation: none;}
```

EXIFに従った回転は行われません。

10-3 CSS による画像の表示

CSS ではボックスの背景やボーダーに画像を表示することができます。また、content（P.189）や list-style-type（P.172）で画像を挿入する方法もあります。

プロパティ	機能
background-image	背景画像
background-border	ボーダー画像

CSS 背景画像

background-image: 値

初期値	none
継承	なし
適用先	全要素

値	画像 / none

background-image を利用すると、ボックスの背景に画像を表示することができます。このとき、ボーダーエッジ、パディングエッジ、コンテンツエッジの構成するエリアが背景画像の表示に影響します。これらのエリアは、背景の処理ではボーダーボックス、パディングボックス、コンテンツボックスと呼ばれます。
たとえば、右のようにボーダーとパディングを適用し、大きい画像と小さい画像を表示すると次のようになります。

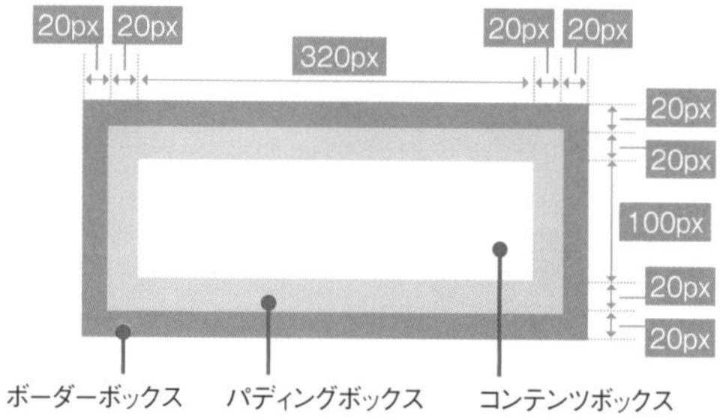

music.jpg
（100×60px）

home.jpg（500×333px）

```
div {background-image: url(～.jpg);
     width: 320px;
     height: 100px;
     padding: 20px;
     border: solid 20px rgba(171,207,62,1);}
```

```
<div></div>
```

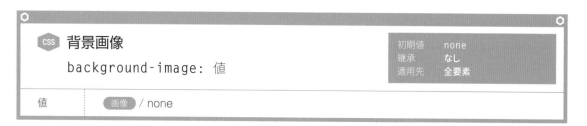

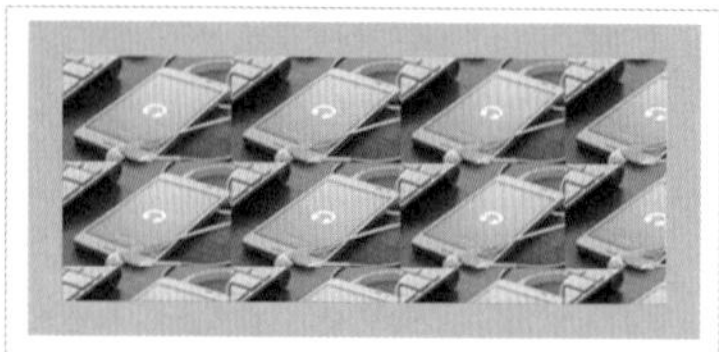

ボーダーを半透明にしてみると、右のようにボーダーボックスまで画像が表示されていることが確認できます。
背景画像の表示のプロセスはⒶ〜Ⓔの通りです。このプロセスが初期値で行われると右のようになります。

Ⓐ 背景画像の表示位置の基点を決定

background-originの値で処理され、背景画像の表示位置の基点が決まります。初期値ではパディングボックスとなります。

Ⓑ 背景画像のサイズを決定

background-sizeの値で処理され、背景画像のサイズが決まります。初期値では画像のオリジナルサイズになります。

Ⓒ 背景画像の表示位置を決定

background-positionの値で処理され、背景画像の表示位置が決まります。初期値ではAの基点となるボックスの左上に揃えて表示されます。

Ⓓ 背景画像の繰り返しを決定

background-repeatの値で処理され、背景画像の繰り返しのスタイルが決まります。初期値では縦横に繰り返し表示するスタイルになります。

Ⓔ 背景画像の表示エリアを決定

background-clipの値で処理され、背景画像の表示エリアが決まります。初期値ではボーダーボックスとなります。

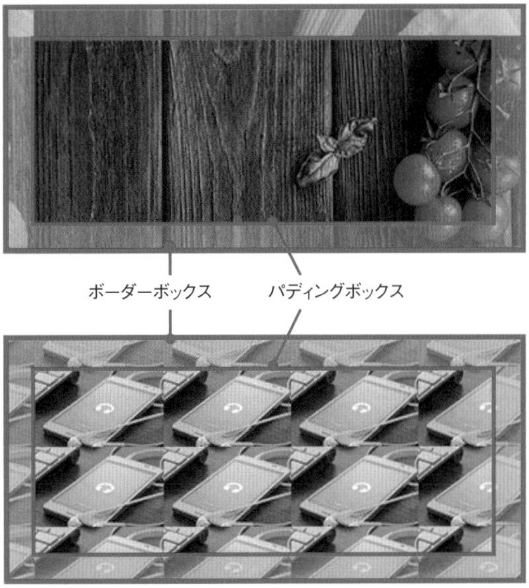

Ⓐ〜Ⓔの他に、背景関連の処理を行うプロパティは次のように用意されています。

Ⓕ 背景画像をブラウザ画面に対して固定する background-attachment
Ⓖ 背景色を指定する background-color

Ⓐ 背景画像の表示位置の基点　background-origin

background-origin を利用すると、次のように背景画像の表示位置の基点となるボックスを指定することができます。

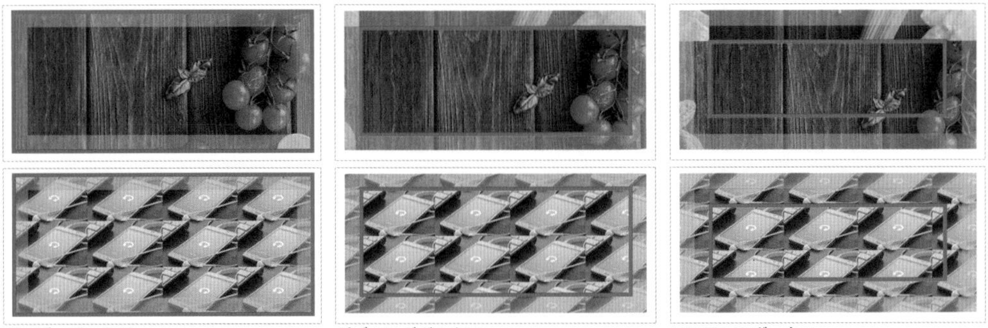

ボーダーボックス
`background-origin: border-box;`

パディングボックス
`background-origin: padding-box;`

コンテンツボックス
`background-origin: content-box;`

Ⓑ 背景画像のサイズ　background-size

background-sizeを利用すると、次のように背景画像のサイズを指定することができます。サイズはAで指定した基点となるボックス（標準ではパディングボックス）に合わせて調整されます。「横幅 高さ」の指定で横幅の値のみを指定した場合、高さは「auto」で処理されます。

値	処理
auto	オリジナルサイズで画像を表示
cover	基点となるボックスの横幅または高さに合わせて画像を表示
contain	基点となるボックスに画像全体を収めて表示
横幅 高さ	数値または%（基点となるボックスに対する割合）でサイズを指定

background-size: auto;　background-size: cover;　background-size: contain;　background-size: 25% 50%;

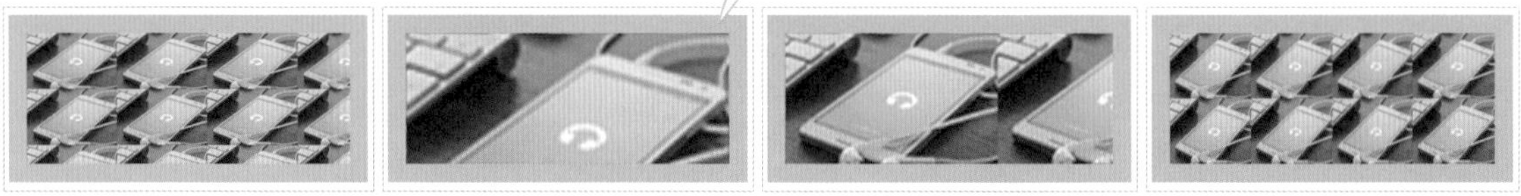

background-size: auto;　background-size: cover;　background-size: contain;　background-size: 25% 50%;

Ⓒ 背景画像の表示位置　background-position

background-positionを利用すると、Aで指定したボックスを基点に、背景画像の表示位置を指定することができます。

値は「横方向の位置 縦方向の位置」という形で指定します。横方向の値のみを指定した場合、縦方向の値は「center」で処理されます。

background-position: 0% 0%;
または
background-position: left top;

background-position: 50% 50%;
または
background-position: center center;

background-position: 100% 100%;
または
background-position: right bottom;

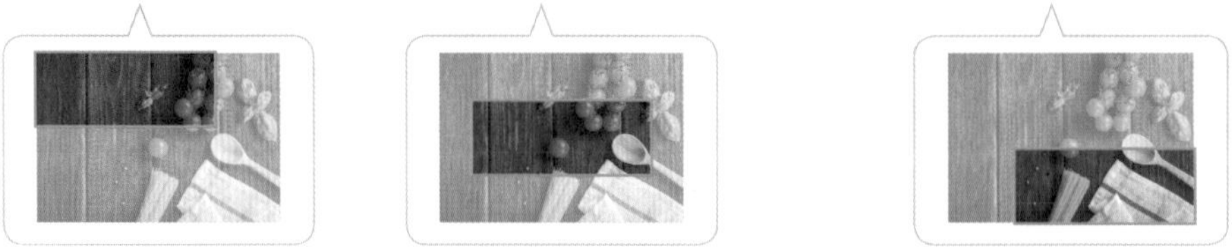

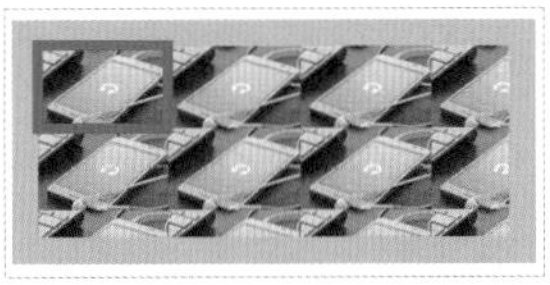

background-position: 0% 0%;
または
background-position: left top;

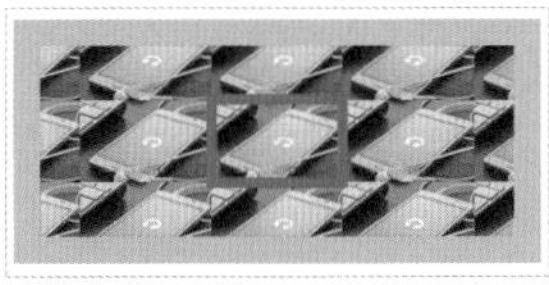

background-position: 50% 50%;
または
background-position: center center;

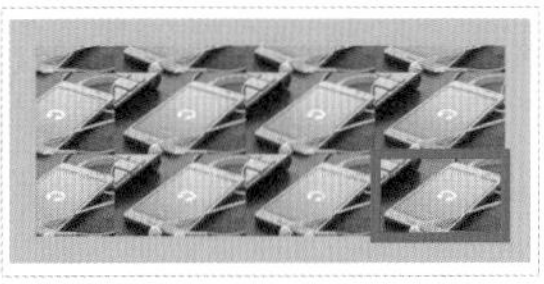

background-position: 0% 0%;
または
background-position: right bottom;

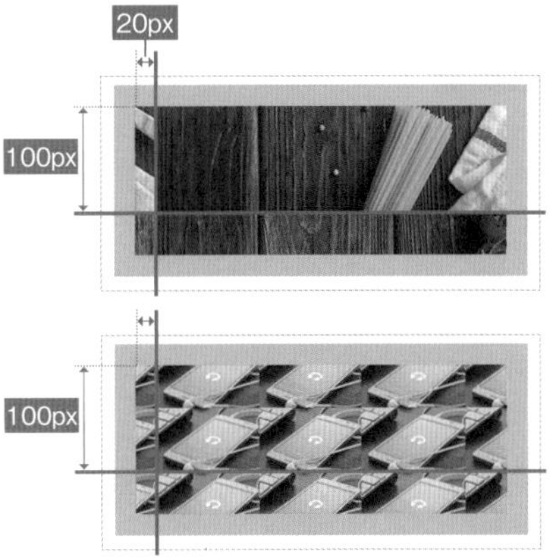

background-position: 20px 100px;
または
background-position: left 20px top 100px;

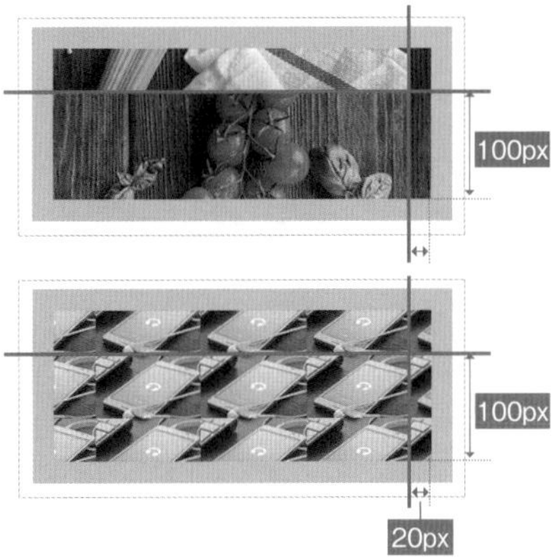

background-position: right 20px bottom 100px;

Ⓓ 背景画像の繰り返し　background-repeat

background-repeat を利用すると、背景画像の繰り返しのスタイルを指定することができます。

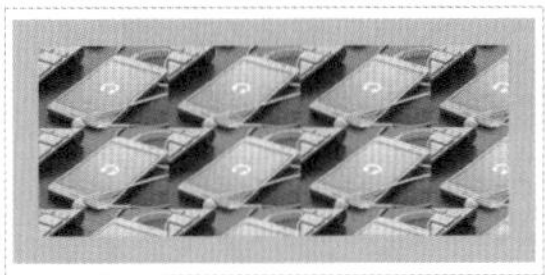

background-repeat: repeat;

background-repeat: repeat-x;

background-repeat: repeat-y;

background-repeat: no-repeat;

background-repeat: space;

※基点となるボックスに合わせて画像の間に余白を追加。

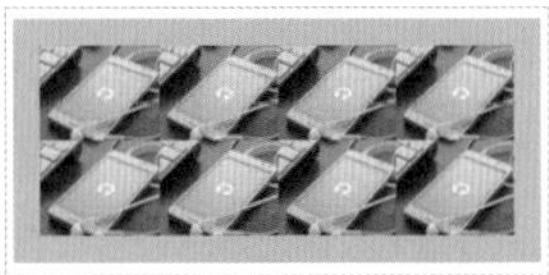

background-repeat: round;

※基点となるボックスに合わせて画像サイズを調整して並べる。

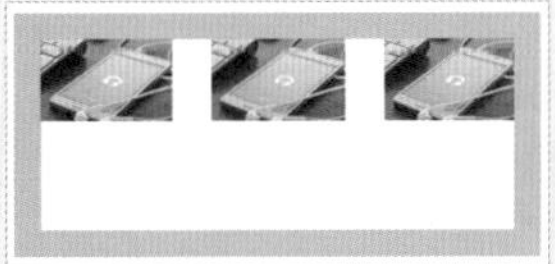

background-repeat: space no-repeat;

「横 縦」の形でスタイルを指定することもできます。ただし、「repeat-x」と「repeat-y」を指定することはできません。

Ⓔ 背景画像の表示エリア　background-clip

background-clip を利用すると、背景画像の表示エリアを指定することができます。Ⓐ～Ⓓで指定した画像の表示位置などには影響を与えません。

「background-clip: text」はCSS4で提案されている値で、背景画像をテキストで切り抜きます。テキストの色は透明にする必要があります。

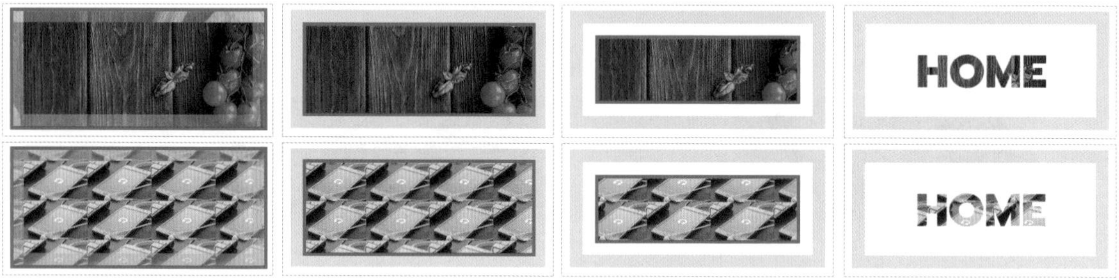

ボーダーボックス
`background-clip: border-box;`

パディングボックス
`background-clip: padding-box;`

コンテンツボックス
`background-clip: content-box;`

テキスト
`background-clip: text;`

Ⓕ 背景画像の固定対象　background-attachment

background-attachment を利用すると、背景画像の固定対象を指定することができます。指定する値により、スクロール時の表示が変わります。background-attachment を指定しなかった場合、初期値の「scroll」で処理されます。

背景画像を表示したボックスに対して固定
`background-attachment: scroll;`

ブラウザ画面に対して固定
`background-attachment: fixed;`

背景画像はボックスに対して固定され、ボックスといっしょにスクロールされます。

表示位置の基点がブラウザ画面になり、B～Dがブラウザ画面を基点に処理されます。ただし、表示エリアは元のボックスのまま、Eの値で処理されます。
画像はブラウザ画面に対して固定され、スクロールしても動かなくなります。

コンテンツに対して固定する　background-attachment: local

background-attachmentの「local」という値を利用すると、固定対象をコンテンツにすることができます。ただし、通常は「scroll」と同じ処理になります。「scroll」と異なる処理になるのは、overflowプロパティ（P.185）でスクロールバーを表示したボックスに適用し、ボックス内のコンテンツをスクロールしたときです。

たとえば、右のサンプルは<div>にoverflowを適用し、スクロールバーを表示したものです。背景画像を表示し、background-attachmentを「scroll」または「local」と指定してスクロールすると、右のようになります。背景画像は「scroll」では動かず、「local」ではコンテンツといっしょにスクロールされます。

なお、iOS Safariでは慣性スクロールを有効化する独自拡張「-webkit-overflow-scrolling: touch」を適用している場合、「local」の指定が機能しなくなります。

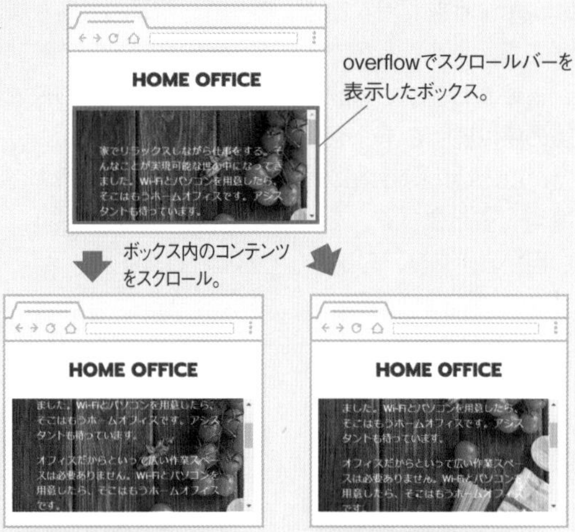
HOME OFFICE
overflowでスクロールバーを表示したボックス。
ボックス内のコンテンツをスクロール。
HOME OFFICE
HOME OFFICE

「scroll」のときの表示。　「local」のときの表示。

```
div {background-image: url(～.jpg);
     background-attachment: ～;
     overflow: auto;
     width: 320px;
     height: 100px;}
```

```
<h1>HOME OFFICE</h1>
<div>
<p>家でリラックスしながら仕事をする。そんな…</p>
</div>
```

Ⓖ 背景色　background-color

background-color を利用すると、ボックスの背景色を指定することができます。背景色はⒺで指定した表示エリアに表示されます。background-image といっしょに指定した場合、背景画像が背景色の上に重なって表示されます。background-color を指定しなかった場合は初期値の「transparent（透明）」で処理されます。

たとえば、右のサンプルでは背景色を黄色（#f3c90b）に指定しています。

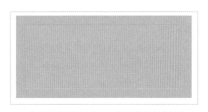

```
div {background-color: #f3c90b;
     width: 320px;
     height: 100px;
     padding: 20px;
     border: solid 20px rgba(171,207,62,1);}
```

```
<div></div>
```

背景の設定をまとめて指定する　background

backgroundを利用すると、Ⓐ～Ⓖの背景の設定をまとめて指定することができます。各値は順不同で記述し、省略することも可能です。ただし、サイズの値は位置の値に続けて「/」区切りで指定します。
また、background内にボックスの値が1つある場合は基点と表示エリア、2つある場合は1つ目が基点、2つ目が表示エリアの値として処理されます。

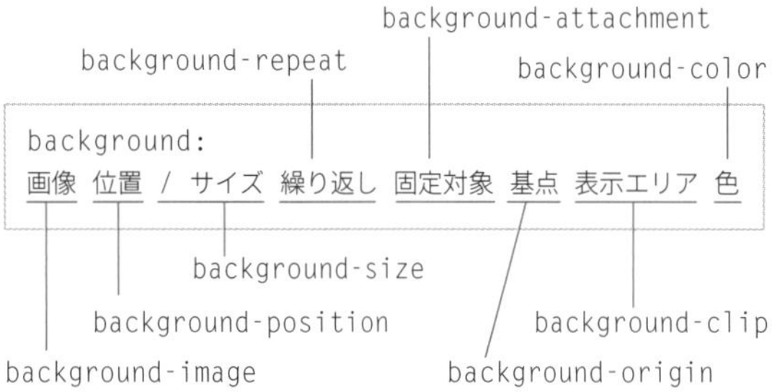

たとえば、右のサンプルでは表示位置を中央に、サイズを「contain」に、繰り返しをなしに、基点と表示エリアをボーダーボックスに、背景色を黄色（#f3c90b）に指定しています。

backgroundで記述したもの

```
background:
      url(music.jpg)
      50% 50% / contain
      no-repeat
      border-box
      #f3c90b;
```

個別のプロパティで指定したもの

```
background-image: url(music.jpg);
background-position: 50% 50%;
background-size: contain;
background-repeat: no-repeat;
background-attachment: scroll;
background-origin: border-box;
background-clip: border-box;
background-color: #f3c90b;
```

複数の背景画像を表示する

1つのボックスに複数の背景画像を表示することもできます。そのためには、背景画像ごとの設定をカンマ区切りで指定します。このとき、先に記述した背景画像が上に重なって表示されます。
ただし、背景色の値は1つしか指定することはできません。backgroundプロパティで記述する場合、背景色の値は最後の画像の設定に含めて記述します。
また、個別のプロパティで複数の画像分の設定値がない場合、最初に記述した値が使用されます。

たとえば、右のサンプルは2つの背景画像（sun.pngとhome.jpg）の設定を記述したものです。先に記述したsun.pngが上に重なって表示されています。

sun.png

```
background:
url(sun.png) left bottom no-repeat,
url(home.jpg) center center no-repeat #f3c90b;
```

```
background-image: url(sun.png), url(home.jpg);
background-position: left bottom, center center;
background-repeat: no-repeat;
background-color: #f3c90b;
```

CSS ボーダー画像

`border-image: ～`

初期値	slice 100% / 1 / 0 stretch
継承	なし
適用先	全要素

border-image プロパティを利用すると、ボーダーをボーダー画像に置き換えることができます。ボーダーがない場合はボーダー画像も表示されません。
ボーダー画像は９分割で４つの角と辺を構成するものを用意し、border-image で画像の URL に続けて分割位置を指定します。分割位置は画像の各辺からの距離（ピクセル）を単位なしで指定します。

たとえば、右のサンプルでは太さ 30 ピクセルのボーダーを次のボーダー画像に置き換えています。Ⓐのサンプルでは分割位置を「100」と指定し、Ⓑのサンプルではさらに「fill」のオプションも追加してコンテンツ部分にもボーダー画像を表示しています。

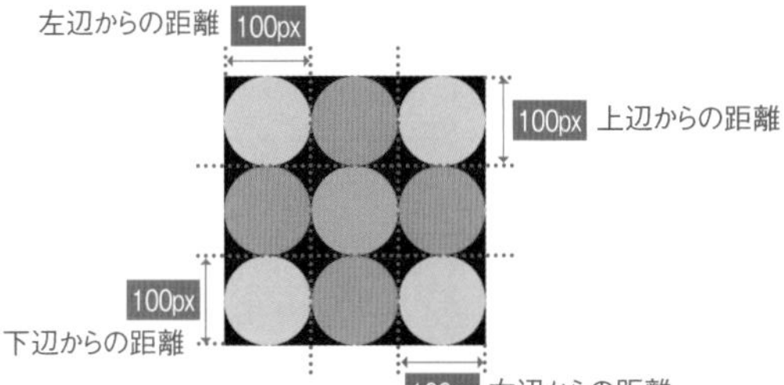

ボーダー画像 border.png
（300×300px）

```
div { border: solid 30px #5ca8ee;}
```

A

```
div { border: solid 30px #5ca8ee;
      border-image: url(border.png) 100;}
```

B

```
div { border: solid 30px #5ca8ee;
      border-image: url(border.png) 100 fill;}
```

各辺からの分割位置の値を個別に指定する場合、P.148のborder-styleなどと同じように、「上 右 下 左」、「上 左右 下」、「上下 左右」の形式で指定します。

ボーダー画像の角以外の部分をどのような形で表示するかは、スタイルの値を付加して指定することができます。値ごとの表示は右のようになります。

スタイルの値	処理
stretch	辺の長さに合わせて伸縮。
repeat	繰り返し並べる。
round	繰り返し並べて収まらない場合は伸縮。
space	繰り返し並べて収まらない場合はスペースを挿入。 ※ ChromeとSafariでは伸縮処理も行われます。

`border-image: url(～) 100 stretch;`

`border-image: url(～) 100 repeat;`

`border-image: url(～) 100 round;`

`border-image: url(～) 100 space;`

10 エンベディッド・コンテンツ

ボーダー画像の太さとアウトセットを調整する

ボーダー画像はボーダーエッジの内側に揃えて、元のボーダーの太さで表示されますが、アウトセットと太さの値を指定することで、表示の位置やサイズを設定することができます。アウトセットはボーダーエッジからの距離です。
ここでは、アウトセットを20px、太さを元の半分の15ピクセルとして指定しています。なお、Safari / iOS Safariでは倍率による太さの指定「0.5」が「0」として処理されるため、対応する場合は「15px」と指定します。

指定できる値（分割位置の値と同じように辺ごとに指定することも可能）	
太さの値	数値、ボックスの横幅・高さに対する割合(%)、元のボーダーの太さに対する倍率
アウトセットの値	数値、元のボーダーの太さに対する倍率

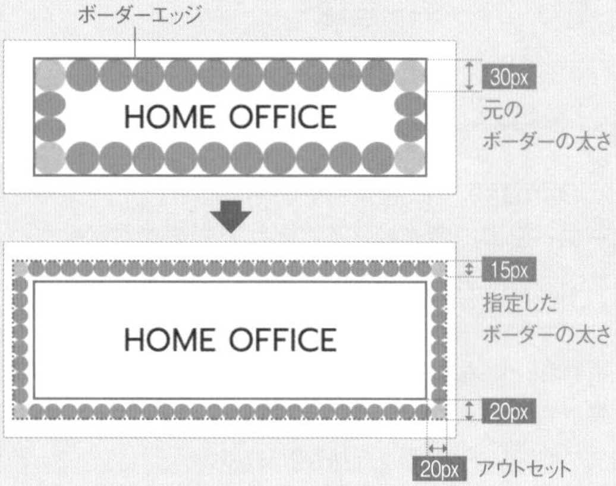


```
div { border: solid 30px #5ca8ee;
      border-image:
      url(border.png) 100 / 0.5 / 20px round;}
```

ボーダー画像の設定を個別のプロパティで指定する

ボーダー画像の設定は右のプロパティで個別に指定することも可能です。

プロパティ	機能
border-image-source	ボーダー画像を指定
border-image-slice	分割位置を指定
border-image-width	太さを指定
border-image-outset	アウトセットを指定
border-image-repeat	繰り返しのスタイルを指定

分割されたインラインボックスの背景とボーダー　box-decoration-break

-webkit- -webkit- -webkit- -webkit- -webkit-

box-decoration-breakは、P.158のように分割されたインラインボックスの処理について指定できるプロパティです。box-decoration-breakを指定しなかった場合、初期値の「slice」で処理され、分割されたインラインボックスは連続した1つのボックスとして扱われます。そのため、分割部分にボーダーは挿入されず、背景画像は1行目を基点に配置したものが連続して表示されます。
これに対し、box-decoration-breakを「clone」と指定すると、それぞれが個別のボックスとして処理され、ボーダーや背景画像も行ごとに表示されるようになります。

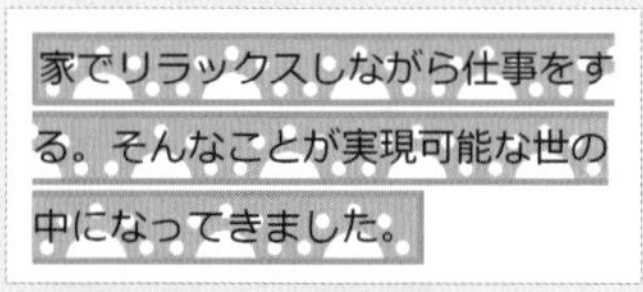

box-decoration-break: slice;

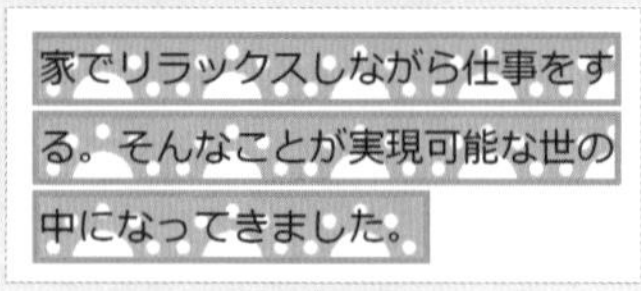

box-decoration-break: clone;

インラインボックスに背景画像とボーダーを表示したもの。

sun.png

グラデーション画像を作成する関数　linear-gradient() / radial-gradient()

グラデーション画像を作成する関数です。CSSにおいて画像のURLの代わりに利用することができます。グラデーションの描画エリアのサイズは、利用するプロパティによって決まります。

background-imageで利用した場合、グラデーションの描画エリアは基点のボックス（P.317）またはbackground-size（P.318）で指定した画像サイズとなります。

線形グラデーション　linear-gradient()

linear-gradient()を利用すると線形グラデーションの画像を作成することができます。

```
linear-gradient(角度, カラーストップ)
```

角度：以下のキーワードまたは数値（deg）で指定。

カラーストップ：「色 位置」という形でカンマ区切りで指定。位置の値は数値または%（描画エリアのサイズに対する割合）で指定します。

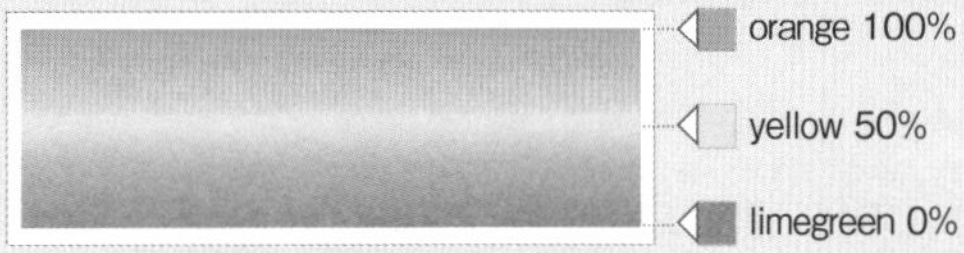


```
div { background-image:
linear-gradient(to top,
 limegreen 0%, yellow 50%, orange 100%);}
```

to top または 0deg

to right または 90deg

to bottom または 180deg

to left または -90deg

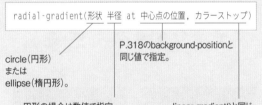

to top right または 45deg

円形グラデーション　radial-gradient()

radial-gradient()を利用すると、円形グラデーションの画像を作成することができます。

```
radial-gradient(形状 半径 at 中心点の位置, カラーストップ)
```

形状：circle（円形）または ellipse（楕円形）。

半径：円形の場合は数値で指定。楕円形の場合は「横 縦」という形で数値または描画エリアに対する割合（%）で指定。

中心点の位置：P.318のbackground-positionと同じ値で指定。

カラーストップ：linear-gradient()と同じ。ただし、%は半径に対する割合になります。

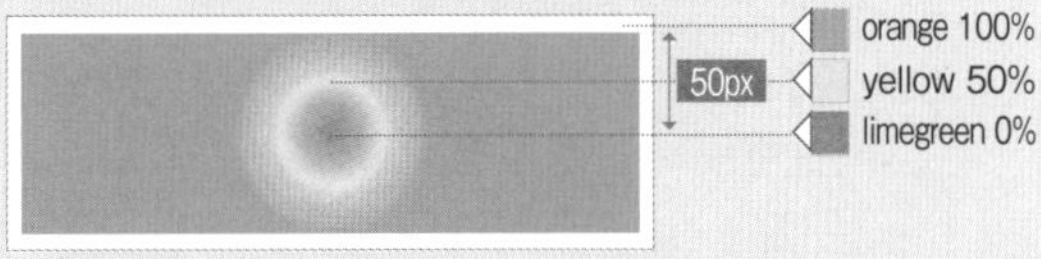


```
radial-gradient(circle 50px at 50% 50%,
 limegreen 0%, yellow 50%, orange 100%)
```

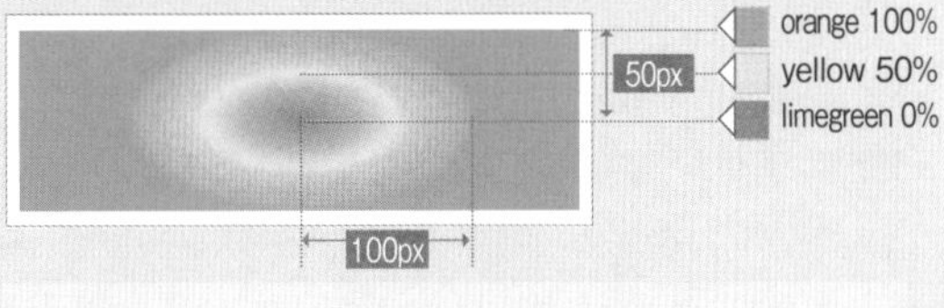


```
radial-gradient(ellipse 100px 50px at 50% 50%,
 limegreen 0%, yellow 50%, orange 100%)
```

repeating-linear-gradient()とrepeating-radial-gradient()を利用すると、グラデーションを繰り返し描画することもできます。指定できる値は上のプロパティと同じです。

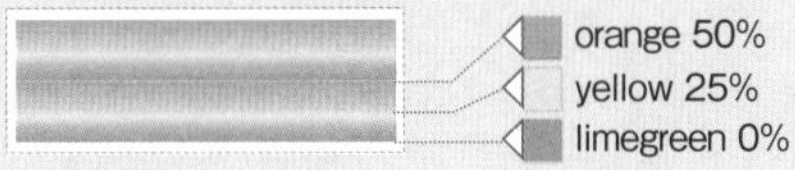


```
repeating-linear-gradient(to top,
 limegreen 0%, yellow 25%, orange 50%)
```

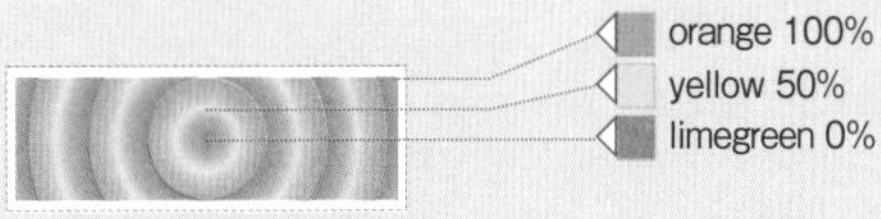


```
repeating-radial-gradient(circle 50px at 50% 50%,
limegreen 0%, yellow 50%, orange 100%)
```

扇形グラデーション　conic-gradient() / repeating-conic-gradient()

conic-gradient()を利用すると、扇形グラデーションの画像を作成できます。

```
conic-gradient(limegreen, yellow, orange, limegreen)
```

```
repeating-conic-gradient(limegreen 0deg, yellow 10deg, orange 20deg, limegreen 30deg)
```

CSSで画像の選択肢を用意する　image-set()

-webkit- -webkit- -webkit-

CSS4のimage-set()を利用すると、HTMLのsrcset属性(P.303)と同じように、閲覧環境のDPR(device pixel ratio)に応じて使用する画像の選択肢を用意することができます。複数の画像のURLはカンマ区切りで指定し、利用に適したDPRの情報を「～x」という形で付加します。

たとえば、右のサンプルでは<div>の背景画像の候補を3つ用意しています。

```
<div></div>
<h1>Home Office</h1>
```

PC(DPR: 1)での表示。
home-500.jpgが使用されます。

iPad(DPR: 2)での表示。
home-1000.jpgが使用されます。

```
div {background: image-set(
                    url(home-500.jpg) 1x,
                    url(home-1000.jpg) 2x,
                    url(home-1500.jpg) 3x);
     width: 500px; height: 300px;}
```

画像の拡大処理のアルゴリズム　image-rendering

image-renderingプロパティを利用すると、画像の拡大処理に使用されるアルゴリズムを変更することができます。HTMLとCSSのどちらで表示した画像にも適用することが可能です。
画像を拡大した場合、標準ではスムージングのかかる処理になりますが、image-renderingを「crisp-edges」または「pixelated」と指定すると、IE以外の主要ブラウザでスムージングなしの処理に切り替えることができます。また、IEは独自拡張の-ms-interpolation-modeで対応することが可能です。

※ 現在のところChromeが「pixelated」、Safariが「crisp-edges」または「pixelated」、Firefoxが「crisp-edges」でスムージングなしの処理になります。

※ macOS Safari と IEではCSSで表示した画像に処理が反映されません。

拡大前の画像。

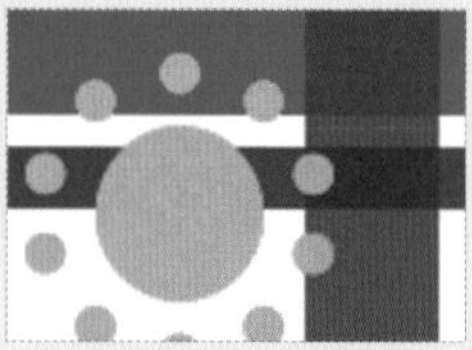

標準の処理。

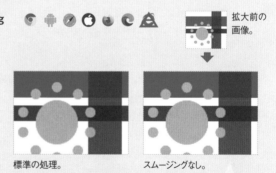

スムージングなし。

```
body {image-rendering: crisp-edges;
      image-rendering: pixelated;}

img {-ms-interpolation-mode: nearest-neighbor;}
```

※ image-renderingを<body>に適用するとページ内のすべての画像に適用されます。ただし、IEの-ms-interpolation-modeは<body>では機能しないため、<img>に適用する必要があります。

Chapter 11

フォーム

11-1 フォーム

フォーム

```
<form action="～" method="～">...</form>
```

CONTENT MODEL
フロー・コンテンツ
※<form>を除く

<form>を利用すると、テキストの入力フィールドや送信ボタンといった「フォームコントロール」と呼ばれるものをグループ化し、１つのフォームとして機能させることができます。
<form>のaction属性では入力データの送信先を、method属性では送信方法を指定します。送信先には入力データの処理を行うプログラムを指定する必要があり、送信方法はプログラムに合わせて「get」または「post」と指定します。method属性を省略した場合は「get」で処理されます。

これらの他に、<form>では以下の属性を指定することが可能です。

```
<h1>CONTACT</h1>

<form action="～" method="post">
…
</form>
```

属性	機能		値
accept-charset	送信データのエンコードの種類（標準ではページのエンコードの種類で送信）		UTF-8 など
enctype	送信データのMIME TYPE ※methodが「post」のときのみ指定可能	URLエンコード（標準の処理）	application/x-www-form-urlencoded
		マルチパートデータ（アップロードファイルを含める場合に使用）	multipart/form-data
		プレーンテキスト	text/plain
name	フォーム名		任意の名称
novalidate	入力データの検証の無効化（P.340参照）		なし（ブーリアン属性）
target	ブラウジングコンテキスト（P.076参照）		P.076のtarget属性と同じ値
rel	リンクタイプ（P.035参照）		external, help, license, search, prev, next, nofollow, noopener, noreferrer, opener
autocomplete	オートコンプリート（P.339参照）		on または off

11-2 フォームコントロール

フォームコントロールは次のタグを利用して作成します。これらの中でも、<input> では type 属性の指定に応じてさまざまな入力フィールドや送信ボタンを作成することが可能です。
たとえば、右のサンプルでは <input> で名前・メールアドレスの入力フィールドと送信ボタンを、<textarea> でコメントの入力フィールドを作成しています。

タグ	フォームコントロール
<input>	各種入力フィールド、ボタン
<button>	ボタン
<select>	選択肢
<textarea>	複数行のテキストフィールド

フォームコントロール

```
<h1>CONTACT</h1>

<form action="～" method="post">
<p>
<label>名前：<br>
<input type="text" name="person">
</label>
</p>

<p>
<label>メールアドレス：<br>
<input type="email" name="mail">
</label>
</p>

<p>
<label>コメント：<br>
<textarea name="comment" rows="8"></textarea>
</label>
</p>

<p><input type="submit"></p>
</form>
```

コントロール名の指定

フォームコントロールには name 属性でコントロール名を指定します。コントロール名は入力データといっしょにサーバーに送信されます。
たとえば、右のフォームに入力して送信すると、次のように「コントロール名＝入力データ」という形でデータが送信されます。コントロール名を省略した場合、データは送信されなくなります。

```
person = 太郎
mail = taro@example.com
comment = こんにちは。
          今日はとても楽しかったです。
```

ラベルの指定

フォームコントロールのラベル（項目名）は右のように <label> でマークアップし、関連性を示します。

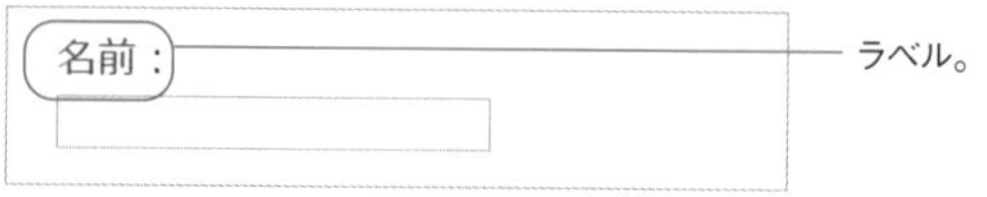


```
<label>名前：<br>
<input type="text" name="person">
</label>
```

また、フォームコントロールに ID を指定し、<label> の for 属性で関連性を示すことも可能です。

```
<label for="person">名前：</label>
<input type="text" name="person" id="person">
```

フォームコントロールの構成するボックス

フォームコントロールの構成するボックスは、インラインブロックボックス（P.169）として処理されます。そのため、CSS の width / height プロパティで横幅や高さを調整することも可能です。

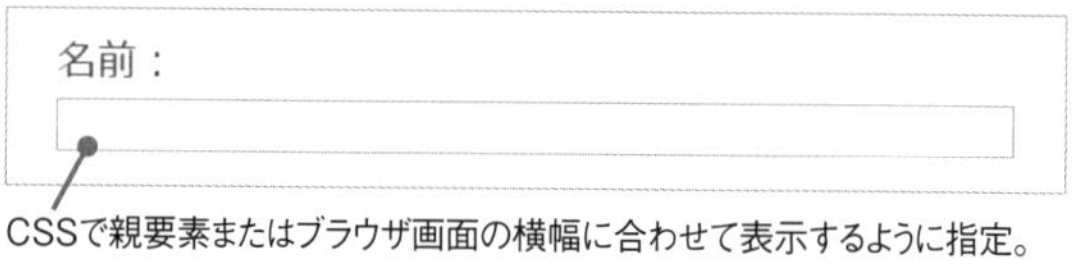

CSSで親要素またはブラウザ画面の横幅に合わせて表示するように指定。

```
input {width: 100%;
       box-sizing: border-box;}
```

情報を表示するためのフォームコントロール

特定の情報を表示するためのフォームコントロールも用意されており、右のタグで作成します。なお、これらが示す情報はサーバーには送信されません。

タグ	表示できる情報
<output>	計算結果
<progress>	進捗状況
<meter>	メーター（ディスクの使用状況など）

HTML 入力フィールド / ボタン

`<input type="～" name="～">`

CONTENT MODEL
なし

<input> では type 属性の値に応じて、右のような入力フィールドやボタンを作成することができます。type 属性を省略した場合、「text」で処理されます。

種類		type属性の値
テキストフィールド	テキスト	text
	検索	search
	URL	url
	電話番号	tel
	メールアドレス	email
	パスワード	password
日時のコントロール	年月日	date
	年月	month
	週	week
	時刻	time
	日時	datetime-local

種類		type属性の値
数値・色のコントロール	数値	number
	大まかな数値	range
	カラーピッカー	color
選択肢	チェックボックス	checkbox
	ラジオボタン	radio
特殊なコントロール	ファイルアップロード	file
	隠しフィールド	hidden
ボタン	送信ボタン	submit
	画像ボタン	image
	リセットボタン	reset
	ボタン	button

テキストフィールド

type 属性の値を「text」と指定すると、改行なしでテキストを入力する汎用的なテキストフィールドを作成することができます。フィールドの横幅は size 属性の文字数で指定します。また、次のように特定の情報専用のテキストフィールドも作成することが可能です。

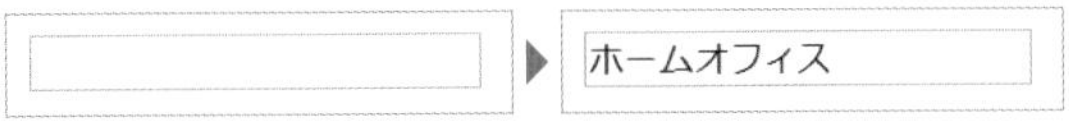


```
<input type="text" name="～" size="20">
```

検索

検索用のテキストフィールドを作成する場合、type 属性の値を「search」と指定します。Safari / iOS Safari では角丸のフィールドで表示されます。

```
<input type="search" name="～">
```

URL / メールアドレス

URL またはメールアドレス専用のテキストフィールドを作成する場合、type 属性の値を「url」、「email」と指定します。これらのフィールドでは送信時に入力データの検証が行われ、記述に問題がある場合はブラウザによってメッセージが表示されます。

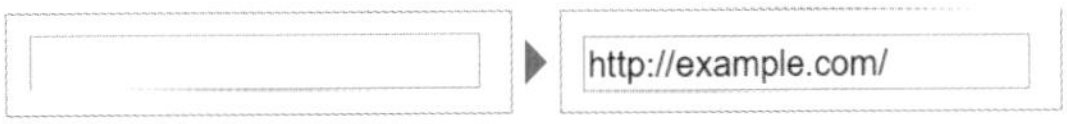


```
<input type="url" name="～">
```

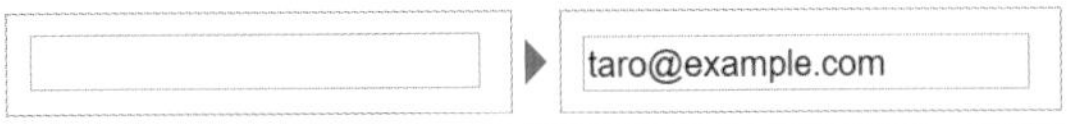


```
<input type="email" name="～">
```

メールアドレスのフィールドにmultiple属性を追加すると、複数のメールアドレスをカンマ区切りで入力できるようになります。

```
<input type="email" name="～" multiple>
```

電話番号

電話番号専用のテキストフィールドを作成する場合、type 属性の値を「tel」と指定します。iOS や Android でこのフィールドを選択すると、数字の入力キーが表示されます。

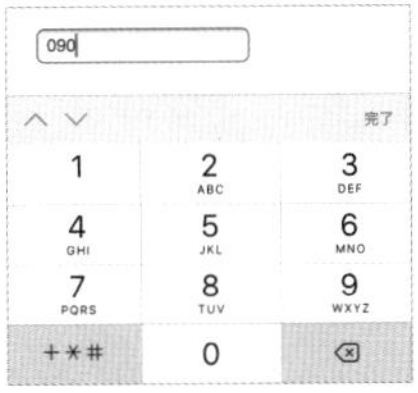

```
<input type="tel"
name="～">
```

パスワード

パスワード専用のテキストフィールドを作成する場合、type 属性の値を「password」と指定します。入力したテキストは伏字で表示されます。

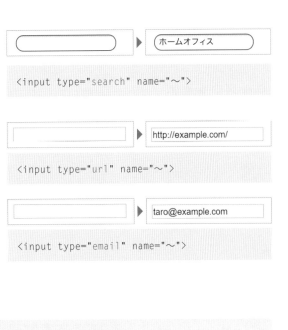

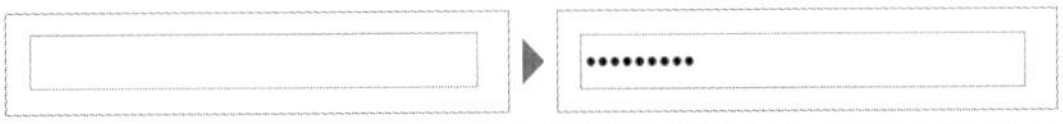


```
<input type="password" name="～">
```

11 フォーム

日時のコントロール

日時のデータ専用のコントロールは、type 属性の値を次のように指定して作成します。
日時のデータは P.087 の ISO8601 をベースにした形式で送信されます。

未対応のブラウザではP.331のテキストフィールド（text）として表示されます。

年月日

```
<input type="date"
name="～">
```

時間

```
<input type="time"
name="～">
```

年月

```
<input type="month"
name="～">
```

日時

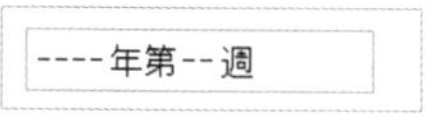

```
<input
type="datetime-local"
name="～">
```

日時の情報を送信。

```
～ = 2017-09-01T15:45
```

週

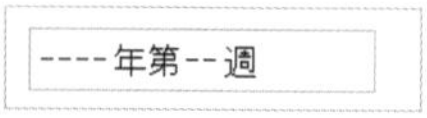

```
<input type="week"
name="～">
```

数値・色のコントロール

数値や色の入力に利用できるコントロールです。

数値

type 属性の値を「number」と指定すると、数値の入力に適したコントロールを作成することができます。このコントロールでは送信時に入力データの検証が行われ、数字以外を入力した場合はブラウザによってメッセージが表示されます。

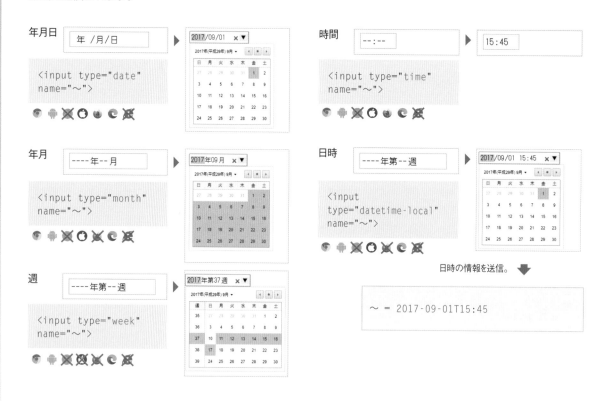

```
<input type="number" name="～">
```

大まかな数値（レンジ）

type 属性の値を「range」と指定すると、スライダーで数値の入力を行うコントロールを作成することができます。
スライダーでは左端が最小値「0」、右端が最大値「100」として処理されます。最小値、最大値は P.339 の min / max 属性で変更することが可能です。

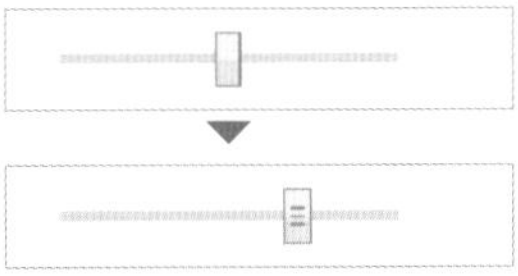

送信。

```
~ = 72
```

```
<input type="range"
name="~">
```

色の値

type 属性の値を「color」と指定すると、カラーピッカーで色の選択が可能なコントロールを作成することができます。色の値は「#ff0000」といった 16 進数の形で送信されます。

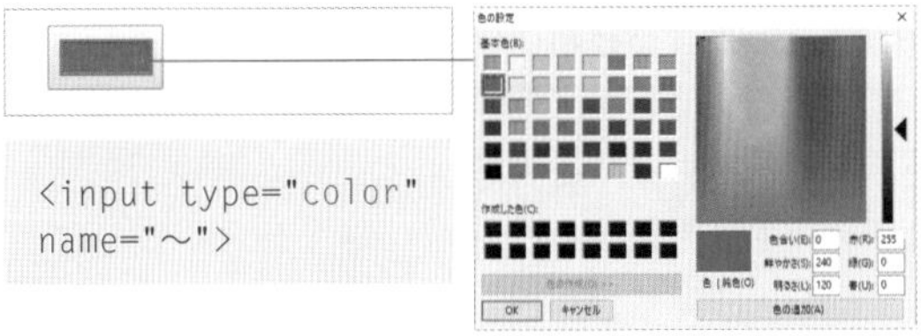

```
<input type="color"
name="~">
```

選択肢

type 属性の値を「checkbox」または「radio」と指定すると、チェックボックス、ラジオボタンを作成することができます。チェックボックスでは複数の選択が、ラジオボタンでは 1 つのみの選択が可能です。選択肢のグループには name 属性で同じコントロール名を指定して作成します。

チェックボックスやラジオボタンの横に表示する項目名は、ラベルとして <label> でマークアップします。ただし、ラベルの情報はサーバーには送信されないため、value 属性で送信する値を指定します。value 属性を省略した場合、「on」という値が送信されます。

チェックボックス

☐ 砂糖 ☐ 塩 ☐ しょうゆ

▼

☑ 砂糖 ☐ 塩 ☑ しょうゆ

送信。

```
item = sugar
item = soy
```

```
<label><input type="checkbox" name="item"
value="sugar"> 砂糖 </label>
<label><input type="checkbox" name="item"
value="salt"> 塩 </label>
<label><input type="checkbox" name="item"
value="soy"> しょうゆ </label>
```

ラジオボタン

○ 砂糖 ○ 塩 ○ しょうゆ

▼

◉ 砂糖 ○ 塩 ○ しょうゆ

送信。

```
item = sugar
```

```
<label><input type="radio" name="item"
value="sugar"> 砂糖 </label>
<label><input type="radio" name="item"
value="salt"> 塩 </label>
<label><input type="radio" name="item"
value="soy"> しょうゆ </label>
```

最初から選択済みの状態で表示したい場合、次のようにchecked属性を指定します。

☑ 砂糖 ☐ 塩 ☐ しょうゆ

```
<label><input type="checkbox" name="item"
value="sugar" checked> 砂糖 </label>
...
```

特殊なコントロール

ファイルアップロード

ファイルの選択・アップロードを行うコントロールは、type 属性の値を「file」と指定して作成します。
このとき、<form> の action 属性ではファイルの処理に対応したプログラムを指定し、enctype 属性では送信データの MIME TYPE を「multipart/form-data」と指定する必要があります。

アップロードしたいファイルを選択。

```
<form action="~" method="post"
enctype="multipart/form-data">

<input type="file" name="~" accept="image/*">
…
</form>
```

選択できるファイルの種類は、accept 属性で指定します。指定できる値は次のようになっています。

accept属性の値	ファイルの種類
audio/*	オーディオファイル
video/*	ビデオファイル
image/*	画像ファイル
MIME TYPE	「application/pdf」など
拡張子	「.pdf」など

複数ファイルの選択を可能にする場合には、multiple 属性を指定します。

```
<input type="file" name="~"
accept="image/*" multiple>
```

W3Cの勧告「HTML Media Capture」で採用されているcapture属性を利用すると、iOSやAndroid環境で直接カメラを起動し、その場で撮影したものをアップロードしてもらうことができます。

```
<input type="file" name="~"
accept="image/*" capture>
```

隠しフィールド

type 属性の値を「hidden」と指定すると、隠しフィールドを作成することができます。隠しフィールドはブラウザ画面には表示されず、value 属性で指定した値が送信されます。
なお、name 属性の値を「_charset_」と指定すると、送信データのエンコードの種類の値が送信されます。この場合、value 属性を指定しても無視されます。

```
<input type="hidden" name="formtype"
 value="お問い合わせフォーム">
<input type="hidden" name="_charset_">
```

送信。

```
formtype = お問い合わせフォーム
_charset_ = UTF-8
```

ボタン

送信 / リセット / 汎用ボタン

type 属性の値を「submit」、「reset」、「button」と指定すると、送信、リセット、汎用ボタンを作成することができます。value 属性ではボタンに表示するテキストを指定することが可能です。汎用ボタンは標準で表示されるテキストがないため、必ず value 属性を指定します。

ボタンの種類	機能
送信ボタン	フォームデータの送信を行います。
リセットボタン	フォームに入力されたデータをリセットします。
汎用ボタン	標準では特別な機能を持たないため、JavaScriptなどでボタンの処理を指定します。

```
<input type="submit">
<input type="reset">
<input type="button" value="ボタン">
```

インターネット黎明期のフォームにおいては、送信ボタンとリセットボタンをセットで提供するのが一般的でした。しかし、誤ってリセットボタンを押し、入力データを消してしまうという問題が指摘され、現在では送信ボタンのみを用意したフォームが主流となっています。

画像ボタン

type 属性の値を「image」と指定すると、画像ボタンを作成することができます。P.300 の <img> と同じように、src 属性で画像の URL を、width / height 属性でサイズを、alt 属性で代替テキストを指定します。画像ボタンは送信ボタンとして機能し、画像のクリック位置の座標情報を含めてフォームデータを送信します。

画像ボタンをクリック。

送信。

```
photo_x = 187
photo_y = 87
```

```
<input type="image" name="photo" src="home.jpg"
width="300" height="200" alt="料理">
```

HTML ボタン

<button>...</button>

CONTENT MODEL
フレージング・コンテンツ
※インタラクティブ・コンテンツを除く

<button> を利用すると、マークアップしたコンテンツをボタンとして機能させることができます。ボタンの機能は type 属性で指定します。

type属性の値	ボタンの機能
submit	送信ボタン（標準の処理）
reset	リセットボタン
button	汎用ボタン

```
<button type="submit">
<img src="mail.png" alt="">メールを送信
</button>
```

プルダウン型の選択肢

```
<select name="～">
  <option> ... </option>
</select>
```

CONTENT MODEL: <select>
ゼロまたは1つ以上の<option>、<optgroup>

CONTENT MODEL: <option>
テキスト

<select> を利用すると、<option> で用意した選択肢をプルダウンの形で表示することができます。標準で選択状態にしたい <option> には selected 属性を指定します。サーバーには <option> 内に記述したテキストが送信されます。

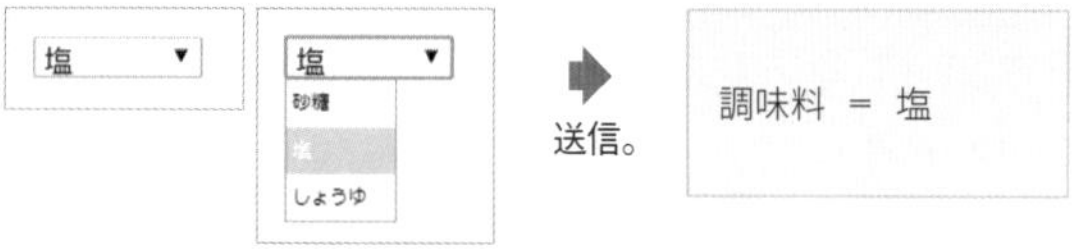

```
<select name="調味料">
  <option>砂糖</option>
  <option selected>塩</option>
  <option>しょうゆ</option>
</select>
```

<option>のlabel属性では表示するテキストを、value属性では送信するテキストを指定することができます。

```
<option label="甘いもの" value="sugar">砂糖</option>
```

<select>のsize属性では一度に表示する行数を指定し、multiple属性では複数選択を可能にすることができます。

```
<select name="調味料" size="3" multiple>…
```

<optgroup>を利用すると、選択肢のグループを示すことができます。

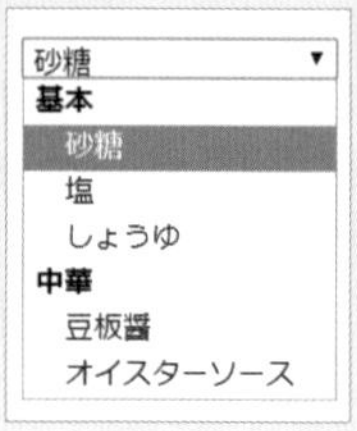


```
<select name="調味料">
<optgroup label="基本">
  <option>砂糖</option>
  <option>塩</option>
  <option>しょうゆ</option>
</optgroup>
<optgroup label="中華">
  <option>豆板醤</option>
  <option>オイスターソース</option>
</optgroup>
</select>
```

複数行のテキストフィールド

```
<textarea name="～"> ... </textarea>
```

CONTENT MODEL
テキスト

<textarea> では複数行のテキストフィールドを作成することができます。フィールドの横幅は cols 属性の文字数で、高さは rows 属性の行数で指定します。

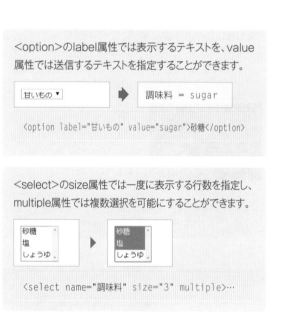

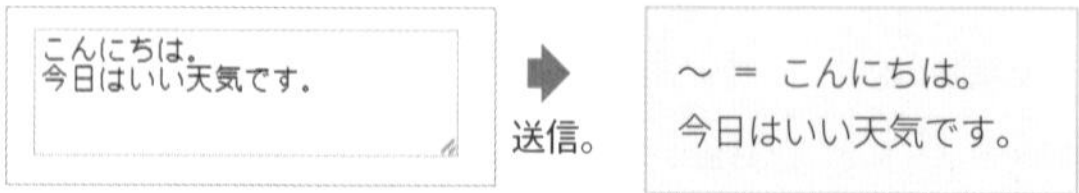


```
<textarea name="～" cols="25" rows="4">
</textarea>
```

フィールド内に標準で表示したいテキストがある場合、<textarea>～</textarea>内に記述します。

<textarea>のwrap属性を「hard」と指定すると、テキストフィールド内で発生した自動改行を改行に変換して送信することができます。
wrap属性を指定しなかった場合は「soft」で処理され、自動改行は変換されません。なお、いずれの場合も、ユーザーが入力した改行はそのまま送信されます。

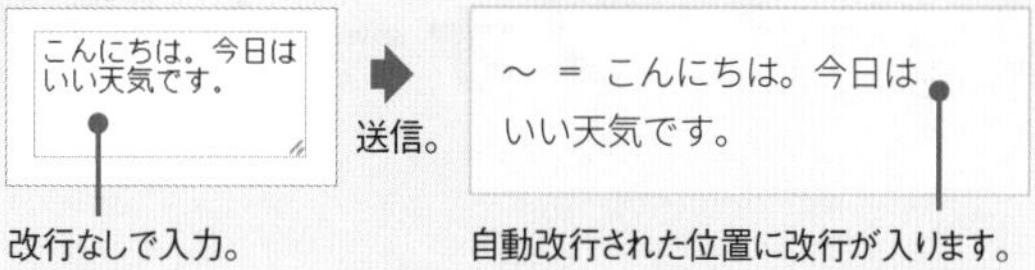


```
<textarea name="～" cols="25" rows="4"
 wrap="hard"></textarea>
```

情報の表示を行うフォームコントロール　<output> / <progress> / <meter>

計算結果

<output>は計算結果の表示に利用できるタグです。たとえば、右のサンプルでは<input type="number"> で数値入力のコントロールを2つ用意し、合計値を<output>で表示しています。<output>のfor属性を利用すると、計算結果の元になっている要素を明示することができます。

```
<form action="query.php" method="post" oninput=
"total.value = numA.valueAsNumber + numB.valueAsNumber">
  <input type="number" name="numA" value="0"> +
  <input type="number" name="numB" value="0"> =
  <output name="total" for="numA numB">0</output>
</form>
```

進捗状況

<progress>を利用すると、進捗状況をプログレスバーの形で示すことができます。0～最大値の範囲で、現在の値をvalue属性で指定します。最大値はmax属性で指定することが可能です。たとえば、右のサンプルでは全体の30%の処理が終わったことを示しています。

```
<progress value="30" max="100"></progress>
```

※max属性を省略した場合、最大値は「1」となります。

メーター

<meter>を利用すると、使用量をバーの形で表示することができます。最小値をmin、最大値をmax属性で、現在の値をvalue属性で指定します。たとえば、ディスク容量1000GBのうち、324GBを使っていることを示す場合、右のように指定します。
また、low、high、optimum属性を利用すると、値を「低」「中」「高」の3つの範囲に分類し、どこが最適な範囲であるかを示すことができます。これにより、value属性の値に応じて右のようにバーの色が変わります。

```
<meter value="324" max="1000"></meter>
```

※min/max属性を省略した場合、最小値は「0」、最大値は「1」となります。

optimum属性を「500」にすることで、「低」を最適な範囲と設定しています。

```
<meter value="～" max="1000"
low="600" high="800" optimum="500"></meter>
```

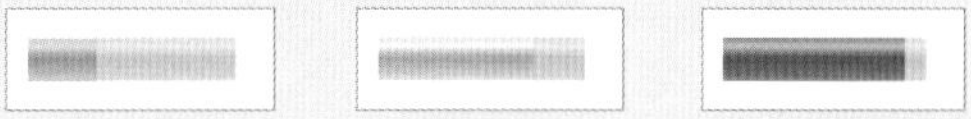

最適な範囲(低)。　その隣の範囲(中)。　さらにその隣の範囲(高)。

属性	機能
low	「低」と「中」の分岐点を指定
high	「中」と「高」の分岐点を指定
optimum	指定した値が含まれる範囲を最適な範囲に設定

11-3 フォームコントロールの属性

フォームコントロールではここまでに紹介した属性以外にも、次のような属性を利用することができます。

フォームコントロール

属性	<input type="～">														OTHER							
	テキスト・検索 (text, search)	URL・電話番号 (url, tel)	メールアドレス (email)	パスワード (password)	日時のコントロール (dateなど)	数値 (number)	大まかな数値 (range)	色の値 (color)	選択肢 (checkbox, radio)	ファイルアップロード (file)	隠しフィールド (hidden)	送信ボタン (submit)	リセット・汎用ボタン (reset, button)	画像ボタン (image)	ボタン <button>	プルダウン型の選択肢 <select>	選択肢のグループ <optgroup>	選択肢 <option>	複数行のテキストフィールド <textarea>	計算結果 <output>	進捗状況 <progress>	メーター <meter>
autocomplete	○	○	○	○	○	○	○	○	・	・	・	・	・	・	・	・	・	・	○	・	・	・
list	○	○	○	・	○	○	○	○	・	・	・	・	・	・	・	・	・	・	・	・	・	・
dirname	○	・	・	・	・	・	・	・	・	・	・	・	・	・	・	・	・	・	○	・	・	・
formaction	・	・	・	・	・	・	・	・	・	・	・	○	・	○	○	・	・	・	・	・	・	・
formenctype	・	・	・	・	・	・	・	・	・	・	・	○	・	○	○	・	・	・	・	・	・	・
formmethod	・	・	・	・	・	・	・	・	・	・	・	○	・	○	○	・	・	・	・	・	・	・
formnovalidate	・	・	・	・	・	・	・	・	・	・	・	○	・	○	○	・	・	・	・	・	・	・
formtarget	・	・	・	・	・	・	・	・	・	・	・	○	・	○	○	・	・	・	・	・	・	・
max	・	・	・	・	○	○	○	・	・	・	・	・	・	・	・	・	・	・	・	・	○	○
min	・	・	・	・	○	○	○	・	・	・	・	・	・	・	・	・	・	・	・	・	・	○
step	・	・	・	・	○	○	○	・	・	・	・	・	・	・	・	・	・	・	・	・	・	・
maxlength	○	○	○	○	・	・	・	・	・	・	・	・	・	・	・	・	・	・	○	・	・	・
minlength	○	○	○	○	・	・	・	・	・	・	・	・	・	・	・	・	・	・	○	・	・	・
required	○	○	○	○	○	○	・	・	○	○	・	・	・	・	・	○	・	・	○	・	・	・
pattern	○	○	○	○	・	・	・	・	・	・	・	・	・	・	・	・	・	・	・	・	・	・
value	○	○	○	○	○	○	○	○	○	○	○	○	○	○	○	・	・	○	・	・	○	○
placeholder	○	○	○	○	・	○	・	・	・	・	・	・	・	・	・	・	・	・	○	・	・	・
readonly	○	○	○	○	○	○	・	・	・	・	・	・	・	・	・	・	・	・	○	・	・	・
disabled	○	○	○	○	○	○	○	○	○	○	○	○	○	○	○	○	○	○	○	・	・	・
form	○	○	○	○	○	○	○	○	○	○	○	○	○	○	○	○	・	・	○	○	・	・

オートコンプリートの無効化　autocomplete 属性

ブラウザが提供するオートコンプリートの機能により、繰り返し入力する情報は入力候補として表示されます。この機能を無効化したい場合には autocomplete 属性を「off」と指定します。なお、この属性は <form> で利用することも可能です。

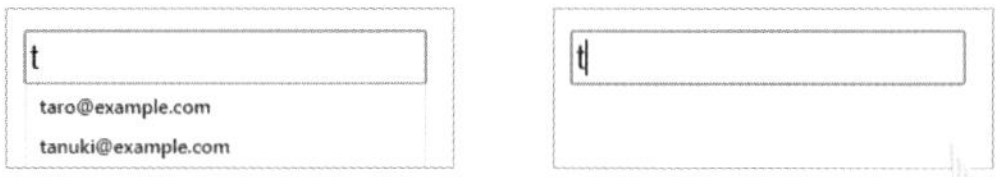

オートコンプリートが有効。　オートコンプリートが無効。

```
<input type="email" name="~" autocomplete="off">
```

入力候補の表示　list 属性 / <datalist>

list 属性を利用すると入力候補を表示することができます。入力候補は <datalist> と P.336 の <option> を使って作成し、<datalist> の ID を list 属性で指定して表示します。なお、入力候補は autocomplete 属性の影響を受けることはありません。

※Firefoxはテキストフィールド以外の入力候補の表示には未対応です。

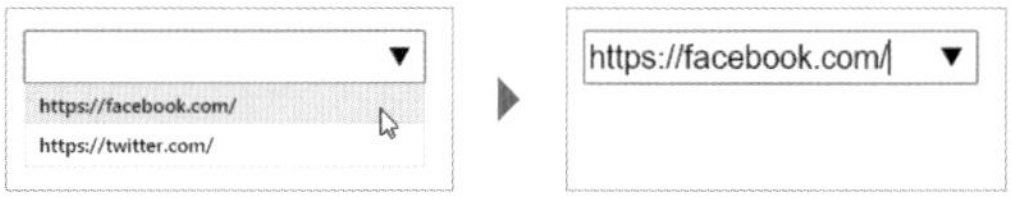


```
<input type="url" name="~" list="sns">
<datalist id="sns">
  <option value="https://facebook.com/"></option>
  <option value="https://twitter.com/"></option>
</datalist>
```

書字方向の情報を送信　dirname 属性

dirname 属性を利用すると、書字方向の情報を付加して送信することができます。左書きの場合は「ltr」、右書きの場合は「rtl」という値になります。

```
<input type="text" name="名前" dirname="書字方向">
```

<form> の設定を変更　formaction / formenctype / formmethod / formnovalidate / formtarget 属性

複数の送信ボタンを用意しても、標準では <form> の属性（P.328）で指定した同じ設定で処理されます。送信ボタンごとに個別に指定したい場合には、上記の属性で <form> の設定を上書きします。指定できる値は <form> の各属性と同じです。

```
<form action="login.php" method="post" target="_self">
  <input type="submit" value="登録済みの方">
  <input type="submit" value="はじめての方"
  formaction="login-new.php"
  formmethod="get" formtarget="_blank">
</form>
```

数値や日時の最小値・最大値　min / max 属性

min / max 属性では数値や日時の最小値、最大値を指定することができます。たとえば、日付のコントロールで選択範囲を 2017 年 9 月 1 日から 2017 年 9 月 15 日に指定すると右のようになります。

```
<input type="date" name="~"
min="2017-09-01"
max="2017-09-15">
```

指定した範囲のみが選択可能になります。

数値や日時のステップ　step 属性

step 属性では数値や日時のステップ値を指定することができます。たとえば、日付を1日おきに選択できるようにする場合、値を「2」と指定します。

```
<input type="date" name="～"
step="2">
```

日付が1日おきに選択可能になります。

文字数の最小値・最大値　minlength / maxlength 属性

minlength / maxlength 属性を利用すると、文字数の最小値、最大値を指定することができます。たとえば、右のサンプルでは5文字以上、10文字以下で入力するように指定しています。

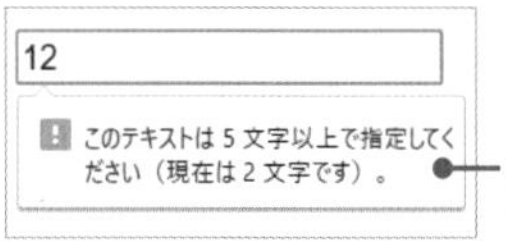

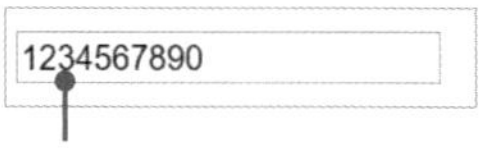

文字数が少ないとメッセージが表示されます。また、10文字以上は入力できません。

```
<input type="text" name="～"
 minlength="5" maxlength="10">
```

必須　required 属性

required 属性を指定すると、入力を必須にすることができます。

```
<input type="text"
name="～" required>
```

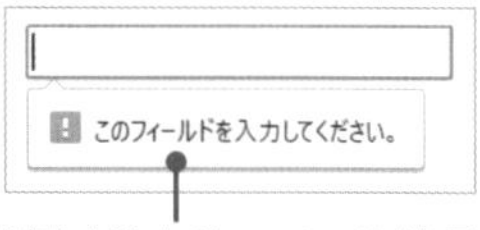

空のまま送信しようとすると、メッセージが表示されます。

パターン　pattern 属性

pattern 属性を利用すると、入力を許可するテキストの形式を JavaScript の正規表現で指定することができます。title 属性では入力形式についての説明を記述しておくことが推奨されています。
たとえば、右のサンプルでは「[a-z]+」と指定し、小文字アルファベットの入力のみを許可しています。

```
<input type="text"
name="～" pattern="[a-z]+"
title="小文字アルファベット
で入力">
```

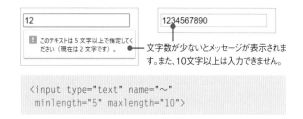

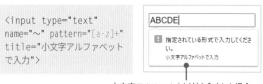

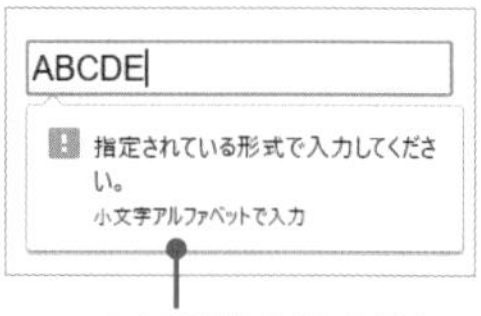

小文字アルファベット以外を入力した場合、title属性で指定した説明が表示されます。

入力データの検証と無効化

pattern属性を指定しなくても、URLとメールアドレスのテキストフィールド（P.331）ではブラウザによる入力データの検証が行われます。また、数値や日付、required属性などを指定したコントロールでも検証が行われます。
このような検証機能を無効化したい場合には、<form>のnovalidate属性を指定します。

```
<form action="～" method="post" novalidate>
…
</form>
```

フォームコントロールを個別に無効化する機能は用意されていません。

入力済みのデータ　value 属性

value 属性では入力済みのデータ（初期値）を指定することができます。

```
<input type="text"
name="～"
value="太郎">
```

プレースホルダ　placeholder 属性

placeholder 属性では入力に関する簡単なヒント（プレースホルダ）を示すことができます。データが未入力の場合にのみ薄いグレーの文字で表示されます。

```
<input type="text"
name="～"
placeholder="名前">
```

プレースホルダには::placeholder疑似要素でCSSを適用できます。ただし、使用できるのは::first-line疑似要素と同じプロパティ(P.127)に限られています。

```
::placeholder {
  color:red;
}
```

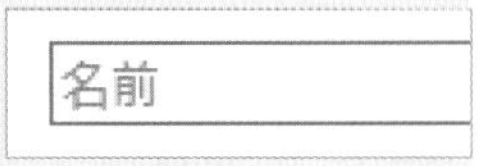

※IEは未対応。

表示専用　readonly 属性

readonly 属性ではコントロールを表示専用にすることができます。過去に入力済みの変更不可なデータを扱う必要がある場合などに利用することができます。

```
<input type="text"
name="～"
value="太郎" readonly>
```

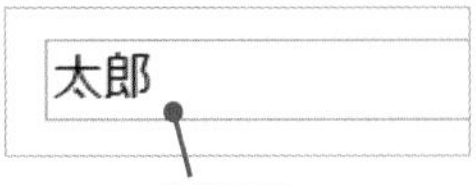

編集不可。
サーバーへの送信あり。

コントロールの無効化　disabled 属性

disabled 属性ではコントロールを無効にすることができます。

```
<input type="text"
name="～"
value="太郎" disabled>
```

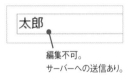

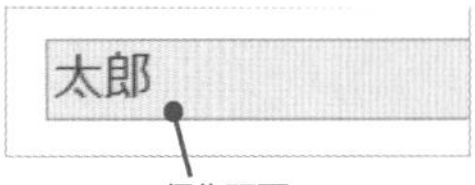

編集不可。
サーバーへの送信なし。

<form> との関連付け　form 属性

form 属性を利用すると、コントロールの設定を <form> の外に記述し、どの <form> で処理するかを指定することができます。

```
<form action="～" method="post" id="contact">
…
</form>

<input type="text" name="～" form="contact">
```

フォームコントロールのグループ化　<fieldset> / <legend>

<fieldset>を利用すると、フォームコントロールをグループ化し、<legend>でキャプションをつけて表示することができます。<legend>は<fieldset>内の1つ目の子要素として記述します。

なお、<fieldset>にはdisabled属性（P.341）とform属性（P.341）を指定することが可能で、属性の処理はグループ化したすべてのフォームコントロールに適用されます。

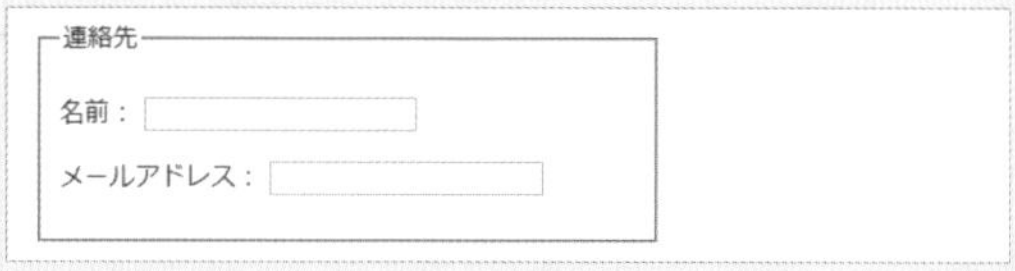


```
<fieldset>
<legend>連絡先</legend>
  <p><label>名前：<input …></label></p>
  <p><label>メールアドレス：<input …></label></p>
</fieldset>
```

閲覧環境のUIに合わせた表示　appearance

-webkit- -webkit-

フォームコントロールは閲覧環境のUIに合わせたデザインで表示されます。この機能はappearanceを「none」と指定することで無効化できます。元々は独自拡張でしたが、現在はCSS4で標準化が進められています。
Safariは閲覧環境に合わせた表示を行う値「auto」には未対応です。

iOSでは-webkit-appearance:noneを適用することでpaddingなどの設定が反映されます（iOS以外ではappearanceなしでも反映されます）。

```
input {  -webkit-appearance: none;
         appearance: none;
         appearance: none;
         padding: 5px 20px;
         background: orange;
         border: none;
         border-radius: 0;}
```

インプット疑似クラス

インプット疑似クラスと呼ばれるセレクタを利用すると、フォームコントロールの属性や入力データの検証結果に応じてCSSの設定を適用することができます。

インプット疑似クラス	適用対象	備考
:enabled / :disabled	有効/無効なコントロール	disabled属性の有無に応じて適用。
:read-only / :read-write	表示専用/編集可能なコントロール	readonly属性の有無に応じて適用。
:valid / :invalid	検証結果が正しい/正しくないコントロール	ブラウザによる入力データの検証結果に応じて適用。
:required / :optional	必須 / 任意のコントロール	required属性の有無に応じて適用。
:in-range / :out-of-range	範囲内 / 範囲外のコントロール	min/max属性で示した範囲と入力された値に応じて適用。
:placeholder-shown ※	プレースホルダを表示したコントロール	placeholder属性が指定されたものに適用。
:checked	選択中のコントロール	選択中のチェックボックス/ラジオボタン/<option>に適用。
:default ※	標準のコントロール	フォーム内の1つ目の送信ボタンや、標準で選択状態にしたチェックボックス/ラジオボタン/<option>に適用（ユーザーが選択を解除しても適用）。
:indeterminate ※	不確定なコントロール	同じグループ内で選択中のものがないラジオボタン、JavaScriptで「document.querySelector("～").indeterminate=true;」が適用されたチェックボックス、value属性を持たない<progress>に適用

※ IEは未対応　※ IEはチェックボックスの処理のみ対応

Chapter 12

特殊効果

12-1 トランスフォーム

CSS 2D トランスフォーム

transform: ～

初期値	none
継承	なし
適用先	ブロックレベル/atomicインラインレベル/テーブル関連 ※displayの値がtable/table-column-group/table-columnのものを除く

transform プロパティを利用すると、移動、拡大縮小、回転、スキュー（シアー）の２次元の変形処理を行うことができます。各処理に関する設定は右のトランスフォーム関数で指定します。複数の変形処理を適用する場合、スペース区切りで関数を指定します。

３次元の処理についてはP.346 を参照してください。

変形処理	トランスフォーム関数	値
移動	translate(Tx, Ty)	Tx = x軸方向の移動距離 Ty = y軸方向の移動距離
	translateX(Tx)	
	translateY(Ty)	
拡大縮小	scale(Sx, Sy)	Sx = x軸方向の拡大縮小の倍率 Sy = y軸方向の拡大縮小の倍率
	scaleX(Sx)	
	scaleY(Sy)	
回転	rotate(A)	A = 回転角度
スキュー	skew(Ax, Ay)	Ax = x軸方向のスキューの角度 Ay = y軸方向のスキューの角度
	skewX(Ax)	
	skewY(Ay)	

transform を利用する際にポイントとなるのが座標系です。Web ページはブラウザ画面の左上を原点とした座標系を構成し、この中にボックスを配置する仕組みとなっています。この座標系では、x 軸は右方向に、y 軸は下方向に行くほど値が大きくなります。

また、ページに配置したボックスは、ボックスの中心を原点としたローカル座標系を構成します。原点の位置は P.345 の transform-origin で変更することが可能です。

transform は、こうして構成された**ローカル座標系**を移動、拡大縮小、回転、スキューします。たとえば、右のように 400 × 50px のボックスを構成する <div> に transform を適用すると、次のようになります。

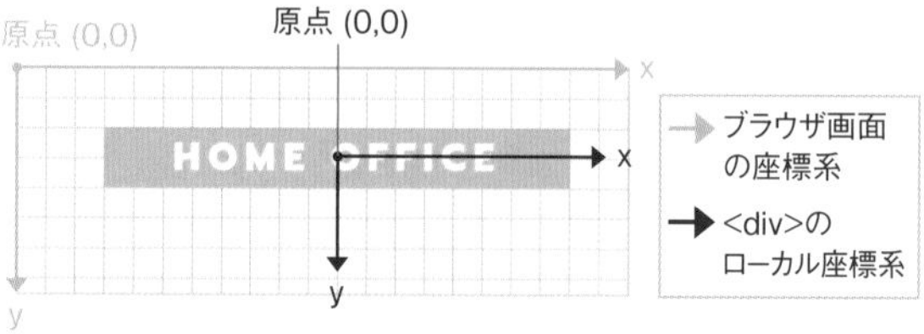


```
div {width: 400px;
     height: 50px;
     background: #abcf3e;}
```

```
<div>HOME OFFICE</div>
```

移動

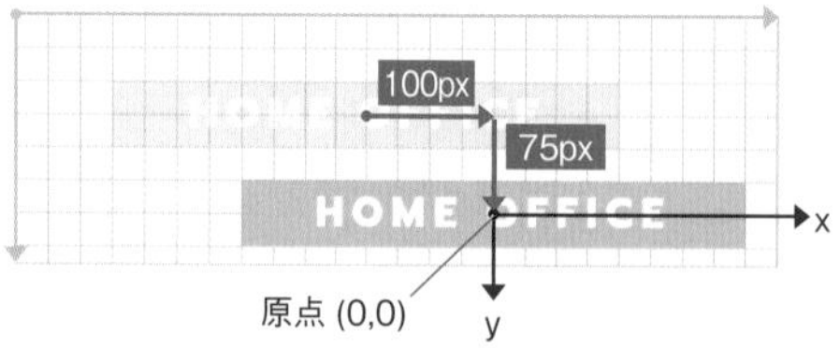


```
div {transform: translate(100px, 75px);}
```

x軸方向に100px、y軸方向に75px移動。

拡大縮小

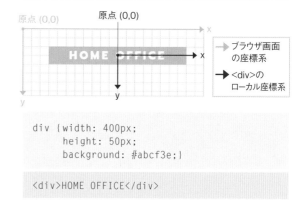

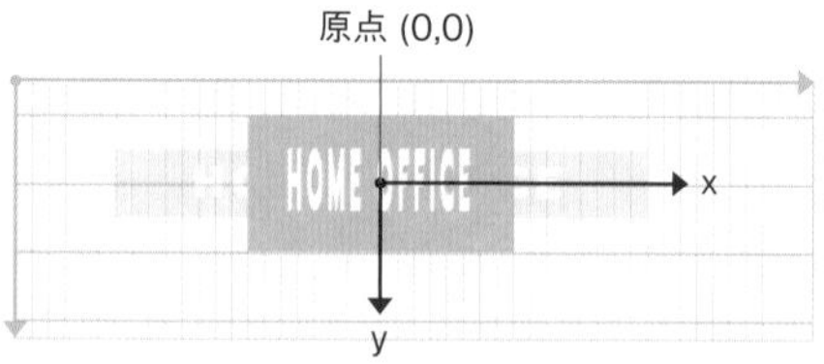


```
div {transform: scale(0.5, 2);}
```

x軸方向を0.5倍、y軸方向を2倍に拡大。

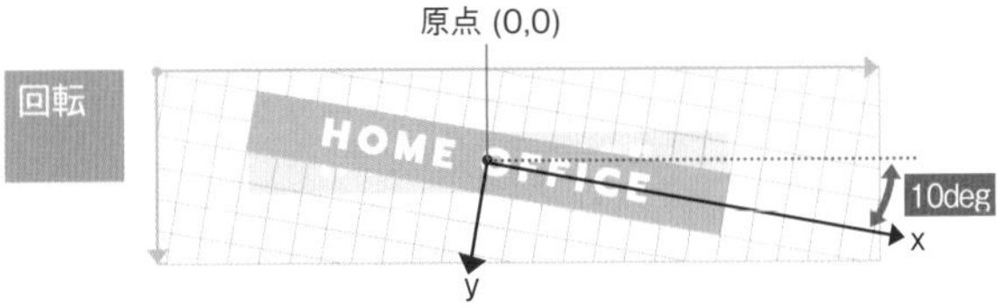


```
div {transform: rotate(10deg);}
```

時計回りに10度回転。

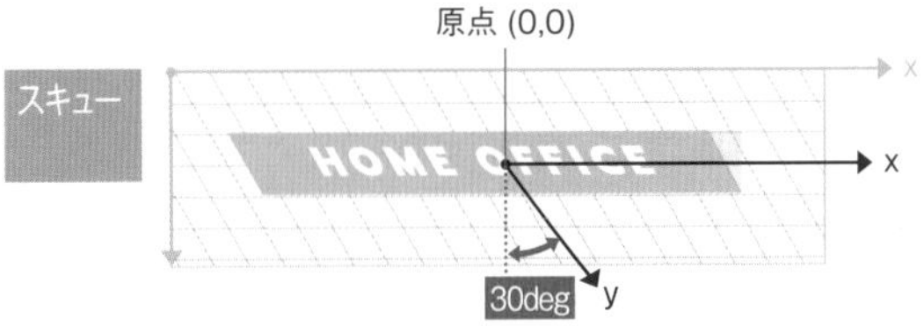


```
div {transform: skew(30deg,0deg);}
```

x軸方向に30度スキュー。

変形処理の実行順と処理結果

複数の変形処理は実行したい順にスペース区切りで指定します。ただし、拡大縮小などにより、ローカル座標系が変化する場合は注意が必要です。

たとえば、以下のサンプルの場合、拡大縮小の処理により、最終的なローカル座標系のマスが正方形でなくなっています（ここでは 1:4）。そのため、処理の順番で大きな違いが生じていることを確認してください。

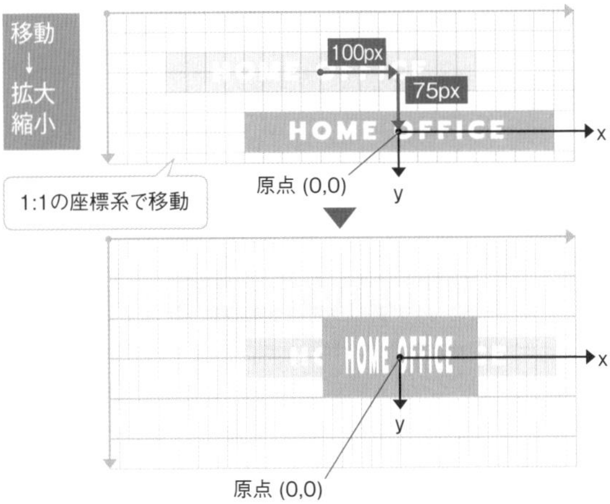


```
div {transform:
    translate(100px, 75px) scale(0.5, 2);}
```

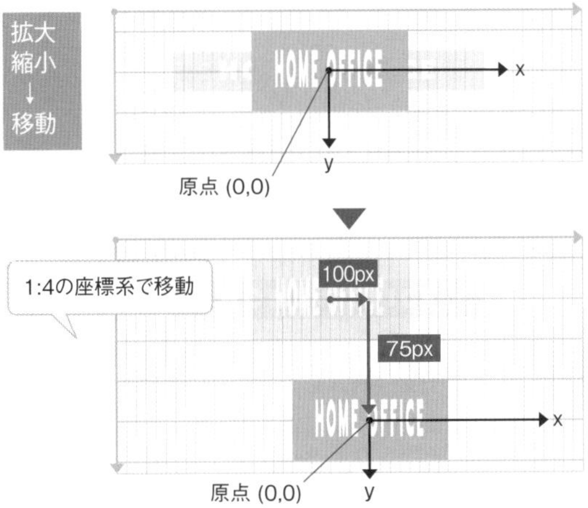


```
div {transform:
    scale(0.5, 2) translate(100px, 75px);}
```

ローカル座標系の原点の位置　transform-origin

transform-origin でローカル座標系の原点の位置を指定すると次のようになります。ここでは回転の処理を適用して表示を確認しています。

```
div {transform-origin: ～;
    transform: rotate(10deg);}
```

transform-origin: 0% 0%;
または
transform-origin: left top;

transform-origin: 50% 50%;
または
transform-origin: center center;

transform-origin: 100% 100%;
または
transform-origin: right bottom;

transform-origin: 100px 50px;

2Dの変換マトリクス（変換行列）

トランスフォーム関数のmatrix()を利用すると、プログラムで扱いやすいように、変形処理を行列の形で指定することができます。
各処理は以下のように指定します。たとえば、右のサンプルでは時計回りに10度回転するように指定しています。

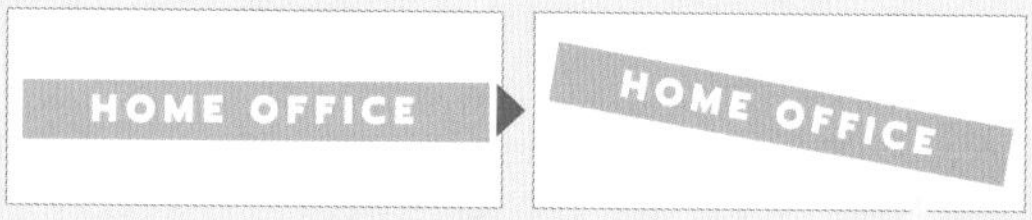


```
div {
 transform: matrix(0.985,0.174,-0.174,0.985,0,0);
}
```

matrix()で時計回りに10度回転するように指定したもの。
cos(10)=0.985 と sin(10)=0.174 の値を指定しています。

$$\begin{bmatrix} a & c & e \\ b & d & f \\ 0 & 0 & 1 \end{bmatrix}$$

3×3の変換マトリクス

```
matrix(a, b, c, d, e, f)
```

※a～f… 変換マトリクスの値

移動

```
matrix(1, 0, 0, 1, Tx, Ty)
```

Tx = x 軸方向の移動距離　Ty = y 軸方向の移動距離

拡大縮小

```
matrix(Sx, 0, 0, Sy, 0, 0)
```

Sx = x 軸方向の倍率　Sy = y 軸方向の倍率

回転

```
matrix(cos(A), sin(A), -sin(A), cos(A), 0, 0)
```

A = 回転角度

スキュー

```
matrix(1, tan(Ay), tan(Ax), 1, 0, 0)
```

Ax = x 軸方向のスキューの角度　Ay = y 軸方向のスキューの角度

CSS 3D トランスフォーム

transform: ～

初期値	none
継承	なし
適用先	2Dトランスフォームと同じ

transformプロパティでは2次元の変形処理に加えて、3次元の移動、拡大縮小、回転の変形処理を指定することができます。スキューの3次元の処理はありません。

3次元の処理では、Webページはブラウザ画面の左上を原点としてz軸が手前に伸びる座標空間を構成します。このとき、z=0のxy平面がブラウザ画面となります。
また、ページに配置したボックスは2次元のときの座標系にz軸を加えたローカル座標系を構成します。座標の原点はボックスの中心となりますが、P.345のようにtransform-originで変更することが可能です。
2次元のときと同じように、3次元の処理もこの**ローカル座標系**に対する操作となります。

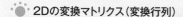

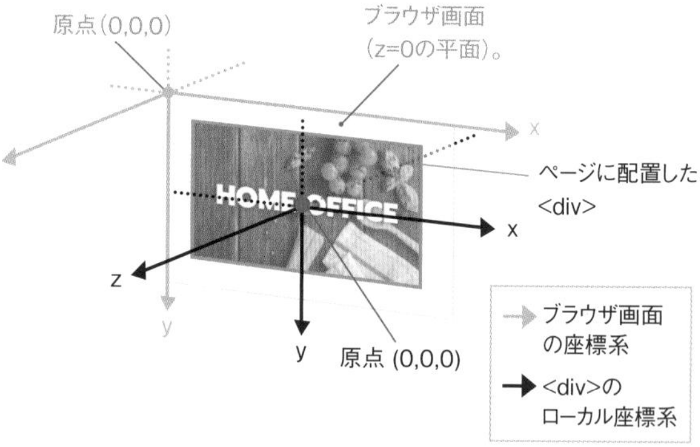


```
div {width: 300px;
     height: 180px;
     background-image: url(home.jpg);}
```

```
<div>HOME OFFICE</div>
```

３次元の変形処理は以下のトランスフォーム関数で指定し、処理結果はブラウザ画面（z=0 の xy 平面）へ投影して表示します。このとき、「平行投影」または「透視投影」で表示することが可能です。
たとえば、前ページでページに配置した <div> のローカル座標系を z 軸方向へ 100 ピクセル移動させ、x 軸まわりに 45 度回転して表示を確認してみます。

変形処理	トランスフォーム関数	値
移動	translate3d(Tx,Ty,Tz) translateX(Tx) translateY(Ty) translateZ(Tz)	Tx = x軸方向の移動距離 Ty = y軸方向の移動距離 Tz = z軸方向の移動距離
拡大縮小	scale3d(Sx,Sy,Sz) scaleX(Sx) scaleY(Sy) scaleZ(Sz)	Sx = x軸方向の拡大縮小の倍率 Sy = y軸方向の拡大縮小の倍率 Sz = z軸方向の拡大縮小の倍率
回転	rotate3d(Ax,Ay,Az) rotateX(Ax) rotateY(Ay) rotateZ(Az)	Ax = x軸まわりの回転角度 Ay = y軸まわりの回転角度 Az = z軸まわりの回転角度

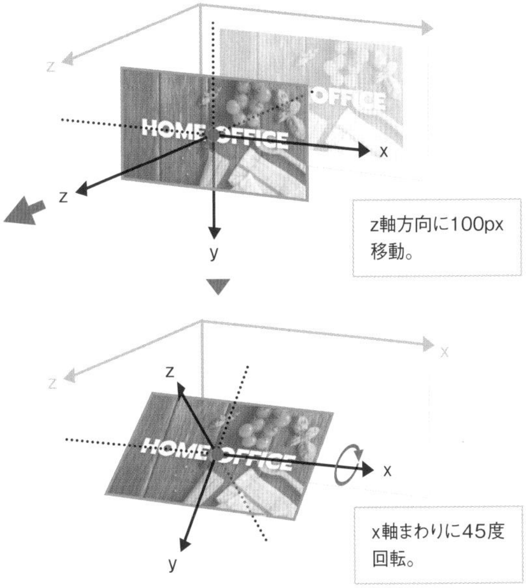


```
div {transform:
     translateZ(100px) rotateX(45deg);}
```

平行投影での表示

３次元の処理結果は標準では平行投影での表示となります。平行投影では z 軸に平行な直線によってブラウザ画面に投影されるため、右のような表示結果になります。

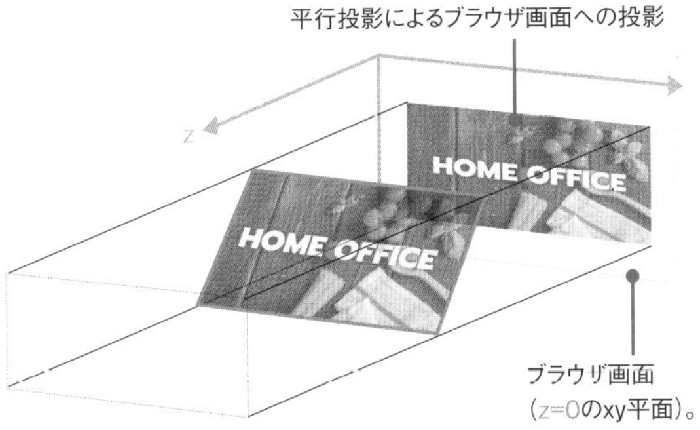

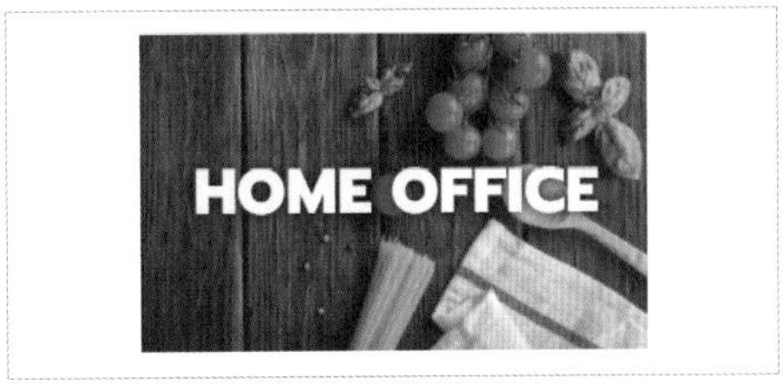

transform適用前。

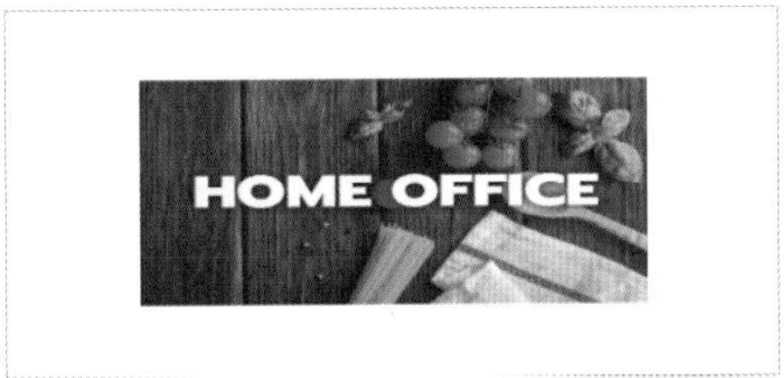

transform適用後。

```
div {transform:
     translateZ(100px) rotateX(45deg);}
```

透視投影での表示

３次元の処理結果を透視投影で表示する場合、perspective() 関数を追加し、投影中心の位置をブラウザ画面（z=0 の xy 平面）からの距離で指定します。距離が近いほど歪みが大きく遠近感を強調した表示となり、距離が遠いほど平行投影での表示に近づいていきます。

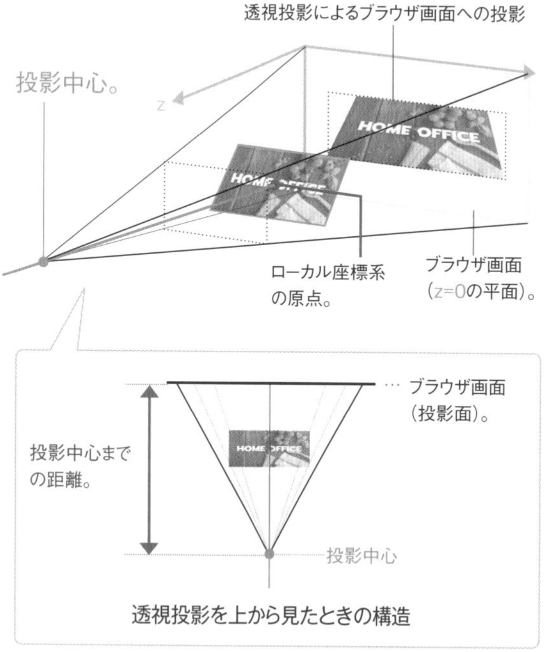

透視投影を上から見たときの構造

transform適用前。

transform適用後。perspective(500px)での表示。

```
div {transform: perspective(500px)
     translateZ(100px) rotateX(45deg);}
```

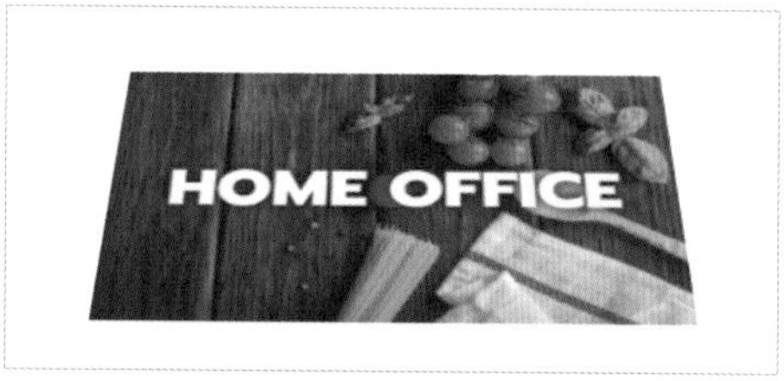

transform適用後。perspective(1000px)での表示。

```
div {transform: perspective(500px)
     translateZ(100px) rotateX(45deg);}
```

ローカル座標系の原点の位置　transform-origin

ローカル座標系の原点の位置は P.345 の transform-origin で指定します。3次元の場合、値は x、y、z 軸方向の位置をスペース区切りで指定します。標準では「50% 50% 0px」で処理され、ボックスの中央が原点となります。なお、x、y 軸方向は2次元のときと同じ値で指定することができますが、z 軸方向はピクセルなどの数値のみで指定することになっています。

ここでは y 軸まわりに <div> を 30 度回転する処理を適用し、表示を確認していきます。

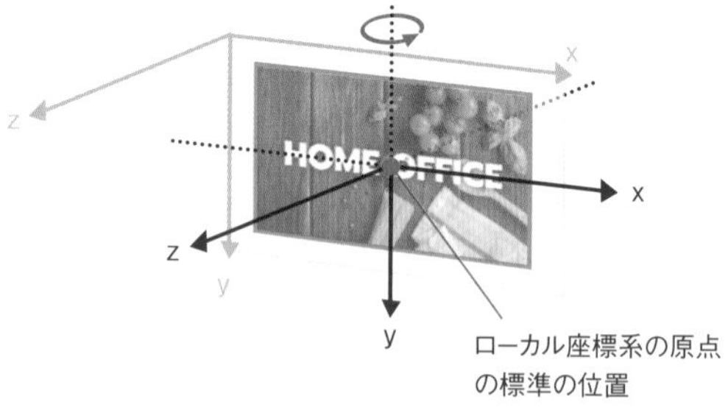

表示結果	y軸の負の方向からxz平面を見たときのローカル座標系	
	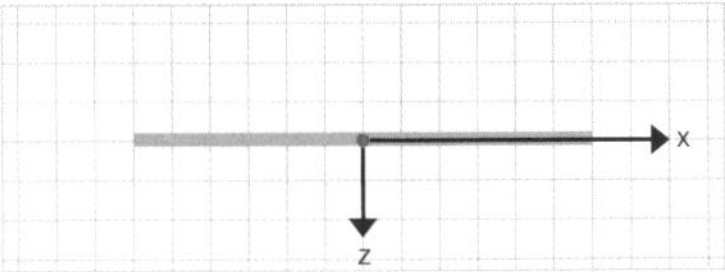	transform適用前。
z軸方向の位置が「0px」の場合		

	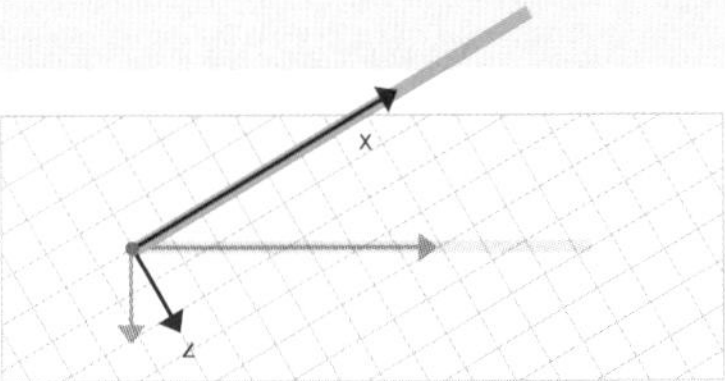	`div {transform-origin: 0% 0% 0px;`
		`transform:`
		`perspective(500px) rotateY(30deg);}`

	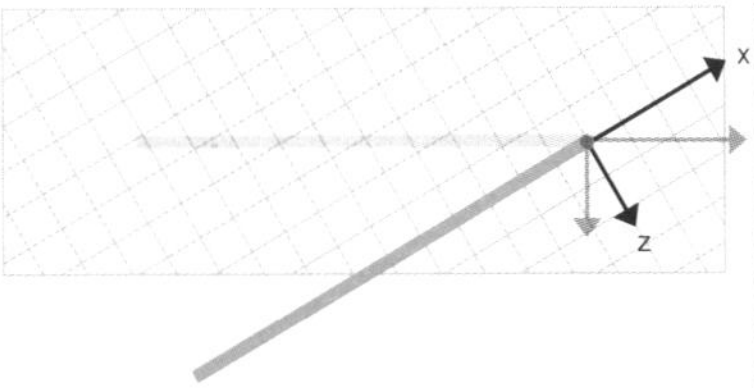	`div {transform-origin: 100% 100% 0px;`
		`transform:`
		`perspective(500px) rotateY(30deg);}`

	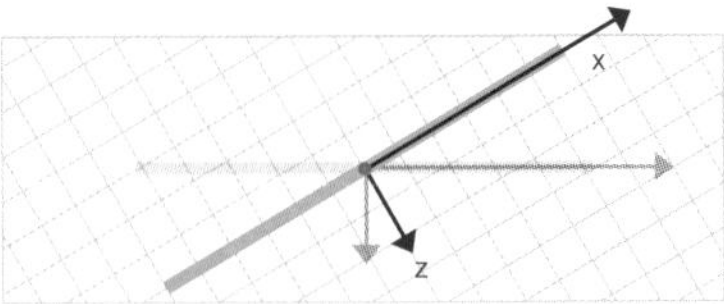	`div {transform-origin: 50% 50% 0px;`
		`transform:`
		`perspective(500px) rotateY(30deg);}`

z軸方向の位置が「100px」の場合		

	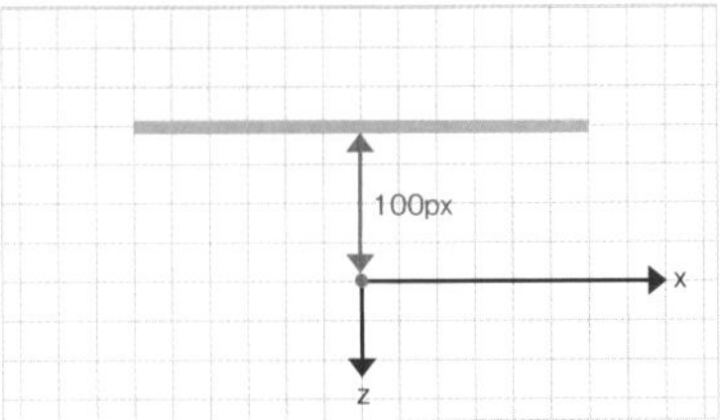
	▼
	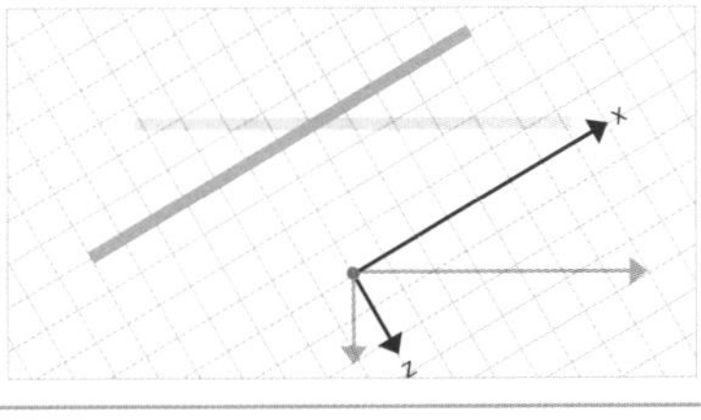
		`div {transform-origin: 50% 50% 100px;`
		`transform:`
		`perspective(500px) rotateY(30deg);}`
		
		ローカル座標系の原点の位置がz軸方向に100ピクセルの位置にセットされ、回転が行われます。

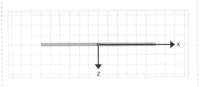

3Dの変換マトリクス(変換行列)

P.346のmatrix()を利用すると、3次元の変形処理も行列の形で指定することができます。各処理は次のように指定します。たとえば、右のサンプルではmatrix()を2つ指定し、投影中心までの距離を500pxに、x軸まわりの回転角度を45度に設定しています。

```
div {
transform:
matrix3d(1,0,0,0,0,1,0,0,0,0,1,-0.002,0,0,0,1)
matrix3d(1,0,0,0,0,0.707,0.707,0,0,-0.707,0.707,
0,0,0,0,1);
}
```

a	e	i	m
b	f	j	n
c	g	k	o
d	h	l	p

4 × 4 の変換マトリクス ▶

```
matrix3d(a, b, c, d, e, f, g,
h, i, j, k, l, m, n, o, p)
```

※ a ～ p … 変換マトリクスの値

移動

```
matrix3d(1,0,0,0,0,1,0,0,0,0,1,0,Tx,Ty,Tz,1)
```

Tx, Ty, Tz = x, y, z 軸方向の移動距離

拡大縮小

```
matrix3d(Sx,0,0,0,0,Sy,0,0,0,0,Sz,0,0,0,0,1)
```

Sx, Sy, Sz = x, y, z 軸方向の倍率

perspective()の処理

```
matrix3d(1,0,0,0,0,1,0,0,0,0,1,-1/D,0,0,0,1)
```

D = ブラウザ画面（z=0 の xy 平面）から投影中心までの距離

回転

```
matrix3d(1,0,0,0,0,cos(X),sin(X),0,0,-sin(X),cos(X),0,0,0,0,1)
```

X = x 軸まわりの回転角度

```
matrix3d(cos(Y),0,-sin(Y),0,0,1,0,0,sin(Y),0,cos(Y),0,0,0,0,1)
```

Y = y 軸まわりの回転角度

```
matrix3d(cos(Z),sin(Z),0,0,-sin(Z),cos(Z),0,0,0,0,1,0,0,0,0,1)
```

Z = z 軸まわりの回転角度

裏面の表示　backface-visibility

-webkit- -webkit-

backface-visibilityを利用すると、3次元の変形処理でボックスが裏返ったときに、裏面を表示するかどうかを指定することができます。たとえば、右のサンプルはy軸まわりにボックスを180度回転したものです。標準では「visible」で処理され、ボックスの裏面が表示されます。

```
div {transform: perspective(500px) rotateY(180deg);}
```

backface-visibilityを「hidden」と指定すると、裏面を非表示にすることができます。この場合、ボックスは透明になっているものとして扱われます。

```
div {transform: perspective(500px) rotateY(180deg);
    -webkit-backface-visibility: hidden;
    backface-visibility: hidden;}
```

子要素の透視投影　perspective / perspective-origin

透視投影の処理はperspective()関数だけでなく、perspectiveプロパティで指定することもできます。ただし、perspectiveプロパティによる透視投影の処理は子要素に対してのみ有効です。

たとえば、右のサンプルは子要素<div>にtransformを適用し、y軸周りに45度回転したものです。perspective()を指定していないため、そのままでは平行投影での表示になります。このとき、親要素<div>のperspectiveで投影中心までの距離を「500px」と指定すると、子要素<div>が透視投影での表示になります。

perspectiveの指定なし　perspectiveを指定

```
.container {perspective: 500px;}
.container div {transform: rotateY(45deg);}
```

```
<div class="container">
  <div>HOME OFFICE</div>
</div>
```

また、perspectiveを利用した処理では、投影中心の位置をperspective-originで指定することができます。親要素<div>の構成するボックスの左上を基点に、transform-origin（P.348）のx軸、y軸方向と同じ値を使用して右のように指定することが可能です。

```
.container {
perspective-origin: 0% 0%;
perspective: 500px;}
```

```
.container {
perspective-origin: 50% 50%;
perspective: 500px;}
```

```
.container {
perspective-origin: 100% 100%;
perspective: 500px;}
```

3次元の変形処理の子要素への適用　transform-style

transform-styleプロパティを利用すると、3次元の変形処理を親要素に適用したとき、その処理を子要素にも適用するかどうかを指定することができます。標準では「flat」で扱われ、親要素の変形処理は子要素には適用されません。子要素にも適用するためには「preserve-3d」と指定します。

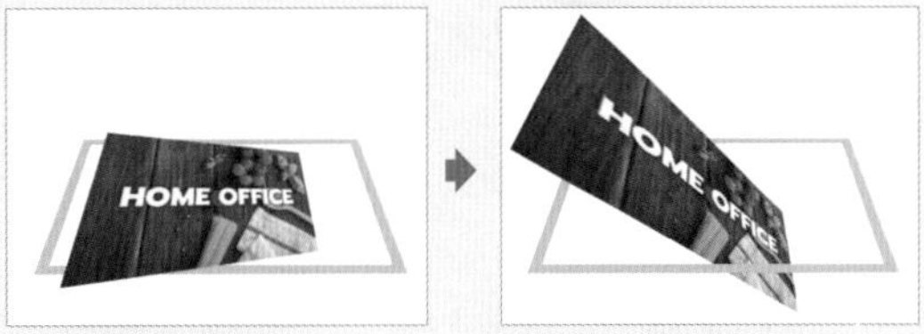

transform-styleの指定なし　transform-styleを「preserve-3d」と指定

たとえば、上のサンプルで親要素<div>をx軸まわりに50度回転した場合、子要素<div>の表示は右のようになります。

```
.container {
transform: perspective(500px) rotateX(50deg);
transform-style: preserve-3d;
perspective: 500px;
}
.container div {transform: rotateY(45deg);}
```

12-2 アニメーション

transitionまたはanimationプロパティを利用すると、アニメーションの設定を行うことができます。アニメーションは各種プロパティの値を変化させ、その間を補間することで作成します。値を変化させることが可能なプロパティについては、右のページを参照してください。

プロパティ	作成できるアニメーション
transition	始点と終点の2点間のアニメーション
animation	キーフレームを利用したアニメーション

アニメーション可能なプロパティ
https://developer.mozilla.org/ja/docs/Web/CSS/CSS_animated_properties

CSS トランジション

transition: ～

初期値	all 0s ease 0s
継承	なし
適用先	全要素/::before、::after疑似要素

transitionプロパティを利用すると、始点と終点の2点間のアニメーションを作成することができます。アニメーションは:hoverセレクタやメディアクエリ@mediaなどでプロパティの値が変わるのをきっかけに実行されます。

たとえば、リンクボタンにカーソルを重ねたときの表示をアニメーションで変化させる場合、始点のデザインをa { ～ }で、終点のデザインをa:hover { ～ }で指定します。ここではtransformとbackgroundでボタンのサイズと色が変わるように指定しています。

```
a {transform: scale(1);
   background: #abcf3e;}

a:hover {transform: scale(1.2);
         background: #f3c90b;}
```

```
<a href="#">HOME</a>
```

始点と終点の間をアニメーションで変化させるためには、transitionを追加して再生時間を指定します。たとえば、右のように指定すると、0.5秒でサイズと色が変化するようになります。

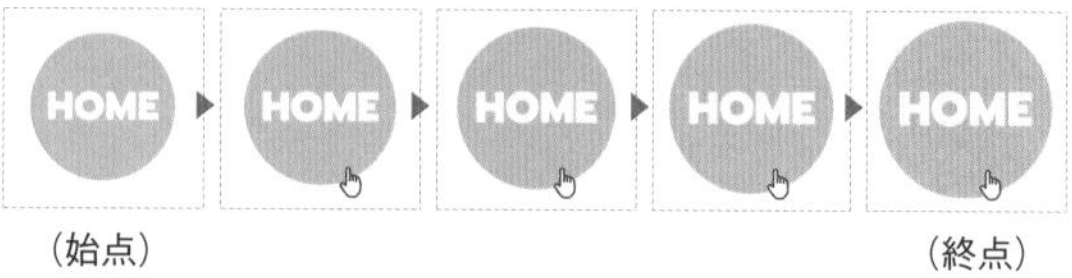


```
a {transition: 0.5s;
   transform: scale(1);
   background: #abcf3e;}

a:hover {transform: scale(1.2);
         background: #f3c90b;}
```

なお、transitionでは再生時間以外の値を追加し、アニメーションの調整を行うことができます。詳しくは特典PDF（P.002）を参照してください。

```
transition: プロパティ名 再生時間 補間方法 ディレイ
```

キーフレームによるアニメーション animation: ～

初期値	none 0s ease 0s none 1 normal running
継承	なし
適用先	全要素/::before、::after疑似要素

animationプロパティを利用すると、キーフレームを利用したアニメーションを作成することができます。そのためには、キーフレームを「@keyframes キーフレーム名 {～}」という形で作成し、この中に変化させたいプロパティの設定を記述していきます。animationプロパティでこの設定を適用すると、アニメーションの処理が実行されます。

たとえば、右のようにグレーのリンクボタン<a>を用意し、キーフレームの設定を適用すると、ページをロードすると同時にアニメーションが実行されます。ここではP.352のサンプルと同じように、transformとbackgroundでボタンのサイズと色を変化させるため、@keyframesの0%で始点、50%で中点、100%で終点のデザインを指定しています。この設定には「myanim」というキーフレーム名をつけ、animationプロパティで1秒で再生するように指定しています。

なお、animationプロパティでは次のように値を追加して再生に関する調整を行うことができます。詳しくは特典PDF（P.002）を参照してください。

```
animation: キーフレーム名 再生時間 補間方法
    ディレイ 再生時間外 再生回数 再生方向 再生状態;
```

グレーのリンクボタン。

```
a {background: gray;}
```

```
<a href="#">HOME</a>
```

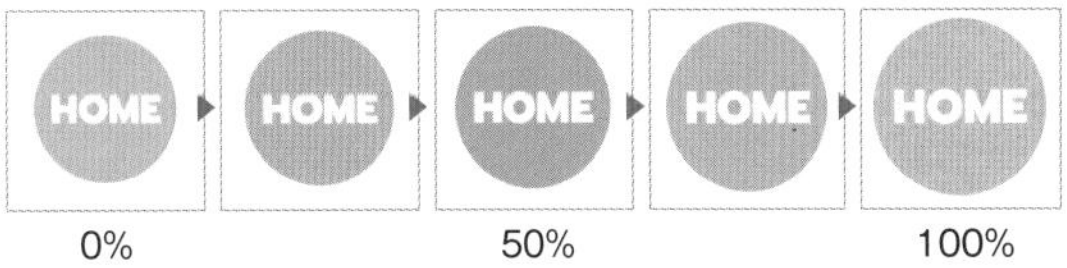

キーフレームの設定を適用してページをロードするとアニメーションが再生されます。

```
a {background: gray;
   animation: myanim 1s;}

@keyframes myanim {
   0%    {transform: scale(1);
          background: #abcf3e;}

   50%   {background: #fda8ec;}

   100%  {transform: scale(1.2);
          background: #f3c90b;}
}
```

カーソルを重ねたときにアニメーションを実行する場合、:hoverセレクタで「a:hover {animation: myanim 1s;}」と指定します。

アニメーションで変化するプロパティをブラウザに伝える will-change

will-changeプロパティを利用すると、アニメーションで変化するプロパティをあらかじめブラウザに伝えることができます。これにより、ブラウザは最適化して処理を実行することが可能になります。ただし、不要な負荷をかけることになるケースもあるため、利用には注意が必要です。詳しくは右のドキュメントを参照してください。

```
a {will-change: transform;}
```

will-change
https://developer.mozilla.org/ja/docs/Web/CSS/will-change

12-3 エフェクト

CSS フィルタ

filter: ～

初期値	none
継承	なし
適用先	全要素

filter プロパティでは、フィルタ関数を利用してフィルタをかけることができます。たとえば、右のサンプルにフィルタをかけると次のようになります。

```
div {filter: ～;}
```

```
<div>HOME OFFICE</div>
```

ブラー　blur()
値: 数値 / 初期値: 0

`filter: blur(5px);`

明るさ　brightness()
値: 0%(0)以上 / 初期値: 1

`filter: brightness(200%);`

コントラスト　contrast()
値: 0%(0)以上 / 初期値: 1

`filter: contrast(200%);`

グレースケール　grayscale()
値: 0%～100%(0～1) / 初期値: 0

`filter: grayscale(1);`

色相　hue-rotate()
値: 角度 / 初期値: 0deg

`filter: hue-rotate(180deg);`

彩度　saturate()
値: 0%(0)以上 / 初期値: 1

`filter: saturate(300%);`

階調の反転　invert()
値: 0%～100%(0～1) / 初期値: 0

`filter: invert(1);`

不透明度　opacity()
値: 0%～100%(0～1) / 初期値: 1

`filter: opacity(0.5);`

セピア　sepia()
値: 0%～100%(0～1)/ 初期値: 0

`filter: sepia(1);`

ドロップシャドウ　drop-shadow()
値: 横オフセット 縦オフセット ブラー 色

`filter: drop-shadow(5px 5px 5px gray);`

複数のフィルタを適用する場合、フィルタ関数をスペース区切りで指定します。

ブラーとセピアのフィルタを適用したもの。

`filter: blur(5px) sepia(1);`

マスク

CSS

mask: ～

-webkit- -webkit- -webkit- -webkit- -webkit-

初期値	none center / auto no-repeat border-box border-box
継承	なし
適用先	全要素

maskプロパティを利用すると、指定した画像でマスクをかけることができます。マスク画像は背景画像と同じように縦横に繰り返して表示されます。ここでは次のような星形のマスク画像を使用しています。

マスク画像: mask.png（100×100ピクセル）
※白色の部分は透過しています。

```
div {-webkit-mask-image: url(mask.png);
     mask-image: url(mask.png);}
```

```
<div>HOME OFFICE</div>
```

maskでは次のようにP.322のbackgroundと同じ値を指定することができます。各値は個別のプロパティで指定することも可能です。

```
mask: 画像 位置 / サイズ 繰り返し 基点 表示エリア
```

- 画像 → mask-image
- 位置 → mask-position
- サイズ → mask-size
- 繰り返し → mask-repeat
- 基点 → mask-origin
- 表示エリア → mask-clip

```
div {-webkit-mask: url(mask.png)
      50% 50% / contain no-repeat;
    mask: url(mask.png)
      50% 50% / contain no-repeat;}
```

クリッピングパス

CSS

clip-path: ～

初期値	none
継承	なし
適用先	全要素

clip-pathプロパティを利用すると、次の関数でクリッピングパスを作成し、コンテンツを切り抜くことができます。クリッピングパスの座標や半径などの値は、ピクセルなどの数値または%で指定します。

関数	クリッピングパスの形状
inset()	四角形
circle()	円
ellipse()	楕円
polygon()	多角形

<div>の構成するボックス。

```
div {clip-path: ～;}
```

```
<div>HOME OFFICE</div>
```

12 特殊効果

四角形

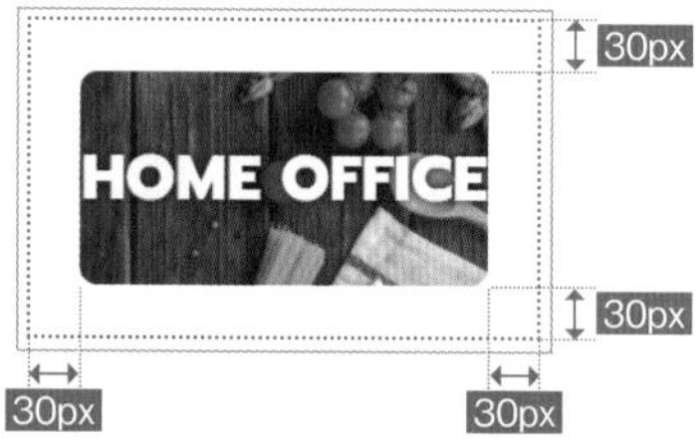


```
div {clip-path: inset(30px round 10px);}
```

各辺からの距離。「上 右 下 左」という形で個別に指定することも可能。

角丸にするオプション。「round 半径」という形で指定。

円形

```
div {clip-path: circle(80px at 50% 50%);}
```

円の半径。

中心の位置。background-position(p.318)の値を指定可能。

多角形

```
div {clip-path: polygon(50% 0%, 0% 80%, 100% 60%);}
```

各角の座標をカンマ区切りで指定。

楕円形

```
div {clip-path: ellipse(120px 80px at 50% 50%);}
```

楕円の半径。

中心の位置。background-position(p.318)の値を指定可能。

円や楕円の半径の値は右のキーワードで指定することもできます。

closest-side	中心点から最も近い辺までを半径にする
farthest-side	中心点から最も遠い辺までを半径にする

SVGのパスを利用した切り抜き　url() / path()

clip-pathのurl()やpath()を利用すると、SVGのパスを利用してコンテンツを切り抜くことができます。

url()では右のようにSVGの<clipPath>で定義したパスのIDを指定します。

path()ではSVGの<path>などが持つd属性のパスの値を直接指定します。以下のようにpath()を指定した場合、右のサンプルと同じ表示結果になります。ただし、ChromeとEdgeはpath()の指定に未対応です。

```
div {clip-path: path('M75 0 92.7 57.3 150
57.3 103.65 92.7 121.35 150 75 114.59 28.65
150 46.35 92.7 0 57.3 57.3 57.3 75 0z');}
```

SVG(150×150px)。

```
div {clip-path: url(#star);}
```

```
<svg>
<clipPath id="star">
<path d="M75 0 92.7 57.3 150 57.3 103.65 92.7 121.35 150
75 114.59 28.65 150 46.35 92.7 0 57.3 57.3 57.3 75 0z"/>
</clipPath>
</svg>
```

ブレンド

mix-blend-mode: ～

初期値	normal
継承	なし
適用先	全要素

mix-blend-mode プロパティを利用すると、ブレンドモードを指定し、背後にあるものとどのように合成するかを指定することができます。
たとえば、<div> の上にグラデーション画像 <img> を重ね、<img> の mix-blend-mode でブレンドモードを指定すると次のようになります。

グラデーション画像（grad.png）。

<div>の構成するボックス。

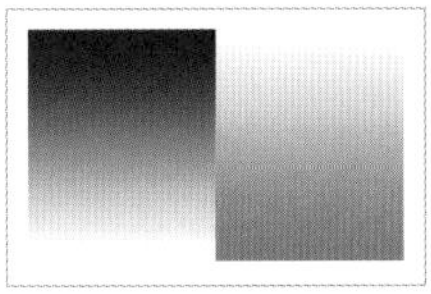

normal

初期値の「normal」で表示したもの。合成は行われません。

```
div {position: relative;}
img {position: absolute; top: 0; left:0;
     mix-blend-mode: normal;}
```

```
<div>
<img src="grad.png" alt="">
HOME OFFICE
</div>
```

multiply

screen

overlay

darken

lighten

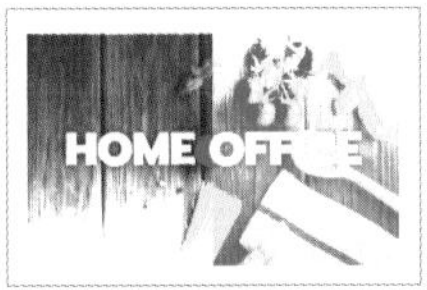

color-dodge

color-burn

hard-light

soft-light

difference

exclusion

hue

saturation

color

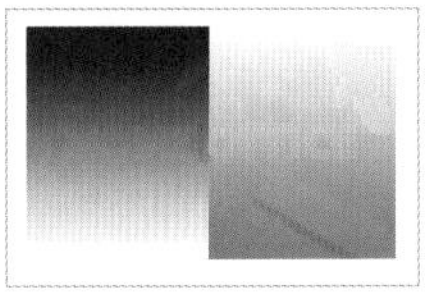

luminosity

背景画像のブレンド　background-blend-mode

複数の背景画像をP.322のように重ねて表示している場合、background-blend-modeでブレンドモードを指定することができます。たとえば、上に重ねたsun.pngのブレンドモードを「overlay」と指定すると右のようになります。

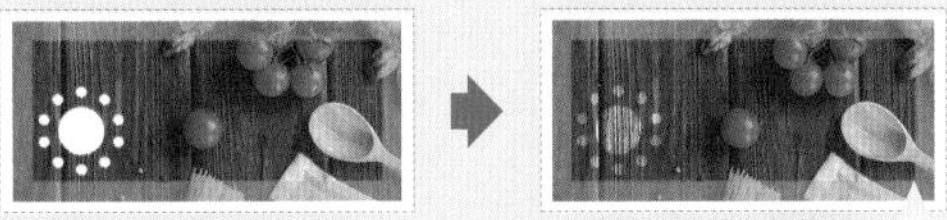

```
background:
url(sun.png) left bottom no-repeat,
url(home.jpg) center center no-repeat #f3c90b;
background-blend-mode: overlay, normal;
```

CSS APPENDIX

単位

単位		
数値	px / cm / mm	ピクセル / センチメートル / ミリメートル(1mm=0.1cm)
	in / pt / pc	インチ(1in=約2.54cm=96px) / ポイント(1pt=1/72in) / パイカ(1pc=12pt=1/6in)
	Q	級数(1Q=1/40cm=0.25mm) ※
	em / ex	1em=フォントサイズ / 1ex=小文字xの高さ
	rem	1rem=ルート要素のフォントサイズ
	ch	1ch=数字「0」(ゼロ)の横幅
	vw / vh	100vw=ビューポートの横幅 / 100vh=ビューポートの高さ
	vmin / vmax	100vmin=ビューポートの横幅・高さの小さい方の値 / 100vmax=ビューポートの横幅・高さの大きい方の値 ※
角度	deg / grad / rad / turn	度(°) / グラード(100grad=90deg) / ラジアン(1rad=約57.29578deg) / 回転数(1turn=360deg)
時間	ms / s	ミリ秒 / 秒
解像度	dppx	dots per pixel(density ※P.137を参照) ※
	dpi	dots per inch(1dpi=約2.54dpcm / 96dpi=1dppx)
	dpcm	dots per centimeter(1dpcm=約0.39dpi) ※

※ SafariとIEはQに未対応。　※ IEはvmax、dppx、dpcmに未対応。

CSS4では次のような単位も提案されています。現在のところ、主要ブラウザは未対応です。

単位	
cap	1cap=大文字の高さ
ic	1ic=文字「水」の大きさ
lh	1lh=行の高さ(line-heightの計算された値)
rlh	1rlh=ルート要素の行の高さ(line-heightの計算された値)

単位	
vi	100vi=ビューポートのインライン方向のサイズ
vb	100vb=ビューポートのブロック方向のサイズ

色の値

色名		16進数	rgb()
black		#000000	0,0,0
silver		#C0C0C0	192,192,192
gray		#808080	128,128,128
white		#FFFFFF	255,255,255
maroon		#800000	128,0,0
red		#FF0000	255,0,0
purple		#800080	128,0,128
fuchsia		#FF00FF	255,0,255

色名		16進数	rgb()
green		#008000	0,128,0
lime		#00FF00	0,255,0
olive		#808000	128,128,0
yellow		#FFFF00	255,255,0
navy		#000080	0,0,128
blue		#0000FF	0,0,255
teal		#008080	0,128,128
aqua		#00FFFF	0,255,255

CSS3では左の色名に加えて、下記の色名も利用することができます。

Extended color keywords
https://www.w3.org/TR/css3-color/#svg-color

CSS4では「rebeccapurple」という色名が追加されています。

色の値			記述例
RGB	#RRGGBB / #RGB	RR, GG, BB = 16進数(00〜ff)	#ff0000 = #f00 = rgb(255,0,0)
	#RRGGBBAA / #RGBA ※	RR, GG, BB, AA = 16進数(00〜ff)	#ff000055 = #f005 = rgba(255,0,0,0.33)
	rgb(R,G,B)	R, G, B = 0〜255 または 0%〜100%	rgb(255,0,0) = rgb(100%,0%,0%)
	rgba(R,G,B,A)	A = 0(透明)〜1(不透明)	rgba(255,0,0,0.33) = rgba(100%,0%,0%,0.33)
	rgb(R G B) ※	R, G, B = 0〜255 または 0%〜100%	rgb(255 0 0) = rgb(100% 0 0)
	rgb(R G B / A) ※	A = 0(透明)〜1(不透明)または0%(透明)〜100%(不透明)	rgb(255 0 0 / 0.33) = rgb(100% 0 0 / 33%)
HSL	hsl(H,S,L)	H(色相)=0〜360、S(彩度)、L(輝度)=0%〜100%	hsl(360,100%,50%) = rgb(255,0,0)
	hsla(H,S,L,A)	A = 0(透明)〜1(不透明)	hsla(360,100%,50%,0.33) = rgba(255,0,0,0.33)
	hsl(H S L) ※	H(色相)=0〜360 または 角度(deg, grad, rad, turn)、S(彩度)、L(輝度)=0%〜100%	hsl(360 100% 50%) = hsl(1turn 100% 50%) = rgb(255 0 0)
	hsl(H S L / A) ※	A = 0(透明)〜1(不透明)または0%(透明)〜100%(不透明)	hsl(360 100% 50% / 0.33) = rgb(255 0 0 / 0.33)
キーワード	currentColor	colorプロパティの値	-
	transparent	透明	-

※ CSS4の記述形式。IEは未対応。

システムカラー

CSS4ではブラウザが標準で使用するシステムカラーの値が右のように提案されています。CSS2で策定されたシステムカラーの値については、CSS3で非推奨となっています。

システムカラーの値
canvas / canvastext / linktext / visitedtext /
activetext / buttonface ※ / buttontext ※ / field
/ fieldtext / highlight ※ / highlighttext ※ /
graytext ※

※ Safariが対応している値。

特定の色空間での色指定　color()

CSS4のcolor()を利用すると、特定の色空間(色域)で色を指定することができます。たとえば、Appleが策定した色空間「Display P3」を使用する場合、右のように指定します。

```
color: color(display-p3 0.43313 0.50108 0.37950);
```

色空間を指定。　色を指定。

CSS-wide キーワード

CSS-wideキーワードはすべてのプロパティで指定できる値です。

```
font-size: initial;
font-weight: revert;
```

font-sizeを初期値に、font-weightをUAスタイルシートの値に指定したもの。

CSS-wideキーワード	処理
initial	初期値(P.113)に設定。
inherit	継承した値に設定。
unset	値を継承するプロパティの場合は「inherit」、それ以外の場合は「initial」で処理。
revert	UAスタイルシート(P.108)の値に設定。

※ IEは「inherit」のみ対応。

すべてのプロパティの設定をリセットする　all

allプロパティを利用すると、すべてのプロパティの値をCSS-wideキーワードでリセットすることができます。たとえば、右のように「initial」と指定すると、<h1>のすべてのプロパティの値が初期値にリセットされます。

※directionとunicode-bidi（P.297）の値はリセットされません。

快適なホームオフィス

```
h1 {color: white; background: green;
    all: initial;}
```

数式　calc()

calc()を利用すると、右のように計算結果を値として指定することができます。数値、%、角度、時間、回数、整数、倍率の値で利用することが可能です。

演算子	処理
+	加算
-	減算
*	乗算
/	除算

```
div {width: calc(100% - 40px);}
```

<div>の横幅を親要素（100%）より40ピクセル短いサイズに指定。

```
div {width: calc((100% - 40px) / 4);}
```

上の計算結果のさらに4分の1のサイズに指定。

変数　var()

変数は「--（2つのダッシュ）」で始まる変数名（カスタムプロパティ）で作成し、var()で呼び出して使用します。
たとえば、変数をドキュメント全体で利用する場合、右のようにルートセレクタ「:root」で作成します。ここでは3つの変数を作成し、「--main-color」でメインカラーを、「--normal」で基本サイズを、「--large」で基本サイズの2倍のサイズを指定しています。

<h1>のcolorを「--main-color」、font-sizeを「--large」と指定すると、色が「#abcf3e（黄緑色）」、フォントサイズが36pxになります。

快適なホームオフィス

```
:root {--main-color: #abcf3e;
       --normal: 18px;
       --large: calc(var(--normal) * 2);}

h1 {color: var(--main-color);
    font-size: var(--large);}
```

```
<h1>快適なホームオフィス</h1>
```

var()では変数が作成されていないときに使用する値をカンマ区切りで指定できます。たとえば、右のサンプルでは「--sub-color」という変数がない場合、colorの値は「red」になります。

```
h1 {color: var(--sub-color, red);}
```

比較関数　min() / max() / clamp()

CSS4の比較関数を利用すると、画面幅などに応じて使用する値を変えることができます。

min()

min()では、カンマ区切りで指定した1つ以上の値の中から最小になる値が使用されます。右のように指定すると、100%の算出値が650pxより小さい場合は「100%」が、650pxより大きい場合は「650px」が使用されます。

横幅100%で可変表示。　横幅650pxで固定表示。

```
img {width: min(100%, 650px);}
```

max()

max()では、カンマ区切りで指定した1つ以上の値の中から最大になる値が使用されます。右のように指定すると、70%の算出値が320pxより大きい場合は「70%」が、320pxより小さい場合は「320px」が使用されます。

横幅320pxで固定表示。　横幅70%で可変表示。

```
button {width: max(70%, 320px);}
```

clamp()

clamp()では3つの値を「最小値」「推奨値」「最大値」の順にカンマ区切りで指定します。基本的に推奨値が使用されますが、最小値より小さい値、最大値より大きい値にはなりません。
次のように指定すると、フォントサイズは5vwで可変になりますが、32pxより小さく、48pxより大きくはなりません。

clamp()を使用せず、「font-size: 5vw」と指定した場合、フォントサイズは画面幅375pxで「18.75px」、画面幅1366pxで「68.3px」になります。

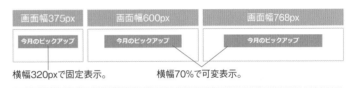

フォントサイズ32pxで固定表示。　フォントサイズ5vwで可変表示。　フォントサイズ48pxで固定表示。

```
h1 {font-size: clamp(32px, 5vw, 48px);}
```

上のclamp()の設定は、min()とmax()を使って次のように記述することもできます。

```
font-size: max(32px, min(5vw, 48px));
```

min()、max()、clamp()の値は、calc()と同じように数式で記述することもできます。

```
width: min(100% - 20px, 650px);
```

INDEX

索引

HTMLタグ

HTML属性

CSS

CSS関数

キーワード

■著者紹介

エビスコム

https://ebisu.com/

さまざまなメディアにおける企画制作を世界各地のネットワークを駆使して展開。コンピュータ、インターネット関係では書籍、デジタル映像、CG、ソフトウェアの企画制作、WWW システムの構築などを行う。

主な編著書：『Web サイト高速化のための 静的サイトジェネレーター活用入門』マイナビ出版刊
『CSS グリッドレイアウト デザインブック』同上
『6 ステップでマスターする「最新標準」HTML+CSS デザイン』同上
『WordPress レッスンブック 5.x 対応版』ソシム刊
『フレキシブルボックスで作る HTML5&CSS3 レッスンブック』同上
『CSS グリッドで作る HTML5&CSS3 レッスンブック』同上
『HTML&CSS コーディング・プラクティスブック 1』エビスコム電子書籍出版部刊
『HTML&CSS コーディング・プラクティスブック 2』同上
『HTML&CSS コーディング・プラクティスブック 3』同上
『グーテンベルク時代の WordPress ノート テーマの作り方（入門編）』同上
『グーテンベルク時代の WordPress ノート テーマの作り方
（ランディングページ＆ワンカラムサイト編）』同上
ほか多数

■ STAFF
編集・DTP：エビスコム
カバーデザイン：霜崎 綾子（デジカル）
担当：角竹 輝紀

HTML5 & CSS3 デザイン　現場の新標準ガイド【第2版】

2020 年 10 月 30 日　初版第 1 刷発行

著者　エビスコム
発行者　滝口 直樹
発行所　株式会社マイナビ出版
〒 101-0003　東京都千代田区一ツ橋 2-6-3 一ツ橋ビル 2F
TEL：0480-38-6872（注文専用ダイヤル）
TEL：03-3556-2731（販売）
TEL：03-3556-2736（編集）
E-Mail：pc-books@mynavi.jp
URL：https://book.mynavi.jp
印刷・製本　株式会社ルナテック

ISBN978-4-8399-7459-6